U0816715

中 国 国 家 标 准 汇 编

505

GB 27527～27552

（2011 年制定）

中国标准出版社 编

中国标准出版社

北 京

图书在版编目(CIP)数据

中国国家标准汇编:2011年制定.505:
GB 27527～27552/中国标准出版社编.—北京:中国标准出版社,2012
ISBN 978-7-5066-6970-2

Ⅰ.①中… Ⅱ.①中… Ⅲ.①国家标准-汇编-中国-2011 Ⅳ.①T-652.1

中国版本图书馆CIP数据核字(2012)第197834号

中国标准出版社出版发行
北京市朝阳区和平里西街甲2号(100013)
北京市西城区三里河北街16号(100045)

网址 www.spc.net.cn
总编室:(010)64275323 发行中心:(010)51780235
读者服务部:(010)68523946

中国标准出版社秦皇岛印刷厂印刷
各地新华书店经销

*

开本 880×1230 1/16 印张 29 字数 795 千字
2012年9月第一版 2012年9月第一次印刷

*

定价 220.00 元

如有印装差错 由本社发行中心调换
版权专有 侵权必究
举报电话:(010)68510107

出 版 说 明

1.《中国国家标准汇编》是一部大型综合性国家标准全集。自1983年起，按国家标准顺序号以精装本、平装本两种装帧形式陆续分册汇编出版。它在一定程度上反映了我国建国以来标准化事业发展的基本情况和主要成就，是各级标准化管理机构，工矿企事业单位，农林牧副渔系统，科研、设计、教学等部门必不可少的工具书。

2.《中国国家标准汇编》收入我国每年正式发布的全部国家标准，分为"制定"卷和"修订"卷两种编辑版本。

"制定"卷收入上一年度我国发布的、新制定的国家标准，顺延前年度标准编号分成若干分册，封面和书脊上注明"20××年制定"字样及分册号，分册号一直连续。各分册中的标准是按照标准编号顺序连续排列的，如有标准顺序号缺号的，除特殊情况注明外，暂为空号。

"修订"卷收入上一年度我国发布的、被修订的国家标准，视篇幅分设若干分册，但与"制定"卷分册号无关联，仅在封面和书脊上注明"20××年修订-1，-2，-3，……"字样。"修订"卷各分册中的标准，仍按标准编号顺序排列(但不连续)；如有遗漏的，均在当年最后一分册中补齐。需提请读者注意的是，个别非顺延前年度标准编号的新制定的国家标准没有收入在"制定"卷中，而是收入在"修订"卷中。

读者配套购买《中国国家标准汇编》"制定"卷和"修订"卷则可收齐由我社出版的上一年度我国制定和修订的全部国家标准。

3. 由于读者需求的变化，自1996年起，《中国国家标准汇编》仅出版精装本。

4. 2011年我国制修订国家标准共1 989项。本分册为"2011年制定"卷第505分册，收入国家标准GB 27527～27552的最新版本。

中国标准出版社

2012年8月

目　　录

GB/T 27527—2011　禽脑脊髓炎诊断技术 …… 1
GB/T 27528—2011　口蹄疫病毒实时荧光 RT-PCR 检测方法 …… 13
GB/T 27529—2011　马接触传染性子宫炎诊断技术 …… 21
GB/T 27530—2011　牛出血性败血病诊断技术 …… 33
GB/T 27531—2011　病毒性脑病和视网膜病病原逆转录-聚合酶链式反应(RT-PCR)检测方法 …… 45
GB/T 27532—2011　犬瘟热诊断技术 …… 55
GB/T 27533—2011　犬细小病毒病诊断技术 …… 65
GB/T 27534.1—2011　畜禽遗传资源调查技术规范　第1部分:总则 …… 73
GB/T 27534.2—2011　畜禽遗传资源调查技术规范　第2部分:猪 …… 81
GB/T 27534.3—2011　畜禽遗传资源调查技术规范　第3部分:牛 …… 97
GB/T 27534.4—2011　畜禽遗传资源调查技术规范　第4部分:绵羊 …… 113
GB/T 27534.5—2011　畜禽遗传资源调查技术规范　第5部分:山羊 …… 127
GB/T 27534.6—2011　畜禽遗传资源调查技术规范　第6部分:马(驴) …… 141
GB/T 27534.7—2011　畜禽遗传资源调查技术规范　第7部分:骆驼 …… 151
GB/T 27534.8—2011　畜禽遗传资源调查技术规范　第8部分:家兔 …… 161
GB/T 27534.9—2011　畜禽遗传资源调查技术规范　第9部分:家禽 …… 173
GB/T 27535—2011　猪流感 HI 抗体检测方法 …… 191
GB/T 27536—2011　猪流感病毒分离与鉴定方法 …… 197
GB/T 27537—2011　动物流感检测　A 型流感病毒分型基因芯片检测操作规程 …… 205
GB/T 27538—2011　动物流感检测　A 型 H1N1 流感病毒中 HA、NA 的焦磷酸测序检测方法 …… 219
GB/T 27539—2011　动物流感检测　A 型流感病毒通用荧光 RT-PCR 检测方法 …… 231
GB/T 27540—2011　猪瘟病毒实时荧光 RT-PCR 检测方法 …… 241
GB/T 27541—2011　货运缆车技术规范 …… 249
GB/T 27542—2011　蓄电池托盘搬运车 …… 263
GB/T 27543—2011　手推升降平台搬运车 …… 277
GB/T 27544—2011　工业车辆　电气要求 …… 289
GB/T 27545—2011　水平循环类机械式停车设备 …… 307
GB/T 27546—2011　起重机械　滑轮 …… 321
GB/T 27547—2011　升降工作平台　导架爬升式工作平台 …… 333
GB/T 27548—2011　移动式升降工作平台　安全规则、检查、维护和操作 …… 393
GB/T 27549—2011　移动式升降工作平台　操作人员培训 …… 413
GB 27550—2011　气瓶充装站安全技术条件 …… 427
GB/T 27551—2011　金属材料焊缝破坏性试验　断裂试验 …… 435
GB/T 27552—2011　金属材料焊缝破坏性试验　焊接接头显微硬度试验 …… 449

ICS 11.220
B 41

中华人民共和国国家标准

GB/T 27527—2011

禽脑脊髓炎诊断技术

Diagnostic techniques for avian encephalomyelitis

2011-11-21 发布　　2012-03-01 实施

中华人民共和国国家质量监督检验检疫总局
中国国家标准化管理委员会　发布

前　言

本标准按照 GB/T 1.1—2009 给出的规则起草。

本标准由中华人民共和国农业部提出。

本标准由全国动物防疫标准化技术委员会(SAC/TC 181)归口。

本标准起草单位:内蒙古农业大学、内蒙古动物疫病预防控制中心、中国动物疫病预防控制中心、北京世纪元亨动物防疫技术有限公司、扬州大学、青岛易邦生物工程有限公司。

本标准主要起草人:赵振华、赵心力、陈西钊、孙明、王金玲、秦爱建、范根成、李瑞刚、乌日罕。

禽脑脊髓炎诊断技术

1 范围

本标准规定了禽脑脊髓炎诊断技术，包括流行病学、临床症状、组织病理学变化、病毒分离、琼脂免疫扩散试验、中和试验和间接免疫荧光试验。

本标准适用于禽脑脊髓炎的诊断、检疫和流行病学调查。

2 缩略语

下列缩略语适用于本文件。

AE(V)：禽脑脊髓炎(病毒)[avian encephalomyelitis(virus)]

AEV-VR：禽脑脊髓炎病毒 Van Roekel 株(AEV 标准株)(avian encephalomyelitis virus-Van Roekel)

EID_{50}：鸡胚半数感染量(egg infectious dose)

FITC：异硫氰酸荧光素(fluorescein isothiocyanate)

H. E. 染色：苏木素-伊红染色(hematoxylin-eosin staining)

PBS：磷酸盐缓冲液(phosphate buffer saline)

3 流行病学

除鸡易感 AEV 外，雉鸡、鹌鹑、火鸡和山鸡也可自然感染。无本病史和未经免疫的鸡群一旦感染，雏鸡发病率通常为 40%～60%，死亡率为 10%～80%或更高。不同日龄的鸡一年四季均可感染。随日龄的增长，鸡对 AEV 的抵抗力不断增强。感染鸡的种蛋可以引起后代鸡胚和雏鸡发病(垂直传播)；同时，病鸡的分泌物和排泄物可污染环境、饲料和饮水，引起与其接触的易感鸡发病(水平传播)。自然情况下 4 周龄以内的雏鸡(幼禽)对 AEV 最易感；实验室情况下，1 日龄雏鸡脑内接种 AEV 强毒 5 d～7 d 后可发病；经胚胎感染的雏鸡出壳后潜伏期 1 d～7 d，口服感染或自然接触一般 9 d～11 d 后发病。

4 临床症状

自然感染和人工感染雏鸡的临床症状基本一致，初期精神沉郁、嗜睡、易惊、斜视、呈半蹲姿势、头颈偏向一侧、饮水困难，双腿紧缩、叉开或爪蜷缩，以后可出现站立不稳、进行性运动失调、头颈快速震颤等症状，甚者常因瘫痪、衰竭而死亡。成年鸡感染后一般不出现明显症状，有时仅见轻微腹泻，产蛋率下降 10%～40%和种蛋孵化率降低。

5 组织病理学变化

5.1 材料准备

5.1.1 器材

石蜡切片机、染色缸、载玻片、盖玻片、水浴锅、温箱、显微镜等。

5.1.2 试剂

10%中性福尔马林溶液、酒精、二甲苯、切片石蜡、H.E.染色液、中性树胶等。

5.1.3 样品

临床可疑AE病例的大脑、中脑、小脑、延脑和腰荐部脊髓样品。

5.2 操作方法

分别切取小块(0.5 cm^3～1 cm^3)大脑、中脑、小脑、延脑和腰荐部脊髓样品置10%中性福尔马林溶液中固定24 h～48 h。常规制片、H.E.染色、中性树胶封片、光镜观察。

5.3 病理变化

5.3.1 中枢神经系统典型的组织病理学变化为非化脓性脑脊髓炎,主要包括大脑、中脑、小脑、延脑和脊髓的变质性变化、血管反应和胶质细胞增生。

5.3.2 变质性变化表现为神经细胞变性和神经组织出现小软化灶。变性的神经细胞肿大、淡染或浓缩,有的呈现中央染色质溶解现象。变性严重的神经细胞和局部神经组织可发生坏死、液化,形成小软化灶。

5.3.3 血管反应表现为血管出现以淋巴细胞为主的围管性细胞浸润,浸润的细胞在血管周围散在或呈多层围绕,形成管套。

5.3.4 胶质细胞增生表现为增生的胶质细胞可出现在变性神经细胞周围形成卫星现象,或进入坏死的神经细胞中吞噬坏死物形成噬神经原现象。在软化灶处有数量不等的胶质细胞增生和聚集形成胶质小结。

5.4 结果判定

若5.3.2～5.3.4同时出现时则为非化脓性脑脊髓炎的典型病变,若主要出现5.3.3,而5.3.2不明显时,可能与免疫反应有关,常见于免疫鸡群。

通过流行病学、临床症状和组织病理学变化可对AE做出初步诊断,在初步诊断的基础上,进行病毒分离(见第6章)。

6 病毒分离

6.1 材料准备

6.1.1 器材

无菌剪刀、镊子、平皿、烧杯、玻璃瓶、组织研磨器、注射器,孵化器、离心机、高压灭菌器、冰柜、生物安全柜等。

6.1.2 试剂

生理盐水、青霉素、链霉素。

6.1.3 材料

SPF种蛋、SPF雏鸡。

6.1.4 病料

(可疑)AE 病雏脑组织(以发病早期为好)。

6.2 操作方法

6.2.1 病料的采集与保存

无菌取病雏鸡脑组织后应立即处理(见 6.2.2),若暂时不能处理,可于 −70 ℃冰柜中保存。

6.2.2 病料处理

将病料无菌称量、研磨,反复冻融 3 次,用无菌生理盐水溶液作 1∶5 稀释制成悬液,并加双抗(双抗终浓度为 1 000 IU/mL 青霉素,100 μg/mL 链霉素)。样品经 4 000 r/min 离心 10 min,取上清液即为自然病雏脑组织病毒液,冻存、备用。

6.2.3 雏鸡接种

取 6.2.2 处理好的病毒液,以 0.05 mL/羽脑内接种 1 日龄 SPF 雏鸡,待出现 AE 症状后采血致死,同上述方法取脑研磨、制备,获得接种病雏脑组织病毒液,冻存、备用。

6.2.4 鸡胚接种

取 6.2.3 病毒样本,以 0.2 mL/胚,经卵黄囊无菌接种 6 日龄 SPF 鸡胚,每份样本至少接种 5 枚胚,于 37 ℃孵化箱内孵育至 16 日龄收毒、观察鸡胚病变(同时设未接种病料的健康对照组)。收毒时,首先无菌吸取胚液(尿囊液和羊水),然后观察胚体发育情况;检查胚体、胚脑病变;取胚脑、胃、肠、胰腺称量、研磨、以胚液作 1∶5 稀释,同 6.2.2 加入双抗、离心、制成鸡胚组织病毒液,即为 AE 自然发病雏鸡第 1 代胚病毒液(AEV E_1)。取 AEV E_1 按照本条上述方法再接种 6 日龄 SPF 鸡胚卵黄囊、孵化、收毒、检查鸡胚病变、制备第 2 代胚病毒液(AEV E_2)。这样连续传代直至传代鸡胚出现病变时,该代鸡胚病毒液即可作为病毒鉴定用的 AE 分离毒病毒液。同时可进行病毒某些特性的检测。

与健康对照组鸡胚相比,发病鸡胚病变为:胚体活力减弱、发育不良和肌肉萎缩(胚体重减轻)、腿细爪曲或强直,脑萎缩,皮下、脑、胃肠水肿、出血等。病毒分离后,可通过琼脂免疫扩散试验、中和试验和间接免疫荧光试验中的任一种方法进行病毒鉴定(见第 7 章)。

7 AE 的确诊和病毒鉴定

7.1 琼脂免疫扩散试验

7.1.1 器材准备

7.1.1.1 器材

冰箱、天平、90 mm 直径的平皿、微量加样器、塑料吸头和打孔器(内径 4.0 mm、孔间距 3.0 mm 的 7 孔梅花样金属打孔器)。

7.1.1.2 试剂

禽脑脊髓炎琼脂免疫扩散试验冻干抗原(1 mL/安瓶)、标准阳性血清和阴性血清、氯化钠、优质琼脂粉、pH7.2 0.01 mol/L PBS(或生理盐水)、蒸馏水和 1%硫柳汞溶液(见附录 A)。

7.1.1.3 待检血清

无菌翅下静脉采血 1 mL 左右,分离血清,−20 ℃冰箱保存备用。

7.1.1.4 待检抗原

6.2.4 AE 分离毒抗原和其他待检抗原。

7.1.2 操作步骤

7.1.2.1 琼脂板制备

琼脂板的制备按如下步骤进行：

a) 琼脂液配制：称取优质琼脂粉 1.0 g，加蒸馏水至 100 mL。加热溶化后，加入氯化钠 18 g，充分溶解后，加入 1%硫柳汞溶液（终浓度为 0.01%），摇匀。

b) 制板：将琼脂液冷却至 47 ℃～70 ℃，取洁净、干燥、直径为 90 mm 的灭菌平皿，放置于无菌工作台内，每个平皿加琼脂液 18 mL，厚度约为 3.0 mm。凝固后盖严，把平皿倒置放入 4 ℃冰箱中保存备用（保存期 2 周）。

7.1.2.2 打孔

从冰箱内取出琼脂板，用 7 孔一组的梅花形打孔器打孔（中间 1 孔，外周 6 孔，见图 1），孔径 4.0 mm，孔距 3.0 mm。将孔中的琼脂轻轻挑出或吸出，勿伤及孔边缘或使琼脂层脱离平皿底。

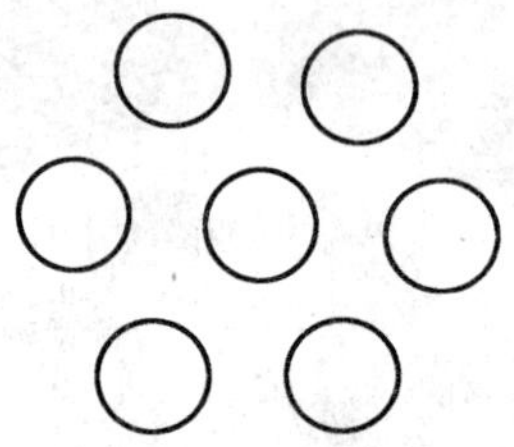

图 1　平皿中梅花形 7 孔一组排列示意图

7.1.2.3 封底

在酒精灯火焰上通过 4 次～6 次加热平皿底面，使底部琼脂稍微融化即可。

7.1.2.4 抗原稀释

向 1 安瓶抗原内加入 PBS（或生理盐水）1 mL，待溶解呈均匀混悬液时即为可使用的 AE 琼扩抗原液。

7.1.2.5 加样

根据需要和具体条件，可分别应用血清样品或抗原样品按以下处理方式进行加样：

a) 检验血清加样：结合图 2，用微量加样器吸取抗原液加入中央孔，标“＋”的三孔加标准阳性血清，1、2、3 孔加被检血清，每孔均应加满，但不能溢出。每加一个被检样品应换一个吸头。

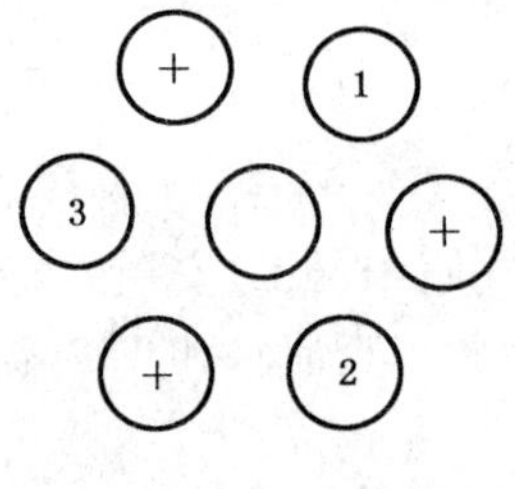

图 2　加样示意图

b) 检验抗原加样：结合图 2，用微量加样器吸取标准抗体溶液（AE 标准阳性血清）加入中央孔，标“＋”的三孔加标准抗原液，1、2、3 孔加待检抗原液，每孔均应加满，但不能溢出。每加一个被检样品应换一个吸头。

7.1.2.6 反应

加样完毕，室温静置 10 min，放入 22 ℃～26 ℃保湿盒内反应，分别在 24 h、48 h 和 72 h 观察并记录结果。

7.1.3 结果判定

7.1.3.1 检验血清结果判定

7.1.3.1.1 判定前提

将琼脂板置日光灯或侧强光下观察，在抗原与标准阳性血清孔之间出现一条清晰、致密的沉淀线，抗原与阴性血清孔之间不出现沉淀线，说明对照成立，可进行结果判定。

7.1.3.1.2 阳性

标准抗原孔与被检血清孔之间形成的沉淀线与阳性对照血清形成的沉淀线弯曲环联，判为阳性（见图 3）。

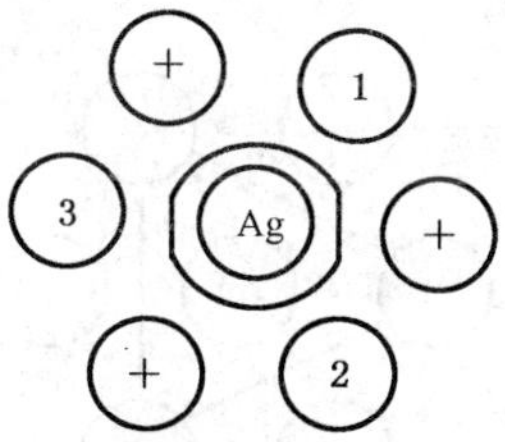

注：标“＋”孔为标准阳性血清，1、2、3 孔被检血清呈阳性。

图 3 被检血清呈阳性示意图

7.1.3.1.3 可疑

若标准抗原与被检血清孔间不出现沉淀线，而抗原与标准阳性血清孔间的沉淀线在被检血清孔位置微向内侧弯曲者（见图 4 中的 1 号孔），则被检血清判为可疑反应。对该份血清复检，仍为可疑则判为阳性反应。

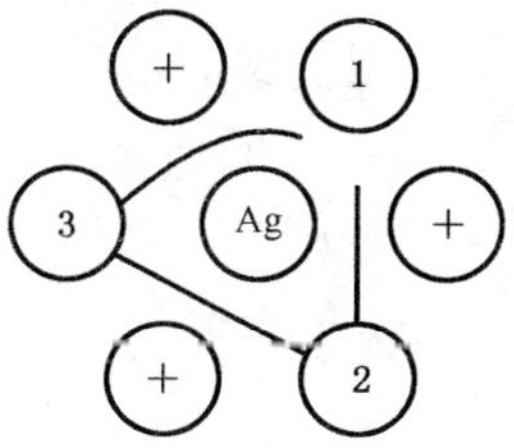

注：标“＋”孔为标准阳性血清，1 孔被检血清可疑，2、3 孔被检血清阴性。

图 4 被检血清呈可疑示意图

7.1.3.1.4 非特异性反应

若标准抗原孔和被检血清孔间的沉淀线粗且浑浊或与抗原孔和标准阳性血清孔之间的沉淀线交叉并直伸待检血清边缘者,则判为非特异性反应,应重做。若仍出现非特异性反应则判为阴性(如图5所示第3孔)。

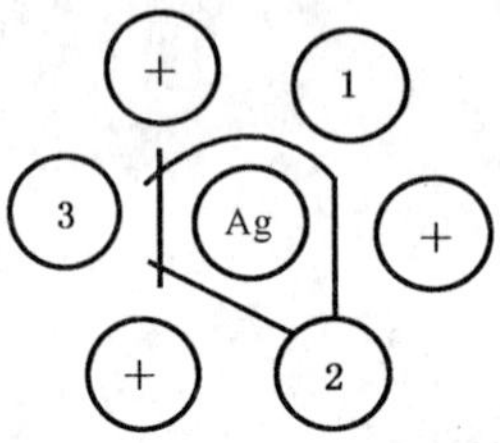

注:标"+"孔为标准阳性血清,1、2、3孔被检血清分别为阳性、阴性和非特异性反应。

图5 被检血清呈非特异性反应示意图

7.1.3.1.5 阴性

标准抗原孔与被检血清孔之间无沉淀线,抗原孔与标准阳性血清孔间沉淀线直伸延到被检血清孔边缘无弯曲者,则判为阴性(见图6)。

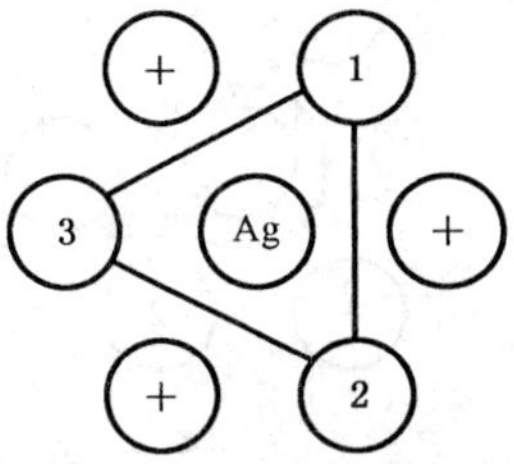

注:标"+"孔为标准阳性血清,1、2、3孔被检血清为阴性血清。

图6 被检血清呈阴性示意图

7.1.3.2 检验抗原结果判定

7.1.3.2.1 判定前提

将琼脂板置日光灯或侧强光下观察,在标准抗原与标准阳性血清孔之间出现一条清晰、致密的沉淀线,标准阳性血清孔与阴性抗原孔之间不出现沉淀线,说明对照成立,可进行结果判定。

7.1.3.2.2 阳性、可疑、非特异性反应和阴性

结果的判定原理和方法同7.1.3.1。

7.2 中和试验

7.2.1 材料准备

7.2.1.1 仪器

孵化器等。

7.2.1.2 材料

SPF 鸡胚、AE 标准阳性血清、AE 阴性血清、PBS(见附录 A)。

7.2.1.3 病毒样品

6.2.4 收获的待检 AE 分离毒病毒液。

7.2.2 操作方法

7.2.2.1 病毒滴度(EID_{50})测定

将待检病毒液作 10 倍系列稀释至 10^{-1}～10^{-8}，分装到两列无菌试管中，第一列 8 管各加入等量 AE 阴性血清(对照组)，第二列 8 管各加入等量 AE 标准阳性血清(试验组)，混匀后置 37 ℃ 1 h，然后每管分别卵黄囊接种 6 日龄 SPF 鸡胚各 5 枚(0.2 mL/胚)，继续孵化至 16 日龄，剖检、记录各组病变鸡胚数(感染发病胚病变判定标准见 6.2.4)，分别计算两组的 EID_{50}。

7.2.2.2 中和指数计算

待检病毒液的中和指数按式(1)计算：

$$X = W/Y \qquad (1)$$

式中：

X——中和指数；

W——试验组 EID_{50}；

Y——对照组 EID_{50}。

7.2.3 结果判定

中和指数小于 10 判为阴性，10～50 为可疑，大于 50 判为阳性。

7.3 间接免疫荧光试验

7.3.1 材料准备

7.3.1.1 器材

荧光显微镜和冰冻切片机。

7.3.1.2 试剂

FITC 标记兔抗鸡 IgG 抗体、标准阳性血清、阴性血清(SPF 鸡血清)、无水乙醇和丙酮。

7.3.1.3 组织样品

AE 雏鸡脑组织样品、健康对照雏鸡(阴性)脑组织样品和待检脑组织样品。

7.3.2 操作方法

7.3.2.1 冰冻组织切片制备

取 AE 脑组织样品、阴性脑组织样品和待检禽脑组织样品或十二指肠样品，分别覆以冷冻固定剂，−70 ℃固定过夜。次日，取出，经冰冻切片机切片，将组织切片置载玻片上，用−20 ℃预冷的丙酮乙醇(3∶2)固定液室温固定 5 min～10 min。

7.3.2.2 间接免疫荧光检测

将固定好的组织切片，PBS洗3次，加上标准阳性血清，SPF鸡血清各100 μL/块组织，于37 ℃温育30 min后用PBS洗涤3次，加入FITC标记兔抗鸡IgG抗体，置37 ℃温育30 min，经PBS洗涤3次后在荧光显微镜下观察。

7.3.3 结果判定

7.3.3.1 判定前提

AE脑组织切片与阳性血清作用，出现明亮绿色荧光，而AE脑组织切片与阴性血清作用以及阴性脑组织切片与阳性血清作用均无亮绿色荧光，则对照成立，结果可以判定。

7.3.3.2 判定标准

被检组织的细胞浆中出现亮绿色荧光者，判为阳性，否则判为阴性。

附 录 A
（规范性附录）
琼脂免疫扩散试验用溶液的配制

A.1 pH7.2 0.01mol/L 磷酸盐缓冲溶液（PBS）的配制

磷酸氢二钠（$Na_2HPO_4 \cdot 12H_2O$）	2.9 g
磷酸二氢钠（NaH_2PO_4）	0.3 g
氯化钠（NaCl）	8.0 g
加蒸馏水至	1 000 mL

用氢氧化钠（NaOH）或盐酸（HCl）调 pH 至 7.2，灭菌或过滤。

注：PBS 一经使用，于 4 ℃保存不超过 3 周。

A.2 1%硫柳汞溶液的配制

硫柳汞	1.0 g
加蒸馏水至	100 mL

溶解、过滤后，置 100 mL 瓶中盖塞，4 ℃存放备用。

ICS 11.220
B 41

GB

中华人民共和国国家标准

GB/T 27528—2011

口蹄疫病毒实时荧光 RT-PCR 检测方法

Real-time RT-PCR for detection of foot and mouth disease virus

2011-11-21 发布　　2012-03-01 实施

中华人民共和国国家质量监督检验检疫总局
中国国家标准化管理委员会　发布

前　言

本标准的附录A、附录B为规范性附录。

本标准由中华人民共和国农业部提出。

本标准由全国动物防疫标准化技术委员会(SAC/TC 181)归口。

本标准起草单位:中华人民共和国深圳出入境检验检疫局、中国检验检疫科学研究院、北京盈九思科技发展有限公司。

本标准主要起草人:秦智锋、林祥梅、吴绍强、花群义、卢体康、刘建、陈书琨、吕建强、曾少灵、詹爱军、韩雪清、孙洁、曹琛福、贾广乐、高小博、陈兵、阮周曦、梅琳、张彩虹、陶虹。

口蹄疫病毒实时荧光 RT-PCR 检测方法

1 范围

本标准规定了口蹄疫病毒实时荧光 RT-PCR 检测方法。

本标准适用于口蹄疫病毒的检测与鉴定。

2 规范性引用文件

下列文件中的条款通过本标准的引用而成为本标准的条款。凡是注日期的引用文件，其随后所有的修改单(不包括勘误的内容)或修订版均不适用于本标准，然而，鼓励根据本标准达成协议的各方研究是否可使用这些文件的最新版本。凡是不注日期的引用文件，其最新版本适用于本标准。

GB/T 6682 分析实验室用水规格和试验方法

GB/T 18088 出入境动物检疫采样

GB/T 18935 口蹄疫诊断技术

GB 19489 实验室 生物安全通用要求

SN/T 1193 基因检验实验室技术要求

3 缩略语

下列缩略语适用于本标准。

Ct 值：循环阈值(cycle threshold)。

4 试剂耗材和仪器设备

4.1 试剂耗材

4.1.1 除非另有说明，在检测中使用的试剂均为分析纯，实验室用水应符合 GB/T 6682 的要求。

4.1.2 口蹄疫病毒实时荧光 RT-PCR 试剂：－20℃保存，见附录 A。

4.1.3 引物和探针序列

上游引物(FMDV-F)序列为：5′ACTGGGTTTTACAAACCTGTGA 3′。

下游引物(FMDV-R)序列为：5′ GCGAGTCCTGCCACGGA 3′。

TaqMan 探针(FMDV-Pb)序列为：5′ TCCTTTGCACGCCGTGGGAC 3′，其 5′端和 3′端分别标记 FAM 和 BHQ。

4.1.4 DEPC 处理水：见附录 B。推荐购买商品化 DEPC 处理的无 DNA 酶和 RNA 酶的水。

4.1.5 氯仿：分析纯，常温保存。

4.1.6 异丙醇：分析纯，使用前预冷至－20 ℃。

4.1.7 75％乙醇：用 DEPC 水和无水乙醇配制，使用前预冷至－20℃。

4.1.8 石英砂：市售化学纯，121℃，15 min 高压灭菌后备用。

4.1.9 0.01 mol/L PBS，pH7.6～7.8：见附录 B。

4.1.10 阳性对照为灭活疫苗毒或组织培养灭活毒，－20 ℃保存备用。阴性对照样品可采用健康的猪或牛的组织材料。

4.2 主要仪器设备

4.2.1 荧光 PCR 检测仪。

4.2.2 高速台式冷冻离心机：可控温至 4 ℃，离心速度可达 12 000g 以上。

4.2.3 生物安全柜。

5 采样和样品前处理

5.1 样品采集、保存及运输

按照 GB/T 18088 和 GB/T 18935 的要求进行。

5.2 样品制备

5.2.1 样品的制备应符合 GB 19489 规定。

5.2.2 用无菌的手术刀采取动物机体组织(如舌、鼻、蹄水泡皮)0.2 g～1.0 g 置研钵中,加入等量灭菌石英砂充分研磨。其他机体组织(如淋巴结、扁桃体、肌肉等)除去包膜和其他结缔组织,选取内部实质部分,置研钵中,加入石英砂充分研磨。然后按照 1∶5 比例加入 0.01 mol/L PBS(pH7.6～7.8),4 ℃浸泡过夜或者−20 ℃反复冻融 2 次,每次 30 min。然后 4 ℃ 8 000*g* 离心 5 min。

5.2.3 液体样品如水泡液或者食道咽部黏液(O-P 液)不必经过研磨或者冻融处理,直接进行下一步。

6 核酸提取

6.1 核酸提取要求

核酸提取应按照 SN/T 1193 进行。

6.2 传统酚氯仿法抽提核酸

6.2.1 取灭菌的 1.5 mL 离心管,做好标识。

6.2.2 每管加入 600 μL 裂解液,分别加入被检样本、阴性对照、阳性对照各 200 μL,再加入 200 μL 氯仿,混匀器上振荡混匀 5 s,于 4 ℃ 12 000*g* 离心 15 min。

6.2.3 取灭菌的 1.5 mL 离心管,加入−20 ℃预冷 400 μL 异丙醇,吸取本标准 6.2 各管中的上清液转移至相应的管中,避免吸出中间层,颠倒混匀。

6.2.4 于 4 ℃ 12 000*g* 离心 15 min,弃上清,倒置于吸水纸上,沾干液体;加入 600 μL 75%预冷乙醇,颠倒洗涤。

6.2.5 于 4 ℃ 12 000*g* 离心 10 min,弃上清,倒置于吸水纸上,沾干液体。

6.2.6 10 000*g* 离心 10 s,用微量加样器将其吸干,室温干燥 5 min～10 min

6.2.7 加入 15 μL DEPC 水,溶解管底的 RNA,5 000*g* 离心 5 s,冰上保存备用,若需长期保存应放置−70 ℃冰箱。

6.3 核酸提取等效方法

口蹄疫病毒核酸提取也可以采用等效 RNA 提取试剂及方法:如采用自动化核酸抽提仪和配套核酸抽提试剂进行核酸抽提。

7 实时荧光 RT-PCR 检测

7.1 反应液的配制

配制每个 PCR 反应混合液:实时荧光 RT-PCR 反应液 14.5 μL, Taq 酶 0.25 μL,反转录酶 0.25 μL。

将以上 PCR 反应试剂按使用量吸取到一个离心管中,充分混匀,然后在每个 PCR 管中分装 15 μL,转移至样本处理区。

7.2 加样

在已分装有 PCR 反应混合液的 PCR 管中分别加入已提取好的核酸 10 μL,盖上管盖,将 PCR 管放入荧光 PCR 检测仪内,记录样本放置顺序。

7.3 PCR 扩增检测

7.3.1 反应条件设定

第一步：42 ℃ 30 min，95 ℃ 5 min。

第二步：95 ℃ 10 s，55 ℃ 1 min，72 ℃ 30 s，5 个循环。

第三步：95 ℃ 5 s，60 ℃ 30 s，40 个循环，60 ℃时设置采集荧光。

7.3.2 荧光素设定

Report Dye 设定为 FAM，Quench Dye 都设定为 BHQ，Reference dye 设定为 None。

8 结果判定

8.1 判定前的设置

综合分析仪器给出的各项结果，基线以仪器给出的默认值作为参考，阈值设定原则以阈值线刚好超过正常阴性对照品扩增曲线的最高点为准，具体根据仪器噪声情况进行调整，选择 FAM 通道进行分析。

8.2 试验成立判定

选用 FAM 通道进行分析，阳性对照样品有对数扩增曲线，而且 Ct 值≤30，阴性对照没有对数扩增曲线，而且 Ct 值为无，二者均成立才可判定试验成立，否则试验无效。

8.3 阳性判定

Ct 值≤30 的样本为阳性，表明口蹄疫病毒核酸阳性。

8.4 阴性判定

Ct 值显示为无的样本为阴性样本，表明口蹄疫病毒核酸阴性。

8.5 可疑判定

如果 30<Ct 值≤40，判为可疑。此时重复扩增检测，如果重复扩增曲线为对数扩增曲线且 Ct≤40，判为样本阳性，表明口蹄疫病毒核酸阳性；否则判为样本阴性。

附 录 A
（规范性附录）
实时荧光 RT-PCR 反应液及裂解液组成

A.1 实时荧光 RT-PCR 反应液组成

实时荧光 RT-PCR 反应液（1×）：含 50 mmol/L KCl，10 mmol/L Tris-HCl（pH8.3），2.5 mmol/L $MgCl_2$，0.2 mmol/L dNTP mix，上、下游引物各 200 nmol/L，探针 100 nmol/L，1U Taq 酶，100U 逆转录酶，2m mol/L DTT，5％甘油。

A.2 裂解液组成

裂解液主要成分为异硫氰酸胍和酚，为 RNA 提取试剂，于 4 ℃保存。

附 录 B
（规范性附录）
溶液的配制

B.1 DEPC水

每升三蒸水中加入 1 mL DEPC，用力摇匀，使 DEPC 充分混匀在水中，37 ℃放置 12 h 以上，再经 121 ℃15 min 高压灭菌备用。

B.2 0.01 mol/L PBS(pH7.6～7.8)

磷酸氢二钠($Na_2HPO_4 \cdot 12H_2O$)	3.0 g
磷酸二氢钾(KH_2PO_4)	0.2 g
氯化钾(KCl)	0.2 g
氯化钠(NaCl)	8 g

加三蒸去离子水定容至 1 000 mL，完全溶解后用 3 mol/L 的 NaOH 调 pH 为 7.6～7.8。经 121 ℃，15 min 高压灭菌，室温保存。

ICS 11.220
B 41

中华人民共和国国家标准

GB/T 27529—2011

马接触传染性子宫炎诊断技术

Diagnostic techniques for contagious equine metritis

2011-11-21 发布 2012-03-01 实施

中华人民共和国国家质量监督检验检疫总局
中国国家标准化管理委员会 发布

前　言

本标准的附录A、附录B、附录C为规范性附录。

本标准由中华人民共和国农业部提出。

本标准由全国动物防疫标准化技术委员会(SAC/TC 181)归口。

本标准起草单位:中华人民共和国山东出入境检验检疫局、中华人民共和国新疆出入境检验检疫局。

本标准主要起草人:朱来华、梁成珠、郑小龙、肖西志、邓明俊、辛学谦、谭乐义、方绍庆、王宫璞、岳志芹、季新成、王群、孙涛、赵玉然。

马接触传染性子宫炎诊断技术

1 范围

本标准规定了马接触传染性子宫炎(contagious equine metritis,CEM)的诊断技术。

本标准适用于马接触传染性子宫炎的诊断和检疫。

2 规范性引用文件

下列文件中的条款通过本标准的引用而成为本标准的条款。凡是注日期的引用文件,其随后所有的修改(不包括勘误的内容)或修订版均不适用于本标准,然而,鼓励根据本标准达成协议的各方研究是否可使用这些文件的最新版本。凡是不注日期的引用文件,其最新版本适用于本标准。

GB/T 4789.28—2003 食品卫生微生物学检验 染色法、培养基和试剂

GB/T 6682 分析实验室用水规格和试验方法

3 临床检查

3.1 临床特征

公马感染马生殖道泰勒氏杆菌后不表现任何临床症状,当母马感染后表现阴道炎、子宫颈炎,初期外阴部出现大量渗出物或灰色炎症分泌物,后期渗出物或分泌物逐渐变成黏稠的脓液,其中含有大量的多核细胞、黏膜脱落细胞和崩解的细胞碎片。

3.2 判定

根据3.1临床检查可作出初步判定。为了确诊需进行实验室检查,细菌学检查是确诊本病最可靠的方法。

4 病原分离与初步鉴定

4.1 材料准备

4.1.1 器材

4.1.1.1 微量移液器。

4.1.1.2 二氧化碳培养箱。

4.1.1.3 普通冰箱及低温冰箱(4 ℃、−20 ℃)。

4.1.1.4 离心管。

4.1.1.5 普通生物显微镜。

4.1.1.6 暗视野或相差显微镜。

4.1.1.7 载玻片。

4.1.1.8 接种环。

4.1.1.9 擦镜纸。

4.1.2 实验室用水

实验室用水是指实验室用于溶解、稀释或配制溶液的水,可用多次蒸馏或离子交换等制备,符合GB/T 6682二级水要求。

4.1.3 培养基

4.1.3.1 运输培养基:见附录A。

4.1.3.2 选择性琼脂培养基:见附录A。

4.1.3.3 含硫酸链霉素(200 μg/mL)选择性琼脂培养基:见附录 A。

4.1.3.4 卵黄氯化钠琼脂培养基:见附录 A。

4.1.4 试剂

4.1.4.1 除特别说明以外,本标准所用试剂均为分析纯。

4.1.4.2 革兰氏染色液:按 GB/T 4789.28—2003 中 2.2 规定配制。

4.1.4.3 过氧化物酶试验试剂:按 GB/T 4789.28—2003 中 3.18 规定,临用时配制。

4.1.4.4 氧化酶试验试剂:按 GB/T 4789.28—2003 中 3.20 规定,临用时配制,于冰箱内避光保存。

4.2 样品采集和运送

在采集泌尿生殖道拭子前应至少停用抗生素药物 7 d,也不得使用消毒药物冲洗泌尿生殖道。

母马或公马保定后,用高压消毒的棉拭子刮擦泌尿生殖道黏膜(尿道隐窝、尿道窦、尿道或阴茎鞘)以刮取含有细胞、分泌物的样品。从阴蒂窝和阴蒂窦刮取拭子进行分离培养即可证明马生殖道泰勒氏杆菌的存在,但要获得纯净的培养物,应从子宫颈或子宫内膜中采集样品来分离。

公马:每匹公马分别从阴茎基部/包皮处(包皮垢)、尿道隐窝/尿道窦、尿道口采集 3 份拭子。

未怀孕母马:每匹母马分别从子宫颈、阴蒂隐窝、阴蒂窦采集 3 份拭子。

怀孕母马:每匹母马分别从阴蒂隐窝、阴蒂窦采集 2 份拭子。

棉拭子采集后,迅速插入装有 1 mL~2 mL 含活性炭的运输培养基离心管内,以吸附掉细菌代谢产生的抑制因子。

在低温条件(2 ℃~8 ℃)下,样品尽快(24 h~48 h 内)送往实验室。

4.3 病原分离培养

样品到达实验室后,立即用棉拭子蘸取样品液直接涂布于选择性琼脂培养基和含硫酸链霉素(200 μg/mL) 选择性琼脂培养基平板上,每个拭子均接种 2 个平板。

平板在 5%~10%的二氧化碳培养箱内 35 ℃~37 ℃培养,最初 24 h 应检查是否有杂菌污染。48 h 后应每天观察,培养 7 d~14 d。

4.4 病原初步鉴定

4.4.1 菌落鉴定

48 h 后应每天观察琼脂培养基。观察培养基上有无疑似特征性菌落。马生殖道泰勒氏杆菌的菌落很小,直径 2 mm~3 mm,边缘完整光滑,有光泽,呈浅灰黄色。如无特征性菌落,可弃之。

4.4.2 革兰氏染色鉴定

按 GB/T 4789.28—2003 中 2.2 规定操作。

4.4.3 湿片动力试验

取干净载玻片一块,用微量移液器加一滴生理盐水,无菌挑取少量菌落,涂抹分散均匀。使用暗视野或相差显微镜检查,先用低倍物镜,再用高倍物镜,观察细菌形态特征与动力特征。

4.4.4 生化鉴定

4.4.4.1 氧化酶试验

取典型菌落,按 GB/T 4789.28—2003 中 3.18 规定操作。

4.4.4.2 过氧化氢酶试验

取典型菌落,按 GB/T 4789.28—2003 中 3.20 规定操作。

4.4.4.3 磷脂酶试验

用接种环挑取固体培养基上典型菌落,点种于卵黄氯化钠琼脂平板(每张平板至少可接种 10 点),在 5%~10%的二氧化碳培养箱内 37 ℃厌氧培养 24 h,观察接种点的变化。

磷脂酶试验阳性者产生卵磷脂酶,分解卵黄中的卵磷脂,接种点的底部及周围形成乳白色的混浊带。

4.5 结果判定

4.5.1 根据细菌的菌落特征、革兰氏染色特征、湿片动力试验、过氧化氢酶试验、磷脂酶试验和氧化酶试验的结果可进行初步鉴定。

4.5.2 马生殖道泰勒氏杆菌生长缓慢，菌落很小，直经 2 mm ～3 mm，边缘完整光滑，有光泽，呈浅灰黄色。

4.5.3 马生殖道泰勒氏杆菌革兰氏染色阴性，杆状或球杆状，有时呈多形态(长达 6 μm)，并可表现两极着色。

4.5.4 马生殖道泰勒氏杆菌无运动性。

4.5.5 马生殖道泰勒氏杆菌能产生过氧化氢酶和磷酸脂酶，氧化酶强阳性，无其他生化反应。

4.5.6 凡符合马生殖道泰勒氏杆菌一般特征和生化特性的细菌，可初步判定为马生殖道泰勒氏杆菌，如初步判定为马生殖道泰勒氏杆菌，则需要进一步应用马生殖道泰勒氏杆菌特异抗血清进行血清学鉴定。

5 病原血清学鉴定技术

5.1 玻片乳胶凝集试验

5.1.1 试验材料

5.1.1.1 马生殖道泰勒氏杆菌的标准抗原。

5.1.1.2 马生殖道泰勒氏杆菌阳性血清致敏乳胶。

5.1.1.3 马生殖道泰勒氏杆菌阴性血清致敏乳胶。

5.1.1.4 载玻片。

5.1.1.5 玻璃铅笔。

5.1.1.6 接种环。

5.1.1.7 牙签或火柴杆。

5.1.2 操作程序

使用前，马生殖道泰勒氏杆菌的标准抗原应充分振荡，所有试剂在室温平衡使其温度达到 20 ℃左右。

取洁净载玻片一块，用玻璃铅笔划成小格。

滴加 1 滴马生殖道泰勒氏杆菌阳性血清致敏乳胶(约 25 μL)，再用接种环在琼脂培养基上钩取待鉴定细菌培养物适量，或滴加 1 滴液体培养物(约 25 μL)。

同时于载玻片另一端滴加 1 滴马生殖道泰勒氏杆菌阴性血清致敏乳胶，同样钩取该细菌培养物混匀于其中。

以牙签或火柴杆混匀，在 3 min～5 min 内判定结果。

5.1.3 结果判定

“＋＋＋＋”：100％凝集，全部乳胶凝集，成絮状团块，出现大的凝集片或粒状物，液体清亮。

“＋＋＋”：75％凝集，大部分乳胶凝集成较小的颗粒，有可见凝集块，液体清亮，几乎完全透明。

“＋＋”：50％凝集，半量乳胶凝集成细小颗粒，出现比较明显的颗粒状凝集颗粒或小凝块，液体不甚透明。

“＋”：25％凝集，仅可勉强看到粒状物，或较少量的乳胶凝集成可见的细颗粒，液体混浊。

“－”：无凝集现象，全部乳胶液体仍为均匀混浊，无颗粒。

以“＋＋”或以上的反应强度作为该反应滴度的终点，判为凝集试验阳性。

5.1.4 结果说明

玻片乳胶凝集试验因可能出现非特异性凝集反应，仅用做马生殖道泰勒氏杆菌的初步血清学鉴定。

5.2 间接荧光抗体法

5.2.1 试验材料

5.2.1.1 马生殖道泰勒氏杆菌的标准抗原。

5.2.1.2 马生殖道泰勒氏杆菌荧光标记的标准阳性血清。

5.2.1.3 马生殖道泰勒氏杆菌标准阴性血清。

5.2.1.4 异硫氰酸荧光素(FITC)标记的抗抗体诊断液。

5.2.1.5 0.1 mol/L pH8.0 磷酸盐缓冲液(PBS)(见附录 B)。

5.2.1.6 甘油缓冲液(见附录 B)。

5.2.1.7 丙酮:乙醇(体积比 1∶1,−20 ℃预冷)。

5.2.1.8 恒温培养箱。

5.2.1.9 荧光显微镜。

5.2.1.10 载玻片。

5.2.1.11 盖玻片。

5.2.1.12 玻璃铅笔。

5.2.1.13 接种环。

5.2.1.14 镊子。

5.2.1.15 染色缸。

5.2.2 操作程序

取一干净载玻片,用玻璃铅笔画定样品区域(直径 0.5 cm),用接种环在琼脂培养基上钩取待鉴定细菌培养物适量,涂布均匀,风干。同时以马生殖道泰勒氏杆菌的标准抗原作为阳性对照。

待涂片似干未干时,滴加预冷丙酮:乙醇液,固定细胞 5 min~10 min。

用镊子将载玻片放入 PBS 液染色缸中充分漂洗,经过 3 次,每次 3 min~5 min。

将载玻片上多余的水擦干,分别取 10 μL 马生殖道泰勒杆菌的标准阳性血清、标准阴性血清(事先用 PBS 稀释 10 倍~20 倍)滴于标本上,放于湿盒内,37 ℃温育 30 min。

将载玻片上多余的水份擦干,滴加 10 μL 异硫氰酸荧光素(FITC)标记的抗抗体诊断液(以 PBS 稀释至工作效价),并使它布满整个标本。

置湿盒中,放 37 ℃温箱,作用 30 min,取出玻片,用 PBS 充分漂洗,经过 3 次,每次 3 min~5 min。

将载玻片上多余的水份擦干,在标本处滴一小滴甘油缓冲液,轻轻加上盖玻片。

5.2.3 结果判定

将载玻片放在荧光显微镜载物台上,调好光源即可观察。阳性反应者 FITC 荧光色素呈明亮的黄绿色荧光。

5.2.4 结果说明

间接荧光抗体法因特异性强、灵敏度高,可用做马生殖道泰勒氏杆菌的最后确诊。

6 病原套式 PCR 分子鉴定

6.1 材料与试剂

6.1.1 仪器与器材

6.1.1.1 PCR 扩增仪。

6.1.1.2 高速台式冷冻离心机(离心速度 12 000 r/min 以上)。

6.1.1.3 台式离心机(离心速度 2 000 r/min)。

6.1.1.4 混匀器。

6.1.1.5 冰箱(2 ℃~8 ℃和−20 ℃两种)。

6.1.1.6 微量可调移液器及配套带滤芯吸头。

6.1.1.7 Eppendorf 管(1.5 mL 带盖塑料离心管)。

6.1.1.8 稳压稳流电泳仪和水平电泳槽。

6.1.1.9 电泳凝胶成像系统(或紫外分析仪)。

6.1.2 试剂

6.1.2.1 蛋白酶 K:见附录 C。

6.1.2.2 10%SDS 液:见附录 C。

6.1.2.3 异丙醇:−20 ℃预冷。

6.1.2.4 NaAc(3 mol/L):见附录 C。

6.1.2.5 75%乙醇:见附录 C。

6.1.2.6 Taq 酶:5 U/μL。

6.1.2.7 10×PCR 缓冲液。

6.1.2.8 dNTPs:含有 dATP、dTTP、dCTP、dGTP 各 2.5 mmol/L。

6.1.2.9 电泳缓冲液:用 5×TBE 电泳缓冲液稀释成工作浓度,即 0.5×TBE 缓冲液(见附录 C)。

6.1.2.10 EB:见附录 C。

6.1.2.11 加样缓冲液(6×):见附录 C。

6.1.2.12 0.1 mol/L PBS(pH8.0):见附录 B。

6.1.2.13 引物:加灭菌蒸馏水配制成 20 μmol/L 工作液(见表 1)。

表 1 套式 PCR 引物序列

名称	序列	在 16S rRNA 位置
上游外侧引物 PP1	5'-CCATTAGAGGCTGTTAATCAATCGGGAAACC-3'	38-67
上游内侧引物 PP2	5'-CCATACCGAACCCAATACCAAGCACACAAG-3'	245-274
下游引物 PR1	5'-GTGTCATTAAGGTGTGTATTTGGTCTGGTG-3'	482-453

6.2 DNA 模板的制备

取 n 个灭菌的 1.5 mL Eppendorf 管,其中 n 为被检样品、阳性对照与阴性对照的和(阳性对照、阴性对照在试剂盒中已标出),编号。

用微量可调移液器于每管加 pH7.0 PBS 1 mL,将生殖道拭子浸泡、挤压后,于 4 ℃ 15 000 r/m 离心 1 min,去上清液。

用微量可调移液器于每管加入蛋白酶 K 至终浓度 100 μg/mL 和 SDS 至终浓度 10 g/L,55 ℃水浴 2 h。

用微量可调移液器于每管分别加入苯酚、苯酚-氯仿-异丙醇混合液(体积比为 25∶24∶1)、氯仿,在混匀器上剧烈混匀,各抽提 1 次,吸取水相转移至新 Eppendorf 管。

用微量可调移液器及配套带滤芯吸头于每管加入 1/10 体积 3 mol/L 的 NaAc 和 2.5 倍体积的无水乙醇,轻轻混匀后置−20℃沉淀 1 h,4 ℃条件下 12 000 r/min 离心 15 min,弃掉上清液。

用微量可调移液器于每管加入 75%乙醇洗涤,4 ℃条件下 12 000 r/min 离心 5 min,沉淀烘干后悬浮于水中,取适量用作 PCR 模板。若需长期保存应放置−70 ℃冰箱。

6.3 半套式 PCR 程序

6.3.1 第一次 PCR 反应

第一次 PCR 反应液组成如下:

10×PCR 缓冲液	5 μL
$MgCl_2$(25 mmol/L)	4 μL
dNTP(2.5 mmol/L)	4 μL
引物 PP1(20 μmol/L)	1 μL

引物 PR1(20 μmol/L)	1 μL
Taq 酶((5 U/μL))	0.5 μL
DNA 模板(10 ng/μL)	2 μL
水	32.5 μL

在 PCR 管内加入上述成分,总体积为 50 μL,3 000 r/min 离心 10 s。

将 PCR 反应管置于 PCR 扩增仪。先 95 ℃ 5 min,再进行 95 ℃ 30 s、58 ℃ 30 s、72 ℃ 30 s,35 次循环,然后 72 ℃ 10 min,最后 4℃保温。

6.3.2 第二次 PCR 反应

第二次 PCR 反应液组成如下:

10×PCR 缓冲液	5 μL
$MgCl_2$(25 mmol/L)	4 μL
dNTPs(2.5 mmol/L)	4 μL
引物 PP2(20 μmol/L)	1 μL
引物 PR1(20 μmol/L)	1 μL
Taq 酶((5 U/μL))	0.5 μL
DNA 模板(10 ng/μL)	2 μL
水	32.5 μL

第一次 PCR 产物在带稳压稳流电泳仪的水平电泳槽内进行琼脂糖凝胶电泳后，在电泳凝胶成像系统(或紫外分析仪)上进行观察。如果不出现 445 bp 的 DNA 扩增条带,取 2 μL 产物做模板;如果电泳后出现 445 bp 的 DNA 扩增条带,则需将产物按 1∶1 000 稀释后,取 2 μL 作为第二次 PCR 的模板。

在 PCR 管内加入上述成分,总体积为 50 μL,3 000 r/min 离心 10 s。

将 PCR 反应管置于 PCR 扩增仪。先 95 ℃ 5 min,再进行 95 ℃ 30 s、62 ℃ 30 s、72 ℃ 30 s,35 次循环,然后 72 ℃ 10 min,最后 4 ℃保温。

6.3.3 对照设立

从 6.2 DNA 模板的制备开始,设立阳性对照、阴性对照。以含有已知马生殖道泰勒氏杆菌 NCTC 11184 株的细菌悬液作为阳性对照,蒸馏水作为阴性对照。

6.3.4 PCR 产物琼脂糖电泳

用 TBE 电泳缓冲液配制 2%的琼脂糖(含 0.5 μg/mL EB)平板。将平板放入水平电泳槽,使电泳缓冲液刚好淹没胶面。将 10 μL 样品和 2 μL 加样冲液(6×)混匀后加入样品孔。在电泳时设立 DNA 标准分子量作对照。5 V/cm 电泳约 30 min,当溴酚蓝到达底部时停止。在紫外灯下观察结果。

6.4 结果判定

第一次 PCR 后阳性对照会出现一条 445 bp 的 DNA 片段。阴性对照则无。

第二次(半套式)PCR 后,阳性对照会出现一条 238 bp 的 DNA 片段。阴性对照则无。

待测样品 PCR 扩增后,如能在相应 445 bp、238 bp 位置上出现 DNA 条带,即可判定为阳性反应。

必要时对扩增产物进行序列测定与比对。

6.5 结果说明

套式 PCR 技术因特异性强、灵敏度高,结合 PCR 序列测定、比对,亦可用做马生殖道泰勒氏杆菌的最后确诊。

附 录 A
（规范性附录）
培养基配制方法

A.1 运输培养基

氯化钠（NaCl）	3.0 g
氯化钾（KCl）	0.2 g
氯化钙（$CaCl_2$）	0.1 g
氯化镁（$MgCl_2$）	0.1 g
磷酸二氢钾（KH_2PO_4）	0.2 g
磷酸氢二钠（Na_2HPO_4）	1.15 g
巯基乙酸钠（$C_2H_3NaO_2S$）	1.0 g
活性炭	10.0 g
琼脂	4.0 g

称取上述成分，加入蒸馏水定容到 1 000 mL，稍加热溶解后 107.9 kPa、121 ℃高压灭菌 15 min。

A.2 选择性琼脂培养基：5%（体积分数）热灭活血液巧克力琼脂培养基

蛋白胨	10.0 g
牛肉浸膏	3.0 g
氯化钠	5.0 g
琼脂	15.0 g

加入 900 mL 蒸馏水，加热溶解后 107.9 kPa、121 ℃高压灭菌 15 min。冷却至 70 ℃～80 ℃时，加入 50 mL 马血液，70 ℃～80 ℃水浴 12min，期间不断旋摇；继续冷却到 45 ℃～50 ℃，加入 1 mL 的 100 mg/mL 半胱氨酸（终浓度 0.83 mol/L）、1 mL 的 277 mg/mL 亚硫酸钠（终浓度 1.59 mol/L）、三甲氧苄二氨嘧啶（1 μg/mL）、洁霉素（5 μg/mL）和两性霉素 B（5 μg/mL），以灭菌蒸馏水定容到 1 000 mL；充分振摇，倾注平皿，厚度约为 4 mm，即可获得高质量的巧克力琼脂培养基。

A.3 含硫酸链霉素（200 μg/mL）选择性琼脂培养基

在 5%（体积分数）热灭活血液琼脂培养基的基础上添加硫酸链霉素（200 μg/mL）。

A.4 卵黄氯化钠琼脂培养基（磷脂酶试验用）

A.4.1 10%氯化钠卵黄液的制备

取新鲜鸡蛋 1 个，以无菌操作取出卵黄，加入 10%灭菌氯化钠溶液 100 mL 中，充分振摇，即得。

A.4.2 卵黄氯化钠琼脂培养基

蛋白胨	6 g
牛肉浸出粉	1.8 g
琼脂	23 g
氯化钠（NaCl）	30 g
蒸馏水	650 mL
10%氯化钠卵黄液	100 mL

取上述成分（除 10%氯化钠卵黄液外）混合，加热溶化琼脂，调节 pH 值为 7.6，107.9 kPa、121 ℃高压灭菌 15 min，待冷至约 60 ℃，以无菌操作加入 10%氯化钠卵黄液 100 mL，充分振摇，倾注平皿。

附 录 B
（规范性附录）
间接荧光抗体试剂配制方法

B.1 0.1 mol/L 磷酸盐缓冲液(PBS,pH8.0)

磷酸氢二钾	5.59 g
磷酸二氢钾	0.41 g

取磷酸氢二钾 5.59 g 与磷酸二氢钾 0.41 g,加蒸馏水定容至 1 000 mL,充分溶解即可。

B.2 甘油缓冲液

甘油	90 mL
0.1 mol/L PBS(pH8.0)	10 mL

取 90 mL 甘油加 10 mL pH8.0 PBS 充分混匀,即成甘油缓冲液。

附　录　C
（规范性附录）
PCR 试剂配制方法

C.1　蛋白酶 K(10 mg/mL)

蛋白酶 K	50 mg
蒸馏水	5 mL

50 mg 蛋白酶 K 溶于 5 mL 蒸馏水中，分装成每管 1 mL，−20 ℃保存。

C.2　10% SDS

SDS(十二烷基磺酸钠)	100 g
蒸馏水	1 000 mL

100 g SDS 在 900 mL 水中溶解，加热至 68 ℃助溶，加水定容至 1 000 mL，室温保存。

C.3　3 mol/L 醋酸钠

408 g 醋酸钠(NaAc · $3H_2O$)，在 900 mL 水中溶解，加水定容至 1 000 mL，室温保存。107.9 kPa、121 ℃高压灭菌 15 min。

C.4　75%乙醇

蒸馏水	75 mL
无水乙醇	25 mL

用无水乙醇和蒸馏水充分混匀，−20 ℃预冷。

C.5　5×TBE 电泳缓冲液(5×浓缩液)

Tris	54.0 g
硼酸	27.5 g
EDTA	2.9 g
加三蒸水到	1 000 mL

用 5 mol/L 的盐酸(HCl)调到 pH8.0，或直接购买商品化的产品。

C.6　EB(染色剂)

溴化乙锭(EB)	100 mg
蒸馏水	10 mL

用三蒸水配制成 10 mg/mL 的浓缩液，使用时每 10 mL 琼脂溶液中加 1 μL。

C.7　加样缓冲液(6×)

溴酚蓝	0.25 g
蔗糖	40 g
蒸馏水	100 mL

称取溴酚蓝 0.25 g 和蔗糖 40 g，充分溶解于 80 mL 蒸馏水，最后定容至 100 mL。107.9 kPa、121 ℃高压灭菌 15 min。

ICS 11.220
B 41

中华人民共和国国家标准

GB/T 27530—2011

牛出血性败血病诊断技术

Diagnostic techniques for bovine haemorrhagic septicaemia

2011-11-21 发布　　2012-03-01 实施

中华人民共和国国家质量监督检验检疫总局
中国国家标准化管理委员会　发布

前　言

本标准的附录A、附录B和附录C为规范性附录。

本标准由中华人民共和国农业部提出。

本标准由全国动物防疫标准化技术委员会(SAC/TC 181)归口。

本标准起草单位:甘肃农业大学。

本标准主要起草人:胡永浩、包世俊、伏小平、曾巧英、温峰琴、杨学山、邢小勇、郝宝成、项海涛。

牛出血性败血病诊断技术

1 范围

本标准规定了牛出血性败血病(bovine haemorrhagic septicaemia,HS)的临床与病理学诊断及病原学诊断的方法和技术要求。

本标准适用于口岸、产地及集散地牛出血性败血病的诊断、检疫。

2 规范性引用文件

下列文件中的条款通过本标准的引用而成为本标准的条款。凡是注日期的引用文件,其随后所有的修改单(不包括勘误的内容)或修订版均不适用于本标准,然而,鼓励根据本标准达成协议的各方研究是否可使用这些文件的最新版本。凡是不注日期的引用文件其最新版本适用于本标准。

GB/T 4789.28—2003 食品卫生微生物学检验 染色法、培养基和试剂。

3 缩略语

下列缩略语适用于本标准。

AGID:琼脂凝胶扩散试验(agar gel immunodiffusion test)

CIEP:对流免疫电泳试验(counter immunoelectrophoresis test)

CSY:酪蛋白-蔗糖-酵母琼脂(casein/sucrose/yeast agar)

HS:出血性败血病(haemorrhagic septicaemia)

IHA:间接血凝试验(indirect haemagglutination test)

PB:磷酸盐缓冲液(phosphate buffer)

RBCs:红细胞(red blood cells)

4 临床与病理学诊断

4.1 流行特征

黄牛、水牛、牦牛和奶牛均可感染发病。患病动物、带菌动物为传染来源。有时,健康畜禽的口腔、扁桃体和上呼吸道带菌。畜群中发生巴氏杆菌病而查不出传染源时,一般认为家畜在发病前已经带菌。病畜由其排泄物、分泌物排出有毒力的病菌,污染饲料、饮水、用具和外界环境,经消化道而传染给健康家畜。或由咳嗽、喷嚏排出病菌,通过飞沫经呼吸道发生传染。也可通过有伤口的皮肤、黏膜发生传染。吸血昆虫叮咬也可传播病菌。

本病的发生一般无明显的季节性。通常呈散发性流行,在畜群中少数几头动物先后发病。水牛、牦牛有时可呈地方性流行。发病率、病死率均高。寒冷、闷热、潮湿、拥挤、气候剧变、阴雨连绵、圈舍通风不良、营养缺乏、饲料突变、过度疲劳、长途运输以及其他疾病、感染等是诱发因素。

4.2 临床症状

4.2.1 败血型:病牛病初体温高达 41 ℃～42 ℃,呼吸及心跳加快,鼻镜干裂,皮温不整,食欲减退甚至废绝。病初便秘,后腹泻,粪便始呈粥样,后为液状并混有黏液、黏膜片及血液,恶臭。有时出现鼻漏和血尿。腹泻开始后体温下降,不久即死亡。病程多为 12 h～24 h。

4.2.2 浮肿型:除呈现体温升高等一般性全身症状外,病牛颈部、咽喉部及胸前部皮下出现迅速扩展的炎性水肿,同时伴有舌及周围组织的高度肿胀,舌多伸出齿外,呈暗红色。呼吸高度困难,皮肤和黏膜发绀,常因窒息或下痢而死。病程多为 12 h～36 h。

4.2.3 肺炎型:除呈现体温升高等一般性全身症状外,病牛主要表现为急性纤维素性胸膜肺炎的症状。体温升高,呼吸困难,干咳,流泡沫样鼻液,后鼻液呈脓性。胸部叩诊有痛感。病初便秘,后腹泻,粪便恶臭并混有血液。病程一般 3 d～7 d 左右。

4.3 病理剖检

4.3.1 败血型:皮下、各部位黏膜、浆膜、肌肉等均有出血点。胸腹腔有大量渗出液。真胃、小肠及大肠常见出血性炎症,肠内容物稀薄且多混有血液。淋巴结显著水肿。脾点状出血但不肿大。肺淤血、水肿。

4.3.2 浮肿型:咽喉部、颈部及肢体部皮下水肿,切开水肿部位流出深黄色透明液体,间或杂有出血。咽周围组织及会厌软骨韧带呈黄色胶样浸润,咽淋巴结和前颈淋巴结肿胀。上呼吸道黏膜卡他性炎症。

4.3.3 肺炎型:胸腔中有大量浆液性纤维素性渗出液,肺脏和胸膜表面有小出血点并覆有纤维素膜,肺脏切面呈大理石状。心包与胸膜粘连,内有干酪样坏死物。胃肠道急性卡他性炎症和出血性炎症。淋巴结肿大,呈紫色,布满出血点,尤以支气管淋巴结与纵膈淋巴结最为明显。

4.3.4 依据流行特征、临床症状以及病理变化可作出初步诊断,确诊要进行病原学诊断。

5 病原学诊断

5.1 病料采集及处理

无菌采集病死动物的体腔渗出液、血液、肝脏、脾脏、淋巴结等新鲜病料,及时送检或置冷暗处保存备用。死亡时间较长的病例可采集长骨骨髓作为病料。可现场制作病料涂片或触片,供染色镜检。

5.2 染色镜检

采集病料涂片或触片,染色后置显微镜下观察。革兰氏染色(按 GB/T 4789.28—2003 中 2.2 规定操作)可见革兰氏阴性的短杆菌或球杆菌,菌体大小为(0.2 μm～0.4 μm)×(0.6 μm～2.5 μm)。瑞氏染色(按 GB/T 4789.28—2003 中 2.6 规定操作)和美蓝染色(按 GB/T 4789.28—2003 中 2.1 规定操作)时菌体两极浓染,印度墨汁染色(见附录 A)可见明显的荚膜。

慢性病例或腐败材料常不易发现典型细菌,应该经分离培养后再行染色镜检。

镜检观察到典型菌体,结合流行特点、症状和病变,可初步诊断为本病。进一步进行病原分离鉴定以作出确切诊断。

5.3 病原分离鉴定

5.3.1 病原分离

病料分别接种麦康凯琼脂培养基(见附录 B)、酪蛋白-蔗糖-酵母(CSY)琼脂培养基(见附录 B)和鲜血琼脂培养基(见附录 B),置 37 ℃条件下培养 18 h～24 h 后,挑选可疑菌落进行鉴定。当病料中细菌含量小时,可用 5%血清肉汤(按照 GB/T 4789.28—2003)于 37 ℃进行增菌培养。

5.3.2 病原鉴定

5.3.2.1 培养特性

多杀性巴氏杆菌在麦康凯琼脂培养基上不生长。在血液琼脂培养基上经 18 h～24 h 后可长成圆形、光滑、湿润、有灰白色光泽的半透明菌落,直径约 1 mm,菌落周围无溶血现象。在 CSY 琼脂培养基上菌落通常大于血液琼脂培养基上的菌落。老龄培养物,特别是在无血培养基上的老龄培养物,形成的菌落小于血液琼脂培养基上的菌落。

5.3.2.2 菌体形态

取血液琼脂培养基上生长 18 h～24 h 的典型菌落涂片,革兰氏染色镜检可见革兰氏阴性的球杆菌,菌体大小为(0.2 μm～0.4 μm)×(0.6 μm～2.5 μm)。

5.3.2.3 生化试验

5.3.2.3.1 取纯培养的待检菌少许接种发酵管(见附录 B),置 37 ℃培养,每天观察并记录结果。多杀性巴氏杆菌可分解葡萄糖、果糖、半乳糖、单奶糖、蔗糖和甘露糖,产酸不产气;不发酵棉子糖、乳糖、鼠李糖、菊糖、水杨苷、肌醇。

5.3.2.3.2 MR、VP 试验(按 GB/T 4789.28—2003 中 3.4 规定操作)阴性。

5.3.2.3.3 吲哚试验(按 GB/T 4789.28—2003 中 3.13 规定操作)阳性。

5.3.2.3.4 氧化酶试验(按 GB/T 4789.28—2003 中 3.18 规定操作)、过氧化氢酶试验(按GB/T 4789.28—2003 中 3.20 规定操作)阳性,β-半乳糖苷酶试验(按 GB/T 4789.28—2003 中 3.3 规定操作)、脲酶试验(按 GB/T 4789.28—2003 中 3.15 规定操作)阴性。

5.3.2.3.5 硝酸盐还原试验(按 GB/T 4789.28—2003 中 3.17 规定操作)阳性,柠檬酸盐利用试验(按 GB/T 4789.28—2003 中 3.5 规定操作)阴性。

5.3.2.3.6 硫化氢试验(按 GB/T 4789.28—2003 中 3.14 规定操作)阴性,明胶液化试验(按 GB/T 4789.28—2003 中 3.10 规定操作)阴性。

5.3.2.3.7 依据病原培养特性、菌体形态、生化试验,符合多杀性巴氏杆菌特征者可作出确定诊断。必要时进行血清分型试验和动物接种试验。

5.3.2.4 血清分型试验

5.3.2.4.1 间接血凝试验

5.3.2.4.1.1 材料

所用材料如下所示:

a) 标准菌及待检菌荚膜抗原(见附录 C)。
b) 特异性抗血清(见附录 C)。
c) 1%新鲜绵羊红细胞(见附录 C)。
d) 致敏绵羊红细胞(见附录 C)。
e) 阿氏液(Alsever's 液)(见附录 A)。
f) 80 孔血凝反应板(大孔板)。

5.3.2.4.1.2 方法

间接血凝试验方法步骤如下所示:

a) 反应板每排第 1 孔加入 0.85% NaCl 溶液 0.72 mL,自第 2 孔起各孔分别加入 0.85% NaCl 溶液 0.4 mL。
b) 各型特异性抗血清各自单独一排稀释,第 1 孔加入血清 0.08 mL,混匀,移取 0.4 mL 到下一孔。同样方法稀释至第 7 孔。
c) 每孔加入 0.4 mL 致敏绵羊红细胞。
d) 同时设如下对照:
——血清对照:血清(10 倍稀释)0.4 mL+加 1%新鲜绵羊红细胞 0.4 mL。
—— 绵羊红细胞对照:1%新鲜绵羊红细胞 0.4 mL+0.85%NaCl 溶液 0.4 mL。
——抗原对照:1%致敏绵羊红细胞 0.4 mL+0.85%NaCl 溶液 0.4 mL。
——反应程序见表 1。

表 1 间接血凝试验(荚膜分型)反应程序

孔 号	1	2	3	4	5	6	7	8(抗体对照)	9(抗原对照)	10(绵羊红细胞对照)
血清稀释倍数	20	40	80	160	320	640	1 280	—	—	—
含 0.3%甲醛的 0.85%NaCl/mL	0.72	0.4	0.4	0.4	0.4	0.4	0.4	0.36	0.4	0.4
型特异性抗血清加量/mL	0.08	0.4	0.4	0.4	0.4	0.4	0.4	0.4(弃去) 0.04	—	—
1%致敏红细胞/mL	0.4	0.4	0.4	0.4	0.4	0.4	0.4	—	0.4	—
1%新鲜红细胞/mL	—	—	—	—	—	—	—	0.4	—	0.4

加样后，轻微震荡，置室温，分别于 2 h～18 h 判读并记录结果。

e) 结果判定：绵羊红细胞沿着凹孔坡面呈絮块状凝集为阳性，在孔中央形成钮扣状为阴性。依据凝集范围的大小判定凝集程度为以下几级：

——“++++”：凝集颗粒细密并均匀地分布在整个孔底，边缘不整齐，示 100%凝集。

——“+++”：凝集的绵羊红细胞平铺孔底，但有卷边或缺口，示 75%凝集。

——“++”：凝集的红细胞平铺孔底，呈片层或沙撒布样，分布不均匀，边缘不整齐，示 50%凝集。

——“+”：绵羊红细胞凝集面积较小，凝集程度轻微，边缘稍增厚，示 25%凝集。

——“−”：绵羊红细胞沉积在孔中央，如小圆盘或钮扣状，示无凝集。

以“++”为样品的滴度终点。当抗原与抗血清之间出现明显 50%或 50%以上凝集者，判读为阳性，抗原与抗血清之间出现 25%或无凝集者，判读为阴性。未知菌株用具有凝集性的抗血清进行鉴定，若与所有血清都没有发生凝集反应，则用该方法对菌株无法分型。

5.3.2.4.2 琼脂凝胶免疫扩散试验

5.3.2.4.2.1 材料

所用材料如下所示：

a) 琼脂。

b) 0.85%NaCl 溶液。

c) 1%硫柳汞溶液。

d) 菌体抗原（见附录 C）。

e) 多杀性巴氏杆菌菌体分型血清，1～16 个血清型（见附录 C）。

5.3.2.4.2.2 方法

琼脂凝胶免疫扩散试验方法步骤如下所示：

a) 琼脂凝胶平板的制备：取 0.9 g 优质琼脂加入 90 mL 0.85%NaCl 溶液中，加热溶化后再加入 1%硫柳汞溶液 1 mL，最后加入适量 0.85%NaCl 溶液定容至 100 mL。冷却至 45 ℃～50 ℃，倾注水平放置的洁净载玻片、玻璃片或平皿（凝胶厚度为 2.5 mm～3 mm）。

b) 打孔：琼脂冷凝后打孔，孔径 4 mm，孔距 6 mm，每组 7 孔，如图 1 所示。孔内琼脂小心用针头挑出，以防破坏周围琼脂，随后用酒精灯加热封底。

①　②

③　⑦　④

⑥　⑤

图 1　免疫琼脂双向扩散打孔示意图

c) 加样：中央孔加待检抗原（见附录 C 中 C.5），不同菌体型特异的抗血清加入周边孔内（以加满不溢出为度）。

d) 感作：加样完毕后，静置 10 min，然后置带盖湿盒中，在 37 ℃恒温培养箱中反应。24 h～48 h 后观察并判定结果，72 h 为最终判定时间。

e) 结果判定：将琼脂板置于暗背景的自然光下或强光照射下观察。抗原孔与抗血清孔之间出现清晰沉淀线者为阳性，未出现沉淀线者为阴性。所有能引起出血性败血病的血清型菌株均能与 2 型抗血清反应，与 5 型抗血清也可能发生交叉反应。琼脂凝胶免疫扩散试验也可用于荚膜分型。荚膜分型所用的抗原及抗血清与间接血凝法相同（见附录 C）。所用琼脂凝胶配成 1%浓度（见附录 A 中 A.5）。

5.3.2.4.3 对流免疫电泳试验

5.3.2.4.3.1 材料

所用材料如下所示：

a) 荚膜抗原(见附录C)。

b) 荚膜型性特异性抗血清(见附录C)。

c) 巴比妥缓冲液(见附录A)。

d) 对流免疫电泳介质(见附录A)。

e) 0.85%NaCl溶液。

f) 电泳仪、打孔器、微量加样器。

5.3.2.4.3.2 方法

对流免疫电泳试验方法步骤如下所示：

a) 琼脂玻片的制备：将12 mL电泳介质倾注玻板(57 mm×70 mm)，制成厚度为2 mm～3 mm电泳板。

b) 打孔：琼脂冷却后打孔，一排7孔，孔径4 mm，孔间距7 mm，按图2所示。另外设一排对照组，其组内各孔中心之间的距离为6 mm。挑去孔内琼脂，封底。

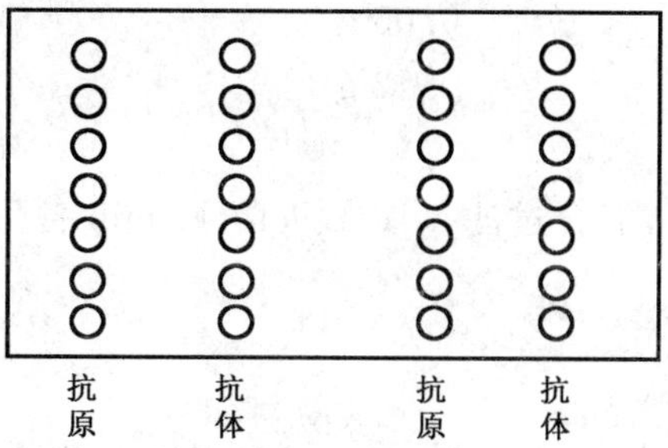

图2 对流免疫电泳试验抗原、抗体加样孔位置图

c) 加样：同一组加样孔中，阴极端的孔中加入20 μL荚膜抗原，同时在阳极端的孔中加等量的抗血清。对照组分别用0.85%NaCl溶液与阳性抗血清配对和荚膜抗原与阴性兔血清配对。

d) 电泳：电泳槽加入适量pH8.8巴比妥缓冲液，150 V(25 V/cm)电泳30 min，观察电泳出现的沉淀线。

e) 结果判定：抗原和抗血清孔之间出现明显的沉淀线者判为阳性，不出现沉淀线者判为阴性。

5.3.2.5 动物接种试验

将5.1采集的病料用灭菌0.85%NaCl溶液制成1∶10悬液(体腔渗出液可直接用于接种)，或用5%血清肉汤(按照GB/T 4789.28—2003中4.74)24 h的培养液，皮下或腹腔接种18 g～22 g健康小鼠4只～8只，每只0.2 mL。同时取4只～8只清洁级小鼠注射等量无菌0.85%NaCl溶液作为对照。隔离饲养观察。多杀性巴氏杆菌强毒株多于12 h～72 h内致死小鼠。采集死亡小鼠心血和实质脏器，按5.2染色镜检，按5.3进行病原分离鉴定。

6 确诊

当病原学诊断检出多杀性巴氏杆菌时，依据致病特性，结合临床症状和病理变化，即可作出确定诊断。

附 录 A
(规范性附录)
溶液及电泳介质的配制

A.1 印度墨汁染色

A.1.1 试剂:印度墨汁。

A.1.2 操作:将标本与一滴印度墨汁染色液在载玻片上混合,加盖玻片,轻压一下,使标本混合液变薄,在显微镜下观察。

A.2 阿氏液(Alsever's 液)

A.2.1 成分

葡萄糖	2.05 g
柠檬酸钠($C_6H_5Na_3O_7 \cdot 5H_2O$)	0.80 g
柠檬酸($C_6H_8O_7 \cdot H_2O$)	0.05 g
NaCl	0.42 g

A.2.2 制法

上述成分加蒸馏水至 100 mL,混合过滤,116 ℃灭菌 15 min 备用。

A.3 0.2 mol/L 磷酸盐缓冲液(PB)

A.3.1 成分

$NaH_2PO_4 \cdot 2H_2O$

$Na_2HPO_4 \cdot 12H_2O$

A.3.2 制法

先配制 0.2 mol/L 的 NaH_2PO_4(A 液)和 0.2 mol/L 的 Na_2HPO_4(B 液),两者按一定比例混和即成 0.2 mol/L 磷酸盐缓冲液。

A 液:称取 $NaH_2PO_4 \cdot 2H_2O$ 31.2 g,加双蒸水充分溶解定容至 1 000 mL。

B 液:称取 $Na_2HPO_4 \cdot 12H_2O$ 71.632 g,加双蒸水充分溶解定容至 1 000 mL。

取 A 液 19.0 mL,B 液 81.0 mL 混合后摇匀即得 0.2 mol/L,pH7.4 的 PB。

A.4 巴比妥醋酸盐缓冲液(巴比妥缓冲液)

巴比妥钠 29.24 g,无水醋酸钠 11.70 g,0.1 mol/L 盐酸 180 mL,加蒸馏水到 3 L,调整 pH 为 8.8。

A.5 对流免疫电泳介质

对流免疫电泳介质成分:琼脂糖 2.0 g,巴比妥钠 2.06 g,二乙基巴比妥酸 0.37 g,蒸馏水 180 mL 及 0.01%的硫柳汞 20 mL。

附　录　B
（规范性附录）
培养基的配制

B.1　麦康凯琼脂培养基

称取适量干粉麦康凯琼脂培养基，按使用说明制作培养平板。

B.2　酪蛋白-蔗糖-酵母（CSY）琼脂培养基

B.2.1　成分

水解酪蛋白	3 g
蔗糖	3 g
酵母浸膏	5 g
氯化钠	5 g
无水磷酸氢二钾	3 g

B.2.2　制法

加蒸馏水至 1 L，完全溶解后调 pH 值至 7.3～7.4 后加入 1.5%琼脂，116 ℃高压灭菌 15 min。冷却至 45 ℃～50 ℃时加入 5%的犊牛血清并倾注平皿制成平板培养基。

B.3　鲜血琼脂培养基

B.3.1　成分

牛肉膏	5 g
蛋白胨	10 g
氯化钠	5 g
磷酸氢二钾	1.0 g
琼脂粉	25 g
蒸馏水	1 000 mL

B.3.2　制法

先将牛肉膏、蛋白胨、氯化钠和磷酸氢二钾溶于蒸馏水，调 pH 至 7.4～7.6，再加入琼脂粉，混匀并高压灭菌后，冷却至 50 ℃时加入无菌脱纤家兔鲜血 5%，充分混合后倾注平皿制成平板培养基。

B.4　糖发酵管

B.4.1　成分

蛋白胨	10 g
氯化钠	5 g
糖（醇、苷）	10 g
0.2%的溴香草酚蓝溶液	12 mL
蒸馏水	1 000 mL

B.4.2　制法

各成分加热溶于水中并调 pH 至 7.4，分装试管，116 ℃高压灭菌 15 min。

附　录　C
（规范性附录）
多杀性巴氏杆菌分型抗原及致敏绵羊红细胞的制备方法

C.1　荚膜抗原制备

将参考菌株（待检菌株）6 h～8 h 肉汤培养物 1 mL 均匀涂布到 CSY 血液琼脂平皿上（直径 90 mm），37 ℃培养过夜。用 3 mL 含 0.3%甲醛的 0.85%NaCl 溶液将生长物洗下，56 ℃加热 30 min 后，4 ℃ 3 000g 离心 15 min，收集上清液保存在－20 ℃备用。若没有冷冻离心机，则 1 500g 离心 30 min，上清液作为抗原提取物。

C.2　不同荚膜型特异性抗血清的制备和处理

C.2.1　制备

将 Cartor A、B、D、E 标准菌株分别接种于 CSY 血液琼脂培养基上，37 ℃培养 18 h～20 h，用含 0.3%甲醛 NaCl 溶液将生长物洗下，将菌体悬液的浊度调到与布朗氏比浊管的第 4 管相同。每间隔 3 d～4 d 给兔静脉内注射菌液一次，注射量分别为 0.2 mL、0.5 mL、1.0 mL、1.5 mL 及 2.0 mL。最后一次注射后 1 周，取 0.5 mL 相同的活菌悬液，给兔皮下或肌肉接种。10 d 后采血收集血清，血清保存于－20 ℃，而常用的少量血清可加入硫柳汞至 0.01%，4 ℃保存。

C.2.2　处理

用前将 1 份压积绵羊红细胞加入 3 份血清中，室温作用 30 min，离心除去绵羊红细胞，经 56 ℃灭活 30 min 即可。

C.3　新鲜绵羊红细胞的制备

无菌采取绵羊血液，脱纤后，用 6 倍～8 倍的 0.85% NaCl 溶液洗涤 3 次，每次皆用离心法收集绵羊红细胞（500 g），最后一次收集的绵羊红细胞，应恢复到原血量的一半。置 2 ℃～8 ℃保存，2 d 内使用。

C.4　致敏绵羊红细胞的制备

取 3 mL 荚膜抗原（见附录 C 中 C.1），加入 0.2 mL 洗净的绵羊红细胞（见附录 C 中 C.3），充分混匀，37 ℃振荡作用 2 h，离心去上清，再用 10 mL 0.85%NaCl 溶液洗涤一次，离心悬浮于 20 mL 0.85% NaCl 溶液，即为 1%的致敏绵羊红细胞悬液。

C.5　菌体抗原制备

将细菌接种血液琼脂平板培养 24 h 后，用 1 mL 含 0.3%甲醛的 8.5% NaCl 溶液冲洗并收获生长物。悬浮液 100 ℃水浴中加热 1 h，离心弃沉淀，取上清液即为琼脂凝胶免疫扩散试验抗原。

C.6　菌体分型抗血清的制备

12 周龄～16 周龄公鸡颈中部皮下接种 1 mL 油乳菌苗（油乳菌苗制苗菌株选用分离自牛的 6：B

型多杀性巴氏杆菌，制备方法参见《中华人民共和国兽药典》(2005 年版　三部)“禽多杀性巴氏杆菌病油乳剂灭活疫苗”)，3 周后胸部肌肉内再接种 1 mL(在胸骨的两侧各接种 0.5 mL)。1 周后采血，分离血清，并加 0.01％硫柳汞或 0.06％石炭酸防腐保存。出现交叉反应的血清应弃去。

ICS 11.220
B 41

中华人民共和国国家标准

GB/T 27531—2011

病毒性脑病和视网膜病病原逆转录-聚合酶链式反应(RT-PCR)检测方法

Protocol of reverse transcription polymerase chain reaction (RT-PCR) for the pathogen of viral encephalopathy and retinopathy

2011-11-21 发布　　　　2012-03-01 实施

中华人民共和国国家质量监督检验检疫总局
中国国家标准化管理委员会　发布

前言

本标准按照 GB/T 1.1—2009 给出的规则起草。

本标准由中华人民共和国农业部提出。

本标准由全国动物防疫标准化技术委员会(SAC/TC 181)归口。

本标准起草单位:中华人民共和国深圳出入境检验检疫局。

本标准主要起草人:刘荭、卢体康、何俊强、史秀杰、郑晓聪、贾鹏、叶奕优、杨锦舜。

病毒性脑病和视网膜病病原逆转录-聚合酶链式反应(RT-PCR)检测方法

1 范围

本标准规定了病毒性脑病和视网膜病(viral encephalopathy and retinopathy,VER)病原分离和逆转录聚合酶链反应(RT-PCR)检测方法。

本标准适用于VER病原的流行病学调查、诊断、检疫和监测。

2 规范性引用文件

下列文件对于本文件的应用是必不可少的。凡是注日期的引用文件,仅注日期的版本适用于本文件。凡是不注日期的引用文件,其最新版本(包括所有的修改单)适用于本文件。

GB/T 6682 分析实验室用水规格和试验方法

GB/T 18088 出入境动物检疫采样

3 缩略语

下列缩略语适用于本文件。

CPE:细胞病变(cytopathic effect)

CTAB:十六烷基三甲基溴化铵(hexadecyl trimethy ammonium bromide)

DEPC:焦碳酸乙二酯(diethypyrocarbonate)

EB:溴化乙锭(ethidium bromide)

EDTA:乙二胺四乙酸(ethylenediaminetetraaceticacid)

HEPES:羟乙基哌嗪乙硫磺酸[4-(2-hydroxyerhyl) piperazine-1-erhanesulfonic acid]

RNA:核糖核酸(ribonucleic acid)

RNasin:核酸酶抑制剂(ribonuclease inhibitor)

VER:病毒性脑病和视网膜病(viral encephalopathy and retinopathy)

4 试剂和材料

4.1 水:符合GB/T 6682中一级水的规格,用DEPC处理以除掉RNA酶。

4.2 VERV病毒参考株。

4.3 胰酶EDTA混合消化液(见附录A中A.1)。

4.4 L-15培养液(见附录A中A.2)。

4.5 SSN-1细胞系:用L-15培养液25 ℃培养。

4.6 E-11细胞系:用L-15培养液25 ℃培养。

4.7 AMV逆转录酶:20 U/μL,−20 ℃保存,不要反复冻融或温度剧烈变化。

4.8 RNasin:20 U/μL,−20 ℃保存,不要反复冻融或温度剧烈变化。

4.9 胰蛋白酶。

4.10 Taq 酶：−20 ℃保存，不要反复冻融或温度剧烈变化。

4.11 dNTP：含 dCTP、dGTP、dATP、dTTP 各 10 mmol/L。

4.12 引物：用于 RT-PCR 反应的引物浓度为 40 μmol/L。其序列如下：

VERV-F：5′-CGTGTCAGTCATGTGTCGCT-3′

VERV-R：5′-CGAGTCAACACGGGTGAAGA-3′

4.13 乙醇：分析纯，使用前预冷到 −20 ℃。

4.14 氯仿：分析纯。

4.15 矿物油：要求无 DNA 酶和 RNA 酶，用于无热盖的 PCR 扩增仪。

4.16 分子量标准。

5 器材和设备

5.1 96 孔细胞培养板。

5.2 倒置显微镜。

5.3 恒温培养箱。

5.4 普通冰箱和超低温冰箱。

5.5 组织研磨器(研磨器处理参见附录 B)。

5.6 离心机和离心管(离心管处理参见附录 B)。

5.7 PCR 扩增仪。

5.8 水平电泳仪。

5.9 微量移液器及吸头(吸头处理参见附录 B)。

5.10 紫外照射仪或凝胶成像仪。

5.11 制冰机。

6 VERV 的分离

6.1 采样

待检测鱼，体长小于 4 cm 的鱼苗取整条鱼，体长 4 cm～6 cm 的鱼苗取头部和内脏(包括肾)，体长大于 6 cm 的鱼取脑、眼、脾和肾。按 GB/T 18088 的标准采样。

6.2 样品处理

6.2.1 组织处理

用组织研磨器制备组织匀浆，按 1∶10 的最终稀释度用 L-15 培养液稀释，稀释液中含有 1 000 IU/mL 青霉素和 1 000 μg/mL 链霉素，于 15 ℃下孵育 2 h～4 h 或 4 ℃下孵育 6 h～24 h。7 000 r/min 离心 15 min，收集上清液。

6.2.2 病毒分离

细胞传代使用胰酶-EDTA 混合消化液。对 1∶10 的组织匀浆上清液再作两次 10 倍稀释，然后将 1∶10、1∶100、1∶1 000 的 3 个稀释度的上清液以适当体积分别接种到两个生长约 24 h SSN-1 或 E-11 细胞单层的 96 孔板中，每孔的细胞单层最多接种 100 μL 稀释液。15 ℃～20 ℃吸附 0.5 h～1 h 后，加入 L-15 细胞培养液。两个 96 孔板分别置于 20 ℃和 25 ℃培养。设 2 个阳性对照(接种 VERV 标准株)和 1 个空白对照(未接种病毒的细胞)。

阳性对照和待测样品都接种细胞后，7 d 内每天用倒置显微镜检查。如果接种了被检匀浆上清稀释液的细胞培养中出现细胞病变(CPE)，应立即进行鉴定。如果除阳性对照细胞外，没有 CPE 出现，则在培养 7 d 后还要用敏感细胞进行盲传。传代时，将接种了组织匀浆上清稀释液的细胞单层培养物冻融一次，以 7 000 r/min、4 ℃离心 15 min，收集上清液。将上清液接种到新鲜细胞单层，培养 7 d。每天用倒置显微镜检查。

如果阳性对照也未出现 CPE，则应换用 SSN-1 或 E-11 细胞和待测样品重新进行病毒学检查。

7 VERV 的 RT-PCR 检测

7.1 样品处理

将 450 μL 细胞病变悬液冻融后，放入 1.5 mL 的塑料离心管，再加入 450 μL CTAB 溶液(见附录 A 中 A.3)并混匀，25 ℃作用 2 h。

7.2 核酸抽提

在含有样品的塑料离心管中加入 600 μL 抽提液 1(见附录 A 中 A.4)，用力混合至少 30 s。12 000 r/min 离心 5 min，小心取上层水相(约 800 μL)。再加入 700 μL 抽提液 2(见附录 A 中 A.5)，用力混合至少 30 s。12 000 r/min 离心 5 min，小心取上层水相(约 600 μL)。再加入 −20 ℃预冷的 1.5 倍以上体积的无水乙醇，倒置数次混匀后，−20 ℃ 8 h 以上沉淀核酸。12 000 r/min 离心 30 min，小心倒去上清液，倒置于吸水纸上，吸干液体。37 ℃干燥 20 min 或抽真空干燥；最后加 10 μL 水溶解后，作为 PCR 模板。

7.3 变性和退火

在 PCR 管中加入 10 μL 模板和 5 μL 引物(VERV-F 和 VERV-R 各 2.5 μL)，置于 70 ℃反应 5 min。立即冰浴，低速离心约 5 s，使液体集中在底部。

7.4 cDNA 合成

在上述反应管中继续加入 dNTP 2 μL、5 倍逆转录酶缓冲液 5 μL、RNA 抑制剂 1 μL、逆转录酶 1 μL、无菌蒸馏水 1.5 μL，低速离心后，覆盖 50 μL 矿物油。

将 PCR 管置于 PCR 扩增仪。42 ℃ 60 min 反应制备模板的 cDNA。反应结束后，70 ℃ 10 min 灭活逆转录酶，立即冰浴。

7.5 PCR 扩增

在上述反应管中再继续加入 Taq 酶 1 μL，dNTP 1 μL，反向引物和正向引物各 1 μL，25 mmol/L 的 $MgCl_2$(见附录 A 中 A.6)10 μL、10 倍 Taq 酶缓冲液(见附录 A 中 A.7)10 μL、加水到总体积 100 μL。

混匀后低速离心，让矿物油在上层。再将反应管置于 PCR 扩增仪。先 94 ℃ 4 min，再开始 35 次循环(核酸变性 94 ℃ 1 min、引物退火 58 ℃ 1 min、延伸 72 ℃ 1 min)，然后 72 ℃下延伸 10 min，最后 4 ℃保温。

7.6 设立对照

7.6.1 在 7.2 中的样品处理过程中应设立阳性样品对照、阴性样品对照、空白对照。

7.6.2 取含有已知 VERV 的病毒标准株的病鱼组织悬液作为阳性对照。

7.6.3 采用未接种病毒的正常 SSN-1 细胞抽提核酸作为阴性对照。

7.6.4 取等体积的水代替模板作为空白对照。

7.7 琼脂糖电泳

用TBE(见附录A中A.8)电泳缓冲液配制1.5%的琼脂糖(含1 μg/mL EB,见附录A中A.9)平板。将平板放入水平电泳槽,使电泳缓冲液刚好淹没胶面。将6 μL PCR扩增产物和2 μL溴酚蓝指示剂溶液(见附录A中A.10)混匀后加入孔内。在电泳时使用核酸分子量标准参照物作对照。5 V/cm电泳约0.5 h,当溴酚蓝到达琼脂糖凝胶的底部时停止。

7.8 结果判定

7.8.1 用紫外照射仪或用凝胶成像仪观察扩增带并判断结果。如阳性对照出现一条427 bp的DNA片段,阴性对照和空白对照没有该扩增带,则表明反应体系正常。

7.8.2 待测样品电泳后在相应427 bp DNA位置上有带者,取PCR扩增产物进行测序,同参考序列(参见附录C)进行比较,相似性达到95%以上,则判定为阳性。

附 录 A
（规范性附录）
试剂及其配制

A.1 胰酶-EDTA混合消化液

氯化钠（NaCl，分析纯）	0.8 g
氯化钾（KCl，分析纯）	0.02 g
磷酸二氢钾（KH_2PO_4，分析纯）	0.02 g
磷酸氢二钾（K_2HPO_4，分析纯）	0.115 g
乙二胺四乙酸（EDTA，分析纯）	0.02 g
胰酶（分析纯）	0.1 g
双蒸水	100 mL

过滤除菌后分装备用。

A.2 培养液

L-15培养基，按说明书的要求配制，然后加入10%的胎牛血清，抽滤除菌，4 ℃保存。开放系统使用时，加入过滤除菌的HEPES，使其在培养液中的终浓度为0.02 mol/L。

A.3 CTAB溶液

按2%CTAB，1.4 mol/L NaCl，20.0 mmol/L EDTA，20.0 mol/L Tris-HCl pH7.5配制。用前加巯基乙醇到终浓度为0.25%。

A.4 抽提液1

酚/氯仿/异戊醇，用1.0 mol/L pH(7.9±0.2)Tris饱和过的重蒸酚∶氯仿∶异戊醇按25∶24∶1的比例混合，密闭避光保存。

A.5 抽提液2

氯仿/异戊醇，将氯仿和异戊醇按24∶1的比例混合，密闭避光保存。

A.6 $MgCl_2$

25.0 mmol/L。

A.7 Taq酶用10倍浓缩缓冲液

Tris-HCl　　500.0 mmol/L pH8.8

KCl	500.0 mmol/L
TritonX-100	1%

A.8 TBE 电泳缓冲液(5倍浓缩液)

Tris	54.0 g
硼酸	27.5 g
EDTA	2.9 g
加水到	1 000.0 mL

用 5.0 mol/L 的 HCl 调 pH 到 8.0。

A.9 EB

用水配制成 10.0 mg/mL 的浓缩液。用时每 10.0 mL 电泳液或琼脂中加 1.0 μL。

A.10 溴酚蓝指示剂溶液(6倍上样缓冲液)

溴酚蓝 100 mg,加双蒸水 5 mL,在室温下过夜,待溶解后再称取蔗糖 25 g,加双蒸水溶解后移入溴酚蓝溶液中,摇匀后定容至 50 mL,加入 NaOH 溶液 1 滴,调至蓝色。

附 录 B
（资料性附录）
耗材去 RNA 酶的处理方法

本方法适用于本标准中所使用的研磨器、离心管和吸头。

使用前于 180 ℃干燥 8 h 以上，或用 0.1%DEPC 水浸泡处理。DEPC 处理时，先在 37 ℃浸泡 2 h，然后用灭菌水漂洗数次，于 100 ℃干烤 15 min，去除器皿上残余的 DEPC。

附　录　C
（资料性附录）
扩增产物参考序列（SJNNV 基因型，GenBank 接收号：D30814）

1　cgtgtcagtc atgtgtcgct ggagcgttcg ccttagtgtc ccgtcccttg
51　agacacctga ggacaccacc gctccaatta ctacccaggc gccactccac
101　aacgattcca ttaacaacgg ttacactgga tttcgttcca ttctcttggg
151　ctcgacccaa ctcgacctcg ctcctgcaaa cgctgtcttt gtcactgaca
201　aaccgttgcc cattgattac aatcttggag tgggcgacgt cgaccgggcc
251　gtgtactggc acctgcagaa gaaagctgga gacactcagg tacctgctgg
301　gtactttgac tggggactgt gggatgactt taacaagaca ttcacagttg
351　gggcgcccta ctactccgac cagcaaccac ggcaaatctt gctgccggct
401　ggcacgctct tcacccgtgt tgactcg

ICS 11.220
B 41

中华人民共和国国家标准

GB/T 27532—2011

犬瘟热诊断技术

Diagnostic techniques for canine distemper

2011-11-21 发布 2012-03-01 实施

中华人民共和国国家质量监督检验检疫总局
中国国家标准化管理委员会 发布

前　言

本标准的附录 A 和附录 B 为资料性附录。

本标准由中华人民共和国农业部提出。

本标准由全国动物防疫标准化技术委员会(SAC/TC 181)归口。

本标准起草单位:青岛农业大学动物科技学院、中华人民共和国上海出入境检验检疫局、中华人民共和国山东出入境检验检疫局。

本标准主要起草人:单虎、黄娟、熊炜、温建新、秦晓冰、朱来华、宫文妮、袁小远、孙园园、马晶。

犬瘟热诊断技术

1 范围

本标准规定了犬瘟热的临床诊断、犬瘟热病毒的病原分离、免疫酶检测、免疫组织化学检测、RT-PCR检测的操作方法。

本标准适用于犬瘟热的鉴定及其流行病学调查、诊断和监测。其中病毒分离、免疫酶检测、免疫组织化学检测、RT-PCR检测适用于犬瘟热的病原诊断。

2 试剂和材料

2.1 改良最低要素营养液(DMEM)培养基:配方参见附录A。

2.2 非洲绿猴肾细胞(Vero细胞)。

2.3 磷酸盐缓冲液(PBS):配制参见附录A。

2.4 青霉素、链霉素:配方参见附录A。

2.5 CDV阳性血清:中和抗体效价1∶1 024。

2.6 CDV阴性血清:无CDV感染的犬血清。

2.7 酶结合物:HRP标记的葡萄球菌A蛋白(SPA)。

2.8 底物溶液:配制参见附录A。

2.9 过氧化氢甲醇溶液:配制参见附录A。

2.10 盐酸酒精溶液:配制参见附录A。

2.11 胰蛋白酶溶液:配制参见附录A。

2.12 Taq酶及10倍Taq酶反应缓冲液:Taq酶浓度为5 U/μL,−20 ℃保存。

2.13 逆转录酶及10倍逆转录酶反应缓冲液:逆转录酶浓度为50 U/μL,−20 ℃保存。

2.14 RNA酶抑制剂(40 U/μL):−20 ℃保存。

2.15 dNTP:含dATP、dGTP、dCTP、dTTP各10 mmol/L,−20 ℃保存。

2.16 引物:浓度为20 μmol/L,其序列如下:

上游引物(CDVF):5′ CGA GTC TTT GAG ATA GGG TT 3′;

下游引物(CDVR):5′ CCT CCA AAG GGT TCC CAT GA 3′。

2.17 随机引物:含有9个碱基的随机序列引物,浓度为50 μmol/L,−20 ℃保存。

2.18 DEPC水:自配(参见附录A),或购买商品化DEPC水。

2.19 Trizol试剂:4 ℃保存。

2.20 异丙醇:使用前预冷至−20 ℃。

2.21 75%乙醇:用新开启的无水乙醇和DEPC水配制,使用前预冷至−20 ℃。

2.22 1.5 mL无RNA酶的Eppendorf管。

2.23 0.2 mL无RNA酶的PCR薄壁管。

3 器材和设备

3.1 细胞培养瓶(中号瓶)。

3.2 二氧化碳培养箱。

3.3 恒温水浴箱(5 ℃~100 ℃)。

3.4 普通光学显微镜。

3.5 0.45 μm 微孔滤膜。

3.6 离心机。

3.7 PCR 扩增仪。

3.8 水平电泳仪。

3.9 40 个小孔的室玻片。

3.10 冷冻切片机。

3.11 高速台式冷冻离心机:可控温至 4 ℃、离心速度可达 12 000g 以上。

3.12 凝胶成像系统。

4 临床检查

4.1 临床症状

4.1.1 病犬体温升高至 40 ℃以上,鼻流清涕至脓性鼻汁,脓性眼屎,有咳嗽、呼吸急促等肺炎症状。

4.1.2 腹下可见米粒大丘疹。

4.1.3 病后期 CDV 侵害大脑时则出现神经症状,头、颈、四肢抽搐。

4.2 病理变化

4.2.1 新生幼犬感染 CDV 表现胸腺萎缩;成年犬多表现结膜炎、鼻炎、气管支气管炎和卡他性肠炎。

4.2.2 表现神经症状的犬可见鼻和脚垫的皮肤角化病。

4.2.3 中枢神经系统的病变包括脑膜充血,脑室扩张和因脑水肿所致的脑脊液增加。

4.2.4 犬瘟热病毒的包涵体呈嗜酸性,位于胞浆内,直径 1 μm~5 μm,可在黏膜上皮细胞、网状细胞、白细胞、神经胶质细胞和神经元中发现,核内包涵体多位于被覆上皮细胞、腺上皮细胞和神经节细胞。

4.3 判定

若临床症状符合 4.1.1 或 4.1.3 且出现 4.2.4 的病理变化,则可判定疑似犬瘟热,其他临床症状和病理变化可作为参考指标;疑似病例可采用病毒分离、免疫酶检测、免疫组织化学检测和 RT-PCR 检测等方法确诊。

5 病毒分离

5.1 样品采集和处理

5.1.1 活犬可采集泪液、鼻液、唾液、粪便,病死犬可采集肝、脾、肺等组织器官。

5.1.2 上述样品用无血清 DMEM 制成 20%组织悬液,10 000 r/min 离心 20 min,取上清液,经 0.45 μm 微孔滤膜过滤,滤液用于 CDV 分离。

5.2 操作方法

5.2.1 细胞培养

用含 8%新生牛血清的 DMEM 培养基在细胞培养瓶(中号瓶)培养 Vero 细胞,置 37 ℃二氧化碳培养箱,单层细胞长至 80%~90%时,接种样品上清。

5.2.2 病料接种

取 0.1 mL 处理好的样品上清接种 Vero 细胞,置 37 ℃二氧化碳培养箱吸附 1 h,加入无血清 DMEM 继续培养 5 d~7 d,观察结果。

5.3 结果判定

若接种未出现细胞病变,应将细胞培养物冻融后盲传三代,如仍无细胞病变,则判为 CDV 病原分离阴性。若 Vero 细胞培养 4 d~5 d 出现细胞病变(如细胞变圆、胞浆内颗粒变性和空泡形成,随后形成合胞体,并在胞浆中出现包涵体),可用免疫酶检测、免疫组织化学检测和 RT-PCR 三种方法之一进行确诊。

6 免疫酶检测

6.1 操作方法

6.1.1 将CDV标准株和待鉴定的样品分别接种Vero细胞,接种后5 d~7 d,病变达50%~75%时,用胰蛋白酶消化分散感染细胞,PBS液洗涤3次后,稀释至1×10^6个/mL细胞。取有40个小孔的室玻片,每孔滴加10 μL。室温自然干燥后,冷丙酮(4 ℃)固定10 min。密封包装,置−20 ℃备用。

6.1.2 取出室玻片,室温干燥后,每份10倍稀释的CDV阳性血清和阴性血清,每份血清滴加到两个病毒细胞孔和一个正常细胞孔,置湿盒内,置恒温水浴箱37 ℃孵育30 min。

6.1.3 PBS漂洗3次,每次5 min,室温干燥。

6.1.4 滴加1∶100稀释的酶结合物,置湿盒内,用恒温水浴箱37 ℃孵育30 min。

6.1.5 PBS漂洗3次,每次5 min。

6.1.6 将室玻片放入底物溶液中,室温下显色5 min~10 min。PBS漂洗2次,再用蒸馏水漂洗1次。

6.1.7 吹干后,在普通光学显微镜下观察,判定结果。

6.2 结果判定

6.2.1 若CDV阴性血清与正常细胞和病毒感染细胞反应均无色,且CDV阳性血清与正常细胞反应无色,与CDV标准毒株感染细胞反应呈棕黄色或棕褐色,则判定阴、阳性对照成立。

6.2.2 在符合6.2.1的条件下,待鉴定病毒感染细胞与CDV阳性血清和阴性血清反应均呈无色,判为CDV阴性,相应动物犬瘟热感染阴性。

6.2.3 在符合6.2.1的条件下,待鉴定病毒感染细胞与阴性血清反应呈无色,而与CDV阳性血清反应呈棕黄色或棕褐色,判为CDV阳性,相应动物犬瘟热感染阳性。

7 免疫组织化学检测

7.1 样品处理

对疑似CD的病死犬或扑杀犬,立即采集肺、脾、胸腺、淋巴结和脑等组织,置冰瓶内立即送检。不能立即送检者,将组织块切成1 cm×1 cm左右大小,置体积分数为10%的福尔马林溶液中固定,保存,送检。

7.2 操作方法

7.2.1 新鲜组织按常规方法制备冰冻切片。冰冻切片机切片风干后用丙酮固定10 min~15 min,新鲜组织或固定组织按常规方法制备石蜡切片(切片应用白胶或铬矾明胶做粘合剂,以防脱)。

7.2.2 去内源酶:用过氧化氢甲醇溶液或盐酸酒精溶液37 ℃作用20 min。

7.2.3 胰蛋白酶消化:室温下,用胰蛋白酶溶液消化处理2 min,以便充分暴露抗原。

7.2.4 漂洗:PBS漂洗3次,每次5 min。

7.2.5 封闭:滴加体积分数为5%的新生牛血清或1∶10稀释的正常马血清,37 ℃湿盒中孵育30 min。

7.2.6 加10倍稀释的CDV阳性血清或阴性血清,37 ℃湿盒中孵育1 h或37 ℃湿盒中孵育30 min后4 ℃过夜。

7.2.7 漂洗:PBS漂洗3次,每次5 min。

7.2.8 加1∶100稀释的酶结合物,37 ℃湿盒孵育1 h。

7.2.9 漂洗:PBS漂洗3次,每次5 min。

7.2.10 底物显色:新鲜配制的底物溶液显色5 min~10 min后漂洗。

7.2.11 从90%乙醇开始脱水、透明、封片、普通光学显微镜观察。

7.2.12 试验同时设阳性、阴性血清对照。

7.3 结果判定

7.3.1 被检组织与阴性血清作用后应无着染，若出现黄色或棕褐色着染，判定阴性对照不成立，应重复实验。

7.3.2 在符合7.3.1的条件下，被检组织与CDV阳性血清作用后本底清晰，细胞浆内呈现黄色或棕褐色着染，判为CDV阳性，相应动物犬瘟热感染阳性。

8 RT-PCR 检测

8.1 病料的采集及处理

采集的样品包括犬的泪液、鼻液、唾液、粪便及病死犬的肝、脾、肺等组织器官。将待检组织或粪便样品加等体积生理盐水研磨匀浆，3 000g 离心 15 min，收集上清液待检。口腔拭子、粪拭子用少量生理盐水浸润后，取上清液待检。经细胞病原分离培养的样品，收集细胞沉淀待检。CDV阳性对照样品和阴性对照样品的同样处理。

8.2 RNA 抽提

分别取 100 μL 待检样品、CDV 阳性样品和阴性样品的上清液各装入 1.5 mL 无 RNA 酶的 Eppendorf 管，加入 1 mL Trizol 试剂，用枪头充分吹打 20 次～30 次；13 000g 离心 15 min；取上层水相，加 500 μL 异丙醇，颠倒数次混匀，－20 ℃放置 20 min；13 000g 离心 10 min；弃上清，沉淀用 1 mL DEPC 水配制的 75%乙醇清洗；8 000g 离心 10 min；弃上清，沉淀室温干燥 10 min；加 20 μL DEPC 水溶解 RNA 沉淀。RNA 溶液在 2 h 内进行逆转录合成 cDNA 模板。另外，RNA 抽提也可采用市售的商品化 RNA 抽提试剂盒进行。

8.3 cDNA 模板制备

取 17 μL RNA 溶液，加 10 倍逆转录酶浓缩缓冲液 2.5 μL、dNTP 1.5 μL、随机引物 2 μL、RNA 酶抑制剂 1 μL、逆转录酶 1 μL，室温放置 10 min 后，置 PCR 仪上经 42 ℃、60 min，70 ℃、10 min。

8.4 PCR 检测

在 0.2 mL PCR 薄壁管中，按每个样品 10 倍 Taq 酶浓缩缓冲液 2.5 μL、dNTP 0.5 μL、Taq 酶 0.5 μL、cDNA 模板 2 μL、上游引物和下游引物(CDVF、CDVR)各 0.5 μL、三蒸水 18.5 μL，配制 PCR 检测体系。将 PCR 管置 PCR 仪上按如下程序扩增：首先 94 ℃变性 2 min；再 94 ℃、30 s，55 ℃、30 s，72 ℃、40 s 进行 35 个循环；最后 72 ℃、3 min。用 TBE 电泳缓冲液配制 1.5%的琼脂糖平板（含 0.5 μg/mL EB，参见附录 A 中 A.11，将平板放入水平电泳仪，使电泳缓冲液刚好没过胶面，将10 μL PCR 产物和 2 μL 加样缓冲液(6×)混匀后加入样品孔。在电泳时设立 DNA 标准分子量作对照。5 V/cm 电泳约 30 min，当溴酚蓝到达底部时停止，用凝胶成像系统观察结果。

8.5 结果判定

8.5.1 经 RT-PCR 检测，CDV 阳性对照样品可扩增出大小为 455 bp 的核酸片段，且阴性对照样品无扩增条带，否则试验结果视为无效。

8.5.2 在符合 8.5.1 的条件下，若待检样品扩增出了大小为 455 bp 的核酸片段，则初步判定犬瘟热病毒核酸阳性；若待检样品无扩增条带或扩增条带大小不为 455 bp，则判定犬瘟热病毒核酸阴性。

8.5.3 待检样品扩增出的阳性基因片段应进行核酸序列测定，若其序列与提供的比对序列的同源性≥90%，则可确诊为犬瘟热病毒核酸阳性，否则判定犬瘟热病毒核酸阴性。

8.5.4 若犬瘟热病毒核酸阳性且病原分离也呈阳性，则可判定犬瘟热病毒感染阳性。

附 录 A
（资料性附录）
试剂及其配制

A.1 DMEM（高糖）培养液的配制

量取去离子水 950 mL，置于适宜的容器中。将 DMEM 粉剂 10 g 加于 30 ℃的去离子水中，边加边搅拌。每 1 000 mL 培养液加 3.7 g 碳酸氢钠。加去离子水至 1 000 mL，用 1 mol/L 氢氧化钠或盐酸将培养液 pH 值调至 6.9～7.0。在过滤之前应盖紧容器瓶塞。立即用孔径 0.45 μm 的微孔滤膜正压过滤除菌，4 ℃冰箱保存备用。

A.2 磷酸盐缓冲液（PBS，0.01 mol/L pH7.4）

氯化钠	8 g
氯化钾	0.2 g
磷酸二氢钾	0.2 g
十二水磷酸氢二钠	2.83 g
蒸馏水	加至 1 000 mL

A.3 青霉素、链霉素

取注射用青霉素和链霉素溶解于三蒸水中，使每毫升含青霉素、链霉素各 5 万单位(μg)，除菌过滤，用时按 1 00 mL 1640-15 培养液加 0.2 mL，使青霉素、链霉素的最终浓度各为 100 单位(μg)。

A.4 底物溶液

3,3-二胺基联苯胺盐酸盐(DAB)	40 mg
PBS	100 mL
丙酮	5 mL
30%过氧化氢	0.1 mL

滤纸过滤后使用，现用现配。

A.5 过氧化氢甲醇溶液（0.3%）

30%过氧化氢	1 mL
甲醇	99 mL

现用现配。

A.6 盐酸酒精溶液（1%）

盐酸	1 mL
70%乙醇	99 mL

A.7 胰蛋白酶溶液（0.5%）

胰蛋白酶	0.5 g
PBS	100 mL

低温保存。使用时，用 PBS 稀释为 0.05%。

A.8　DEPC 溶液(0.1%)

DEPC	1 mL
蒸馏水	加至 1 000 mL

磁力搅拌至溶解,高压灭菌 121 ℃,30 min 后 4 ℃冰箱保存备用。

A.9　生理盐水

称取 9 g 无水氯化钠溶于 1 000 mL 去离子水中配成 0.9%生理盐水,121.3 ℃灭菌 15 min。

A.10　5×TBE 电泳缓冲液

每升三蒸水中加入三羟甲基氨基甲烷(Tris)54.0 g,乙二胺四乙酸(EDTA)2.9 mg,硼酸 27.5 g,用 5 mol/L 的盐酸调 pH 值至 8.0。

A.11　EB 核酸染色剂

在 10 mL 三蒸水中加入 100 mg 溴化乙锭(EB)配制成 10 mg/mL 的浓缩液。

A.12　加样缓冲液(6×)

每 100 mL 三蒸水中加入溴酚蓝 0.25 g 和蔗糖 40 g。

附 录 B
（资料性附录）
犬瘟热病毒 RT-PCR 扩增核酸片段参考序列

cgagtctttg agatagggtt catcaaacgg tggctgaatg acatgccatt
actccagaca accaactata tggtcctccc ggagaattct aaagctgagg
tgtgtactat agcagtgggc gagctgacac tggcttcctt gtgtgtagat
gagagcaccg tattattata tcatgacagc aatggtccac atgacagtgt
tctagtagtg acgctgggaa tatttggggc aacaccgatg aatcaagtag
aagaggtgat acctgtcgct catccatcag tagaaaagat acatatcaca
aatcaccgtg gtttcataaa agattcagta gcaacctgga tggtgcctgc
attggtctct gagcaacaag aaggacaaaa aaattgtctg gagtcggctt
gtcaaagaaa atcctaccct atgtgcaacc aaacatcatg ggaacccttt
ggagg

ICS 11.220
B 41

中华人民共和国国家标准

GB/T 27533—2011

犬细小病毒病诊断技术

Diagnostic techniques for canine parvovirus disease

2011-11-21 发布　　　　2012-03-01 实施

中华人民共和国国家质量监督检验检疫总局
中国国家标准化管理委员会　发布

前　言

本标准的附录 A 和附录 B 为资料性附录。

本标准由中华人民共和国农业部提出。

本标准由全国动物防疫标准化技术委员会(SAC/TC 181)归口。

本标准起草单位:青岛农业大学动物科技学院、中华人民共和国上海出入境检验检疫局。

本标准主要起草人:单虎、温建新、熊炜、黄娟、秦晓冰、于鹏程。

犬细小病毒病诊断技术

1 范围

本标准规定了犬细小病毒病的临床检查、血凝与血凝抑制试验、PCR检测的操作方法。

本标准适用于犬细小病毒病的鉴定及其流行病学调查、诊断和监测。其中病毒分离、血凝与血凝抑制试验、PCR检测适用于犬细小病毒病的病原诊断。

2 试剂和材料

2.1 FK81细胞(猫肾细胞)。

2.2 0.9%生理盐水:配制参见附录A中A.1。

2.3 1% 猪红细胞液:配制参见附录A中A.2。

2.4 犬细小病毒阳性血清。

2.5 96孔"v"形微量反应板。

2.6 Taq酶及10倍Taq酶反应缓冲液:Taq酶浓度为5 U/μL,−20 ℃保存。

2.7 1.5 mL Eppendorf管。

2.8 0.2 mL PCR薄壁管。

2.9 dNTP:含dCTP、dGTP、dATP、dTTP各10 mmol/L,−20 ℃保存。

2.10 引物:浓度为20 μmol/L,其序列如下:

上游引物(CPVF):5′GAA TCT GCT ACT CAG CCA CCA AC 3′;

下游引物(CPVR):5′GTG CAC TAT AAC CAA CCT CAG C 3′。

2.11 10%十二烷基硫酸钠:配制参见附录A。

2.12 蛋白酶K贮备液:配制参见附录A中A.4。

2.13 5×TBE电泳缓冲液:配制参见附录A中A.6。

3 器材和设备

3.1 PCR仪。

3.2 高速台式冷冻离心机:可控温至4 ℃、离心速度可达12 000*g*以上。

3.3 水平电泳仪。

3.4 凝胶成像系统。

4 临床检查

4.1 临床特征

4.1.1 潜伏期1周到2周,病初无任何症状,食欲减退或废绝,体温40 ℃以上,粉红色黏稠血样物。

4.1.2 病犬先出现呕吐,呕吐出白色泡沫或黄色液体,继而腹泻,粪便稀薄而恶臭,剧烈的腹泻呈喷射状,粪便呈红色,混有大量黏液或假膜。后期排番茄汁样稀便,并有特殊的腥臭味。

4.1.3 患犬迅速消瘦,倦卧不起,目光呆滞,眼窝下陷,腹围紧缩,机体脱水,皮肤干燥、弹性降低。

4.2 病理变化

4.2.1 心脏肿大呈灰黄色,切面外翻,质地松软,心肌有出血性斑纹。

4.2.2 肝脏肿大,包膜紧张,多呈黄褐色,质地松软有局灶性坏死,断面有豆蔻状花纹。

4.2.3 胃空虚,黏膜轻度潮红,附有大量黏液;小肠壁增厚,肠管变粗,肠腔狭窄,形成厚层黏膜皱褶,易于剥落，肠腔内充满紫红色粥样内容物并混有血凝块。

4.3 判定

若临床症状符合4.1.1或4.1.2且出现4.2.1或4.2.3的病理变化，则可判定疑似犬细小病毒病，其他临床症状和病理变化可作为参考指标；疑似病例可采用血凝与血凝抑制试验或PCR检测进行确诊。

5 血凝与血凝抑制试验

5.1 血凝试验(HA)的操作方法

5.1.1 样品采集活犬的泪液、鼻液、唾液、粪便，病死犬的肝、脾、肺等组织器官。将待检组织或粪便样品加等体积生理盐水研磨匀浆，3 000g 离心15 min，收集上清液待检；口腔拭子、粪拭子用少量生理盐水浸润后，取上清液待检。

5.1.2 在96孔“v”形微量反应板上进行，自左至右各孔加100 μL生理盐水。

5.1.3 于左侧第1孔加50 μL待检样品于1.5 mL Eppendorf管，混合均匀后，吸50 μL至第2孔，混合均匀后，吸50 μL至第3孔，依次倍比稀释，至第11孔，吸弃50 μL，稀释后病毒稀释度为第1孔1∶2，第2孔1∶4，第3孔1∶8……最后12孔为对照。

5.1.4 由左至右依次向各孔加1% 猪红细胞悬液50 μL置微型混合器上振荡，使血球与病毒充分混合，在37 ℃温箱中作用15 min～30 min后，待对照红细胞已沉淀可观察结果。

5.1.5 判定结果：以100% 凝集(血球呈颗粒性伞状凝集沉于孔底)的病毒最大稀释孔为该病毒血凝价，即一个凝集单位，不凝集者红细胞沉于孔底呈点状。

5.2 血凝抑制试验(HI)的操作方法

5.2.1 根据HA试验结果，确定病毒的血凝价，配成4个血凝单位病毒溶液。

5.2.2 在96孔“v”形微量板上进行，用固定病毒稀释血清法，自第1孔至第10孔各加50 μL生理盐水，11和12孔分别为4单位CPV细胞病毒培养液和抗犬细小病毒阳性血清对照。

5.2.3 第1孔加犬细小病毒阳性血清50 μL，混合均匀，吸50 μL至第1孔，依此倍比稀释至第10孔，吸弃50 μL，如此稀释后血清浓度为第1孔1∶2，第2孔1∶4，第3孔1∶8……

5.2.4 由第1孔至11孔各加50 μL，4单位待测病毒液，第12孔50 μL血清，混合均匀，置37 ℃温箱再作用15 min～30 min，待4单位病毒已凝集红细胞可观察结果。

5.2.5 判定结果：被已知犬细小病毒阳性血清抑制血凝者，该病毒为犬细小病毒。

6 PCR检测

6.1 病料的采集及处理

采集的样品包括犬的泪液、鼻液、唾液、粪便及病死犬的肝、脾、肺等组织器官。将待检组织或粪便样品加等体积生理盐水研磨匀浆，3 000g 离心15 min，收集上清液待检。口腔拭子、粪拭子用少量生理盐水浸润后，取上清液待检。经细胞病原分离培养的样品，收集细胞沉淀待检。CPV阳性对照样品和阴性对照样品的同样处理。

6.2 DNA抽提

取上清液465 μL，加入25 μL 10%十二烷基硫酸钠和10 μL的20 mg/mL蛋白酶K，50 ℃水浴摇床上放置2 h；加入等量的饱和酚溶液500 μL，振荡混匀20 s，12 000g 离心5 min，取上清液；加入等量的酚∶三氯甲烷∶异戊醇(25∶24∶1)，振荡混匀20 s，12 000g 离心5 min，取上清液；再加入等量的三氯甲烷∶异戊醇(24∶1)，振荡混匀20 s，12 000g 离心5 min，取上清液；最后加入两倍体积的无水乙醇，上下颠倒混匀，12 000g 离心10 min，弃上清，室温干燥后，加入50 μL双蒸水溶解沉淀，即得DNA模板，－20 ℃贮存备用。CPV阳性对照样品和阴性对照样品与待检样品同步进行样品处理，并进行DNA抽提。另外，DNA抽提也可采用市售的商品化DNA抽提试剂盒进行。

6.3 PCR 检测

在 0.2 mL PCR 薄壁管中，按每个样品 10 倍 Taq 酶浓缩缓冲液 2.5 μL、dNTP 0.5 μL、Taq 酶 0.5 μL、DNA 模板 2 μL、上游引物和下游引物（CPVF、CPVR）各 0.5 μL、三蒸水 18.5 μL，配制 PCR 检测体系。将 PCR 管置 PCR 仪上按如下程序扩增：首先 94 ℃变性 2 min；再 94 ℃、30 s，55 ℃、30 s，72 ℃、40 s 进行 35 个循环；最后 72 ℃、3 min。用 TBE 电泳缓冲液配制 1.5% 的琼脂糖平板（含 0.5 μg/mL EB），参见附录 A 中 A.7，将平板放入水平电泳仪，使电泳缓冲液刚好没过胶面，将10 μL PCR 产物和 2 μL 加样缓冲液（6×），参见附录 A 中 A.8，混匀后加入样品孔。在电泳时设立 DNA 标准分子量作对照。5 V/cm 电泳约 30 min，当溴酚蓝到达底部时停止，用凝胶成像系统观察结果。

6.4 结果判定

6.4.1 经 PCR 检测，CPV 阳性对照样品可扩增出大小为 609 bp 的核酸片段，参见附录 B，且阴性对照样品无扩增条带，否则试验结果视为无效。

6.4.2 在符合 6.4.1 的条件下，若待检样品扩增出了大小为 609 bp 的核酸片段，则初步判定犬细小病毒核酸阳性；若待检样品无扩增条带或扩增条带大小不为 609 bp，则判定犬细小病毒核酸阴性。

6.4.3 待检样品扩增出的阳性基因片段应进行核酸序列测定，若其序列与提供的比对序列的同源性大于等于 90%，则可确诊为犬细小病毒核酸阳性，否则判定犬细小病毒核酸阴性。

6.4.4 若犬细小病毒核酸阳性且病原分离也呈阳性，则可判定犬细小病毒感染阳性。

附录A
（资料性附录）
试剂及其配制

A.1 0.9%生理盐水

称取9 g无水氯化钠溶于1 000 mL去离子水中配成0.9%生理盐水，121.3 ℃灭菌15 min。

A.2 1%猪红细胞液

1 mL新鲜肝素抗凝猪血加入9 mL灭菌生理盐水制备而成。制备好后最好立即使用。暂时不用可放置4 ℃冰箱保存。

A.3 CPV细胞培养液

CPV接种FK81细胞，培养3 d～5 d，当病变达60%～80%时收获。冻融三次或超声波处理后，低速离心去除细胞碎片，上清液分装后低温保存。

A.4 10%十二烷基硫酸钠(SDS)

在90 mL三蒸水中溶解10 g十二烷基硫酸钠(电泳级)，加热至60 ℃助溶，用盐酸调pH值至7.8，加三蒸水定容至100 mL。

A.5 蛋白酶K贮备液(20 mg/mL)

每升三蒸水中加入三羟甲基氨基甲烷(Tris)1.21 mg，乙二胺四乙酸(EDTA)1.86 mg，十二烷基硫酸钠(SDS)5 g，用盐酸调pH值至7.8。取该溶液按每毫升加入20 mg蛋白酶K，充分溶解后分装。

A.6 5×TBE电泳缓冲液

每升三蒸水中加入三羟甲基氨基甲烷(Tris)54.0 g，乙二胺四乙酸(EDTA)2.9 mg，硼酸27.5 g，用5 mol/L的盐酸调pH值至8.0。

A.7 EB核酸染色剂

在10 mL三蒸水中加入100 mg溴化乙锭(EB)配制成10 mg/mL的浓缩液。

A.8 加样缓冲液(6×)

每100 mL三蒸水中加入溴酚蓝0.25 g和蔗糖40 g。

附 录 B
（资料性附录）
犬细小病毒 PCR 扩增核酸片段参考序列

gaatctgcta ctcagccacc aactaaagtt tataataatg atttaactgc
atcattgatg gttgcattag atagtaataa tactatgcca tttactccag
cagctatgag atctgagaca ttgggttttt atccatggaa accaaccata
ccaactccat ggagatatta ttttcaatgg gatagaacat taataccatc
tcatactgga actagtggca caccaacaaa tatataccat ggtacagatc
cagatgatgt tcaattttat actattgaaa attctgtgcc agtacactta
ctgagaacag gtgatgaatt tgctacagga acattttttt ttgattgtaa
accatgtaga ctaacacata catggcaaac aaatagagca ttgggcttac
caccatttct aaattctttg cctcaagctg aaggaggtac taactttggt
ccatttct aaattctttg cctcaagctg aaggaggtac taactttggt
tatataggag ttcaacaaga taaaagacgt ggtgtaactc aaatgggaaa
tacaaactat atcactgaag ctactattat gagaccagct gaggttggtt
atagtgcac

ICS 65.020.30
B 43

中华人民共和国国家标准

GB/T 27534.1—2011

畜禽遗传资源调查技术规范 第1部分：总则

Rules for animal genetic resource survey—Part 1: General

2011-11-21 发布　　　　2012-03-01 实施

中华人民共和国国家质量监督检验检疫总局
中国国家标准化管理委员会　发布

前　言

GB/T 27534《畜禽遗传资源调查技术规范》分为九个部分：

——第1部分：总则；

——第2部分：猪；

——第3部分：牛；

——第4部分：绵羊；

——第5部分：山羊；

——第6部分：马(驴)；

——第7部分：骆驼；

——第8部分：家兔；

——第9部分：家禽。

本部分为GB/T 27534的第1部分。

本部分的附录A、附录B为规范性附录。

本部分由中华人民共和国农业部提出。

本部分由全国畜牧业标准化技术委员会(SAC/TC 274)归口。

本部分起草单位：全国畜牧总站、农业部畜牧业司。

本部分主要起草人：王志刚、郑友民、刘丑生、谢双红、王俊勋、邓荣臻、王健、邓兴照、孙秀柱、于福清。

畜禽遗传资源调查技术规范
第1部分:总则

1 范围

GB/T 27534 的本部分规定了畜禽遗传资源调查对象、方式、内容及方法的基本准则。

本部分适用于各类畜禽遗传资源的调查。

2 术语和定义

下列术语和定义适用于 GB/T 27534 的本部分。

2.1

畜禽遗传资源 animal genetic resource

畜禽活体及其卵子(蛋)、精液、胚胎、细胞及基因物质等遗传材料。

2.2

畜禽遗传资源保护 protection of animal genetic resource

全面地、妥善地保存现有的畜禽遗传资源,使之免遭混杂和灭绝。

2.3

品种 breed

有共同血统来源,通过长期选育而成的一群具有共同体型外貌特征、经济特点,达到一定数量,并能将其特点稳定遗传给后代的畜禽群体。

2.4

兼用品种 dual-purpose breed

兼具两种及以上主要经济用途的品种。

2.5

中心产区 centre-producing areas

畜禽遗传资源的主要分布区域,且存栏量占该品种调查总存栏量的 20% 以上。

2.6

保种场 conservation farm

以活体保护为手段,以保护畜禽遗传资源为主要目的的种畜禽场。

2.7

保护区 conservation areas

国家或地方为保护特定畜禽遗传资源,在其原产地中心产区划定的特定区域。

2.8

基因库 gene bank

以活体保护为手段或低温生物学方法,保护畜禽遗传资源的机构。

注:基因库保种内容包括活体、组织、胚胎、精液、卵、体细胞、基因物质等遗传材料。

2.9

原地保种 in situ conservation

在畜禽遗传资源原产地建立保种场、保护区,进行活体保护。

2.10

异地保种　ex situ conservation

在畜禽遗传资源产区以外,以保种场或基因库的形式进行遗传资源保护。

2.11

系谱　pedigree

记载种畜禽祖先的编号、名字、出生日期等方面资料的文件。

3　调查对象

国家畜禽品种审定机构认定的、新发现的和未知的地方品种(资源),经农业部相关部门审定的畜禽新品种(配套系)和经国务院行业主管部门批准引进的畜禽品种(资源)。

4　调查方式

采用普查、重点调查和抽样调查相结合的方式。

5　调查内容及方法

5.1　畜禽品种名称

品种的中文名称、英文名称及俗名。

5.2　中心产区及分布

根据品种规模和分布,确定中心产区范围及分布[省、市(县)]。

5.3　产区自然生态条件

产区自然生态条件包括以下几个方面:

——地理、地貌与海拔;

——气候类型;

——气温(年最高,年最低和年平均);

——年降雨量;

——无霜期;

——水源和土质;

——耕作制度和作物种类。

5.4　畜禽品种原产地、来源与发展

畜禽品种的原产地、来源、形成历史与发展。

5.5　畜禽品种类型

包括地方品种、培育品种和引进品种。

5.6　开发利用情况

肉、蛋、乳、皮、毛、绒等产品的开发利用情况。

5.7 体型外貌描述

对畜禽遗传资源毛色、头部、耳形、躯干、四肢、外生殖器官等外貌特征的描述。

5.8 生产性能

包括体尺、体重、生长肥育性能、屠宰性能及肉品质、乳用性能及品质、蛋用性能及品质、毛(皮、绒)性能及品质、役用性能、繁殖性能等指标。

5.9 品种评价

主要功能特性及优缺点。

5.10 遗传分析测定

血液多态性测定或生化、分子遗传测定等。

5.11 消长情况

品种近15年~20年数量和品质变化。

5.12 品种资源保护状况

保种场、保护区,保种和利用计划等。

5.13 畜禽品种濒危程度

畜禽品种濒危程度判定见附录A。

5.14 饲养管理情况

饲料组成,饲养方式。

5.15 疫病情况

流行性传染病和寄生虫病调查。

6 品种照片

品种照片拍摄要求见附录B。

7 调查信息的整理汇总、数据分析、上报

对调查的信息进行整理,数据分析,上报给组织调查的单位并存档。

附 录 A
（规范性附录）
畜禽品种濒危程度判定

根据种群总数量、繁殖母畜数量和种群数量的发展趋势，畜禽品种濒危程度分为如下五个级别：

a) 灭绝：实际情况下，在既没有繁殖公畜（包括精液）或繁殖母畜，也没有剩余的胚胎时，即可判定为灭绝。

b) 濒临灭绝：某一品种繁殖母畜总数量低于100头（只）或繁殖公畜总数量低于或等于5头（只）；或者该品种的种群总数量虽然略高于100头（只），但呈现出正在减少的趋势，且纯种母畜的比例低于80%。

c) 濒危：某一品种出现下列情况之一即可判定为濒危：
   ——繁殖母畜总数量在100～1 000头（只）之间或繁殖公畜总数量低于或等于20头（只）但高于5头（只）；
   ——该品种的种群总数量虽然略低于100头（只）但呈现出增加趋势，且纯种母畜的比例高于80%；
   ——该品种的种群总数量虽然略高于1 000头（只）但呈现出减少趋势，且纯种母畜的比例低于80%。

d) 无危险：某一品种出现下列情况之一即可判定为无危险：
   ——繁殖母畜和繁殖公畜总数量分别为1 000头（只）以上和20头（只）以上；
   ——该品种的种群数量接近1 000头（只），纯种母畜的比例接近100%，且该品种的种群数量正在增加。

e) 不详：没有调查数据无法判定。

附 录 B
（规范性附录）
品种照片拍摄要求

B.1 拍摄品种照片的要求

B.1.1 基本要求

品种照片应该能够真实、全面地反映该品种的所有外貌特征信息。

B.1.2 数量要求

B.1.2.1 每个品种要有公、母、群体照片各两张，如有不同品系（或不同年龄）的品种，应按照每种各2张合格的照片。

B.1.2.2 对特殊地理条件下生长的品种，还需附上能反映当地地理环境的照片2张以上。

B.1.2.3 拍摄的照片，应在照片的反面写清楚品种名称、性别、拍摄日期和种畜场名称、拍摄者姓名等；数码拍摄的照片要有相关配套文件说明；照片正面不要携带年月日等其他信息。

B.1.3 精度要求

图像的精度要求是800万像素以上。

B.1.4 其他

数码相机所拍摄的照片不能进行编辑。

B.2 拍摄注意事项

B.2.1 体型外貌的基本特征

B.2.1.1 不同品种各自具有不同的特征，可以从毛色、体型、乳头数等方面加以区别。

B.2.1.2 一些品种具有多个品系，不同品系具有不同外貌特点时，需要分别进行拍摄。当拍摄群体照片时，尽可能将本品种的不同外貌个体一次拍摄，在一张照片上反映出该品种不同外貌的组成和比例。

B.2.2 拍摄对象的年龄

一般要求被拍摄的对象应是成年畜禽，非成年畜禽不能反映品种的基本情况，而年龄大的畜禽也不能包含畜禽应有的外貌。如果品种具有特殊的外貌特征，可增加拍摄该时期的照片。

B.2.3 个体站立的姿势

要求正、侧面对着拍摄者，呈自然站立状态，被拍摄的侧面对着阳光，同时要求避开风向，使拍摄者的被毛自然帖身。表现出四肢站立自如，头颈高昂，使全身各部位应有的特征充分表现。拍摄者应站在拍摄对象体侧的中间位置。

B.2.4 拍摄的背景

所拍摄照片的背景应能反映畜禽与所处生态之间的联系。

ICS 65.020.30
B 43

中华人民共和国国家标准

GB/T 27534.2—2011

畜禽遗传资源调查技术规范 第2部分:猪

Rules for animal genetic resource survey—Part 2:Swine

2011-11-21 发布 2012-03-01 实施

中华人民共和国国家质量监督检验检疫总局
中国国家标准化管理委员会 发布

前　言

GB/T 27534《畜禽遗传资源调查技术规范》分为九个部分：

——第1部分：总则；

——第2部分：猪；

——第3部分：牛；

——第4部分：绵羊；

——第5部分：山羊；

——第6部分：马(驴)；

——第7部分：骆驼；

——第8部分：家兔；

——第9部分：家禽。

本部分为GB/T 27534的第2部分。

本部分的附录A、附录B为规范性附录，附录C为资料性附录。

本部分由中华人民共和国农业部提出。

本部分由全国畜牧业标准化技术委员会(SAC/TC 274)归口。

本部分起草单位：全国畜牧总站、农业部畜牧业司。

本部分主要起草人：郑友民、刘丑生、谢双红、王志刚、关龙、于福清、孙秀柱、薛明、韩旭。

畜禽遗传资源调查技术规范
第2部分:猪

1 范围

GB/T 27534的本部分规定了猪遗传资源调查对象、方法、内容的基本准则。

本部分适用于猪遗传资源的调查。

2 规范性引用文件

下列文件中的条款通过GB/T 27534的本部分的引用而成为本部分的条款。凡是注日期的引用文件,其随后所有的修改单(不包括勘误的内容)或修订版均不适用于本部分,然而,鼓励根据本部分达成协议的各方研究是否可使用这些文件的最新版本。凡是不注日期的引用文件,其最新版本适用于本部分。

GB/T 20551 畜禽屠宰HACCP应用规范

GB/T 27534.1 畜禽遗传资源调查技术规范 第1部分:总则

NY/T 821 猪肌肉品质测定技术规范

NY/T 825 瘦肉型猪胴体性状测定技术规范

3 调查对象、方式

调查对象、方式按照GB/T 27534.1执行。

4 调查内容

4.1 遗传资源概况

品种名称、原产地、中心产区及分布、产区自然生态条件、开发利用情况等GB/T 27534.1中规定的调查内容,按附录A中表A.1要求填写,填表说明见附录B。

4.2 个体的选择及体型外貌观测

4.2.1 个体的选择及数量

选择在正常饲养管理水平条件下成年猪个体,并标明实际月龄。

成年公猪20头以上,成年母猪50头以上。

4.2.2 体型外貌观测

对被选择测量的个体,应牵引至平坦地面处,人工辅助站稳。观察头部、颈部、肩部、背部、腰部、臀部及尾部,观察四肢站立;观察前胸发育及前肢站立姿式,观察躯部和臀部发育及两后肢的丰满度与站立姿式。公猪还要检查睾丸的发育,母猪应检查乳房及乳头发育,有无副乳头等。

4.2.3 体型外貌描述

包括毛色、头、耳形、躯干、乳头、四肢等指标,按附录A中表A.2要求填写,填表说明见附录B,图示参见附录C。

4.3 生产性能

4.3.1 体尺、体重

包括体高、体长、胸围、体重等指标,按附录A中表A.3要求填写,填表说明见附录B。

4.3.2 生长肥育性能

包括初测体重、初测日期、终测体重、终测日期、日增重、耗料量、料重比等指标,按附录A中表A.3

要求填写。

4.3.3 屠宰性能及肉品质

包括胴体重、屠宰率、瘦肉率、肉骨比、肉品质等指标，按附录A中表A.3要求填写，填表说明见附录B。屠宰按GB/T 20551的规定执行。屠宰数量为20头。肌肉品质测定按NY/T 821的规定执行。胴体性状测定按NY/T 825的规定执行。

4.3.4 繁殖性能

包括性成熟日龄、初配日龄、出生窝重、断奶窝重、断奶日龄等指标。按附录A中表A.3要求填写，填表说明见附录B。

4.4 遗传资源调查

4.4.1 品种评价

包括遗传特点、优异特性等指标，按附录A中表A.4要求填写，填表说明见附录B。

4.4.2 遗传资源保护状况

包括是否提出过保种和利用计划、是否建立了品种登记制度等指标，按附录A中表A.4要求填写。

4.4.3 濒危程度的判定

濒危程度按GB/T 27534.1要求判定，按附录A中表A.4要求填写。

4.4.4 饲养管理情况

包括饲料组成，饲养方式等指标，按附录A中表A.4要求填写。

4.4.5 疫病情况

包括流行性传染病调查、寄生虫病调查等指标，按附录A中表A.4要求填写。

5 品种照片

品种照片的拍摄按GB/T 27534.1要求执行。

6 调查信息的整理、数据分析、上报

对调查的信息进行整理，数据分析，上报给组织调查的单位并存档。

附　录　A
（规范性附录）
猪遗传资源调查技术规范

表 A.1　猪遗传资源概况表

编号：______________________ 日期：__________年__________月__________日

地点：__________省__________县（区、市）__________乡（镇）__________村

联系人：______________________ 联系方式：______________________

品种名称				备注
原产地				
品种类型				
中心产区				
分布				
总头数				
基础猪数	公	血统数		
基础猪数	公	人工授精数		
基础猪数	母	头数		
基础猪数	母	血缘数		
后备猪数		公		
后备猪数		母		
产区自然生态条件	地貌与海拔			
产区自然生态条件	气候类型			
产区自然生态条件	年降水量			
产区自然生态条件	无霜期			
产区自然生态条件	水源土质			
产区自然生态条件	气温	年最高		
产区自然生态条件	气温	年最低		
产区自然生态条件	气温	年平均		
开发利用情况				

记录人：　　　　　　　　电话：　　　　　　　　E-mail：

表 A.2 猪遗传资源体型外貌登记表

编号：________________ 日期：________年________月________日

地点：________省________县(区、市)________乡(镇)________村

联系人：________________联系方式：________________

品种		个体号	
年龄		性别	
毛色	黑□	白□	六白□
	红棕□	玉鼻□	火毛□
	两头乌□	乌云盖雪□	黑(白脚)□
	其他		
头	大□	中□	小□
	嘴筒短□	嘴筒中等□	嘴筒长□
	额有皱纹□	额无皱纹□	
耳形	大□	中□	小□
	前倾□	直立□	下垂□
躯干	背腰平□	背腰凹□	臀部丰满□
	腹部下垂□	腹部平直□	臀部斜尻□
	尾根高□		尾根低□
乳头	粗□	中等□	细□
	排列整齐□	排列不整齐□	有效奶头数
	排列对称□	丁字排列□	
四肢	正常/卧系□		肢势正常□
	肢势外展□		肢势内收□
备 注			

记录人： 电话： E-mail：

表 A.3 猪遗传资源生产性能登记表

编号：________________ 日期：________年________月________日

地点：________省________县(区、市)________乡(镇)________村

联系人：________________联系方式：________________

品种		个体号		性别		月龄		
体尺、体重								
体高(cm)		体长(cm)		胸围(cm)		体重(kg)		
生长肥育性能								
初测日期		终测日期		耗料量(kg)		料重比(%)		
初测体重(kg)		终测体重(kg)		日增重(kg)				
屠宰性能及肉品质								
屠宰日龄(d)		宰前活重(kg)		胴体重(kg)		左侧胴体重(kg)		
头重(kg)		心重(kg)		肺重(kg)		左侧腿臀重(kg)		
瘦肉重(kg)		肝重(kg)		骨重(kg)		皮重(kg)		
肥肉重(kg)		脾重(kg)		花网油重(kg)		皮厚(mm)		
尾重(kg)		血重(kg)		膀胱重(kg)		胴体长(cm)		
肋骨对数				眼肌面积(cm^2)				
蹄重(kg)	前		肾重(kg)	左		大肠	净重(kg)	
	后			右			长度(cm)	
胴体重(kg)	左		板油(kg)	左		小肠	净重(kg)	
	右			右			长度(cm)	
平均背膘厚度(mm)	肩部最厚处		最后肋骨处		腰荐结合处		均值	
屠宰率(%)		瘦肉率(%)		骨率(%)		肉骨比(%)		
		肥肉率(%)		皮率(%)		腿臀比(%)		
肉品质	肉色		肌肉 pH 值		失水率(%)			
	滴水损失(%)		大理石纹		肌内脂肪(%)			
繁殖性能								
性成熟日龄(d)		初配日龄(d)		利用年限(a)		配种方式		
窝产仔数(头)		产活仔数(头)		出生窝重(kg)		断奶仔猪数(头)		
21 d 窝重(kg)		初生重(kg)		断奶窝重(kg)		断奶日龄(d)		
公猪精液品质	采精量(mL)		精子活力(%)		精子密度(亿/mL)			

记录人：　　　　　　　　电话：　　　　　　　　E-mail：

表 A.4 猪遗传资源调查表

编号：______ 日期：______年______月______日

地点：______省______县(区、市)______乡(镇)______村

联系人：______ 联系方式：______

品种评价	该品种的遗传特点，优异特性，可供研究、开发和利用的主要方向	
分子生物学测定	是否进行过生化或分子遗传测定(测定单位、测定时间)	
消长形势	近 15 年～20 年数量规模变化，品质变化	
遗传资源保护状况	是否提出过保种和利用计划(保种场)	
	是否建立了品种登记制度(开始时间、负责单位)	
濒危程度		
饲养管理情况	饲料组成	
	饲养方式	
	管理难易	
疫病情况	流行性传染病调查	
	寄生虫病调查	

记录人： 电话： E-mail：

附　录　B
（规范性附录）
猪遗传资源调查表填表说明

B.1　遗传资源概况

B.1.1　品种名称包括中文名、英文名、俗名。

B.1.2　品种类型指地方品种、培育品种、引进品种。

B.1.3　基础猪数指的是已生产过或已配过种的猪数。

B.1.4　水源土质指流经该地的河流等。

B.1.5　开发利用情况指产品的销售、利用(包括皮、乳等)。

B.2　体型外貌

在相应项目后“□”划“√”，无对应项的在“其他”中自行填入。

B.3　生产性能

B.3.1　体尺和体重

B.3.1.1　体高

鬐甲最高点到地平面的垂直距离。

B.3.1.2　体长

两耳根连线中点沿背线至尾根处的长度。

B.3.1.3　胸围

在肩胛骨后缘作垂直线绕体躯一周所量的胸部围长度。

B.3.2　屠宰性能及肉品质

B.3.2.1　胴体重

屠宰放血后，去掉头、蹄、尾和内脏(除板油、肾脏外)后的两片胴体合重，屠宰日龄按当地习惯并注明。

B.3.2.2　皮厚

第6～7肋骨处用游标卡尺测定皮肤厚度。

B.3.2.3　胴体长

胴体耻骨联合处前沿至第一颈椎前沿的直线长度。

B.3.2.4　眼肌面积

最后肋骨处背最长肌横断面面积，用硫酸纸描绘眼肌面积(两次)，用求积仪或方格计算纸求出眼肌面积，或按式(B.1)计算：

$$A = H \times W \times 0.7 \qquad \cdots\cdots\cdots(B.1)$$

式中：

A——眼肌面积，单位为平方厘米(cm^2)；

H——眼肌高度，单位为厘米(cm)；

W——眼肌宽度，单位为厘米(cm)。

B.3.2.5　平均背膘厚度

胴体背中线肩部最厚处、最后肋、腰荐结合处三点的平均脂肪厚度。

B.3.2.6　屠宰率

屠宰率按式(B.2)计算：

$$DP = \frac{CW}{FW} \times 100\% \qquad \cdots\cdots\cdots\cdots(B.2)$$

式中：

DP——屠宰率，%；

CW——胴体重，单位为千克(kg)；

FW——宰前空腹体重，单位为千克(kg)。

B.3.2.7 瘦肉率、肥肉率、皮率、骨率

用手工剥离半胴体，分成瘦肉、脂肪、皮、骨四部分，分别称量，再相加，作为100%，分别计算瘦肉、脂肪、皮、骨所占比例(不计算分割过程中的损耗)。

B.3.2.8 腿臀比

沿倒数第一腰椎与倒数第二腰椎之间垂直切下的左边腿臀重占左边胴体重的百分比。

B.3.2.9 肉色

肌肉横截面颜色的鲜亮程度。

B.3.2.10 肌肉 pH 值

宰后24 h内肌肉的酸碱度。

B.3.2.11 失水率

失水率按式(B.3)计算：

$$WR = \frac{DW}{W_1} \times 100\% \qquad \cdots\cdots\cdots\cdots(B.3)$$

式中：

WR——失水率，%；

DW——肉样压前重减肉样压后重，单位为千克(kg)；

W_1——肉样压前重，单位为千克(kg)。

B.3.2.12 大理石纹

肌肉横截面可见脂肪与结缔组织的分布情况。

B.3.2.13 肌内脂肪

肌肉组织内的脂肪含量。

B.3.3 繁殖性能

B.3.3.1 窝产仔数：包括总产仔数(不包括木乃伊)和活仔数(产仔后24h内存活的仔猪数)。

B.3.3.2 出生窝重：出生时一窝仔猪的总重量。

B.3.3.3 断奶窝重：断奶时一窝仔猪的总重量。

B.4 遗传资源调查中品种评价的优异特性

B.4.1 优质

本行业内公认的具有优良品质、风味的种质资源。

B.4.2 抗病性

本行业内公认的具有抗疾病、抗虫的种质资源。

B.4.3 抗逆

本行业内公认的具有抗逆(生态、气候等)的种质资源。

B.4.4 耐粗饲

可以耐受粗放的饲养管理条件。

B.4.5 其他

本行业内公认的其他优良品质的资源。

附 录 C
（资料性附录）
猪遗传资源调查图示

C.1 猪的毛色描述

图 C.1 黑色

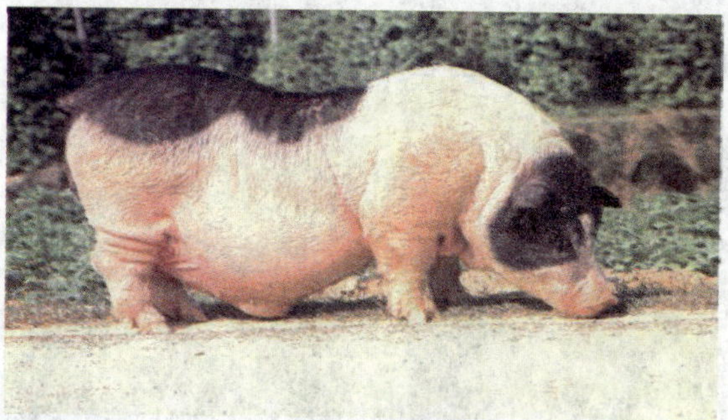

图 C.2 黑白花

图 C.3 两头乌

图 C.4 体毛黑色，四肢末端为白色

图 C.5 全白

图 C.6 棕红色

图 C.7　被毛黑色，在肩和前肢有一条白带围绕

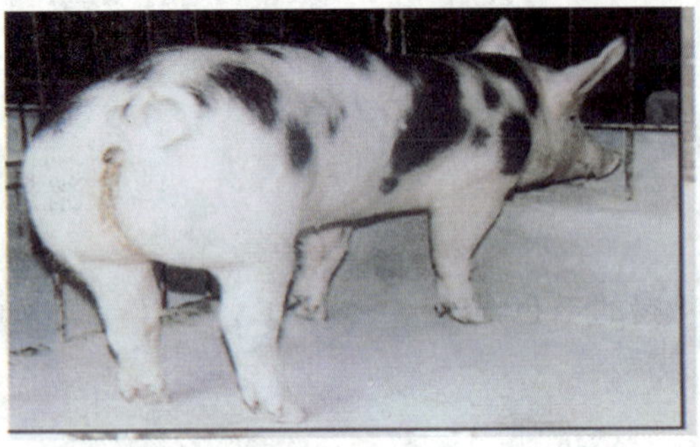

图 C.8　被毛灰白，夹有黑斑，杂有部分红色

C.2　猪的头型描述

图 C.9　头大，额皮中部隆起成块，俗称“盖碗”

图 C.10　嘴筒长直

图 C.11　头中等大，面微凹

图 C.12　头中等大，面直

C.3　猪的耳型描述

图 C.13　耳大下垂，颈长

图 C.14　耳大下垂，颈短

图 C.15　耳小而立

图 C.16　耳小向前平

图 C.17　耳特大，下垂

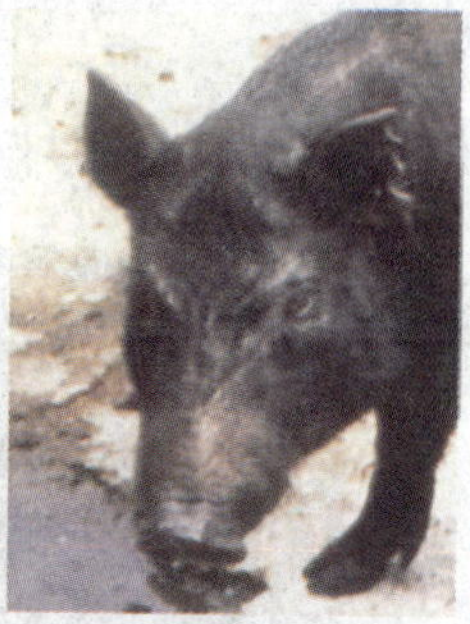

图 C.18　耳小竖立

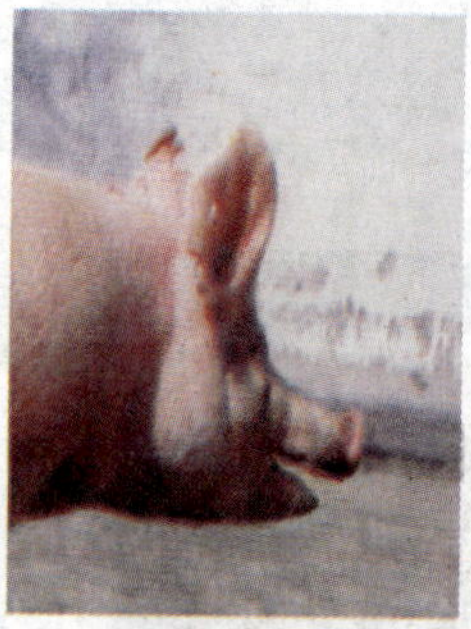

图 C.19　耳中等大，竖立

图 C.20　耳小向前平伸

C.4　猪的体型描述

图 C.21　腹大下垂，背平

图 C.22　腹大拖地，背凹

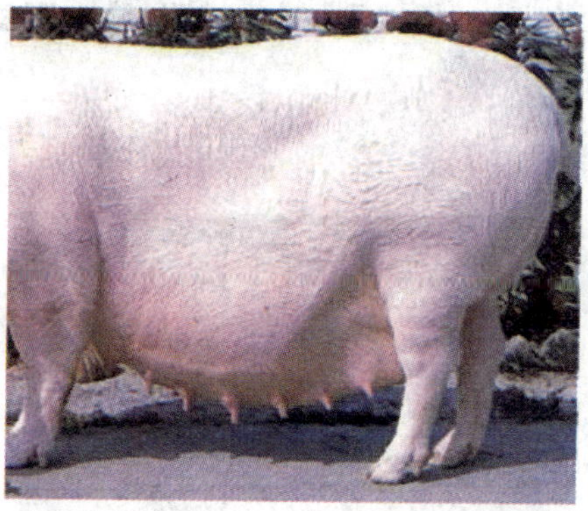

图 C.23　腹大下垂，不拖地，奶头细

图 C.24　腹大下垂，不拖地，奶头粗

C.5 猪的奶头描述

图 C.25 奶头细,丁字排列,发育良好

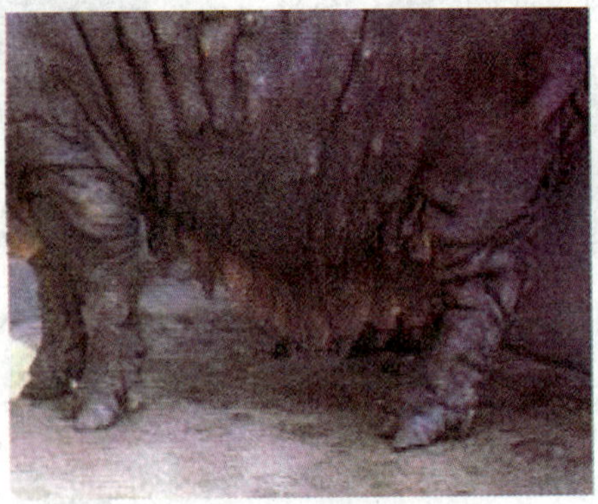

图 C.26 奶头粗

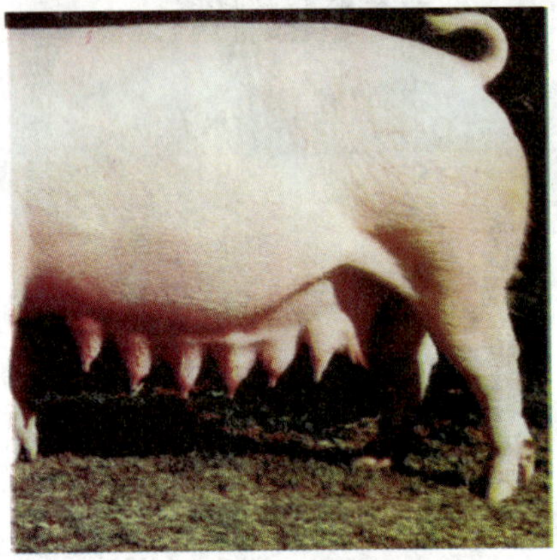

图 C.27 奶头细,对称排列,发育良好

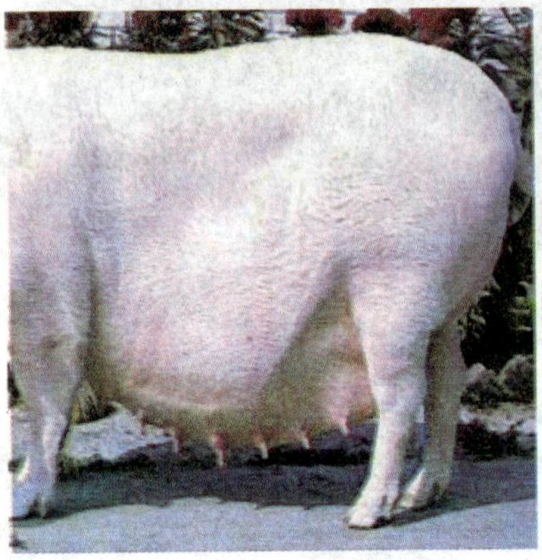

图 C.28 奶头细,对称排列,腹大下垂

C.6 猪的四肢描述

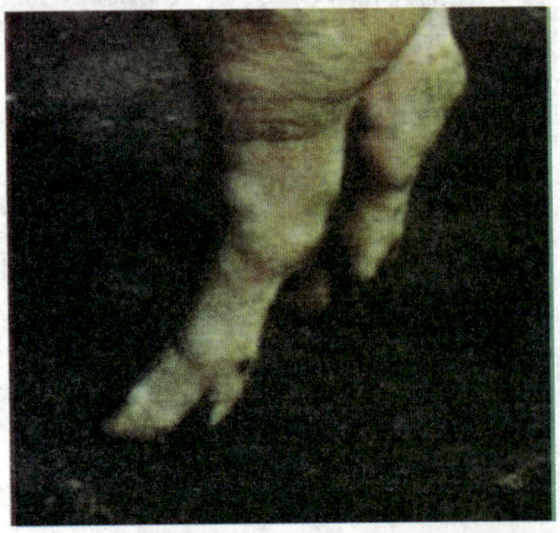

图 C.29 粗壮、直立

图 C.30 卧系

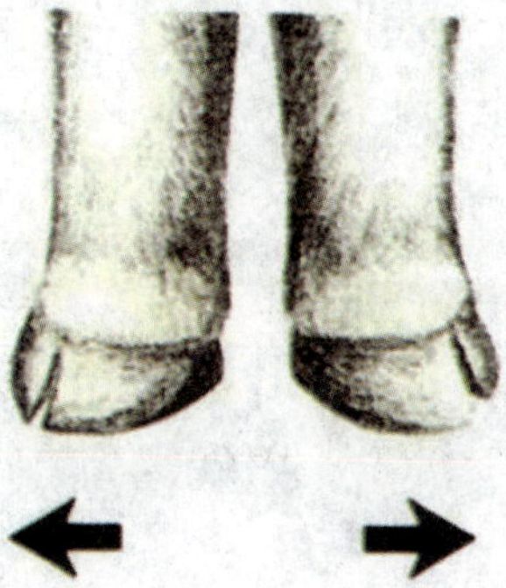

图 C.31 前肢外展

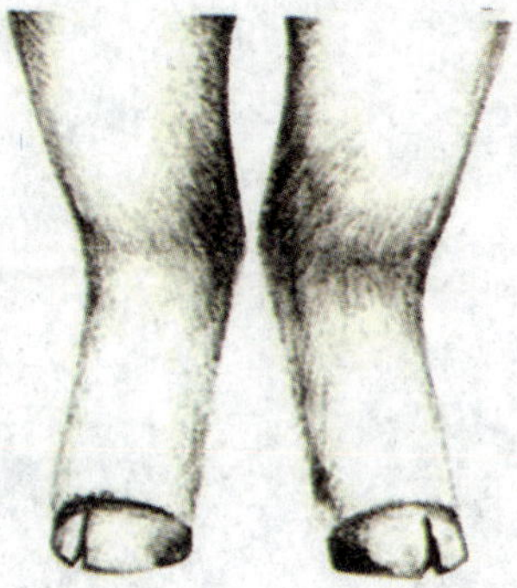

图 C.32 前肢 X 型

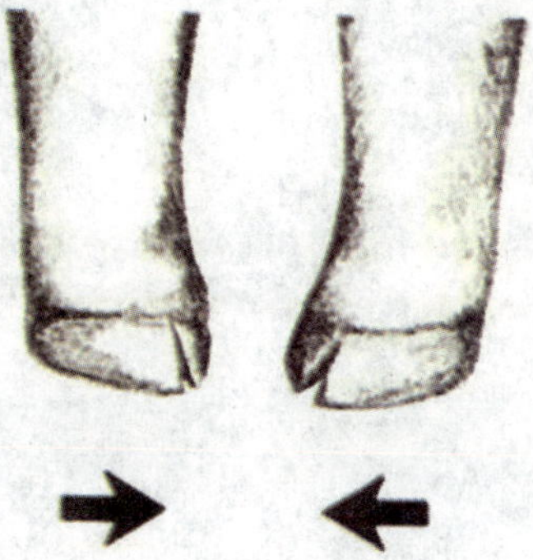

图 C.33 前肢内收

ICS 65.020.30
B 43

中华人民共和国国家标准

GB/T 27534.3—2011

畜禽遗传资源调查技术规范 第3部分：牛

Rules for animal genetic resource survey—Part 3: Cattle

2011-11-21 发布 2012-03-01 实施

中华人民共和国国家质量监督检验检疫总局
中国国家标准化管理委员会 发布

前　言

GB/T 27534《畜禽遗传资源调查技术规范》分为九个部分：

——第1部分：总则；

——第2部分：猪；

——第3部分：牛；

——第4部分：绵羊；

——第5部分：山羊；

——第6部分：马(驴)；

——第7部分：骆驼；

——第8部分：家兔；

——第9部分：家禽。

本部分为GB/T 27534的第3部分。

本部分的附录A、附录B为规范性附录，附录C为资料性附录。

本部分由中华人民共和国农业部提出。

本部分由全国畜牧业标准化技术委员会(SAC/TC 274)归口。

本部分起草单位：全国畜牧总站、中国农业科学院北京畜牧兽医研究所、农业部畜牧业司。

本部分主要起草人：刘丑生、王志刚、许尚忠、孙秀柱、邓兴照、张金松、郑友民、关龙。

畜禽遗传资源调查技术规范
第3部分:牛

1 范围

GB/T 27534的本部分规定了牛遗传资源调查的对象、方式、内容的基本准则。

本部分适用于黄牛、牦牛、水牛遗传资源的调查。

2 规范性引用文件

下列文件中的条款通过GB/T 27534的本部分的引用而成为本部分的条款。凡是注日期的引用文件,其随后所有的修改单(不包括勘误的内容)或修订版均不适用于本部分,然而,鼓励根据本部分达成协议的各方研究是否可使用这些文件的最新版本。凡是不注日期的引用文件,其最新版本适用于本部分。

GB/T 20551 畜禽屠宰HACCP应用规范

GB/T 27534.1 畜禽遗传资源调查技术规范 第1部分:总则

3 术语和定义

下列术语和定义适用于GB/T 27534的本部分。

3.1

中国黄牛 yellow cattle

原产于我国除水牛、牦牛之外的所有家养牛。

3.2

牦牛 yak

牛属动物中唯一生活在海拔3 000 m以上高寒地区的特有牛种资源。

3.3

水牛 buffalo

热带、亚热带地区特有的畜种,主要分布于亚洲地区。

4 调查对象、方式

调查对象、方式按照GB/T 27534.1执行。

5 调查内容

5.1 遗传资源概况

品种名称、原产地、中心产区及分布、产区自然生态条件、开发利用情况等GB/T 27534.1中规定的调查内容,按照附录A中的表A.1填写,填表说明见附录B。

5.2 个体的选择及体型外貌观测

5.2.1 个体的选择及数量

选择在正常饲养管理水平条件下成年牛个体,并标明实际月龄。

成年公牛20头以上,成年母牛50头以上。

5.2.2 体型外貌观测

对被选择测量的个体,应牵引至平坦地面处,人工辅助站稳。观察头部、角型、肩部、尻部及尾部。

公牛还要检查睾丸的发育,母牛应检查乳房及乳头发育,有无副乳头等。

5.2.3 **体型外貌描述**

按附录A中表A.2要求填写,填表说明见附录B,图示参见附录C。

5.3 生产性能

5.3.1 **体尺、体重**

包括体高、体斜长、胸围、胸宽、胸深、腹宽等指标,按附录A中表A.3要求填写,填表说明见附录B。

5.3.2 **生长肥育性能**

包括初测日期、初测体重、终测日期、终测体重、耗料量、日增重、料重比等指标,按附录A中表A.3要求填写,填表说明见附录B。

5.3.3 **屠宰性能及肉品质**

包括胴体重、屠宰率、瘦肉率、肉骨比、肉品质性状等指标,按附录A中表A.3要求填写,填表说明见附录B。屠宰按照GB/T 20551的规定执行。屠宰数量为10头。

5.3.4 **繁殖性能**

包括性成熟年龄、初配年龄、妊娠期、发情周期、初生重等指标。按附录A中表A.3要求填写,填表说明见附录B。

5.4 遗传资源调查

5.4.1 **品种评价**

包括遗传特点、优异特性等指标,按附录A中表A.4要求填写,填表说明见附录B。

5.4.2 **遗传资源保护状况**

包括是否提出过保种和利用计划、是否建立了品种登记制度等指标,按附录A中表A.4要求填写。

5.4.3 **濒危程度的判定**

濒危程度按GB/T 27534.1要求判定,按附录A中表A.4要求填写。

5.4.4 **饲养管理情况**

包括圈养、全年放牧、补饲情况等指标,按附录A中表A.4要求填写。

5.4.5 **疫病情况**

包括流行性传染病调查、寄生虫病调查等指标,按附录A中表A.4要求填写。

6 品种照片

品种照片的拍摄按GB/T 27534.1要求执行。

7 调查信息的整理、数据分析、上报

对调查的信息进行整理,数据分析,上报给组织调查的单位并存档。

附　录　A
（规范性附录）
牛遗传资源调查技术规范

表 A.1　牛遗传资源概况表

编号：________________ 日期：________年________月________日

地点：________省________县(区、市)________乡(镇)________村

联系人：________________联系方式：________________

品种名称				备注
原产地				
品种类型				
中心产区				
分布				
总头数				
成年母牛		只数		
		能繁母牛数		
		本交数		
成年公牛		只数		
		配种公牛数		
育成牛		公		
		母		
哺乳牛犊数		公		
		母		
基础群占全群比例		公		
		母		
产区自然生态条件	地貌与海拔			
	气候类型			
	年降水量			
	无霜期			
	水源土质			
	气温	年最高		
		年最低		
		年平均		
开发利用情况				

记录人：　　　　　　　　电话：　　　　　　　　E-mail：

表 A.2　牛遗传资源个体外貌登记表

编号：________________ 日期：________年________月________日

地点：________省________县(区、市)________乡(镇)________村

联系人：________________联系方式：________________

品种		性别	
个体号		年龄	

形态特征	整体结构：宽长矮□　高短窄□　中度□ 头　　型：短宽□　长窄□ 耳　　型：平伸□　半下垂□ 耳　　壳：厚□　薄□ 耳　　端：钝□　尖□ 角的有无：有□　无□　双对□ 角　　形：铃铃角□　龙门□　倒八字竖□　大圆环□ 小圆环□　其他________ 肩　　峰：大□　小□　无□ 颈垂、胸垂：大□　小□　无□ 脐　　垂：大□　小□　无□ 尻　　形：短□　长□　斜□　圆□ 尾　　帚：小□　大□ 尾　　长：后管下段□　后管□　飞节□
毛色 肤色 蹄角色	基 础 色：黑□　灰□　紫□　红□　白□　金□　草白□ 深黄褐□　浅黄褐□　其他________ 白　　斑：白带□　白头□　全色□　白花□　白背(腹)□　白胸月□ 鬣　　毛：是□　否□ 沙　　毛：是□　否□ 晕　　毛：是□　否□ 季节性黑斑：有□　无□ 鼻 镜 色：粉□　色斑□　黑褐□ 胁等局部淡化：是□　否□ 角　　色：蜡□　黑褐纹□　黑褐□ 蹄　　色：蜡□　黑褐□　黑褐条斑□
被毛形态 及分布	长　　短：贴身短毛□　长毛□　长覆毛有底绒□ 额部长毛：有□　无□ 局部卷毛：有□　无□　部位(多在前额□　颈侧□　胸侧□)
整体结构 与分布	宽长矮(“抓地虎”)□　高短窄(“高脚黄”)□　中度□
睾丸发 育情况	
母牛乳房 发育情况	

记录人：　　　　　　电话：　　　　　　E-mail：

表 A.3 牛遗传资源生产性能登记表

编号：________________ 日期：________年________月________日

地点：________省________县(区、市)________乡(镇)________村

联系人：________________ 联系方式：________________

品种		个体号		性别		月龄	

体尺、体重

体高(cm)		体斜长(cm)		胸围(cm)		体重(kg)	
胸宽(cm)		胸深(cm)		腹宽(cm)			

生长肥育性能

初测日期		终测日期		耗料量(kg)		料重比(%)	
初测体重(kg)		终测体重(kg)		日增重(kg)			

屠宰性能及肉品质

屠宰日龄(d)		宰前活重(kg)		胴体重(kg)		净体重(kg)	
头重(kg)		心重(kg)		血重(kg)		净肉重(kg)	
尾重(kg)		肝重(kg)		肺重(kg)		瘦肉重(kg)	
皮重(kg)		脾重(kg)		骨重(kg)		肥肉重(kg)	
皮厚(cm)		膀胱重(kg)		肋骨对数		花网油重(kg)	

项目			项目			项目		
胴体长(cm)			肾重	左(kg)		大肠	净重(kg)	
眼肌面积(cm^2)			肾重	右(kg)		大肠	长度(cm)	
胴体重	左(kg)		蹄重	前(kg)		小肠	净重(kg)	
胴体重	右(kg)		蹄重	后(kg)		小肠	长度(cm)	
肌肉厚度	大腿(cm)		皮下脂肪厚度	背脂厚(cm)		板油	左(cm)	
肌肉厚度	腰部(cm)		皮下脂肪厚度	腰脂厚(cm)		板油	右(cm)	

屠宰率(%)		瘦肉率(%)		皮率(%)	
肉骨比(%)		肥肉率(%)		骨率(%)	

肉品质	肉色		失水率(%)		大理石纹	
肉品质	pH 值		熟肉率(%)		肌内脂肪	

乳用性能

产乳量(kg)		泌乳期天数(d)		干物质(%)	
乳脂率(%)		乳蛋白率(%)		乳糖(%)	

繁殖性能

性成熟年龄(月)		初配年龄(月)		利用年限(a)		哺乳期日增重(kg)	
断奶重(kg)		妊娠期(d)		发情周期(d)		犊牛断奶成活率(%)	
初生重(kg)		产犊数(头)		发情季节		犊牛死亡率(%)	
配种方式		精液品质	采精量(mL)	精子活力(%)	精子密度(亿/mL)		

记录人： 电话： E-mail：

表 A.4 牛遗传资源调查表

编号：____________________ 日期：__________年__________月__________日

地点：__________省__________县(区、市)__________乡(镇)__________村

联系人：____________________联系方式：____________________

品种评价	该品种的遗传特点，优异特性，可供研究、开发和利用的主要方向	
分子生物学测定	是否进行过生化或分子遗传测定(测定单位、测定时间)	
消长形势	近15年～20年数量规模变化，品质变化	
遗传资源保护状况	是否提出过保种和利用计划(保种场)	
	是否建立了品种登记制度(开始时间、负责单位)	
濒危程度		
饲养管理情况	圈养	
	全年放牧	
	季节性放牧	
	补饲情况	
	管理难易	
疫病情况	流行性传染病调查	
	寄生虫病调查	

记录人： 电话： E-mail：

附 录 B
（规范性附录）
牛遗传资源调查表填表说明

B.1 遗传资源概况

B.1.1 品种名称包括中文名、英文名、俗名。

B.1.2 品种类型指地方品种、培育品种、引进品种。

B.1.3 水源土质指流经该地的河流等。

B.1.4 开发利用情况指产品的销售、利用(包括皮、乳等)。

B.2 体型外貌

在相应项目后“□”划“√”，无对应项的在“其他”中自行填入。

B.3 生产性能

B.3.1 体尺和体重

B.3.1.1 体高

亦称鬐甲高，鬐甲中部沿前肢后缘垂直到地面的高度。

B.3.1.2 体斜长

肩端前缘到坐骨端外缘的直线长度。

B.3.1.3 胸围

鬐甲后垂直围绕通过胸基的围度。

B.3.1.4 体重

B.3.1.4.1 黄牛体重

黄牛体重按式(B.1)计算：

$$C=\frac{a^2\times b}{10\ 800} \qquad \text{(B.1)}$$

式中：

C——黄牛体重，单位为千克(kg)；

a——胸围，单位为厘米(cm)；

b——体斜长，单位为厘米(cm)。

B.3.1.4.2 水牛体重

水牛体重按式(B.2)计算：

$$B=a^2\times b\times 90 \qquad \text{(B.2)}$$

式中：

B——水牛体重，单位为千克(kg)；

a——胸围，单位为米(m)；

b——体斜长，单位为米(m)。

B.3.1.4.3 牦牛体重

牦牛体重按式(B.3)计算。

$$Y = a^2 \times b \times 70 \quad \cdots\cdots (B.3)$$

式中：

Y——牦牛体重，单位为千克(kg)；

a——胸围，单位为米(m)；

b——体斜长，单位为米(m)。

B.3.2 屠宰性能及肉品质

B.3.2.1 宰前活重

绝食 24 h 后临宰时的实际体重。

B.3.2.2 胴体重

由活重减去腕跗关节以下的四肢重、头重、尾重、生殖器官及周围脂肪重、血重、皮重及内脏重(不含肾脏和肾脂肪)后的胴体重。

B.3.2.3 净肉重

胴体沿脊柱中央，通过胸骨、耻骨缝纵剖为左右两片。从肉片中剔掉骨骼、内面的块状脂肪、韧带和乳房后的重量即净肉重。

B.3.2.4 皮厚

右侧第 10 肋骨椎骨端的厚被 2 除(活体测量)。

B.3.2.5 眼肌面积

第 12 根肋骨后缘，将脊椎锯开，然后用利刀切开 12～13 肋骨间，在 12 肋骨后缘用硫酸纸描绘眼肌面积(两次)，用求积仪或方格计算纸求出眼肌面积。

B.3.2.6 肌肉厚度

B.3.2.6.1 大腿肌肉厚

自体表至股骨体中点垂直距离。

B.3.2.6.2 腰部肌肉厚

自体表(棘突外 1.5 cm 处)至第 3 腰椎横突的垂直距离。

B.3.2.7 皮下脂肪厚度

B.3.2.7.1 背脂厚

第 5～6 胸椎间距离中线 3 cm 的两侧皮下脂肪厚度。

B.3.2.7.2 腰脂厚

肠骨角外侧的脂肪厚度。

B.3.2.8 屠宰率

胴体重占宰前活重的百分率。

B.3.2.9 肉骨比

肉骨比按式(B.4)计算：

$$MB = \frac{NW}{BW} \times 100\% \quad \cdots\cdots (B.4)$$

式中：

MB——肉骨比，%；

NW——净肉重，单位为千克(kg)；

BW——全部骨骼重，单位为千克(kg)。

B.3.2.10 肉品质

B.3.2.10.1 肉色

肌肉横截面颜色的鲜亮程度。

B.3.2.10.2 肌肉 pH 值

宰后 24 h 内肌肉的酸碱度。

B.3.2.10.3 大理石纹

肌肉横截面可见脂肪与结缔组织的分布情况。

B.3.2.10.4 肌内组织

肌肉组织内的脂肪含量。

B.3.2.10.5 失水率

失水率按式(B.5)计算：

$$WR = \frac{W_1 - W_2}{W_1} \times 100\% \qquad \cdots\cdots\cdots\cdots(\text{B.5})$$

式中：

WR——失水率，%；

W_1——肉样压前重，单位为千克(kg)；

W_2——肉样压后重，单位为千克(kg)。

B.3.3 乳用性能

产乳量：305 d 产乳量或泌乳期产乳量(注明天数)。

B.3.4 繁殖性能

B.3.4.1 配种方式

人工授精或本交，一个配种季节每头公牛配母牛数。

B.3.4.2 犊牛断奶成活率

犊牛断奶成活率按式(B.6)计算：

$$SR = \frac{WN}{BN} \times 100\% \qquad \cdots\cdots\cdots\cdots(\text{B.6})$$

式中：

SR——断奶成活率，%；

WN——断奶时成活犊牛数，单位为头；

BN——出生犊牛数，单位为头。

B.3.4.3 犊牛死亡率

犊牛死亡率按式(B.7)计算：

$$M = \frac{WN}{BN} \times 100\% \qquad \cdots\cdots\cdots\cdots(\text{B.7})$$

式中：

M——死亡率，%；

WN——断奶时死亡犊牛数，单位为头；

BN——出生犊牛数，单位为头。

B.4 遗传资源调查中品种评价的优异特性

B.4.1 优质

本行业内公认的具有优良品质、风味的种质资源。

B.4.2 抗病虫

本行业内公认的具有抗疾病、抗虫的种质资源。

B.4.3 抗逆

本行业内公认的具有抗逆(生态、气候等)的种质资源。

B.4.4 耐粗饲

可以耐受粗放的饲养管理条件。

B.4.5 其他

本行业内公认的其他优良品质的资源。

附 录 C
（资料性附录）
牛遗传资源图示

图 C.1 近牛：深黄褐、白带；远牛：黑、白带

图 C.2 黑、白背、尾长及飞节、大尾帚

图 C.3 深黄褐、白头

图 C.4 黑、白背、尾长及后管下段

图 C.5 灰、白头、长覆毛(有底绒)

图 C.6 红、全色

图 C.7 尾长及后管、大尾帚

图 C.8 黑、白花

图 C.9　红、全色、角色黑褐、角形“小圆环”

图 C.10　黑、白花、角色黑褐

图 C.11　黑、全色、角色黑褐、角形“大圆环”

图 C.12　浅黄褐、鬣毛

图 C.13　浅黄褐、鬣毛、“倒八字”角

图 C.14　深黄褐、晕毛、鼻镜粉色

图 C.15　深黄褐、鬣毛、耳端尖

图 C.16　浅黄褐、局部淡化、鼻镜黑褐

图 C.17　深黄褐、有季节性黑癍

图 C.18　深黄褐、晕毛、鼻镜黑色

图 C.19 灰、白胸月、白袜子

图 C.20 红、全色、大肩峰、小胸垂

图 C.21 黑、白花

图 C.22 白、晕毛、大肩峰、大胸垂、大脐垂、耳型半下垂、耳壳薄、耳端尖

图 C.23 红、白背、鬃毛

图 C.24 红、白花、小肩峰、小胸垂、大脐垂、耳型半下垂、耳端尖

ICS 65.020.30
B 43

中华人民共和国国家标准

GB/T 27534.4—2011

畜禽遗传资源调查技术规范 第4部分:绵羊

Rules for animal genetic resource survey—
Part 4:Sheep

2011-11-21 发布　　2012-03-01 实施

中华人民共和国国家质量监督检验检疫总局
中国国家标准化管理委员会　发布

前　言

GB/T 27534《畜禽遗传资源调查技术规范》分为九个部分：

——第1部分：总则；

——第2部分：猪；

——第3部分：牛；

——第4部分：绵羊；

——第5部分：山羊；

——第5部分：马(驴)；

——第7部分：骆驼；

——第8部分：家兔；

——第9部分：家禽。

本部分为GB/T 27534的第4部分。

本部分的附录A、附录B、附录D为规范性附录，附录C为资料性附录。

本部分由中华人民共和国农业部提出。

本部分由全国畜牧业标准化技术委员会(SAC/TC 274)归口。

本部分起草单位：全国畜牧总站、农业部畜牧业司。

本部分主要起草人：刘丑生、郑友民、王志刚、孙秀柱、邓荣臻、刘长春、张金松、薛明、韩旭。

畜禽遗传资源调查技术规范 第4部分：绵羊

1 范围

GB/T 27534的本部分规定了绵羊遗传资源调查对象、方法、内容的基本准则。

本部分适用于绵羊遗传资源的调查。

2 规范性引用文件

下列文件中的条款通过GB/T 27534的本部分的引用而成为本部分的条款。凡是注日期的引用文件，其随后所有的修改单(不包括勘误的内容)或修订版均不适用于本部分，然而，鼓励根据本部分达成协议的各方研究是否可使用这些文件的最新版本。凡是不注日期的引用文件，其最新版本适用于本部分。

GB/T 20551 畜禽屠宰HACCP应用规范

GB/T 27534.1 畜禽遗传资源调查技术规范 第1部分：总则

3 调查对象、方式

调查对象、方式按照GB/T 27534.1执行。

4 调查内容

4.1 遗传资源概况

品种名称、原产地、品种类型、中心产区及分布、产区自然生态条件、开发利用情况等GB/T 27534.1中规定的调查内容，按附录A中表A.1要求填写，填表说明见附录B。

4.2 个体的选择及体型外貌观测

4.2.1 个体的选择及数量

选择在正常饲养管理水平条件下成年绵羊个体。成年公羊20只以上，成年母羊80只以上。

4.2.2 体型外貌观测

对被选择测量的个体，应牵引至平坦地面处，人工辅助站稳。观察头部、角形、颈部及尾部；观察四肢站立及蹄。公羊还要检查睾丸的发育，母羊应检查乳房及乳头发育，有无副乳头等。

4.2.3 体型外貌描述

包括毛色、肤色、形态特征等指标，按附录A中表A.2要求填写，填表说明见附录B，图示参见附录C。

4.3 生产性能

4.3.1 体尺、体重

包括体高、体长、胸围、胸宽、胸深、腹宽等指标，按附录A中表A.3要求填写，填表说明见附录B。

4.3.2 生长肥育性能

包括初测日期、初测体重、终测日期、终测体重、耗料量、料重比、日增重等指标，按附录A中表A.3要求填写，填表说明见附录B。

4.3.3 屠宰性能及肉品质

包括胴体重、屠宰率、净肉率、肉品质等指标，按附录A中表A.3要求填写，填表说明见附录B。屠宰按照 GB/T 20551 的规定执行。屠宰数量为 20 头。

4.3.4 繁殖性能

包括性成熟日龄、初配日龄、发情周期、妊娠期、羔羊断奶成活率等指标。按附录 A 中表 A.3 要求填写，填表说明见附录 B。

4.4 特殊生产性能

包括湖羊羔皮、滩羊二毛皮、卡拉库尔羔羊皮的花纹类型、弯曲数等指标。按附录 A 中表 A.4 要求填写，填表说明见附录 D。

4.5 遗传资源调查

4.5.1 品种评价

包括遗传特点、优异特性等指标，按附录 A 中表 A.5 要求填写，填表说明见附录 B。

4.5.2 品种遗传资源保护状况

包括是否提出过保种和利用计划、是否建立了品种登记制度等指标，按附录 A 中表 A.5 要求填写。

4.5.3 濒危程度的判定

濒危程度按 GB/T 27534.1 要求判定，按附录 A 中表 A.5 要求填写。

4.5.4 饲养管理情况

包括饲料组成、饲养方式等指标，按附录 A 中表 A.5 要求填写。

4.5.5 疫病情况

包括流行性传染病、寄生虫病调查等指标，按附录 A 中表 A.5 要求填写。

5 品种照片

品种照片的要求按 GB/T 27534.1 执行。

6 调查信息的整理、数据分析、上报

对调查的信息进行整理，数据分析，上报给组织调查的单位并存档。

附　录　A
（规范性附录）
绵羊遗传资源调查技术规范

表 A.1　绵羊遗传资源调查概况表

编号：＿＿＿＿＿＿ 日期：＿＿＿＿年＿＿＿＿月＿＿＿＿日
地点：＿＿＿＿省＿＿＿＿县（区、市）＿＿＿＿乡（镇）＿＿＿＿村
联系人：＿＿＿＿＿＿ 联系方式：＿＿＿＿＿＿

品种名称				备　注
原产地				
品种类型				
中心产区				
分布				
总只数				
成年母羊	只数			
	能繁母羊数			
	本交数			
成年公羊	只数			
	配种公羊数			
育成羊数	公			
	母			
哺乳羔羊数	公			
	母			
基础群占全群比例	公			
	母			
产区自然生态条件	地貌与海拔			
	气候类型			
	年降水量			
	无霜期			
	水源土质			
	气温	年最高		
		年最低		
		年平均		
开发利用情况				

记录人：　　　　　　电话：　　　　　　E-mail：

表 A.2 绵羊品种资源体型外貌登记表

编号：________________________ 日期：__________年__________月__________日

地点：__________省__________县(区、市)__________乡(镇)__________村

联系人：________________________联系方式：________________________

性别		个体号	
年龄		出生日期	
毛色、肤色	被毛颜色：全白□ 全黑□ 全褐□ 头黑□ 头褐□ 体花□ 其他______ 肤 色：白□ 黑□ 粉□ 红□ 其他________		
形态特征	头 型：大□ 小□ 适中□ 额宽□ 额平□ 耳 型：大□ 小□ 直立□ 下垂□ 角形及大小：粗壮□ 纤细□ 螺旋型□ 小角(姜角)□ 无角□ 颈 部：粗□ 细□ 长□ 短□ 肉垂 有□无□ 皱纹 有□无□ 鼻 部：隆起□ 平直□ 凹陷□ 体 躯：方型□ 长方型□ 肋拱起□ 肋狭窄□ 背直□ 背平□ 背凹□ 尻斜□ 四 肢：粗□ 细□ 腿高□ 腿矮□ 蹄 质：白色□ 黑色□ 黄色□ 坚硬□ 尾 形：短脂尾□ 长脂尾□ 瘦长尾□ 脂臀尾□ 无尾□ 乳 头：大□ 小□ 长□ 短□ 大小均匀 是□否□ 副乳头 有□无□		
公羊睾丸 发育情况			
母羊乳房 发育情况			

记录人： 电话： E-mail：

表 A.3 绵羊遗传资源生产性能登记表

编号：________________ 日期：________年________月________日

地点：________省________县(区、市)________乡(镇)________村

联系人：________________ 联系方式：________________

品种		性别		登记号		日龄	
体尺、体重							
体高(cm)		体长(cm)		胸围(cm)		体重(kg)	
胸宽(cm)		胸深(cm)		腹宽(cm)			
生长肥育性能							
初测日期		终测日期		耗料量(kg)		料重比(%)	
初测体重(kg)		终测体重(kg)		日增重(kg)			

屠宰性能及肉品质								
宰前活重(kg)		胴体重(kg)		胴体长(cm)		皮重(kg)		
小肠	净重(kg)		肾重(g)	左		板油(kg)	左	
	长度(m)			右			右	
大肠	净重(kg)		蹄重(g)	前		眼肌面积(cm^2)		
	长度(m)			后		大腿肌肉厚度(cm)		
皮板面积	长(cm)		胃净重(g)			腰部肌肉厚度(cm)		
	宽(cm)		GR 值(mm)			后腿重(kg)		
	面积(cm^2)		屠宰率(%)			后腿比例(%)		

左侧胴体分离测定		肌肉	脂肪	骨
	前躯(kg)			
	中躯(kg)			
	后躯(kg)			
	合计(kg)			
	占胴体(%)			
	左侧胴体净肉重(kg)		净肉率(%)	
	作业损耗(%)		占左侧胴体(%)	

肉品质及成分								
	肉色		失水率(%)		嫩度		大理石纹	
	pH 值		熟肉率(%)		膻味		肌内脂肪(%)	
	热量(MJ/kg)		蛋白质(%)		灰分(%)		干物质(%)	

毛用性能					
产毛量(kg)		自然长度(cm)		纤维直径(mm)	
被毛厚度(cm)		伸直长度(cm)		纤维强度(cN/den)	
毛密度(根/cm^2)		伸度(%)		净毛率(%)	

乳用性能					
产乳量(kg)		泌乳期天数(d)		干物质(%)	
乳脂率(%)		乳蛋白率(%)		乳糖(%)	

繁殖性能							
性成熟日龄(d)		初配日龄(d)		利用年限(a)		发情周期(d)	
妊娠期(d)		发情季节		产羔数(只)		羔羊断奶成活率	
配种方式		精液品质	采精量(mL)		精子密度(%)		活力(亿/mL)

记录人：　　　　　　　　电话：　　　　　　　　E-mail：

表 A.4 绵羊遗传资源特殊生产性能登记表

编号：________________ 日期：________年________月________日

地点：________省________县(区、市)________乡(镇)________村

联系人：________________联系方式：________________

湖羊羔皮			
花纹类型	波浪花□ 片花□ 半环花□ 弯曲毛□ 平毛□ 小环花□		
羔皮面积(cm^2)		弯曲数(个)	
毛股长度(cm)		毛股粗细(mm)	
滩羊二毛皮			
花纹类型	串字花□ 软大花□ 其他________		
二毛皮面积(cm^2)		毛股长度(cm)	
弯曲数(个)		毛股粗细(mm)	
有髓毛细度(μm)		无髓毛细度(mm)	
有髓毛比例(%)			
卡拉库尔羔羊皮			
毛卷类型	轴形卷□ 豆形卷□ 肋形卷□ 鬃形卷□ 环形卷□ 半环形卷□ 杯形卷□ 豌豆形卷□ 平毛变形卷□		
毛卷长度	长轴卷□ 中轴卷□ 短轴卷□		
毛卷宽度	小花□ 中花□ 大花□		
颜色	黑色□ 灰色□ 苏色□		

记录人： 电话： E-mail：

表 A.5 绵羊遗传资源调查表

编号：＿＿＿＿＿＿＿＿＿＿ 日期：＿＿＿＿年＿＿＿＿月＿＿＿＿日

地点：＿＿＿＿省＿＿＿＿县（区、市）＿＿＿＿乡（镇）＿＿＿＿村

联系人：＿＿＿＿＿＿＿＿＿＿ 联系方式：＿＿＿＿＿＿＿＿＿＿

品种评价	该品种的遗传特点，优异特性，可供研究、开发和利用的主要方向	
分子生物学测定	是否进行过生化或分子遗传测定（测定单位、测定时间）	
消长形势	近15年～20年数量规模变化，品质变化	
遗传资源保护状况	是否提出过保种和利用计划（保种场）	
	是否建立了品种登记制度（开始时间、负责单位）	
濒危程度		
饲养管理情况	圈养	
	全年放牧	
	季节性放牧	
	补饲情况	
	管理难易	
疫病情况	流行性传染病调查	
	寄生虫病调查	

记录人： 电话： E-mail：

附 录 B
（规范性附录）
绵羊遗传资源调查表填表说明

B.1 遗传资源概况

B.1.1 品种名称包括中文名、英文名、俗名。

B.1.2 品种类型指地方品种、培育品种、引进品种。

B.1.3 水源土质指流经该地的河流等。

B.1.4 开发利用情况指产品的销售、利用(包括皮、乳等)。

B.2 体型外貌

在相应项目后“□”划“√”,无对应项的在“其他”中自行填入。

B.3 生产性能

B.3.1 体尺和体重

B.3.1.1 体高

鬐甲最高点到地平面的垂直距离。

B.3.1.2 体长

两耳根连线中点沿背线至尾根处的长度。

B.3.1.3 胸围

在肩胛骨后缘作垂直线绕体躯一周所量的胸部围长度。

B.3.2 屠宰性能及肉品质

B.3.2.1 眼肌面积

第12根肋骨后缘处将脊椎锯开,利刀切开12至13肋骨间,于12肋骨后缘用硫酸纸描绘眼肌面积(两次)用求积仪或方格计算纸求出眼肌面积,或按式(B.1)计算:

$$A = H \times W \times 0.70 \qquad \cdots\cdots (B.1)$$

式中:

A——眼肌面积,单位为平方厘米(cm^2);

H——眼肌高度,单位为厘米(cm);

W——眼肌宽度,单位为厘米(cm)。

B.3.2.2 肌肉厚度

B.3.2.2.1 大腿肌肉厚度

大腿体侧至股骨体中点的垂直距离。

B.3.2.2.2 腰部肌肉厚度

第3腰椎体表至横突的垂直距离。

B.3.2.3 屠宰率

屠宰率按式(B.2)计算:

$$DP = \frac{CW + F}{FW} \times 100\% \qquad \cdots\cdots (B.2)$$

式中:

DP——屠宰率,%;

CW——胴体重，单位为千克(kg)；

F——内脏脂肪，单位为千克(kg)；

FW——宰前空腹活重，单位为千克(kg)。

B.3.2.4　GR 值

在第 12 与第 13 肋骨之间，距背脊中线 11 cm 处的组织厚度，作为代表胴体脂肪含量的标志。

B.3.2.5　净肉率

净肉率按式(B.3)计算：

$$NM = \frac{NW}{FW} \times 100\% \qquad \text{(B.3)}$$

式中：

NM——净肉率，%；

NW——净肉重，单位为千克(kg)；

FW——宰前空腹活重，单位为千克(kg)。

B.3.3　繁殖性能

B.3.3.1　羔羊断奶成活率

羔羊断奶成活率按式(B.4)计算：

$$SR = \frac{WN}{BN} \times 100\% \qquad \text{(B.4)}$$

式中：

SR——成活率，%；

WN——断奶时成活羔羊数，单位为只；

BN——初生羔羊数，单位为只。

B.3.3.2　配种方式

人工授精或本交，一个配种季节每只公羊配母羊数。

B.4　遗传资源调查中品种评价的优异特性

B.4.1　高繁殖力

本行业内公认的具有高繁殖性能的种质资源。

B.4.2　优质

本行业内公认的具有优良品质、风味的种质资源。

B.4.3　抗病虫

本行业内公认的具有抗疾病、抗虫的种质资源。

B.4.4　抗逆

本行业内公认的具有抗逆(生态、气候等)的种质资源。

B.4.5　耐粗饲

可以耐受粗放的饲养管理条件。

B.4.6　其他

本行业内公认的其他优良品质的资源。

附　录　C
（资料性附录）
绵羊遗传资源调查图示

C.1　角部特征

图 C.1　无角

图 C.2　螺旋形角

图 C.3　小角(姜角)

C.2　尾部特征

图 C.4　短脂尾

图 C.5　长脂尾

图 C.6　肥臀

图 C.7　长瘦尾

图 C.8　短瘦尾

附 录 D
（规范性附录）
毛皮质量分级

D.1 湖羊羔皮

D.1.1 湖羊羔皮定义

湖羊羔皮是出生后两天左右的湖羊羔羊屠宰或死亡所剥取的毛皮。

D.1.2 花纹类型

分别为波浪花、片花、半环花、弯曲毛、平毛、小环花。

D.1.3 毛股长度

分为小毛(1.0 cm～2.5 cm)、中毛(2.5 cm～3.25 cm)、大毛(大于3.25 cm)。

D.2 滩羊二毛皮

D.2.1 滩羊二毛皮定义

滩羊二毛皮是指羔羊出生后一个月龄左右时屠宰所剥取的毛皮。

D.2.2 串字花类型

D.2.2.1 特级

毛股弯曲数在7及7个以上或体重达8 kg以上，余同一级。

D.2.2.2 一级

毛股弯曲数在6及6个以上，弯曲部分占毛股长的2/3至3/4，弯曲弧度均匀呈平波状，毛股紧实，中等粗细，宽度为0.4 cm～0.6 cm，花案清晰，体躯主要部位表现一致，毛纤维较细而柔软，光泽良好，无毡结现象，体质结实，外貌无缺陷，活重在6.5 kg以上。

D.2.2.3 二级

毛股弯曲数在5及5个以上，弯曲部分占毛股长的1/2至2/3，毛股较紧实，花案较清晰，余同一级。

D.2.2.4 三级

属下列情况之一者：

——毛股弯曲数不足5个；

——弯曲弧度较浅；

——毛股松散，花案欠清晰；

——胁部毛毡结和蹄冠上部有色斑；

——活重不足5 kg。

D.2.3 软大花类型

D.2.3.1 特级

毛股弯曲数在6个以上或活重超过8 kg，余同一级。

D.2.3.2 一级

毛股弯曲数5及5个以上，弯曲弧度均匀，弯曲部分占毛股长的2/3以上，毛股紧实粗大，宽度在0.7 cm以上，花案清晰，体躯主要部位花穗一致，毛密度较大，毛纤维柔软，光泽良好，无毡结现象，体质结实，外貌无缺陷，活重在7 kg以上。

D.2.3.3 二级

毛股弯曲数4及4个以上，弯曲部分占毛股长的1/2至2/3，毛股较粗大，欠紧实，体质结实，活重在 6.5 kg 以上，余同一级。

D.2.3.4　三级

属下列情况之一者：

——毛股弯曲数 3 及 3 个以上，毛较粗、干燥；

——胁部毛毡结和蹄冠上部有少量色斑；

——活重不足 6 kg。

D.2.3.5　其他花型

可参照前两种花型等级标准自行拟订。

D.3　卡拉库尔羔羊皮

D.3.1　卡拉库尔羔羊皮定义

卡拉库尔羔羊皮是在羔羊生后 3 天内宰剥所取得的羔皮。

D.3.2　毛卷类型

分为轴形卷、豆形卷、肋形卷、鬃形卷、环形卷、半环形卷、豌豆形卷、杯形卷、平毛变形卷。轴形卷是代表卡拉库尔羔皮特征的一种理想毛卷，其卷曲的毛纤维由皮板上升，按照同一方向扭转，毛尖向下向里紧扣，呈一圆筒状。轴形卷的长度直接决定着羔皮的美观程度，分成长轴卷（40 mm 以上）、中轴形卷（20 mm～40 mm）和短轴卷（20 mm 以下）。毛卷的大小是根据其宽度来区分的：小花，宽度在 4.5 mm 以下；中花，宽度在 4.5 mm～8.0 mm；大花，宽度在 8.0 mm 以上。

D.3.3　颜色

颜色分为如下所示：

——黑色，又区分为深黑色、黑色和褐色。

——灰色，又分为浅灰色、中灰色和深灰色。

——苏色，又称彩色。

ICS 65.020.30
B 43

中华人民共和国国家标准

GB/T 27534.5—2011

畜禽遗传资源调查技术规范 第5部分：山羊

Rules for animal genetic resource survey—Part 5：Goat

2011-11-21 发布　　2012-03-01 实施

中华人民共和国国家质量监督检验检疫总局
中国国家标准化管理委员会　发布

前 言

GB/T 27534《畜禽遗传资源调查技术规范》分为九个部分：

——第1部分：总则；

——第2部分：猪；

——第3部分：牛；

——第4部分：绵羊；

——第5部分：山羊；

——第6部分：马(驴)；

——第7部分：骆驼；

——第8部分：家兔；

——第9部分：家禽。

本部分为GB/T 27534的第5部分。

本部分的附录A、附录B、附录D为规范性附录，附录C为资料性附录。

本部分由中华人民共和国农业部提出。

本部分由全国畜牧业标准化技术委员会(SAC/TC 274)归口。

本部分起草单位：全国畜牧总站、农业部畜牧业司。

本部分主要起草人：王志刚、刘丑生、王俊勋、孙秀柱、张金松、刘长春、于福清、韩旭。

畜禽遗传资源调查技术规范
第5部分：山羊

1 范围

GB/T 27534 的本部分规定了山羊遗传资源调查对象、方法、内容的基本准则。

本部分适用于山羊遗传资源的调查。

2 规范性引用文件

下列文件中的条款通过 GB/T 27534 的本部分的引用而成为本部分的条款。凡是注日期的引用文件，其随后所有的修改单(不包括勘误的内容)或修订版均不适用于本部分，然而，鼓励根据本部分达成协议的各方研究是否可使用这些文件的最新版本。凡是不注日期的引用文件，其最新版本适用于本部分。

GB/T 20551 畜禽屠宰 HACCP 应用规范

GB/T 27534.1 畜禽遗传资源调查技术规范 第1部分：总则

3 调查对象、方式

调查对象、方式按照 GB/T 27534.1 执行。

4 调查内容

4.1 遗传资源概况

品种名称、原产地、中心产区及分布、产区自然生态条件、开发利用情况等 GB/T 27534.1 中规定的调查内容，按附录 A 中表 A.1 要求填写，填表说明见附录 B。

4.2 个体的选择及体型外貌观测

4.2.1 个体的选择及数量

选择在正常饲养管理水平条件下成年山羊个体。成年公羊 20 只以上，成年母羊 80 只以上。

4.2.2 体型外貌观测

对被选择测量的个体，应牵引至平坦地面处，人工辅助站稳。观察头部、角形、颈部、肩部、背部及尾部；观察四肢站立及蹄质。公羊还要检查睾丸的发育，母羊应检查乳房及乳头发育，有无副乳头等。

4.2.3 体型外貌描述

包括毛色、肤色、头型、耳型、颈部、四肢等指标，按附录 A 中表 A.2 要求填写，填表说明见附录 B，示例参见附录 C。

4.3 生产性能

4.3.1 体尺、体重

包括体高、体长、胸围、胸深、胸宽、腹宽等指标，按附录 A 中表 A.2 要求填写，填表说明见附录 B。

4.3.2 生长肥育性能

包括初测日期、初测体重、终测日期、终测体重、日增重、耗料量、料重比等指标，按附录 A 中表 A.3 要求填写，填表说明见附录 B。

4.3.3 屠宰性能及肉品质

包括宰前活重、胴体重、屠宰率、净肉率、肉品质及成分等指标，按附录 A 中表 A.3 要求填写，填表说明见附录 B。屠宰按照 GB/T 20551 的规定执行。屠宰数量为 20 头。

4.3.4 繁殖性能

包括性成熟日龄、初配日龄、发情周期、妊娠期、羔羊成活率等指标。按附录 A 中表 A.3 要求填写，填表说明见附录 B。

4.4 特殊生产性能

包括毛皮的花纹类型、平均细度、毛股长度等指标。按附录 A 中表 A.4 要求填写，填表说明见附录 D。

4.5 遗传资源调查

4.5.1 品种评价

包括遗传特点、优异特性等指标，按附录 A 中表 A.5 要求填写，填表说明见附录 B。

4.5.2 资源保护状况

包括是否提出过保种和利用计划、是否建立了品种登记制度等指标，按附录 A 中表 A.5 要求填写。

4.5.3 濒危程度的判定

濒危程度按 GB/T 27534.1 要求判定，按附录 A 中表 A.5 要求填写。

4.5.4 饲养管理情况

包括饲料组成、饲养方式等指标，按附录 A 中表 A.5 要求填写，填表说明见附录 B。

4.5.5 疫病情况

包括流行性传染病、寄生虫病调查指标，按附录 A 中表 A.5 要求填写。

5 品种照片

品种照片的拍摄按 GB/T 27534.1 要求执行。

6 调查信息的整理、数据分析、上报

对调查的信息进行整理，数据分析，上报给组织调查的单位并存档。

附　录　A
（规范性附录）
山羊遗传资源调查技术规范

表 A.1　山羊遗传资源概况表

编号：＿＿＿＿＿＿＿＿ 日期：＿＿＿＿年＿＿＿＿月＿＿＿＿日
地点：＿＿＿＿省＿＿＿＿县(区、市)＿＿＿＿乡(镇)＿＿＿＿村
联系人：＿＿＿＿＿＿＿＿ 联系方式：＿＿＿＿＿＿＿＿

品种名称				备　注
原产地				
品种类型				
中心产区				
分布				
总只数				
成年母羊		只数		
		能繁母羊数		
		本交数		
成年公羊		只数		
		配种公羊数		
育成羊数		公		
		母		
哺乳羔羊数		公		
		母		
基础群占全群比例		公		
		母		
产区自然生态条件	地貌与海拔			
	气候类型			
	年降水量			
	无霜期			
	水源土质			
	气温	年最高		
		年最低		
		年平均		
开发利用情况				

记录人：　　　　电话：　　　　E-mail：

表 A.2 山羊遗传资源体型外貌登记表

编号：________________ 日期：________年________月________日

地点：________省________县(区、市)________乡(镇)________村

联系人：________________联系方式：________________

性别		个体号	
年龄		出生日期	
毛色、肤色	被毛颜色：全白□ 全黑□ 全褐□ 头黑□ 头褐□ 体花□ 其他______ 肤 色：白□ 黑□ 粉□ 红□ 其他______		
形态特征	头型：大□ 小□ 适中□ 额宽□ 额平□ 耳型：大□ 小□ 直立□ 下垂□ 角形及大小：粗壮□ 纤细□ 弓形角口 镰刀形角□ 对旋角□ 直立角□ 颈部：粗□ 细□ 长□ 短□ 肉垂 有□无□ 皱纹 有□无□ 鼻部：隆起□ 平直□ 凹陷□ 体躯：方型□ 长方型□ 肋拱起□ 肋狭窄□ 背直□ 背平□ 背凹□ 尻斜□ 四肢：粗□ 细□ 腿高□ 腿矮□ 蹄质：白色□ 黑色□ 黄色□ 坚硬□ 尾形：锥型□ 短脂尾□ 长脂尾□ 瘦长尾□ 脂臀尾□ 无尾□ 乳头：大□ 小□ 长□ 短□ 大小均匀 是□否□ 副乳头 有□无□		
公羊睾丸 发育情况			
母羊乳房 发育情况			

记录人： 电话： E-mail：

表 A.3　山羊遗传资源生产性能登记表

编号：______________________ 日期：__________年__________月__________日

地点：__________省__________县(区、市)__________乡(镇)__________村

联系人：______________________ 联系方式：______________________

品种		性别		登记号		日龄	
体尺、体重							
体高(cm)		体长(cm)		胸围(cm)		体重(kg)	
胸宽(cm)		胸深(cm)		腹宽(cm)			
生长肥育性能							
初测日期		终测日期		耗料量(kg)		料重比(%)	
初测体重(kg)		终测体重(kg)		日增重(kg)			

屠宰性能及肉品质								
宰前活重(kg)			胴体重(kg)		胴体长(cm)		皮重(kg)	
小肠	净重(kg)		肾重(kg)	左		板油(kg)	左	
	长度(cm)			右			右	
大肠	净重(kg)		蹄重(kg)	前		眼肌面积(cm^2)		
	长度(cm)			后		大腿肌肉厚度(cm)		
皮板面积	长(cm)		胃净重(kg)			腰部肌肉厚度(cm)		
	宽(cm)		GR值(mm)			后腿重(kg)		
	面积(cm^2)		屠宰率(%)			后腿比例		
左侧胴体分离测定			肌肉(kg)		脂肪(kg)		骨(kg)	
	前躯							
	中躯							
	后躯							
	合计							
	占胴体(%)							
	左侧胴体净肉重(kg)				净肉率(%)			
	作业损耗(%)				占左侧胴体(%)			
肉品质及成分	肉色		失水率(%)		嫩度		大理石纹	
	pH值		熟肉率(%)		膻味		肌内脂肪(%)	
	干物质(%)		热量(%)		蛋白质(%)		灰分(%)	

毛用性能					
产毛(绒)量(g)		自然长度(cm)		纤维直径(mm)	
被毛(绒)厚度(cm)		伸直长度(cm)		纤维强度(cN/den)	
毛(绒)密度		伸度(%)		净毛(绒)率(%)	
乳用性能					
产乳量(kg)		泌乳期天数(d)		干物质(%)	
乳脂率(%)		乳蛋白率(%)		乳糖(%)	

繁殖性能							
性成熟日龄(d)		初配日龄(d)		利用年限(a)		发情周期(d)	
妊娠期(d)		发情季节		产羔数(只)		羔羊成活率(%)	
配种方式		精液品质		采精量(mL)	精子密度(%)	活力(亿/mL)	

记录人：　　　　电话：　　　　E-mail：

表 A.4 山羊遗传资源特殊生产性能登记表

编号：________________ 日期：________年________月________日

地点：________省________县(区、市)________乡(镇)________村

联系人：________________ 联系方式：________________

猾子皮			
花纹类型	波浪花□ 水流型花□ 片花□ 阴暗型花□		
平均细度(μm)		毛股长度(cm)	
生皮厚度(cm)		生皮面积(cm^2)	
熟皮厚度(cm)		熟皮面积(cm^2)	
沙毛皮			
花纹类型	串字花□ 软大花□		
二毛皮面积(cm^2)		毛股长度(cm)	
弯曲数(个)		毛股粗细(mm)	
有髓毛细度(μm)		无髓毛细度(μm)	
有髓毛比例(%)		沙毛皮等级	

记录人： 电话： E-mail：

表 A.5　山羊遗传资源调查表

编号：＿＿＿＿＿＿＿＿ 日期：＿＿＿＿年＿＿＿＿月＿＿＿＿日

地点：＿＿＿＿省＿＿＿＿县(区、市)＿＿＿＿乡(镇)＿＿＿＿村

联系人：＿＿＿＿＿＿＿＿联系方式：＿＿＿＿＿＿＿＿

品种评价	该品种的遗传特点，优异特性，可供研究、开发和利用的主要方向	
分子生物学测定	是否进行过生化或分子遗传测定(测定单位、测定时间)	
消长形势	近15年～20年数量规模变化，品质变化	
遗传资源保护状况	是否提出过保种和利用计划(保种场)	
	是否建立了品种登记制度(开始时间、负责单位)	
濒危程度		
饲养管理情况	圈养	
	全年放牧	
	季节性放牧	
	补饲情况	
	管理难易	
疫病情况	流行性传染病调查	
	寄生虫病调查	

记录人：　　　　电话：　　　　E-mail：

附 录 B
（规范性附录）
山羊遗传资源调查表填表说明

B.1 遗传资源概况

B.1.1 品种名称包括中文名、英文名、俗名。

B.1.2 经济类型包括肉用型、役用型、乳用型、兼用型。

B.1.3 品种来源指地方品种、培育品种、引进品种。

B.1.4 水源土质指流经该地的河流等。

B.1.5 开发利用情况指产品的销售、利用(包括皮、乳等)。

B.2 体型外貌

在相应项目后“□”划“√”,无对应项的在“其他”中自行填入。

B.3 生产性能

B.3.1 体尺和体重

B.3.1.1 体高

鬐甲最高点到地平面的垂直距离。

B.3.1.2 体长

两耳根连线中点沿背线至尾根处的长度。

B.3.1.3 胸围

在肩胛骨后缘作垂直线绕体躯一周所量的胸部围长度。

B.3.2 屠宰性能及肉品质

选择正常饲养条件下的去势公羊,或成年公、母羊各半。屠宰年龄为12月龄以上(注明准确时间),数量5只。

B.3.2.1 宰前活重

12月龄以上公、母羊宰前体重。

B.3.2.2 胴体重

12月龄以上公、母羊胴体重。

B.3.2.3 屠宰率

屠宰率按式(B.1)计算:

$$DP = \frac{CW + F}{FW} \times 100\% \qquad \cdots\cdots\cdots\cdots (B.1)$$

式中:

DP——屠宰率,%;

CW——胴体重,单位为千克(kg);

F——内脏脂肪,单位为千克(kg);

FW——宰前空腹活重,单位为千克(kg)。

B.3.2.4 净肉率

净肉率按式(B.2)计算:

$$NM = \frac{NW}{FW} \times 100\% \qquad \cdots\cdots\cdots\cdots (B.2)$$

式中：

NM——净肉率，%；

NW——净肉重，单位为千克(kg)；

FW——宰前空腹活重，单位为千克(kg)。

B.3.2.5　眼肌面积

第12根肋骨后缘处将脊椎锯开，利刀切开12至13肋骨间，于12肋骨后缘用硫酸纸描绘眼肌面积(两次)，用求积仪或方格计算纸求出眼肌面积，或按式(B.3)计算：

$$A = H \times W \times 0.70 \quad \cdots\cdots\cdots\cdots (B.3)$$

式中：

A——眼肌面积，单位为平方厘米(cm^2)；

H——眼肌高度，单位为厘米(cm)；

W——眼肌宽度，单位为厘米(cm)。

B.3.2.6　肌肉厚度

B.3.2.6.1　大腿肌肉厚度：大腿体侧至股骨体中点的垂直距离。

B.3.2.6.2　腰部肌肉厚度：第3腰椎体表至横突的垂直距离。

B.3.2.7　GR值

在第12与第13肋骨之间，距背脊中线11 cm处的组织厚度，作为代表胴体脂肪含量的标志。

B.3.3　繁殖性能

B.3.3.1　配种方式

人工授精或本交，一个配种季节每只公羊配母羊数。

B.3.3.2　羔羊成活率

羔羊成活率按式(B.4)计算：

$$SR = \frac{WN}{BN} \times 100\% \quad \cdots\cdots\cdots\cdots (B.4)$$

式中：

SR——成活率，%；

WN——断奶时成活羔羊数，单位为只；

BN——初生羔羊数，单位为只。

B.4　遗传资源调查中品种评价的优异特性

B.4.1　高繁殖力

本行业内公认的具有高繁殖性能的种质资源。

B.4.2　优质

本行业内公认的具有优良品质、风味的种质资源。

B.4.3　抗病虫

本行业内公认的具有抗疾病、抗虫的种质资源。

B.4.4　抗逆

本行业内公认的具有抗逆(生态、气候等)的种质资源。

B.4.5　耐粗饲

可以耐受粗放的饲养管理条件。

B.4.6　其他

本行业内公认的其他优良品质的资源。

附　录　C
（资料性附录）
山羊遗传资源调查图示

图 C.1　弓形角

图 C.2　镰刀形角

图 C.3　对旋角

图 C.4　直立角

附 录 D
（规范性附录）
中卫山羊沙毛皮等级

D.1 中卫山羊沙毛皮

沙毛羔羊宰剥而获得的毛皮称为沙毛皮。其自然干皮面积为 1 200 cm^2 以上，具有皮板致密结实、毛股紧实、弯曲明显、花案清晰等特点。

D.2 中卫山羊沙毛皮等级

D.2.1 特级

在一级中体重达 6.5 kg，肩部毛股弯曲数 5 个以上者。

D.2.2 一级

体质结实，发育良好；体重在 5.5 kg 以上；肩部毛股弯曲数 4 个以上；花穗大小均匀，光泽正常，花案清晰，体躯主要部位表现一致者。

D.2.3 二级

体重在 4.5 kg 以上；或毛股较松散、花案欠清晰。余同一级。

D.2.4 三级

属下列情况之一者均列为三级：

——肩部毛股弯曲数 3 个；

——体重在 3.5 kg 以上；

——花案不清晰，或花穗类型极不一致。

ICS 65.020.30
B 43

中华人民共和国国家标准

GB/T 27534.6—2011

畜禽遗传资源调查技术规范 第6部分：马(驴)

Rules for animal genetic resource survey—Part 6: Horse (Donkey)

2011-11-21 发布 2012-03-01 实施

中华人民共和国国家质量监督检验检疫总局
中国国家标准化管理委员会 发布

前　言

GB/T 27534《畜禽遗传资源调查技术规范》分为九个部分：

——第1部分：总则；

——第2部分：猪；

——第3部分：牛；

——第4部分：绵羊；

——第5部分：山羊；

——第6部分：马(驴)；

——第7部分：骆驼；

——第8部分：家兔；

——第9部分：家禽。

本部分为GB/T 27534的第6部分。

本部分的附录A、附录B为规范性附录。

本部分由中华人民共和国农业部提出。

本部分由全国畜牧业标准化技术委员会(SAC/TC 274)归口。

本部分起草单位：全国畜牧总站、扬州大学。

本部分主要起草人：王志刚、于福清、常洪、刘丑生、孙秀柱、刘长春、张金松。

畜禽遗传资源调查技术规范
第6部分:马(驴)

1 范围

GB/T 27534的本部分规定了马(驴)遗传资源调查对象、方式、内容的基本准则。

本部分适用于马(驴)遗传资源的调查。

2 规范性引用文件

下列文件中的条款通过GB/T 27534的本部分的引用而成为本部分的条款。凡是注日期的引用文件,其随后所有的修改单(不包括勘误的内容)或修订版均不适用于本部分,然而,鼓励根据本部分达成协议的各方研究是否可使用这些文件的最新版本。凡是不注日期的引用文件,其最新版本适用于本部分。

GB/T 20551 畜禽屠宰HACCP应用规范

GB/T 27534.1 畜禽遗传资源调查技术规范 第1部分:总则

3 调查对象、方式

调查对象、方式按照GB/T 27534.1执行。

4 调查内容

4.1 遗传资源概况

品种名称、原产地、来源与形成过程、品种类型、产区自然生态条件、中心产区及分布、开发利用情况等GB/T 27534.1中规定的调查内容,按附录A中表A.1要求填写,填表说明见附录B。

4.2 个体选择及体型外貌观测

4.2.1 个体的选择及数量

选择正常饲养管理条件下成年马(驴)个体。成年公马(驴)10匹(头)以上,成年母马(驴)50匹(头)以上。

4.2.2 体型外貌观测

对被选择测量的个体,应牵引至平坦地面处,人工辅助站稳。观察头部、颈部、背部、腰部、腹部及尾部,观察四肢站立及蹄,观察前胸发育及前肢站立姿式,观察躯臀部发育及两后肢的丰满度与站立姿式。公马(驴)还要检查睾丸的发育,母马(驴)应检查乳房及乳头发育,有无副乳头等。

4.2.3 体型外貌描述

包括头颈、躯干、四肢、体质气质结构等指标,按附录A中表A.2要求填写,填表说明见附录B。

4.3 生产性能

4.3.1 体尺、体重

包括体高、体长、胸围、管围、胸宽等指标,按照GB/T 27534.1要求指标,按附录A中表A.3要求填写,填表说明见附录B。

4.3.2 屠宰性能

包括胴体重、净肉率、屠宰率等指标,按附录A中表A.3要求填写,填表说明见附录B。屠宰按照GB/T 20551的规定执行。屠宰数量为10匹(头)。

4.3.3 繁殖性能

包括性成熟年龄、初配年龄、初生重、断奶重、发情周期、妊娠期等指标。按附录A中表A.3要求填写,填表说明见附录B。

4.4 遗传资源调查

4.4.1 品种评价

包括遗传特点、优异特性等指标,按附录A中表A.4要求填写,填表说明见附录B。

4.4.2 遗传资源保护状况

包括是否提出过保种和利用计划、是否建立了品种登记制度等指标,按附录A中表A.4要求填写。

4.4.3 濒危程度的判定

濒危程度按GB/T 27534.1要求判定,按附录A中表A.4要求填写。

4.4.4 饲养管理情况

包括饲料组成、饲养方式等指标,按附录A中表A.3要求填写,填表说明见附录B。

4.4.5 疫病情况

包括流行性传染病调查和寄生虫病调查等指标,按附录A中表A.4要求填写。

5 品种照片

品种照片的拍摄按GB/T 27534.1要求执行。

6 调查信息的整理、数据分析、上报

对调查的信息进行整理,数据分析,上报给组织调查的单位并存档。

附　录　A
（规范性附录）
马（驴）遗传资源调查技术规范

表 A.1　马（驴）遗传资源概况表

编号：＿＿＿＿＿＿＿＿　日期：＿＿＿＿年＿＿＿＿月＿＿＿＿日

地点：＿＿＿＿省＿＿＿＿县（区、市）＿＿＿＿乡（镇）＿＿＿＿村

联系人：＿＿＿＿＿＿＿＿　联系方式：＿＿＿＿＿＿＿＿

品种名称				备注
原产地				
品种来源与形成过程				
品种类型				
中心产区				
分布				
总数				
成年马（匹）驴（头）	公	数量		
		配种公马（驴）数		
	母	数量		
		能繁母马（驴）数		
		人工授精数		
哺乳马（驴）数		公		
		母		
育成马		公		
		母		
产区自然生态条件	地貌			
	海拔			
	气候类型			
	年降水量			
	无霜期			
	水源土质			
	气温	年最高		
		年最低		
		年平均		
开发利用情况				

记录人：　　　　电话：　　　　E-mail：

表 A.2　马(驴)遗传资源体型外貌登记表

编号：________________　日期：________年________月________日

地点：________省________县(区、市)________乡(镇)________村

联系人：________________联系方式：________________

经济类型	挽□	乘□	驮□	兼□

毛色							
	马	骝毛□	栗毛□	黑毛□	青毛□	其他毛色____	别征：
	驴	灰色□		黑色□		其他毛色____	别征：

体质外貌特征

头　颈　躯　干	
头颈	头：大□ 中□ 小□ 额：宽□ 中□ 窄□ 眼：大□ 中□ 小□ 耳：长□ 中□ 短□ 垂□ 中□ 立□ 颚凹：宽□中□窄□ 颈：长□中□短□斜□ 头颈结合情况__ 颈肩结合情况__；肌肉发育__
鬐甲	高□ 低□ 长□ 短□ 宽□ 窄□
背腰	背：平直 是□ 否□ 腰：长□ 中□ 短□ 凹□ 平□
腹	良腹□ 草腹□ 垂腹□ 卷腹□
尻	长□ 中□ 短□ 正□ 平□ 斜□ 尖□ 圆□
胸	宽□ 中□ 窄□ 深□ 中□ 浅□ 突□ 平□ 凹□
四　肢	
前肢势	正□ 广□ 狭□ X状□ O状□ 内向□ 外向□ 关节是否结实__
前肢结构	膝：大□ 中□ 小□；直□ 弯□ 凹□； 清楚□ 模糊□ 管：干燥□ 粗糙□ 腱明显□ 球节：良□ 一般□ 不良□ 腱肿□ 关节是否结实__

后肢势	正□ 广□ 狭□；刀状□ X状□ O状□；内向□ 外向□ 关节是否结实____
后肢结构	飞节：强□ 中□ 弱□ 正□ 曲□ 直□ 软肿□ 骨瘤□ 管： 干燥□ 粗糙□ 细弱□ 球节：良□ 一般□ 不良□ 腱肿□ 系： 长□ 中□ 短□ 正□ 立□ 卧□ 趾骨瘤□
蹄	蹄： 正□ 广□ 狭□ 正□ 高□ 低□ 内向□ 外向□ 角质：坚□ 松□ 裂□ 粗糙□
尾	尾毛：浓□ 稀□ 尾础：高□ 低□
体质气质结构	
体质	粗糙型□ 细致型□ 干燥型□ 润型□ 结实型□
气质	性格：灵□ 钝□ 温顺□ 不驯□ 悍威：烈悍□ 上悍□ 中悍□ 下悍□
结构	匀称□ 不匀称□；长躯□ 短躯□；长肢□ 短肢□
肌腱	肌肉：丰满□ 适中□ 欠丰满□ 腱及韧带：良□ 中□ 不良□
其他	单睾□ 隐睾□ 阴门闭合不全□
外貌主要优点	
外貌主要缺点	

记录人：　　　　电话：　　　　E-mail：

表 A.3 马(驴)遗传资源生产性能登记表

编号：________________ 日期：________年________月________日

地点：________省________县(区、市)________乡(镇)________村

联系人：________________联系方式：________________

品种		性别	
年龄		个体号	
编号		登记号	
体尺、体重			
体重(kg)		体高(cm)	
胸围(cm)		体长(cm)	
管围(cm)		胸宽(cm)	
屠宰性能			
活体重(kg)		胴体重(kg)	
净肉重(kg)		皮重(kg)	
净肉率(%)		屠宰率(%)	
役用性能			
最大挽力(kg)		驮重(kg)	
速度(m/s)		持久力	
繁殖性能			
性成熟年龄(月)		初配年龄(月)	
初生重(kg)		断奶重(kg)	
哺乳期日增重(kg)		发情周期(d)	
发情季节		妊娠期(d)	
配种方式		胎次	
公畜利用年限(a)			
公畜精液品质	采精量(mL)	精子密度(%)	精子活力(亿/mL)

记录人： 电话： E-mail：

表 A.4 马(驴)遗传资源调查表

编号：________________ 日期：________年________月________日

地点：________省________县(区、市)________乡(镇)________村

联系人：________________联系方式：________________

品种评价	该品种的遗传特点，优异特性，可供研究、开发和利用的主要方向	
分子生物学测定	是否进行过生化或分子遗传测定(测定单位、测定时间)	
消长形势	近15年～20年数量规模变化，品质变化	
遗传资源保护状况	是否提出过保种和利用计划(保种场)	
	是否建立了品种登记制度(开始时间、负责单位)	
濒危程度		
饲养管理情况	圈养	
	全年放牧	
	季节性放牧	
	补饲情况	
	管理难易	
疫病情况	流行性传染病调查	
	寄生虫病调查	

记录人： 电话： E-mail：

附　录　B
（规范性附录）
马(驴)遗传资源调查表填表说明

B.1　遗传资源概况

B.1.1　品种名称包括中文名、英文名、俗名。

B.1.2　品种来源与形成过程指从何时何地引进(包括省外、国外)。

B.1.3　品种类型指地方品种、培育品种、引进品种。

B.1.4　水源土质指流经该地的河流等。

B.1.5　开发利用情况指产品的销售、利用(包括皮、乳等)。

B.2　体型外貌

在相应项目后“□”划“√”,无对应项的在“其他”中自行填入。

B.3　生产性能

B.3.1　体尺和体重

B.3.1.1　体高

鬐甲最高点到地平面的垂直距离。

B.3.1.2　体长

肩端前缘至臀端直线距离。

B.3.1.3　胸围

在肩胛骨后缘处垂直绕一周的胸部围长度。

B.3.1.4　管围

左前管部上 1/3 的下端(最细处)的周长度。

B.3.1.5　体重

体重按式(B.1)计算:

$$W=\frac{a^2\times b}{10\ 800} \qquad \text{(B.1)}$$

式中:

W——马(驴)体重,单位为千克(kg);

a——胸围,单位为厘米(cm);

b——体斜长,单位为厘米(cm)。

B.3.2　役用性能

B.3.2.1　速度

单位时间内行走的距离。

B.3.2.2　持久力

衡量马匹作业的指标。主要通过马匹作业以后表现的精神状态,疲劳程度,体温、呼吸、脉搏等生理指标等进行综合评定。

B.4　遗传资源调查中品种评价的优异特性

B.4.1　优质

本行业内公认的具有优良品质、风味的种质资源。

B.4.2 抗病性

本行业内公认的具有抗疾病、抗虫的种质资源。

B.4.3 抗逆

本行业内公认的具有抗逆(生态、气候等)的种质资源。

B.4.4 耐粗饲

可以耐受粗放的饲养管理条件。

B.4.5 其他

本行业内公认的其他优良品质的资源。

ICS 65.020.30
B 43

中华人民共和国国家标准

GB/T 27534.7—2011

畜禽遗传资源调查技术规范 第7部分:骆驼

Rules for animal genetic resource survey—Part 7: Camel

2011-11-21 发布 2012-03-01 实施

中华人民共和国国家质量监督检验检疫总局
中国国家标准化管理委员会 发布

前　言

GB/T 27534《畜禽遗传资源调查技术规范》分为九个部分：

——第1部分：总则；

——第2部分：猪；

——第3部分：牛；

——第4部分：绵羊；

——第5部分：山羊；

——第6部分：马(驴)；

——第7部分：骆驼；

——第8部分：家兔；

——第9部分：家禽。

本部分为GB/T 27534的第7部分。

本部分的附录A、附录B为规范性附录。

本部分由中华人民共和国农业部提出。

本部分由全国畜牧业标准化技术委员会(SAC/TC 274)归口。

本部分起草单位：全国畜牧总站。

本部分主要起草人：刘丑生、孙秀柱、王志刚、郑友民、刘长春、于福清、张金松、关龙。

畜禽遗传资源调查技术规范
第7部分：骆驼

1 范围

GB/T 27534的本部分规定了骆驼遗传资源调查对象、方式、内容的基本准则。

本部分适用于骆驼遗传资源的调查。

2 规范性引用文件

下列文件中的条款通过GB/T 27534的本部分的引用而成为本部分的条款。凡是注日期的引用文件，其随后所有的修改单(不包括勘误的内容)或修订版均不适用于本部分，然而，鼓励根据本部分达成协议的各方研究是否可使用这些文件的最新版本。凡是不注日期的引用文件，其最新版本适用于本部分。

GB/T 20551 畜禽屠宰HACCP应用规范

GB/T 27534.1 畜禽遗传资源调查技术规范 第1部分：总则

3 调查对象、方式

调查对象、方式按照GB/T 27534.1执行。

4 调查内容

4.1 遗传资源概况

品种名、原产地、品种来源、经济类型、中心产区及分布、产区自然生态条件、开发利用情况等GB/T 27534.1中规定的调查内容，按照附录A中表A.1要求填写，填表说明见附录B。

4.2 个体选择及体型外貌描述

4.2.1 个体的选择及数量

选择在正常饲养管理水平条件下成年骆驼个体。骆驼测定数量：成年公畜10峰以上，成年母畜50峰以上。

4.2.2 体型外貌观测

对被选择测量的个体，应牵引至平坦地面处，人工辅助站稳。观察头部、颈部、驼峰、胸部、腹部、背腰及尻部，观察四肢特征。公驼还要检查睾丸的发育，母驼应检查乳房及乳头发育，有无副乳头等。

4.2.3 体型外貌描述

包括体型、头部、颈部、胸部、腹部等指标，按附录A中表A.2要求填写。

4.3 生产性能

4.3.1 体尺、体重

包括体高、体长、胸围、管围等指标，按附录A中表A.3要求填写，填表说明见附录B。

4.3.2 屠宰性能

包括活体重、胴体重、屠宰率、净肉率等指标，按附录A中表A.3要求填写，填表说明见附录B。屠宰按照GB/T 20551的规定执行。屠宰数量为6峰。

4.3.3 繁殖性能

包括性成熟年龄、适配年龄、发情季节、发情周期、幼驼初生重、幼驼断奶重等指标。按附录A中表A.3要求填写，填表说明见附录B。

4.4 遗传资源调查

4.4.1 品种评价

包括遗传特点、优异特性等指标，按附录A中表A.4要求填写，填表说明见附录B。

4.4.2 品种资源保护状况

包括是否提出过保种和利用计划、是否建立了品种登记制度等指标，按附录A中表A.4要求填写。

4.4.3 濒危程度的判定

濒危程度按GB/T 27534.1要求判定，按附录A中表A.4要求填写。

4.4.4 饲养管理情况

包括饲料组成，饲养方式等指标，按附录A中表A.4要求填写，填表说明见附录B。

4.4.5 疫病情况

包括流行性传染病调查、寄生虫病调查等指标，按附录A中表A.4要求填写。

5 品种照片

品种照片的拍摄按GB/T 27534.1要求执行。

6 调查信息的整理、数据分析、上报

对调查的信息进行整理，数据分析，上报给组织调查的单位并存档。

附　录　A
（规范性附录）
骆驼遗传资源调查技术规范

表 A.1　骆驼遗传资源概况表

编号：________________日期：____________年____________月____________日

地点：________省__________县(区、市)____________乡(镇)____________村

联系人：________________联系方式：________________________________

品种名称				备注
原产地				
品种来源				
经济类型				
中心产区及分布				
总峰数	公			
	母			
保种群数量	公			
	母			
产区自然生态条件	地貌与海拔			
	气候类型			
	年降水量			
	无霜期			
	水源土质			
	气温	年最高		
		年最低		
		年平均		
开发利用情况				

记录人：　　　　　　　电话：　　　　　　　　E-mail：

表 A.2 骆驼遗传资源体型外貌登记表

编号：__________日期：________年________月________日

地点：________省________县(区、市)________乡(镇)________村

联系人：________联系方式：________

品种			性别	
个体号			年龄	
体型特征	体质是否结实			
	结构是否匀称			
头部特征	头清秀		头粗重	
	眼睛大小		耳大小	
颈部特征	头颈结合情况			
	颈肩背结合情况			
	颈长短		颈厚薄	
驼峰类型				
胸部特征	宽度(cm)		深度(cm)	
腹部特征	大小			
背腰特征	长或短			
	平直			
尻部特征	肌肉发育		尻向	
四肢特征	是否端正			
	粗壮或纤细			
	关节是否结实			
毛色				
公驼睾丸发育情况				
母驼乳房发育情况				

记录人：　　　　电话：　　　　E-mail：

表 A.3 骆驼遗传资源生产性能登记表

编号：______ 日期：______年______月______日

地点：______省______县(区、市)______乡(镇)______村

联系人：______ 联系方式：______

品种		个体号	
性别		年龄	
体尺、体重			
体高(cm)		体长(cm)	
胸围(cm)		管围(cm)	
体重(kg)		驼峰高度(cm)	
体长指数(%)			
胸围指数(%)			
管围指数(%)			
屠宰性能			
活体重(kg)		胴体重(kg)	
净肉重(kg)		皮重(kg)	
屠宰率(%)		净肉率(%)	
毛用性能			
产毛量	粗毛(kg)		
	被毛(绒)(kg)		
乳用性能			
泌乳期产乳量(kg)		泌乳期天数(d)	
乳蛋白率(%)		干物质(%)	
乳脂率(%)		乳糖(%)	
役用性能			
驮运能力(kg)			
速度(m/s)			
繁殖性能			
性成熟年龄(月)		适配年龄(月)	
发情季节		发情周期(d)	
幼驼初生重(kg)		幼驼断奶重(kg)	
一般利用年限(a)		妊娠期(d)	
幼驼成活率(%)		幼驼死亡率(%)	

配种方式		公驼精液品质	采精量(mL)	精子活力(%)	精子密度(亿/mL)

记录人： 电话： E-mail：

表 A.4 骆驼遗传资源调查表

编号：__________日期：__________年__________月__________日

地点：__________省__________县(区、市)__________乡(镇)__________村

联系人：__________联系方式：__________

品种评价	该品种的遗传特点，优异特性，可供研究、开发和利用的主要方向	
分子生物学测定	是否进行过生化或分子遗传测定(测定单位、测定时间)	
消长形势	近15年～20年数量规模变化，品质变化	
遗传资源保护状况	是否提出过保种和利用计划(保种场)	
	是否建立了品种登记制度(开始时间、负责单位)	
濒危程度		
饲养管理情况	饲料组成	
	饲养方式	
	管理难易	
疫病情况	流行性传染病调查	
	寄生虫病调查	

记录人：　　　　　　电话：　　　　　　E-mail：

附　录　B
（规范性附录）
骆驼遗传资源调查表填表说明

B.1　遗传资源概况

B.1.1　品种名称包括中文名、英文名、俗名。

B.1.2　品种来源指地方品种、培育品种、引进品种。

B.1.3　经济类型包括肉用型、役用型、乳用型、兼用型。

B.1.4　水源土质指流经该地的河流等。

B.1.5　开发利用情况指产品的销售、利用（包括皮、乳等）。

B.2　生产性能

B.2.1　体尺、体重

B.2.1.1　体长指数

体长指数按式（B.1）计算：

$$LI = \frac{L}{H} \times 100\% \quad \cdots\cdots\cdots\cdots（B.1）$$

式中：

LI——体长指数，%；

L——体长，单位为厘米（cm）；

H——体高，单位为厘米（cm）。

B.2.1.2　胸围指数

胸围指数按式（B.2）计算：

$$BI = \frac{B}{H} \times 100\% \quad \cdots\cdots\cdots\cdots（B.2）$$

式中：

BI——胸围指数，%；

B——胸围，单位为厘米（cm）；

H——体高，单位为厘米（cm）。

B.2.1.3　管围指数

管围指数按式（B.3）计算：

$$CI = \frac{C}{H} \times 100\% \quad \cdots\cdots\cdots\cdots（B.3）$$

式中：

CI——管围指数，%；

C——管围，单位为厘米（cm）；

H——体高，单位为厘米（cm）。

B.2.2　役用性能

驮运能力：每小时驮多重物走多少公里。

B.2.3　乳用性能

产乳量：500 d 产乳量或泌乳期产乳量（注明天数）。

B.2.4 繁殖性能

B.2.4.1 幼驼成活率

幼驼成活率按式(B.4)计算：

$$SR=\frac{WN}{BN}\times 100\% \qquad \cdots\cdots(B.4)$$

式中：

SR——幼驼成活率，%；

WN——断奶时成活幼驼数，单位为峰；

BN——出生幼驼数，单位为峰。

B.2.4.2 幼驼死亡率

幼驼死亡率按式(B.5)计算：

$$M=\frac{MN}{BN}\times 100\% \qquad \cdots\cdots(B.5)$$

式中：

M——幼驼死亡率，%；

MN——断奶时死亡幼驼数，单位为峰；

BN——出生幼驼数，单位为峰。

B.3 遗传资源调查中品种评价的优异特性

B.3.1 优质

本行业内公认的具有优良品质、风味的种质资源。

B.3.2 抗病虫

本行业内公认的具有抗疾病、抗虫的种质资源。

B.3.3 抗逆

本行业内公认的具有抗逆(生态、气候等)的种质资源。

B.3.4 耐粗饲

可以耐受粗放的饲养管理条件。

B.3.5 其他

本行业内公认的其他优良品质的资源。

ICS 65.020.30
B 43

中华人民共和国国家标准

GB/T 27534.8—2011

畜禽遗传资源调查技术规范 第8部分：家兔

Rules for animal genetic resource survey—Part 8: Rabbit

2011-11-21 发布　　2012-03-01 实施

中华人民共和国国家质量监督检验检疫总局
中国国家标准化管理委员会　发布

前　言

GB/T 27534《畜禽遗传资源调查技术规范》分为九个部分：

——第 1 部分：总则；

——第 2 部分：猪；

——第 3 部分：牛；

——第 4 部分：绵羊；

——第 5 部分：山羊；

——第 6 部分：马(驴)；

——第 7 部分：骆驼；

——第 8 部分：家兔；

——第 9 部分：家禽。

本部分为 GB/T 27534 的第 8 部分。

本部分的附录 A、附录 B 为规范性附录。

本部分由中华人民共和国农业部提出。

本部分由全国畜牧业标准化技术委员会(SAC/TC 274)归口。

本部分起草单位：全国畜牧总站。

本部分主要起草人：于福清、郑友民、刘丑生、王志刚、孙秀柱、刘长春、张金松、关龙、韩旭。

畜禽遗传资源调查技术规范
第8部分：家兔

1 范围

GB/T 27534 的本部分规定了家兔遗传资源调查对象、方式、内容的基本准则。

本部分适用于家兔遗传资源的调查。

2 规范性引用文件

下列文件中的条款通过 GB/T 27534 本部分的引用而成为本部分的条款。凡是注日期的引用文件，其随后所有的修改单(不包括勘误的内容)或修订版均不适用于本部分，然而，鼓励根据本部分达成协议的各方研究是否可使用这些文件的最新版本。凡是不注日期的引用文件，其最新版本适用于本部分。

GB/T 20551 畜禽屠宰 HACCP 应用规范

GB/T 27534.1 畜禽遗传资源调查技术规范 第1部分：总则

3 调查对象、方式

调查对象、方式按照 GB/T 27534.1 执行。

4 调查内容

4.1 一般概况

品种名称、原产地、品种来源、中心产区及分布、产区自然生态条件、开发利用情况等GB/T 27534.1 中规定的调查内容，按附录 A 中表 A.1 要求填写，填表说明见附录 B。

4.2 个体选择及体型外貌观测

4.2.1 个体的选择及数量

选择正常饲养管理条件下的成年家兔个体。成年公兔 30 只以上，成年母兔 100 只以上。

4.2.2 体型外貌观测

观察家兔被毛、头部、耳部、眼部、背腰部、腹部、臀部、四肢、躯干以及作为本品种的特征。公兔还要检查睾丸发育情况，母兔检查乳房发育情况等。

4.2.3 体型外貌描述

包括被毛特征、形态特征等指标，按附录 A 中表 A.2 要求填写，填表说明见附录 B。

4.3 生产性能

4.3.1 体尺、体重

包括体长、胸围和体重，按照 GB/T 27534.1 要求指标，按附录 A 中表 A.3 要求填写，填表说明见附录 B。

4.3.2 产肉性能

包括胴体重、屠宰率等指标，按附录 A 中表 A.3 要求填写，填表说明见附录 B。屠宰按照 GB/T 20551 的规定执行。

4.3.3 毛皮性能

包括年产毛量、纤维直径、强度、伸度、单次产毛量、产毛率、皮板厚度、皮板面积等指标，按附录 A

中表 A.3 要求填写,填表说明见附录 B。

4.3.4 繁殖性能

包括性成熟年龄、配种年龄、妊娠期、初生窝重、断奶窝重、断奶日龄等指标。按附录 A 中表 A.3 要求填写,填表说明见附录 B。

4.4 遗传资源调查

4.4.1 品种评价

包括遗传特点、优异特性等指标,按附录 A 中表 A.4 要求填写,填表说明见附录 B。

4.4.2 品种资源保护状况

包括是否提出过保种和利用计划、是否建立了品种登记制度等指标,按附录 A 中表 A.4 要求填写。

4.4.3 濒危程度的判定

濒危程度按 GB/T 27534.1 要求判定,按附录 A 中表 A.4 要求填写。

4.4.4 饲养管理情况

包括饲料组成、饲养方式等指标,按附录 A 中表 A.4 要求填写,填表说明见附录 B。

4.4.5 疫病情况

包括流行性传染病调查和寄生虫病调查等指标,按附录 A 中表 A.4 要求填写。

5 品种照片

品种照片的拍摄按 GB/T 27534.1 要求执行。

6 调查信息的整理、数据分析、上报

对调查的信息进行整理,数据分析,上报给组织调查的单位并存档。

附 录 A
（规范性附录）
家兔遗传资源调查技术规范

表 A.1 家兔遗传资源概况表

编号：________________ 日期：________年________月________日

地点：________省________县（区、市）________乡（镇）________村

联系人：________________ 联系方式：________________

品种名称				备 注
原产地				
品种来源				
中心产区				
经济类型				
分布				
总只数	公			
	母			
保种群数量	公			
	母			
产区自然生态条件	地貌与海拔			
	气候类型			
	年降水量			
	无霜期			
	水源土质			
	气温	年最高		
		年最低		
		年平均		
开发利用情况				

记录人： 电话： E-mail：

表 A.2 家兔遗传资源体型外貌登记表

编号：________________ 日期：________年________月________日

地点：________省________县(区、市)________乡(镇)________村

联系人：________________ 联系方式：________________

<table>
<tr><td>品　种</td><td colspan="3"></td><td colspan="2">性　别</td><td></td></tr>
<tr><td>个体号</td><td colspan="3"></td><td colspan="2">日龄</td><td></td></tr>
<tr><td rowspan="2">被毛特征</td><td colspan="3">颜色</td><td colspan="2">长度(cm)</td><td>密度(g/cm^3)</td></tr>
<tr><td colspan="3"></td><td colspan="2"></td><td></td></tr>
<tr><td rowspan="8">形态特征</td><td rowspan="2">头部</td><td>大小</td><td></td><td rowspan="2">眼部</td><td>大小</td><td></td></tr>
<tr><td>形状</td><td></td><td>眼球颜色</td><td></td></tr>
<tr><td rowspan="5">耳部</td><td>大小</td><td></td><td rowspan="3">背腰</td><td>长度(cm)</td><td></td></tr>
<tr><td>方向</td><td></td><td>宽度(cm)</td><td></td></tr>
<tr><td>形状</td><td></td><td>肌肉发育</td><td></td></tr>
<tr><td>厚薄</td><td></td><td rowspan="2">腹部</td><td>松弛</td><td></td></tr>
<tr><td>耳毛长短</td><td></td><td>紧凑</td><td></td></tr>
<tr><td>四肢</td><td>是否端正</td><td></td><td>躯干</td><td>发育情况</td><td></td></tr>
<tr><td>公兔睾丸发育情况</td><td colspan="6"></td></tr>
<tr><td>母兔乳房发育情况</td><td colspan="6"></td></tr>
</table>

记录人：　　　　　　电话：　　　　　　E-mail：

表 A.3　家兔遗传资源生产性能登记表

编号：________________ 日期：________年________月________日

地点：________省________县(区、市)________乡(镇)________村

联系人：________________ 联系方式：________________

<table>
<tr><td colspan="8">体尺、体重</td></tr>
<tr><td colspan="2">体长(cm)</td><td colspan="2"></td><td colspan="2">胸围(cm)</td><td></td><td>体重(g)</td></tr>
<tr><td colspan="8">产肉性能</td></tr>
<tr><td colspan="2">断奶至 70 日龄日增重(g)</td><td colspan="2">断奶至 70 日龄料肉比(%)</td><td colspan="2">断奶至 90 日龄日增重(g)</td><td colspan="2">断奶至 90 日龄料肉比(%)</td></tr>
<tr><td colspan="2"></td><td colspan="2"></td><td colspan="2"></td><td colspan="2"></td></tr>
<tr><td colspan="2">胴体重(g)</td><td colspan="2">半净膛重(g)</td><td colspan="2">全净膛重(g)</td><td colspan="2">屠宰率(%)</td></tr>
<tr><td colspan="2"></td><td colspan="2"></td><td colspan="2"></td><td colspan="2"></td></tr>
<tr><td colspan="2">头重(g)</td><td colspan="2"></td><td colspan="2">内脏重(心、肝、肾)(g)</td><td colspan="2"></td></tr>
<tr><td colspan="8">毛皮性能</td></tr>
<tr><td rowspan="2">年产毛量
(g)</td><td>实测</td><td colspan="2"></td><td rowspan="2">强度(g)</td><td>粗毛</td><td colspan="2"></td></tr>
<tr><td>估测</td><td colspan="2"></td><td>绒毛</td><td colspan="2"></td></tr>
<tr><td rowspan="2">纤维直径
(μm)</td><td>粗毛</td><td colspan="2"></td><td rowspan="2">伸度(%)</td><td>粗毛</td><td colspan="2"></td></tr>
<tr><td>绒毛</td><td colspan="2"></td><td>绒毛</td><td colspan="2"></td></tr>
<tr><td colspan="2">单次产毛量(g)</td><td colspan="2"></td><td colspan="2">毛长(cm)</td><td colspan="2"></td></tr>
<tr><td colspan="2">毛密度(根/cm^2)</td><td colspan="2"></td><td colspan="2">皮板厚度(mm)</td><td colspan="2"></td></tr>
<tr><td colspan="2">料毛比(%)</td><td colspan="2"></td><td colspan="2">皮板面积(cm^2)</td><td colspan="2"></td></tr>
<tr><td colspan="2">结块率(%)</td><td colspan="2"></td><td colspan="2">粗毛率(%)</td><td colspan="2"></td></tr>
<tr><td colspan="2">产毛率(%)</td><td colspan="2"></td><td colspan="2">其他</td><td colspan="2"></td></tr>
<tr><td colspan="8">繁殖性能</td></tr>
<tr><td colspan="2">性成熟期(月)</td><td colspan="2">配种年龄(月)</td><td colspan="2">妊娠期(d)</td><td colspan="2">窝产仔数(只)</td></tr>
<tr><td colspan="2"></td><td colspan="2"></td><td colspan="2"></td><td colspan="2"></td></tr>
<tr><td colspan="2">窝产活仔数(只)</td><td colspan="2">初生窝重(g)</td><td colspan="2">21 日龄窝兔数(只)</td><td colspan="2">21 日龄窝重(g)</td></tr>
<tr><td colspan="2"></td><td colspan="2"></td><td colspan="2"></td><td colspan="2"></td></tr>
<tr><td colspan="2">断奶仔兔数(只)</td><td colspan="2">断奶窝重(g)</td><td colspan="2">断奶日龄(d)</td><td colspan="2">仔兔成活率(%)</td></tr>
<tr><td colspan="2"></td><td colspan="2"></td><td colspan="2"></td><td colspan="2"></td></tr>
<tr><td rowspan="2">配种方式</td><td rowspan="2"></td><td colspan="2" rowspan="2">公兔精液品质</td><td>采精量(mL)</td><td>精子活力(%)</td><td colspan="2">精子密度(亿/mL)</td></tr>
<tr><td></td><td></td><td colspan="2"></td></tr>
</table>

记录人：　　　　电话：　　　　E-mail：

表 A.4　家兔遗传资源调查表

编号：________________ 日期：________年________月________日

地点：________省________县(区、市)________乡(镇)________村

联系人：________________ 联系方式：________________

品种评价	该品种的遗传特点，优异特性，可供研究、开发和利用的主要方向	
分子生物学测定	是否进行过生化或分子遗传测定(测定单位、测定时间)	
消长形势	近15年～20年数量规模变化，品质变化	
遗传资源保护状况	是否提出过保种和利用计划(保种场)	
	是否建立了品种登记制度(开始时间、负责单位)	
濒危程度		
饲养管理情况	饲料组成	
	饲养方式	
	管理难易	
疫病情况	流行性传染病调查	
	寄生虫病调查	

记录人：　　　　　电话：　　　　　E-mail：

附　录　B
（规范性附录）
家兔遗传资源调查表填表说明

B.1　遗传资源调查中品种评价的优异特性

B.1.1　品种名称包括中文名、英文名、俗名。

B.1.2　品种来源指地方品种、培育品种、引进品种。

B.1.3　经济类型包括肉用型、毛用型、皮用型、兼用型、观赏型。

B.1.4　水源土质指流经该地的河流等。

B.1.5　开发利用情况指产品的销售、利用(包括绒、肉等)。

B.2　生产性能

B.2.1　体尺、体重

B.2.1.1　体重

早上喂饲前的重量。

B.2.1.2　体长

鼻端到尾根(坐骨端)的直线距离。

B.2.1.3　胸围

肩胛后缘绕胸廓一周的长度。

B.2.2　屠宰性能及肉品质

B.2.2.1　胴体重

屠宰后除去血、毛皮、头、尾、前脚(腕关节以下)、后脚(跗关节以下)及内脏，在0 ℃～4 ℃条件下放置2h～4h后的重量。

B.2.2.2　全净膛重

除去全部脏器和腹脂的胴体重量。

B.2.2.3　半净膛重

保留肝脏、肾脏和腹脂等可食用的内脏的胴体重量。

B.2.2.4　屠宰率

屠宰率按式(B.1)计算：

$$DP=\frac{CW}{FW}\times 100\% \qquad \cdots\cdots(B.1)$$

式中：

DP ——屠宰率，%；

CW——全净膛胴体重，单位为克(g)；

FW——宰前活重，单位为克(g)。

注：用半净膛计算应注明。

B.2.3　毛皮性能

B.2.3.1　年产毛量

实测：8月龄以上兔的全年累积采毛量(注明采毛日期、方式)。

估测：以 8 月龄一次采毛量(90 d 养毛期)的四倍计算(注明采毛日期、方式)。

B.2.3.2 单次产毛量

第三次的采毛量(8 月龄，91 d 养毛期，注明采毛日期、方式)。

B.2.3.3 纤维直径

测粗毛和绒毛的直径。取十字部、臀部、体侧部和腹部的毛样进行分析。

B.2.3.4 料毛比

生产每千克毛所耗标准料重(含水 15% 的颗粒料重或草料重)。

B.2.3.5 粗毛率

取十字部、臀部、体侧部和腹部的毛样进行分析，测定粗毛和两型毛重占毛样总重量的百分率。

B.2.3.6 结块率

缠结成块的兔毛重量占单次产毛量的百分比。

B.2.3.7 产毛率

产毛率按式(B.2)计算：

$$WR = \frac{W_1}{W_2} \times 100\% \quad \cdots\cdots(B.2)$$

式中：

WR ——产毛率，%；

W_1 ——年产毛量，单位为克(g)；

W_2 ——采毛后体重，单位为克(g)。

B.2.3.8 皮板面积

以颈部缺口底部至尾根处为长，腰间最窄部位为宽，长宽相乘即为皮板面积。

B.2.3.9 皮板厚度

用游标卡尺测十字部、臀部、体侧部和腹部的皮层厚度，取其平均数。

B.2.4 繁殖性能

仔兔成活率按前三胎平均数计。

仔兔成活率按式(B.3)计算：

$$SR = \frac{WN}{BN} \times 100\% \quad \cdots\cdots(B.3)$$

式中：

SR ——仔兔成活率，%；

WN——断奶仔兔数，单位为只；

BN——窝产活仔数(产后 12 h 内成活的仔兔数)，单位为只。

B.3 遗传资源调查中品种评价的优异特性

B.3.1 高繁殖力

本行业内公认的具有高繁殖性能的种质资源。

B.3.2 优质

本行业内公认的具有优良品质、特殊风味或保健作用的种质资源。

B.3.3 抗病虫

本行业内公认的具有抗疾病、抗虫的种质资源。

B.3.4 抗逆

本行业内公认的具有抗逆(生态、气候等)的种质资源。

B.3.5 耐粗饲

可以耐受粗放的饲养管理条件。

B.3.6 其他

本行业内公认的其他优良品质的资源。

ICS 65.020.30
B 43

中华人民共和国国家标准

GB/T 27534.9—2011

畜禽遗传资源调查技术规范 第9部分：家禽

Rules for animal genetic resource survey—Part 9: Poultry

2011-11-21 发布　　2012-03-01 实施

中华人民共和国国家质量监督检验检疫总局
中国国家标准化管理委员会　发布

前　言

GB/T 27534《畜禽遗传资源调查技术规范》分为九个部分：

——第1部分：总则；

——第2部分：猪；

——第3部分：牛；

——第4部分：绵羊；

——第5部分：山羊；

——第6部分：马(驴)；

——第7部分：骆驼；

——第8部分：家兔；

——第9部分：家禽。

本部分为GB/T 27534的第9部分。

本部分的附录A、附录B为规范性附录，附录C为资料性附录。

本部分由中华人民共和国农业部提出。

本部分由全国畜牧业标准化技术委员会(SAC/TC 274)归口。

本部分起草单位：全国畜牧总站、中国农业科学院家禽研究所、农业部畜牧业司。

本部分主要起草人：王志刚、陈宽维、郑友民、刘丑生、于福清、王健、孙秀柱、关龙、韩旭、薛明。

畜禽遗传资源调查技术规范
第9部分:家禽

1 范围

GB/T 27534 的本部分规定了鸡、鸭、鹅等家禽遗传资源调查对象、方法、内容的基本准则。

本部分适用于鸡、鸭、鹅等家禽遗传资源的调查。

2 规范性引用文件

下列文件中的条款通过 GB/T 27534 的本部分的引用而成为本部分的条款。凡是注日期的引用文件,其随后所有的修改单(不包括勘误的内容)或修订版均不适用于本部分,然而,鼓励根据本部分达成协议的各方研究是否可使用这些文件的最新版本。凡是不注日期的引用文件,其最新版本适用于本部分。

GB/T 27534.1　畜禽遗传资源调查技术规范　第1部分:总则

GB/T 20551　畜禽屠宰 HACCP 应用规范

NY/T 823　家禽生产性能名词术语和度量统计方法

3 术语和定义

NY/T 823 中确立的术语和定义适用于 GB/T 27534 的本部分。

4 调查对象、方式

调查对象、方式按照 GB/T 27534.1 执行。

5 调查内容

5.1 遗传资源概况

品种名称、经济类型、原产地、中心产区及分布、品种来源与形成过程、产区自然生态条件、开发利用情况等 GB/T 27534.1 中规定的调查内容,按附录 A 中表 A.1 要求填写,填表说明见附录 B。

5.2 个体的选择及体型外貌观测

5.2.1 个体的选择及数量

在生产条件下选择健康个体。成年公禽 30 只以上,成年母禽 300 只以上。

5.2.2 体型外貌观测

观察家禽羽色、冠型、冠色、胫色、喙色等作为本品种特殊标志的特征,按附录 A 中表 A.2 的要求填写。

5.3 生产性能

5.3.1 体尺、体重

包括体重、体斜长、龙骨长、胸宽、胸深、胫围、胫长、颈长等指标,按附录 A 中表 A.3 要求填写,填表说明见附录 B,图示例参见附录 C。

5.3.2 产肉性能及肉品质

包括上市体重、初生重、半净膛重、宰前活重、屠体重等指标,按附录 A 中表 A.3 要求填写,填表说明见附录 B。屠宰按照 GB/T 20551 的规定执行。屠宰数量为 60 只。

5.3.3 毛(绒)用性能及品质

包括产毛量、羽绒量、绒质率等指标,按附录A中表A.3要求填写,填表说明见附录B。

5.3.4 繁殖及产蛋性能

包括开产日龄、开产体重、蛋形指数、蛋壳色泽、肉斑率、配种方式等指标。按附录A中表A.3要求填写,填表说明见附录B。

5.4 遗传资源调查

5.4.1 品种评价

包括遗传特点、优异特性等指标,按附录A中表A.4要求填写,填表说明见附录B。

5.4.2 遗传资源保护状况

包括是否提出过保种和利用计划、是否建立了品种登记制度等指标,按附录A中表A.4要求填写。

5.4.3 濒危程度的判定

濒危程度按GB/T 27534.1要求判定,按附录A中表A.4要求填写。

5.4.4 饲养管理情况

包括饲料组成、饲养方式等指标,按附录A中表A.4要求填写,填表说明见附录B。

5.4.5 疫病情况

包括流行性传染病、寄生虫病调查等指标,按附录A中表A.4要求填写。

6 品种照片

品种照片的拍摄按GB/T 27534.1要求执行。

7 调查信息的整理、数据分析、上报

对调查的信息进行整理,数据分析,上报给组织调查的单位并存档。

附 录 A
（规范性附录）
家禽遗传资源调查技术规范

表 A.1 家禽遗传资源概况表

编号：________________ 日期：________年________月________日

地点：________省________县（区、市）________乡（镇）________村

联系人：________________ 联系方式：________________

品种名称				备 注
经济类型				
原产地				
中心产区				
分布				
品种来源与形成过程				
群体数量		公		
		母		
保种群数量		公		
		母		
		家系数		
产区自然生态条件	地貌			
	海拔			
	气候类型			
	年降水量			
	无霜期			
	水源土质			
	气温	年最高		
		年最低		
		年平均		
开发利用情况				

记录人： 电话： E-mail：

表 A.2　家禽遗传资源体型外貌登记表

编号：________________ 日期：________年________月________日

地点：________省________县(区、市)________乡(镇)________村

联系人：________________联系方式：________________

个体体型外貌调查登记											
品种			登记号			性别					
颜色		黄	白	黑	芦花	红	褐	浅麻	深麻	灰	其他
	颈羽										
	尾羽										
	主翼羽										
	背羽										
	腹羽										
	鞍羽										
	其他										
		白		黄		灰		黑		其他	
	肉色										
	胫色										
	喙色										
	肤色										
头部特征	鸡	冠型	冠色	冠齿数	有无髯	耳叶色	虹彩颜色	喙色	喙形状		
	鸭	喙颜色	喙豆颜色	虹彩颜色		蹼色		其他			
	鹅	肉瘤有无	肉瘤形状	虹彩颜色	眼睑形状、颜色	有无咽袋	有无顶星毛				
其他特征	凤头	胡须	丝羽	五爪	乌骨	腹褶	胫羽	其他			

记录人：　　　　　　　电话：　　　　　　　E-mail：

表 A.3　家禽遗传资源生产性能登记表

编号：________________ 日期：________年________月________日

地点：________省________县(区、市)________乡(镇)________村

联系人：________________ 联系方式：________________

品种		性别		登记号		日龄	
体尺、体重							
体重(g)		体斜长(cm)		龙骨长(cm)			
胸宽(cm)		胸深(cm)		胫围(cm)			
胫长(cm)		颈长(cm)		半潜水长(水禽)(cm)			
产肉性能及肉品质							
上市体重(g)		上市日龄(d)		初生重(g)			
腿肌重(g)		半净膛重(g)		宰前活重(g)			
胸肌重(g)		全净膛重(g)		屠体重(g)			
头重(g)		颈重(g)		屠宰率(%)			
脚重(g)		腺胃重(g)		腹脂重(g)			
心重(g)		肝重(g)		皮脂重(g)			
肌胃重(g)		肠重(g)		饲料转化率(%)			
肉质品质	肉色	pH 值	系水力	嫩度	肌内脂肪(%)	水分(%)	蛋白质(%)
毛(绒)用性能							
产毛量(g)		羽绒量(g)		绒质率(%)			
繁殖及产蛋性能							
开产日龄(d)		300 日龄蛋重(g)		蛋形指数	纵径(mm)		
开产体重(g)		平均蛋重(g)			横径(mm)		
蛋黄色泽		蛋比重(级)			指数		
蛋黄重(g)		蛋壳强度(kg/cm²)		哈氏单位			
蛋白高度		产蛋个数(个)		就巢性			
蛋壳色泽		育雏期存活率(%)		种蛋受精率(%)			
蛋壳厚度(mm)		育成期成活率(%)		受精蛋孵化率(%)			
血斑率(%)		肉斑率(%)		其他			
配种方式							

记录人：　　　　　电话：　　　　　E-mail：

表 A.4 家禽遗传资源调查表

编号：________________ 日期：________年________月________日

地点：________省________县(区、市)________乡(镇)________村

联系人：________________联系方式：________________

品种评价	该品种的遗传特点，优异特性，可供研究、开发和利用的主要方向	
分子生物学测定	是否进行过生化或分子遗传测定(测定单位、测定时间)	
消长形势	近15年～20年数量规模变化，品质变化	
遗传资源保护状况	是否提出过保种和利用计划(保种场)	
	是否建立了品种登记制度(开始时间、负责单位)	
濒危程度		
饲养管理情况	饲料组成	
	饲养方式	
	管理难易	
疫病情况	流行性传染病调查	
	寄生虫病调查	

记录人：　　　　　　电话：　　　　　　E-mail：

附　录　B
（规范性附录）
家禽遗传资源调查表填表说明

B.1　遗传资源概况

B.1.1　品种名称包括中文名、英文名、俗名。

B.1.2　经济类型包括肉用型、蛋用型、兼用型、观赏型、药用型。

B.1.3　品种来源与形成过程指从何时何地引进(包括省外、国外)。

B.1.4　水源土质指流经该地的河流等。

B.1.5　开发利用情况指产品的销售、利用(包括绒、肉等)。

B.2　体型外貌

B.2.1　概述

按公母分别描述，包括成年鸡、鸭(52周龄)、鹅(当地上市周龄)和雏禽(日龄：有不同类型请注明各类型所占比例)。

B.2.2　雏禽、成年禽羽色及羽毛重要遗传特征

羽色分为：黄、白、黑、芦花、红、褐、浅麻、深麻、灰等，需要分述颈羽、尾羽、主翼羽、背羽、腹羽和鞍羽等。性羽和镜羽等羽色填入其他。

B.2.3　肉色、胫色、喙色及肤色

分为白、黄、灰、黑等；重点说明能稳定遗传的性状，有不同表型要说明各种类型所占的比例。

B.2.4　外貌

B.2.4.1　头部特征

B.2.4.1.1　鸡

冠型、冠色、冠齿数，髯、耳叶颜色；虹彩颜色；喙色及形状(平或带钩)等。

B.2.4.1.2　鸭

喙及喙豆颜色，虹彩颜色，蹼色等。

B.2.4.1.3　鹅

内瘤形状、颜色及大小，喙颜色，虹彩颜色，眼睑形状及颜色，颌下有无咽袋，是否有顶星毛、役用性能等。

B.2.4.2　其他特征

包括本品种特有的性状，如凤头、胡须、丝羽、五爪、乌骨、腹褶、颈羽等。无对应项在“其他”中自行填入。

B.3　生产性能

B.3.1　体尺、体重

B.3.1.1　体尺测量

测量值精确到小数点后1位。

B.3.1.2　体斜长

体表测量肩关节至坐骨结节间距离。

B.3.1.3　龙骨长

体表龙骨突前端到龙骨末端的距离。

B.3.1.4 胸宽

用卡尺测量两肩关节之间的体表距离。

B.3.1.5 胸深

用卡尺在体表测量第一胸椎到龙骨前缘的距离。

B.3.1.6 胫围

胫部中部的周长。

B.3.1.7 胫长

从胫部上关节到第三、四趾间的直线距离。

B.3.1.8 半潜水长

从嘴尖到髋骨连线中点的距离。

B.3.2 屠宰性能及肉品质

B.3.2.1 半净膛重

屠体去除气管、食道、嗉囊、肠、脾、胰、胆和生殖器官、肌胃内容物以及角质膜后的重量。

B.3.2.2 宰前活重

家禽宰前禁食 6 h 后的活重。

B.3.2.3 全净膛重

半净膛重减去心、肝、腺胃、肌胃、肺、腹脂后的重量。

B.3.3 毛用性能调查

绒质率按式(B.1)计算：

$$VR = \frac{W_1}{W_2} \times 100\% \qquad \cdots\cdots\cdots(B.1)$$

式中：

VR——绒质率,%；

W_1——绒毛量,单位为克(g)；

W_2——羽绒量,单位为克(g)。

B.3.4 繁殖及产蛋性能调查

B.3.4.1 开产日龄

个体记录以产第一枚蛋的日龄计算。群体记录时按日产蛋率达 5%时日龄计算。

B.3.4.2 蛋形指数

用游标卡尺测量蛋的纵径和横径,精确度为 0.1 mm。

蛋形指数按式(B.2)计算：

$$EI = \frac{V}{D} \qquad \cdots\cdots\cdots(B.2)$$

式中：

EI——蛋形指数；

V——纵径,单位为毫米(mm)；

D——横径,单位为毫米(mm)。

B.3.4.3 蛋黄色泽

按罗氏(Roche)蛋黄比色扇 30 个蛋黄色泽等级对比分级,统计各级的数量与百分比,求平均值。

B.3.4.4 蛋比重

用盐水漂浮法测定。测定蛋比重溶液的配制与分级:在 1 000 mL 水中加 NaCl 68 g,定为 0 级,以后每增加一级,累加 NaCl 4 g,然后用比重法对所配溶液进行校正。蛋的级别比重见表 B.1。

表 B.1 蛋比重分级

级别	0	1	2	3	4	5	6	7	8
比重	1.068	1.072	1.076	1.080	1.084	1.088	1.092	1.096	1.100
注：从0级开始，将蛋逐级放入配制好的盐水中，漂上来的最小盐水比重级，即为该蛋的级别。									

B.3.4.5 蛋壳强度

将蛋垂直放在蛋壳强度测定仪上，钝端向上，测定蛋壳表面单位面积上承受的压力。

B.3.4.6 哈氏单位

取产出24 h内的蛋，称蛋重。测量破壳后蛋黄边缘与浓蛋白边缘的中点的浓蛋白高度(避开系带)，测量成正三角型的三个点，取平均值。哈氏单位按式(B.3)计算：

$$A = 100 \cdot \lg(H - 1.7W^{0.37} + 7.57) \quad \cdots\cdots(B.3)$$

式中：

A——哈氏单位；

H——浓蛋白高度，单位为毫米(mm)；

W——蛋重，单位为克(g)。

B.3.4.7 蛋壳色泽

以白色、浅褐色(粉色)、褐色、深褐色、青色(绿色)等表示。

B.3.4.8 育雏期存活率

育雏期未合格雏禽数占入舍雏禽数的百分比。

B.3.4.9 蛋壳厚度

用蛋壳厚度测定仪测定，分别取钝端、中部、锐端的蛋壳剔除内壳膜后，分别测量其厚度，求平均值。以mm为单位，精确到0.01 mm。

B.3.4.10 育成期成活率

育成期未合格育成禽数占育雏期未入舍雏禽数的百分比。

B.3.4.11 血(肉)斑率

统计带血(肉)斑的蛋的百分比，测定数不少于100个。

血(肉)斑率按式(B.4)计算：

$$MR = \frac{N_1}{N} \times 100\% \quad \cdots\cdots(B.4)$$

式中：

MR——血斑和肉斑率，%；

N_1——带血斑和肉斑的蛋数，单位为个；

N——测定总蛋数，单位为个。

B.3.4.12 配种方式

进行人工授精，公母比例。

B.4 遗传资源调查中品种评价的优异特性

B.4.1 产品肉蛋品质

本行业内公认的具有优良品质、风味的遗传资源。

B.4.2 抗病性

本行业内公认的具有抗疾病、抗虫的遗传资源。

B.4.3 抗逆

本行业内公认的具有抗逆(生态、气候等)的遗传资源。

B.4.4 药用品质

本行业内公认的具有药用的遗传资源。

B.4.5 观赏

本行业内公认的具有观赏价值的遗传资源。

B.4.6 其他

本行业内公认的其他优良品质的资源。

附 录 C
(资料性附录)
家禽遗传资源调查图示例

C.1 体尺和体重

C.1.1 鸡

鸡的体尺体重测量见图 C.1～图 C.6。

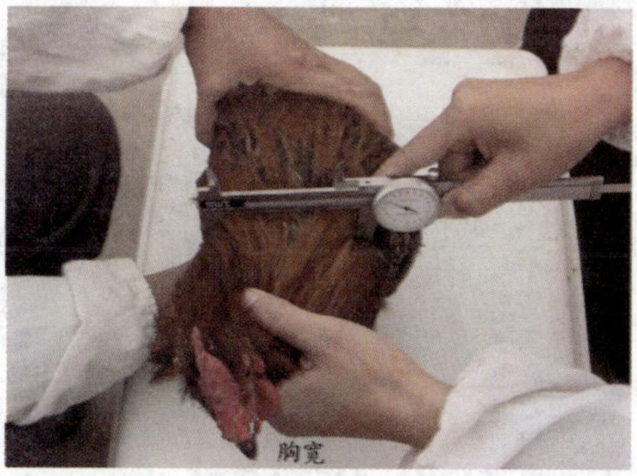

注：用卡尺测量两肩关节之间的体表距离(cm)。

图 C.1 胸宽

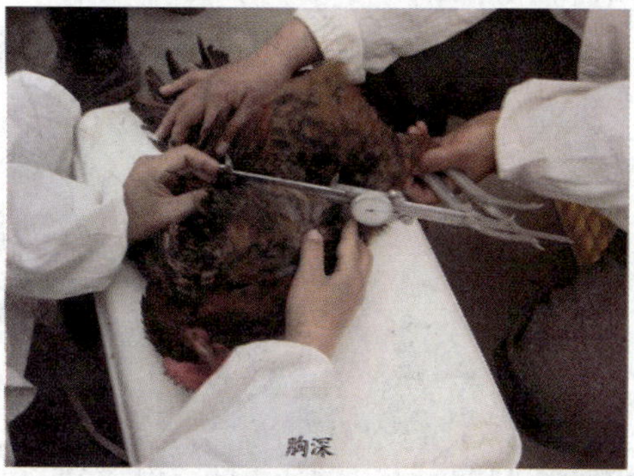

注：用卡尺在体表测量第一胸椎到龙骨前缘的距离(cm)。

图 C.2 胸深

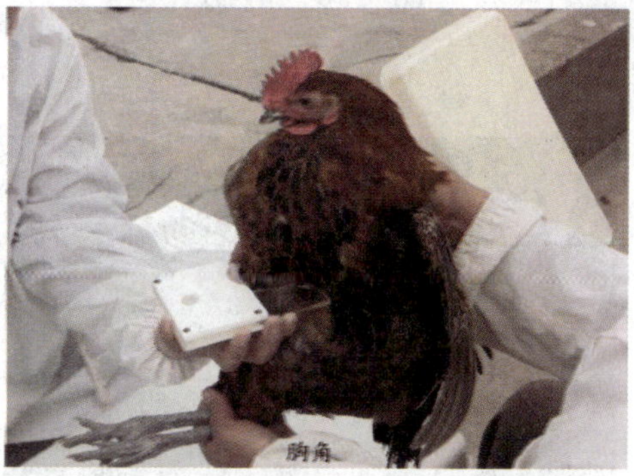

注：用胸角器在龙骨前缘测量两侧胸部角度。

图 C.3 胸角

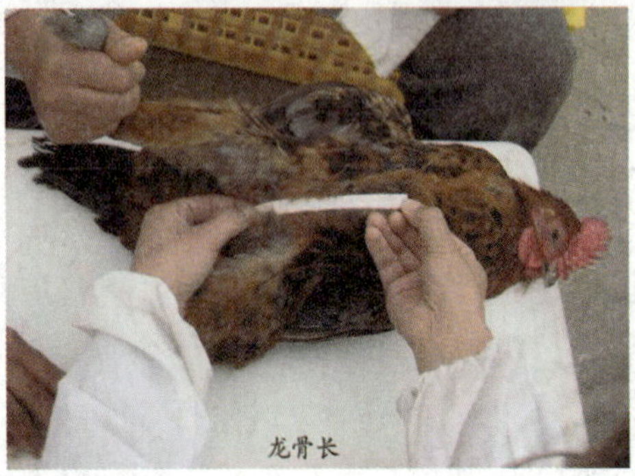

注：用皮尺测量体表龙骨突前端到龙骨末端的距离(cm)。

图 C.4　龙骨长

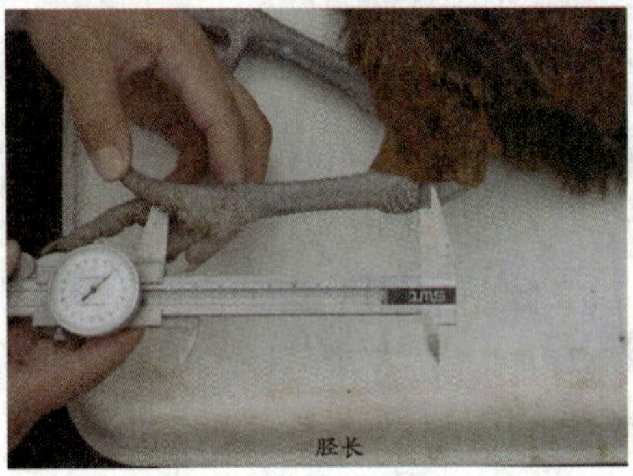

注：用卡尺测量从胫部上关节到第三、四趾间的直线距离(cm)。

图 C.5　胫长

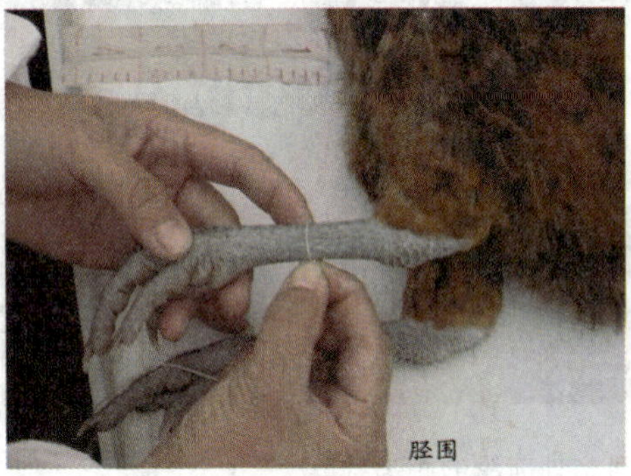

注：胫骨中部的周长(cm)。

图 C.6　胫围

C.1.2　鹅

鹅的体尺体重测量见图 C.7～图 C.8。

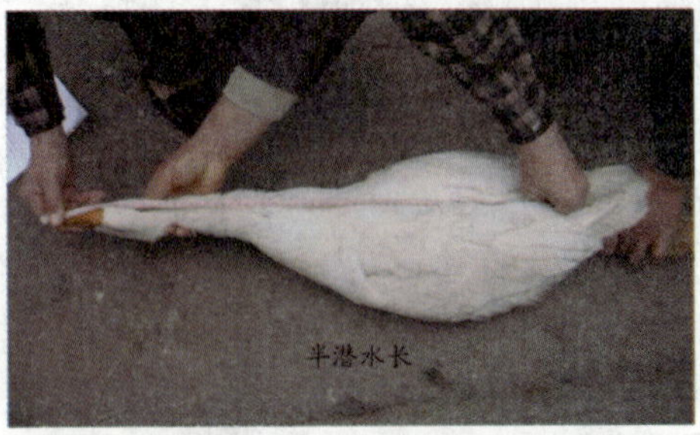

注：用皮尺测量从嘴尖到髋骨连线中点的距离(cm)。

图 C.7　半潜水长

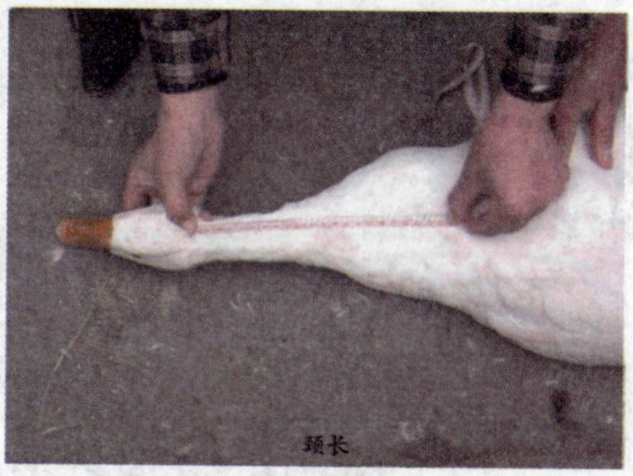

注：第一颈锥到颈根部的距离(cm)。

图 C.8 颈长

C.2 屠宰测定

屠宰测定内容见图 C.9～图 C.13。

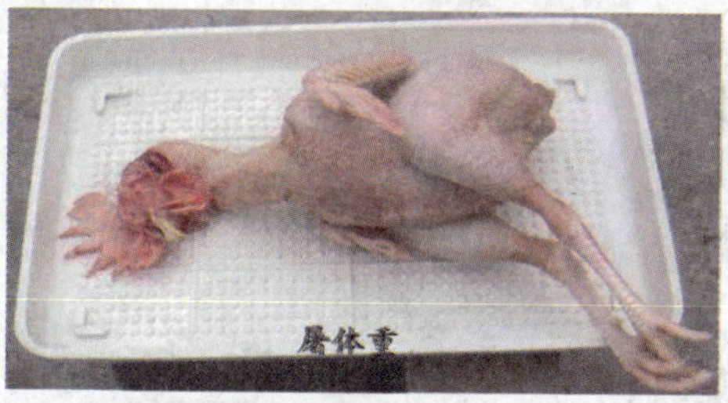

注：活禽放血，去羽毛、脚角质层、趾壳和喙壳后的重量。

图 C.9 屠体重

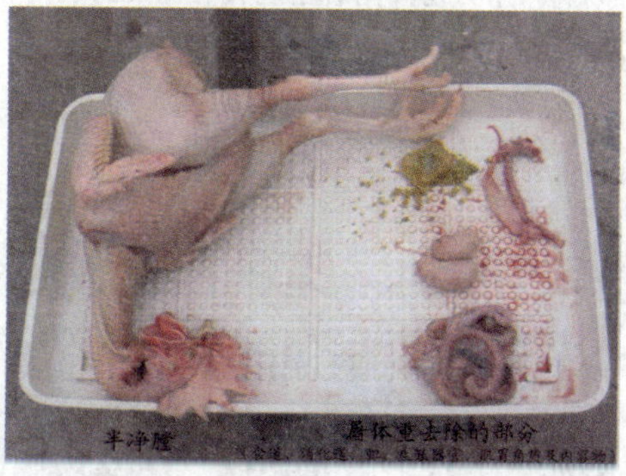

注：屠体去除气管、食道、嗉囊、肠、脾、胰、胆和生殖器官、肌胃内容物以及角质膜后的重量。

图 C.10 半净膛重

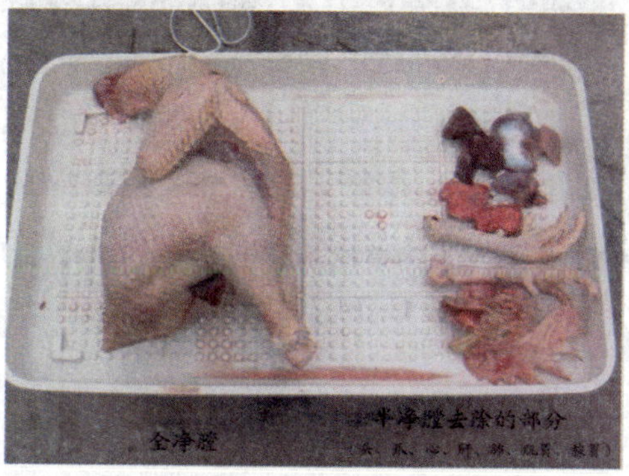

注：半净膛重减去心、肝、腺胃、肌胃、肺、腹脂和头脚(鸭、鹅、鸽、鹌鹑保留头脚)的重量。

图 C.11 全净膛重

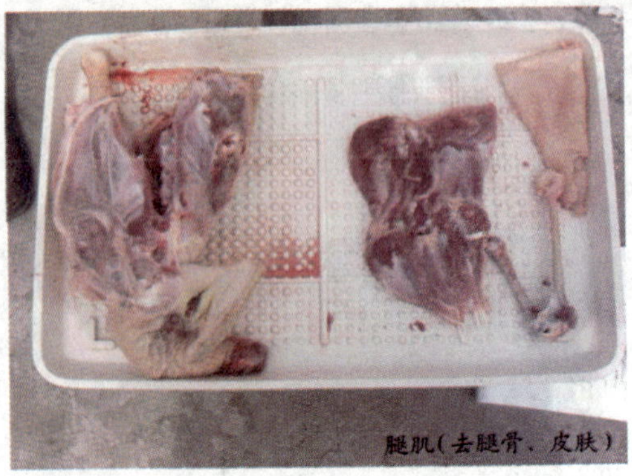

注：去腿骨、皮肤、皮下脂肪后的全部腿肌的重量。

图 C.12　腿肌重

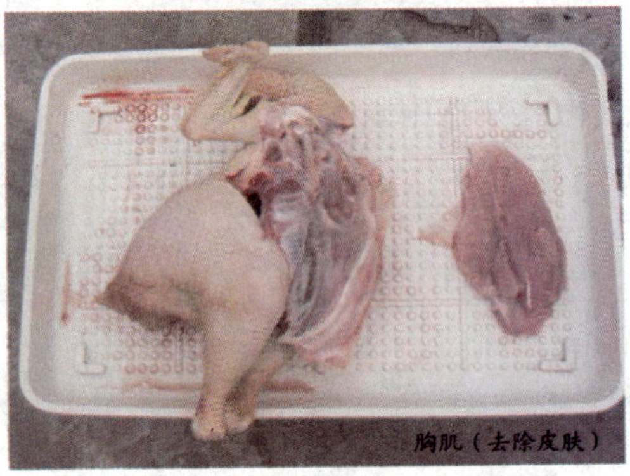

注：沿着胸骨脊切开皮肤并向背部剥离，用刀切离附着于胸骨脊侧面的肌肉和肩胛部肌腱，即可将整块去皮的胸肌剥离，然后称量，即为胸肌重。

图 C.13　胸肌重

C.3　蛋品质

蛋品质的衡量见图 C.14～图 C.17。

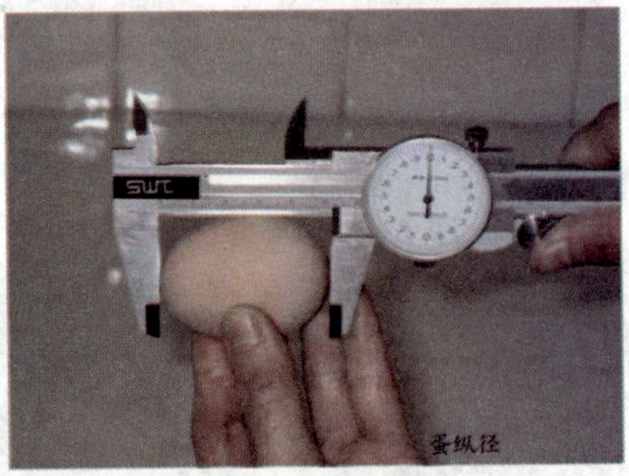

注：用游标卡尺测量蛋的纵径和横径。以毫米为单位，精确度为 0.1 mm。蛋形指数＝纵径/横径。

图 C.14　蛋形指数

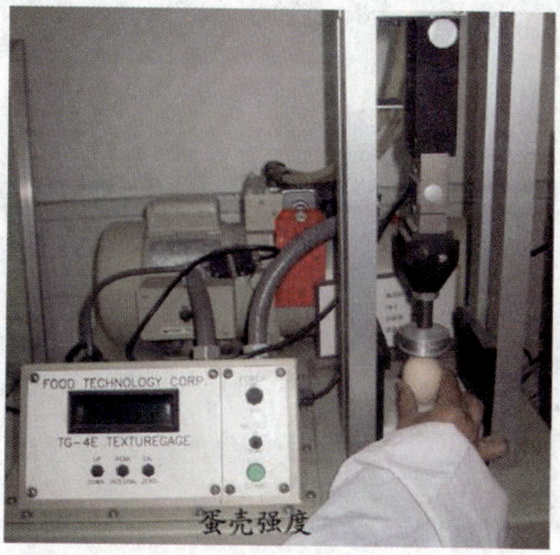

注：将蛋垂直放在蛋壳强度测定仪上，钝端向上，测定蛋壳表面单位面积上承受的压力，单位为 kg/cm^2。

图 C.15 蛋壳强度(选择测定)

注：用蛋壳厚度测定仪或游标卡尺测定，分别取钝端、中部、锐端的蛋壳，剔除内壳膜后，分别测量其厚度，求平均值。以 mm 为单位，精确到 0.01 mm。

图 C.16 蛋壳厚度

注：按罗氏(Ro-che)蛋黄比色扇的 30 个蛋黄色泽等级对比分级，统计各级的数量与百分比，求平均值。

图 C.17 蛋黄色泽

ICS 11.220
B 41

中华人民共和国国家标准

GB/T 27535—2011

猪流感 HI 抗体检测方法

Detection method of hemagglutination inhibition antibody against swine influenza

2011-11-21 发布 2012-03-01 实施

中华人民共和国国家质量监督检验检疫总局
中国国家标准化管理委员会 发布

前 言

本标准按照GB/T 1.1—2009给出的规则起草。

本标准由中华人民共和国农业部提出。

本标准由全国动物防疫标准化技术委员会(SAC/TC 181)归口。

本标准起草单位:中国农业科学院哈尔滨兽医研究所。

本标准主要起草人:乔传玲、杨焕良、陈艳、辛晓光、陈化兰。

猪流感 HI 抗体检测方法

1 范围

本标准规定了猪流感病毒血凝(HA)和血凝抑制(HI)试验的技术要求。
本标准适用于猪流感血清 HI 抗体的检测。

2 仪器

水浴箱、4 ℃冰箱等。

3 试验材料

单道及多道微量移液器、吸头。

4 试剂

4.1 0.01 mol/L pH7.2 PBS(参见附录 A 中 A.1)。
4.2 胰酶溶液(参见附录 A 中 A.2)。
4.3 0.01 mol/L KIO_4 溶液(参见附录 A 中 A.3)。
4.4 1%丙三醇盐水(参见附录 A 中 A.4)。
4.5 阿氏(Alsevers)液(参见附录 A 中 A.5)。
4.6 0.5%鸡红细胞悬液(参见附录 A 中 A.6)。
4.7 HI 试验抗原和阴、阳性血清(参见附录 A 中 A.7)。

5 血凝(HA)试验

5.1 用多道微量移液器在微量反应板的 1~12 孔均加入 0.05 mL PBS,换吸头。
5.2 吸取 0.05 mL 抗原,加入第 1 孔,反复抽打 3~5 次混匀。
5.3 从第 1 孔吸取 0.05 mL 抗原加入第 2 孔,混匀后吸取 0.05 mL 加入第 3 孔,如此进行对倍稀释至第 11 孔,从第 11 孔吸取 0.025 mL 弃之,换吸头。第 12 孔作为红细胞对照。
5.4 每孔均加入 0.05 mL 0.5%(体积分数)鸡红细胞悬液(将鸡红细胞悬液充分摇匀后加入)。
5.5 轻轻混匀,室温(20 ℃~25 ℃)下静置 20 min 后观察结果(如果环境温度太高,可置 4 ℃环境下)。对照孔红细胞显著呈钮扣状时判定结果。
5.6 结果判定:将反应板倾斜 45°,观察红细胞若没有呈泪滴状流淌,则判为 HA 阳性;完全血凝(不流淌)的病毒最高稀释倍数代表 1 个血凝单位(HAU)。

6 血凝抑制(HI)试验

6.1 操作步骤

6.1.1 血清样品的处理:待检血清样品需经"胰酶-加热-高碘酸盐方法"处理,以去除血清中非特异性凝集抑制因子。其步骤为:先加 0.15 mL 胰酶溶液于 0.3 mL 血清中,在 56 ℃水浴灭活 30 min 后冷却至室温;加 0.9 mL 高碘酸钾,混合,室温孵育 15 min;加 0.9 mL 丙三醇盐溶液,混合,室温孵育 15 min;加 0.75 mL 生理盐水并混合,置 4 ℃保存备用。

6.1.2 根据 HA 试验中测定的 HI 抗原效价配制 4HAU 的抗原。HA 效价除以 4 即为含 4HAU 抗原的稀释倍数。例如,HA 效价 256,则 4HAU 抗原的稀释倍数应是 64(256 除以 4)。

6.1.3 在微量反应板的 2～11 孔加入 0.025 mL PBS,第 12 孔加入 0.05 mL PBS。

6.1.4 吸取 0.05 mL 血清(待检血清、阳性血清及阴性血清)加入第 1 孔内,从中吸取 0.025 mL 于第 2 孔,充分混匀后吸 0.025 mL 于第 3 孔,依次对倍稀释至第 11 孔,从第 11 孔吸取 0.025 mL 弃去。

6.1.5 1～11 孔均加入含 4HAU 混匀的抗原 0.025 mL,第 12 孔作为红细胞对照。室温(20 ℃～25 ℃)下静置 10 min～30 min。

6.1.6 每孔加入 0.05 mL 0.5%(体积分数)的鸡红细胞悬液混匀,轻轻混匀,室温(20 ℃～25 ℃)下静置 10 min～30 min(若环境温度太高,可置 4 ℃条件下进行),在红细胞对照孔呈钮扣状沉于孔底时即可判定结果。

6.2 结果判定

6.2.1 检测结果成立的条件:已知阳性血清与相应抗原反应后出现预期的 HI 效价,阴性血清与抗原反应 HI 结果为阴性;反之试验重新进行。

6.2.2 以完全抑制 4 个 HAU 抗原的血清最高稀释倍数作为 HI 效价。待检猪血清经过处理后已作 10 倍稀释,如果血凝抑制有一个孔发生抑制,此时血清的效价即为 1∶10,判为阳性。

6.2.3 未经疫苗免疫的猪只经过 14 d 后再次采样,测定,如果第二次的抗体高于第一次 2 个滴度,判为该猪处于感染期。

7 注意事项

7.1 标准抗原稀释液浓度为 4 个 HAU,并且在每次试验前进行标定。

7.2 孵育时间要严格控制。红细胞对照完全沉淀时要迅速判读。在一些病毒株中可见红细胞从病毒中解脱,如果有这种情况的发生,要提前判定或置 4 ℃下孵育。

7.3 红细胞悬液始终符合标准。

7.4 反应试剂要按规定保存和使用。为避免反复冻融和细菌污染,应以无菌操作将试剂分装成小包装。

7.5 冻干的试剂应按照说明书中规定的体积重新溶解并保存。

附 录 A
（资料性附录）
相关试剂的配制

A.1 0.01 mol/L pH 值 7.2 PBS

NaCl	8 g
KCl	0.2 g
Na_2HPO_4	1.42 g
KH_2PO_4	0.27 g
灭菌双蒸水	800 mL

NaOH 或者 HCl 调 pH(7.0～7.4)，灭菌双蒸水加至 1 000 mL 定容，121 ℃高压灭菌 15 min 或过滤除菌。

A.2 胰酶溶液

胰酶(P-250)	200 mg
0.01 mol/L PBS	加至 25 mL

过滤除菌，分装保存于－20 ℃或－70 ℃，每 6 个月重新配制胰酶。

A.3 0.01 mol/L KIO_4 溶液

KIO_4	230 mg
0.01 mol/L PBS	加至 100 mL

过滤除菌，KIO_4 溶液新鲜配制，在 1 周内使用。

A.4 1%丙三醇盐水

丙三醇	1 mL
0.01 mol/L PBS	99 mL

过滤除菌。

A.5 阿氏(Alsevers)液

葡萄糖	2.05 g
柠檬酸钠	0.8 g
柠檬酸	0.055 g
氯化钠	0.42 g
灭菌双蒸水	至 100 mL

NaOH 或者 HCl 调 pH 6.1

121 ℃高压灭菌 15 min，2 ℃～8 ℃保存备用。

A.6 0.5%鸡红细胞悬液

采集2～3只SPF公鸡或无禽流感和新城疫等抗体的健康公鸡的血液与等体积阿氏液混合，用PBS液洗涤3次，以3 000 r/min离心5 min，洗涤后用PBS配成0.5%（体积分数）红细胞悬液，2 ℃～8 ℃保存备用。

A.7 HI试验抗原和阴、阳性血清

抗原系用猪流感病毒接种SPF鸡胚，收获感染鸡胚液，用甲醛溶液灭活，经浓缩后，加适宜稳定剂，经冷冻真空干燥制成。用于HI试验，检测猪流感病毒的抗体。

阳性血清系用猪流感病毒灭活疫苗免疫SPF鸡，采血、分离血清，加适宜稳定剂，经冷冻真空干燥制成；阴性血清系采集SPF鸡血，分离血清，冻干制成。用于猪流感病毒HI试验，分别作为阳性与阴性对照。使用冻干的抗原和血清时均按瓶签上规格标注的量，用灭菌生理盐水溶解。

ICS 11.220
B 41

中华人民共和国国家标准

GB/T 27536—2011

猪流感病毒分离与鉴定方法

Isolation and identification of swine influenza virus

2011-11-21 发布　　2012-03-01 实施

中华人民共和国国家质量监督检验检疫总局
中国国家标准化管理委员会　发布

前　言

本标准按照GB/T 1.1—2009给出的规则起草。

本标准由中华人民共和国农业部提出。

本标准由全国动物防疫标准化技术委员会(SAC/TC 181)归口。

本标准起草单位:中国农业科学院哈尔滨兽医研究所。

本标准主要起草人:乔传玲、杨焕良、陈艳、辛晓光、陈化兰。

猪流感病毒分离与鉴定方法

1 范围

本标准规定了猪流感病毒分离与鉴定方法。

本标准适用于各种亚型猪流感的病原分离和鉴定。

2 试验材料、试剂

2.1 剪刀、镊子。

2.2 1 mL 注射器。

2.3 单道及多道微量移液器、吸头。

2.4 9～11 日龄 SPF 鸡胚。

2.5 犬肾细胞(MDCK)。

2.6 6 孔培养板。

2.7 DMEM 培养基。

2.8 HEPES 缓冲液(1 mol/L 储存液)。

2.9 胎牛血清。

2.10 TPCK-胰蛋白酶(胰蛋白酶经 TPCK 处理)。

2.11 0.01 mol/L pH7.0～7.4 磷酸盐缓冲液(PBS)(参见附录 A 中 A.1)。

2.12 磷酸盐缓冲液(pH5.9)(参见附录 A 中 A.5)。

2.13 0.85%生理盐水(参见附录 A 中 A.2)。

2.14 阿氏(Alsevers)液(参见附录 A 中 A.3)。

2.15 0.5%红细胞悬液(参见附录 A 中 A.4)。

2.16 胎球蛋白(参见附录 A 中 A.6)。

2.17 过碘酸盐(参见附录 A 中 A.7)。

2.18 亚砷酸盐(参见附录 A 中 A.8)。

2.19 硫代巴比妥酸(参见附录 A 中 A.9)。

2.20 无菌蒸馏水或去离子水。

3 仪器

3.1 生物安全柜(柜内负压,有 HEPA 过滤器可避免细胞培养物污染及保护操作人员安全)。

3.2 孵化器。

3.3 CO_2 培养箱。

3.4 台式高速冷冻离心机。

3.5 37 ℃水浴加热器。

3.6 煮沸锅。

3.7 棉拭子(医用棉签)。

3.8 研磨器。

4 样品采集与处理

4.1 样品的采集

病死猪，取肺脏或气管分泌物；待检活猪，用棉拭子（医用棉签）采集鼻腔深部分泌物。

4.2 样品的保存

样品应置于特定的样品保存液中进行保存。一般采用磷酸盐缓冲液（pH7.0～7.4，0.01 mol/L）、0.85%生理盐水或者不含血清的细胞培养液作为保存液（含青霉素 2 000 IU/mL、链霉素 2 000 IU/mL、制霉菌素 1 000 IU/mL，牛血清白蛋白 5 mg/mL）。样品采集后应置于加冰的保温箱中、密封，24 h 内送至实验室进行处理或置－70 ℃保存。

4.3 样品的处理

用剪刀采组织病料置于研磨器中，按质量体积比（1∶1）加入样品保存液进行研磨；将棉拭子置于装有 1 mL 样品保存液的离心管中，用镊子充分挤压后弃去拭子。以上样品室温静置作用 30 min，4 ℃ 3 000 r/min 离心 5 min，取上清作为接种材料。

5 样品接种

5.1 鸡胚培养

1 mL 注射器吸取处理好的样品，以 0.2 mL/胚的量经尿囊腔和羊膜腔途径接种 9～11 日龄 SPF 鸡胚，每个样品接种 3 个胚，于 35 ℃～37 ℃孵化箱内孵育 72 h～96 h，弃去 24 h 内死亡鸡胚。孵化至 96 h 将鸡胚制冷后，无菌收取 24 h 以后死亡鸡胚及 96 h 仍存活鸡胚的尿囊液和羊水。

5.2 细胞培养

在生物安全柜中操作，将 60%～80%长满单层的 MDCK 细胞的 6 孔细胞培养板用细胞培养液（不含胎牛血清，含有 TPCK 处理的胰酶 2 μg/mL 的 DMEM 培养基）洗三次，加入适量的处理样品，置于 5% CO_2、37 ℃培养箱中培养 1 h～2 h，期间每隔 30 min 轻轻摇动一次。感作完毕，弃去感作物，用含有胰酶的培养液洗三次，加入适量的细胞维持液，5% CO_2，37 ℃培养箱内继续培养 5 d～7 d，期间观察细胞病变（CPE）的形成情况。如出现 CPE（特征病变为：细胞肿胀圆化，细胞间隙增大，细胞核固缩或破裂，严重时细胞部分或全部脱落），收集细胞培养上清。

5.3 结果判定

收获鸡胚液或细胞培养上清，测定其血凝活性（具体操作见 6.1）。若 HA 反应阳性说明可能有粘病毒科的病毒，应采用 HA-HI 试验进行血凝素亚型的鉴定；若无血凝活性或血凝价很低，应盲传 3～5 代，若仍阴性，则认为病毒分离阴性。

6 亚型鉴定

6.1 HA 试验

6.1.1 在微量反应板的 1～12 孔均加入 0.05 mL PBS，换吸头。

6.1.2 吸取 0.05 mL 待鉴定病毒液，加入第 1 孔，反复抽打 3～5 次混匀。

6.1.3 从第1孔吸取0.05 mL病毒液加入第2孔，混匀后吸取0.05 mL加入第3孔，如此进行对倍稀释至第11孔，从第11孔吸取0.05 mL弃之，换吸头。第12孔作为红细胞对照。

6.1.4 每孔均加入0.05 mL 0.5%(体积分数)鸡红细胞悬液(将鸡红细胞悬液充分摇匀后加入)。

6.1.5 轻轻混匀，室温(20 ℃～25 ℃)下静置10 min～30 min后观察结果(如果环境温度太高，可置4 ℃环境下)。对照孔红细胞显著呈钮扣状时判定结果。

6.1.6 结果判定：将反应板倾斜45°，观察红细胞若没有呈泪滴状流淌，则判为HA阳性；完全血凝(不流淌)的病毒最高稀释倍数为病毒的HA效价(血凝单位用HAU表示)。反之，判为HA阴性。

6.2 HI试验

6.2.1 标定参考毒株抗原及待鉴定病毒分别为4 HAU(25 μL)。

6.2.2 在微量反应板的第1～11孔加入0.025 mL PBS，第12孔加入0.05 mL PBS。

6.2.3 加0.025 mL标准阳性血清至第1孔，充分混匀后吸出0.025 mL于第2孔，依次对倍稀释至第11孔，从第11孔吸取0.025 mL弃去。

6.2.4 1～11孔均分别加入0.025 mL 4 HAU参考毒株抗原及待鉴定病毒，第12孔作为红细胞对照。室温(20 ℃～25 ℃)下静置10 min～30 min。

6.2.5 每孔均加入0.05 mL 0.5%(体积分数)鸡红细胞悬液(将鸡红细胞悬液充分摇匀后加入)，轻轻混匀，室温(20 ℃～25 ℃)下静置10 min～30 min后，观察结果(对照孔红细胞显著呈钮扣状时判定结果)。

6.2.6 结果判定：按照HA试验进行结果判定。如果待鉴定病毒样品的血凝活性被这一亚型阳性血清所抑制，则该样品判为这一血凝素亚型阳性。(检测结果成立的条件：已知抗原与相应的阳性血清反应后出现预期的HI效价，同时抗原的反馈标定结果均为4 HAU；反之试验重新进行。)

6.3 NI试验(全量法以N1和N2分型血清为例)

6.3.1 将N1、N2标准阳性血清和阴性血清分别按原液、10倍、100倍稀释，并分别加入标记好的相应试管中。

6.3.2 将已经确定HA亚型的待检病毒液稀释至HA价为16 HAU，每管均加入0.05 mL，混匀37 ℃水浴1 h。

6.3.3 每管加入的胎球蛋白溶液(50 mg/mL)0.1 mL，混匀，拧上盖后37 ℃水浴16 h～18 h。

6.3.4 室温冷却后，每管加入0.1 mL过碘酸盐混匀，室温静置20 min。

6.3.5 每管加入1 mL砷试剂(参见附录A中A.8)，振荡至棕色消失、乳白色出现。

6.3.6 每管加入2.5 mL硫代巴比妥酸试剂(参见附录A中A.9)，将试管置煮沸的水浴中15 min，不出现粉红色的为神经氨酸酶抑制阳性，即待检病毒的神经氨酸酶亚型与加入管中的标准神经氨酸酶分型血清亚型一致。

7 注意事项

7.1 标准抗原稀释液浓度为4个HAU，并且在每次试验前进行标定。

7.2 孵育时间要严格控制。红细胞对照完全沉淀时要迅速判读。在一些病毒株中可见红细胞从病毒中解脱，如果有这种情况的发生，要提前判定或置4 ℃下孵育。

7.3 红细胞悬液始终符合标准。

7.4 反应试剂要按规定保存和使用。为避免反复冻融和细菌污染，应以无菌操作将试剂分装成小包装。

7.5 冻干的试剂应按照说明书中规定的体积重新溶解并保存。

7.6 操作过程生物安全注意事项见附录B。

附　录　A
（资料性附录）
相关试剂的配制

A.1　0.01 mol/L pH7.0～7.4PBS

NaCl	8 g
KCl	0.2 g
Na_2HPO_4	1.42 g
KH_2PO_4	0.27 g
灭菌双蒸水	800 mL

NaOH 或者 HCl 调 pH7.0～7.4，灭菌双蒸水加至 1 000 mL 定容，121 ℃高压灭菌 15 min 或过滤除菌。

A.2　0.85%生理盐水

NaCl 8.5 g，加灭菌双蒸水 1 000 mL 定容，121 ℃高压灭菌 15 min 或过滤除菌。

A.3　阿氏(Alsevers)液

葡萄糖	2.05 g
柠檬酸钠	0.8 g
柠檬酸	0.055 g
氯化钠	0.42 g
灭菌双蒸水	至 100 mL
NaOH 或者 HCl	调 pH6.1

121 ℃高压灭菌 15 min，2 ℃～8 ℃保存备用。

A.4　0.5%红细胞悬液

采集 SPF 公鸡或无禽流感和新城疫等抗体的健康公鸡的血液与等体积阿氏液混合，用 PBS 液洗涤 3 次，以 3 000 r/min 离心 5 min，洗涤后用 PBS 配成 0.5%(体积分数)红细胞悬液，2 ℃～8 ℃保存备用。

A.5　PBS，pH5.9

A 溶液[0.4 mol/L 磷酸二氢钠(NaH_2PO_4)]：称取 27.6 g NaH_2PO_4，溶于 500 mL 去离子水中。

B 溶液[0.4 mol/L 磷酸氢二钠(Na_2HPO_4)]：称取 28.4 g Na_2HPO_4，溶于 500 mL 去离子水中。

取 81 mL 溶液 A，19 mL 溶液 B 混匀配成 0.4 mol/L PBS，pH5.9。如果需要，用适当的溶液 A 或 B 调 pH 值。室温保存。

A.6 胎球蛋白(底物)

胎球蛋白	0.5 g
PBS,pH5.9	20 mL
去离子水	20 mL

分装成 5 mL,−20 ℃保存。

A.7 过碘酸盐溶液

过碘酸钠	4.28 g
去离子水	38 mL

加热溶解,室温冷却后加 62 mL 85%正磷酸混匀,置棕色瓶中,室温、避光保存。

A.8 砷试剂

亚砷酸钠	10.0 g
无水硫酸钠	7.1 g
去离子水	100 mL

加热溶解,室温冷却后加 0.3 mL 浓硫酸,室温保存。

A.9 硫代巴比妥酸

无水硫酸钠	14.2 g
硫代巴比妥酸	1.2 g
去离子水	200 mL

沸水中加热溶解,室温保存。据硫代巴比妥酸的质量,一般配好 10 h 后溶液中出现沉淀,因此该溶液要使用前配置。

附　录　B
（规范性附录）
生物安全注意事项

B.1　所有的操作过程应在生物安全二级(biology security level 2:能够安全操作,对实验室工作人员和动物致病性低的,对环境有轻微危害的病原微生物的生物安全水平)实验室中进行。

B.2　亚型鉴定要求有全套的流感病毒血凝素(HA)分型血清和神经氨酸酶(NA)分型血清。

ICS 11.220
B 41

中华人民共和国国家标准

GB/T 27537—2011

动物流感检测　A型流感病毒分型基因芯片检测操作规程

Animal influenza detection—Protocol of DNA microarray examination for influenza A virus subtypes

2011-11-21 发布　　2012-03-01 实施

中华人民共和国国家质量监督检验检疫总局
中国国家标准化管理委员会　发布

前　言

本标准按照 GB/T 1.1—2009 给出的规则起草。

本标准由中华人民共和国农业部提出。

本标准由全国动物防疫标准化技术委员会(SAC/TC 181)归口。

本标准起草单位:中国检验检疫科学研究院、中国人民解放军军事医学科学院、中国兽医药品监察所。

本标准主要起草人:韩雪清、刘伯华、李建、林祥梅、王慧煜、刘建、陈茹、侯义宏、刘业兵、贾广乐、吴绍强、梁成珠、秦智锋、宁宜宝、薄清如、王伊琴。

动物流感检测 A型流感病毒分型基因芯片检测操作规程

1 范围

本标准规定了A型流感病毒分型基因芯片检测的操作规程。

本标准适用于口岸样品中A型流感病毒全部亚型(H1～H16,N1～N9)的筛查。

2 规范性引用文件

下列文件对于本文件的应用是必不可少的。凡是注日期的引用文件,仅注日期的版本适用于本文件。凡是不注日期的引用文件,其最新版本(包括所有的修改单)适用于本文件。

GB/T 6682 分析实验室用水规格和试验方法

3 缩略语

下列缩略语适用于本文件。

ctr1、ctr2和ctr3:质控探针1、2和3(control 1、control 2 and control 3)

DEPC:焦碳酸二乙酯(diethylpyrocarbonate)

dNTP:脱氧核苷酸三磷酸(deoxy-ribonucleoside triphosphate)

PBS:磷酸盐缓冲盐水(phosphate buffer solution)

RNA:核糖核酸(ribonucleic acid)

RT-PCR:反转录聚合酶链反应(reverse transcription polymerase chain reaction)

SDS:十二烷基磺酸钠(sodium dodecyl sulfate)

SSC:氯化钠/柠檬酸钠缓冲液(sodium chloride-sodium citrate buffer)

TAMRA:羧基四甲基若丹明(carboxytetramethylrhodamine)

4 主要试剂和仪器

4.1 主要试剂

4.1.1 试验用水

蒸馏水,按照GB/T 6682,三级用水,除另有规定外,所用生化试剂均为分析纯。

4.1.2 提取试剂

Trizol试剂等或商品化的病毒RNA提取试剂。

4.1.3 A型流感病毒多重不对称RT-PCR扩增引物和探针的合成

特异性引物和探针(参见附录A)。探针和引物合成后,采用无RNA酶的水(参见附录B)分别溶解为50 μmol,−20 ℃保存备用。

4.1.4 RT-PCR 反应试剂

一步法 RT-PCR 缓冲液，dNTP，酶混合物，RNA 酶抑制剂等。

4.1.5 基因芯片

含有 A 型流感病毒 16 个 HA 亚型和 9 个 NA 亚型特异性探针和质控探针，参见附录 C。

4.1.6 基因芯片杂交液

商品化的基因芯片杂交液（参见附录 B），每份含有 ddH_2O 0.7 μL，20×SSC 1.5 μL，50×Denhardt's 1.5 μL，50%（质量体积比）硫酸葡聚糖 3.0 μL，4%（质量体积比）SDS 1.5 μL，共 8.2 μL/份。

4.1.7 杂交质控探针

TAMRA 荧光标记的一段寡核苷酸(ctr1)，与芯片上杂交阳性参照(PC，ctr2)序列互补，用于质控杂交过程(序列参见附录 A)。合成后，采用无 RNA 酶的水溶解为 50 μmol/L，－20 ℃保存备用。

4.2 仪器

4.2.1 微型台式高速冷冻离心机(大于 13 000 r/min)。
4.2.2 PCR 仪。
4.2.3 涡旋混匀器。
4.2.4 恒温水浴箱。
4.2.5 芯片杂交盒。
4.2.6 脱色摇床。
4.2.7 基因芯片扫描仪。
4.2.8 冰箱(2 ℃～8 ℃、－20 ℃和－80 ℃三种)。
4.2.9 微量可调移液器。
4.2.10 离心管和枪头。

5 操作方法

5.1 采样工具

下列采样工具应经(121±2)℃，15 min 高压灭菌并烘干：

——棉拭子；
——剪刀；
——镊子；
——1.5 mL 离心管；
——研钵。

5.2 样品采集

5.2.1 活动物

取鼻拭子、咽喉拭子和泄殖腔拭子，采集方法如下：

——取鼻拭子时将拭子深入鼻腔来回刮 2 次～3 次并旋转，取鼻腔分泌液；
——取咽喉拭子时将拭子深入喉头口及上颚裂来回刮 2 次～3 次并旋转，取咽喉分泌液；

——取泄殖腔拭子时将拭子深入泄殖腔旋转一圈并沾取少量粪便；

——将采样后的拭子分别放入盛有 1.0 mL PBS 的 1.5 mL 离心管中，加盖、编号。

5.2.2 脏器或肌肉组织

用无菌镊子和剪刀等工具采集待检脏器或肌肉组织，装入一次性塑料袋或其他灭菌容器，编号。

5.3 样品贮运

样品采集后，放入密闭的塑料袋内(一个采样点的样品放一个塑料袋)，于保温箱中加冰、密封，24 h 内送实验室。

5.4 样品的处理

5.4.1 棉拭子处理方法

样品在混匀器上充分混合后，用高压灭菌镊子将拭子中的液体挤出，室温放置 30 min，取上清液转入无菌的 1.5 mL 离心管中，编号备用。

5.4.2 肌肉或组织脏器处理方法

取待检样品 2.0 g，加入等量灭菌石英砂，于洁净、灭菌并烘干的研钵中充分研磨，加入 10 mL PBS 混匀，4 ℃，3 000 r/min 离心 15 min，取上清液转入无菌的 1.5 mL 离心管中，编号备用。

5.5 样品 RNA 的制备

5.5.1 取上清液 200 μL，分别加入 1.5 mL 离心管内，各加入 Trizol 试剂 1.0 mL，反复混匀，冰上放置 5 min。

5.5.2 加入 200 μL 氯仿，小心盖上帽盖，用力摇动离心管 15 s，室温放置 5 min。

5.5.3 12 000 r/min，4 ℃，离心 15 min，可见分为三层，上层水相含 RNA。

5.5.4 转移水相至一新离心管内，加入等量异丙醇，混匀，室温放置 15 min。

5.5.5 12 000 r/min，4 ℃，离心 10 min，离心后在离心管边和底部可见有胶样 RNA 沉淀(对于细胞毒而言，可能看不到沉淀)。

5.5.6 小心吸弃上清，加入 500 μL 75% 乙醇(用 DEPC 水配制)，小心颠倒以漂洗沉淀及管壁，12 000 r/min，4 ℃，离心 5 min。

5.5.7 小心吸弃上清，室温干燥 RNA 沉淀 5 min～10 min。然后加入 20 μL 无 RNA 酶的水溶解沉淀。提取的 RNA 应在 2 h 内进行 RT-PCR 扩增，若需长期保存，应放置 −80 ℃ 冰箱保存。

5.6 A 型流感病毒 RNA 多重不对称 RT-PCR 扩增体系

5.6.1 引物混合比例

25 对引物分为 4 组。第 1 组包括 H1、H3、H5、H6、H7、H9、N1 和 N2，其中 H5 和 H7 亚型的上游引物为 0.65 μL，下游引物为 1.3 μL，N2 亚型的上游引物为 0.6 μL，下游引物为 1.2 μL，其余亚型的上游引物均为 0.5 μL，下游引物均为 1 μL；第 2 组包括 H2、H4、H8、H10、H11、H13、H15 和 H16，每个亚型的上游引物均为 0.5 μL，下游引物均为 1 μL；第 3 组包括 H14、N4、N6、N7 和 N9，其中 N7 上游引物为 0.65 μL，下游引物为 1.3 μL，其余亚型上游引物均为 0.5 μL，下游引物均为 1 μL；第 4 组包括 H12、N3、N5 和 N8，其中 N5 上游引物为 0.6 μL，下游引物为 1.2 μL，其余亚型上游引物均为 0.5 μL，下游引物均为 1 μL。

5.6.2 RT-PCR 反应体系

每个样品分 4 个管进行 RT-PCR。在 0.2 mL PCR 反应管中依次加入一步法 RT-PCR 缓冲液

10 μL,10 mmol/L dNTP 2.0 μL,酶混合物 2.0 μL,RNA 酶抑制剂 0.5 μL,通用引物上游 0.5 μL、下游 5.0 μL,RNA 模板 5.0 μL,按照 4 组引物混合物的用量分别加入引物混合物,补无 RNA 酶的水至 50.0 μL。置于 PCR 仪立即进行 RT-PCR 扩增。

5.7 A 型流感病毒多重不对称 RT-PCR 反应条件

反应条件:50 ℃ 30 min;95 ℃ 15 min;94 ℃ 20 s,52 ℃ 60 s,72 ℃ 90 s,共 20 个循环;然后 94 ℃ 20 s,70 ℃ 90 s,共 20 个循环;最后 72 ℃延伸 10 min。扩增反应结束后,取出放置于 4 ℃。

5.8 基因芯片的杂交、洗涤与扫描

5.8.1 杂交步骤

5.8.1.1 扩增产物 5.2 μL(4 组 RT-PCR 产物各取 1.3 μL)、杂交质控探针 0.8 μL 和杂交液 6 μL 于 0.2 mL PCR 管中,混匀。

5.8.1.2 95 ℃变性 5 min,立即冰浴 3 min,4 000 r/min 离心 5 s~10 s,将离心管放回冰浴。

5.8.1.3 在杂交盒的沟槽中加入 200 μL 蒸馏水以防止杂交体系蒸发,将芯片正面向上放入盒中。

5.8.1.4 将已变性的杂交样品从冰盒中取出,用枪头轻轻吹吸 3 次~5 次。

5.8.1.5 取 7 μL 杂交混合液加到探针点阵区,迅速盖上盖片和杂交盒并密封。

5.8.1.6 将杂交盒水平放入 52 ℃的水浴锅中,杂交 2.5 h。

5.8.2 洗涤步骤

5.8.2.1 杂交结束后,立即将芯片取出,放入预热至 45 ℃的洗涤液Ⅰ中,100 r/min 水平振荡洗涤 5 min,相同条件重复一次。

5.8.2.2 取出芯片,放入预热至 45 ℃的洗涤液Ⅱ中,100 r/min 水平振荡洗涤 5 min,相同条件重复一次。

5.8.2.3 取出芯片,放入洗液Ⅲ中,100 r/min 室温振荡 5 min。

5.8.2.4 将芯片在无水乙醇中浸提几次,然后把芯片放入芯片盒中,1 000 r/min 离心 5 min。

5.8.3 扫描

用基因芯片扫描仪(波长 532 nm,PMT60%,激光能量 90%,扫描仪参数不作硬性规定)进行芯片扫描。

6 结果判定

6.1 检测结果成立条件

A 型流感病毒基因芯片点样阳性参照(QC,即 ctr3)和杂交阳性参照(PC,即 ctr2),经杂交扫描后出现特异性荧光信号,同时点样 buffer 参照(NC)和空白参照(N)无荧光信号,则检测结果成立,否则结果不成立,应重新试验。

6.2 结果判断

6.2.1 阳性判定

在试验结果成立的前提下,如果样品 RT-PCR 产物经杂交后,在各自的位置上(见图 1)出现特异性

荧光信号，则判定为A型流感病毒各个亚型(包括HA和NA)核酸阳性。每条探针有2个重复位点，出现2个或2个以上荧光信号者判为该亚型核酸阳性；出现1个荧光信号需进行重复试验再次读判，如果仍出现1个荧光信号，就判为可疑，可采用其他方法进一步验证。如果只有HA或者只有NA位点出现荧光信号，或者2个以上HA或NA亚型位点出现荧光信号，都判定为该亚型核酸阳性。

QC	QC	H1	H1	H1	H1	NC	NC	H1	H1	H2	H2	QC	QC
H2	H2	H3	H3	H3	H3	H4	H4	H4	H4	H5	H5	H5	H5
H6	H6	H6	H6	H7	H7	H7	H7	H7	H7	H7	H7	H8	H8
H8	H8	H9	H9	H9	H9	H10	H10	H10	H10	H11	H11	H11	H11
NC	NC	H12	H12	H12	H12	PC	PC	H13	H13	H13	H13	NC	NC
H14	H14	H14	H14	H15	H15	H15	H15	H16	H16	H16	H16	N1	N1
N1	N1	N2	N2	N2	N2	N3	N3	N3	N3	N4	N4	N4	N4
N5	N5	N5	N5	N6	N6	N6	N6	N7	N7	N7	N7	N8	N8
QC	QC	N8	N8	N9	N9	NC	NC	N9	N9	N	N	QC	QC

QC——点样阳性参照；

PC——杂交阳性参照；

NC——点样buffer参照；

N——空白参照；

DP(H1～H16,N1～N9)——检测探针。

图1 芯片探针排布图

6.2.2 阴性判定

如果在各亚型特异性探针位置上(见图1)均未出现荧光信号，则判定为A型流感病毒亚型核酸阴性。

7 注意事项

7.1 样品处理、RNA提取和RT-PCR加模板等操作应该符合相关生物安全操作管理规定的要求，同时注意自身防护。扩增后芯片杂交检测可在普通实验室进行操作。

7.2 因涉及RNA操作，为了防止RNA降解，用于试验的器皿和离心管、PCR管及枪头等均需要用DEPC水处理，并经过121 ℃、15 min高压灭菌后才可使用。操作时应戴一次性手套，并经常更换。

7.3 模板RNA提取、PCR反应液配制、芯片杂交、芯片洗涤和结果观察等应分区或分室进行，实验室运作应从洁净区到污染区单方向进行。

7.4 当同时需要进行数个样品的多重不对称RT-PCR反应时，先配制除待检样品外的各种试剂的混合液，然后再分装到每个反应管中。这样，可使所取的试剂体积更准确，减少试剂损失，避免重复分取同一试剂。同时也可以减少实验操作产生的误差。

7.5 使用酶混合物和RNA酶抑制剂等酶类时，取样之前要瞬时离心，将液体收集到反应管底部；由于酶保存液中含有50%的甘油，黏度高，应慢慢吸取以保证取样量的准确。

7.6 上机运行前应检查各PCR管盖是否盖紧，以防RNA和PCR产物污染仪器。

7.7 取杂交混合液加到探针点阵区时，一定要轻柔，避免出现气泡，否则会影响杂交结果。

7.8 52 ℃杂交时，杂交盒要水平放置。

7.9 芯片洗涤时，洗涤液Ⅰ和洗涤液Ⅱ要预热，否则洗涤不干净，影响扫描结果。

7.10 芯片常温避光保存。

附 录 A
（资料性附录）
引物和探针序列

表 A.1 A 型流感病毒基因芯片多重不对称 RT-PCR 引物

型别	引物编号	序列(5′～3′)	长度
Universal	PMA-06001-uf PMA-06002-ur	TCACTTGCTTCCGTTGAGG TAMRA-GGTTTCGGATGTTACAGCGT	—
H1	PMA-06003-H1f PMA-06004-H1r	TCACTTGCTTCCGTTGAGGGGAGCAATTGAGTTCAGTATC TAMRA-GGTTTCGGATGTTACAGCGTGACACTCTCCTATTGTGACTG	601 bp
H3	PMA-06005-H3f PMA-06006-H3r	TCACTTGCTTCCGTTGAGGTGTTACCCTTATGATGTGCC TAMRA-GGTTTCGGATGTTACAGCGTCCCTGTTGCCAATTTCAGAG	669 bp
H5	PMA-06007-H5f PMA-06008-H5r	TCACTTGCTTCCGTTGAGGAGTGAATTGGAATATGGTAACTG TAMRA-GGTTTCGGATGTTACAGCGTAACTGAGTGTTCATTTTGTCAAT	380 bp
H6	PMA-06017-H6F PMA-06018-H6R	TCACTTGCTTCCGTTGAGGAAGGCACTTATTGGRTCAGG TAMRA-GGTTTCGGATGTTACAGCGTGTCCTCTAGTTTCAATCTGTGG	685 bp
H7	PMA-06009-H7f PMA-06010-H7r	TCACTTGCTTCCGTTGAGGTCAGGWTCTTCWTTCTATGC TAMRA-GGTTTCGGATGTTACAGCGTTCYCCTTGTGCATTTTGATG	641 bp
H9	PMA-06011-H9f PMA-06012-H9r	TCACTTGCTTCCGTTGAGGAAGAGAATGGTCCTACATCGT TAMRA-GGTTTCGGATGTTACAGCGTGGATCTTACTCGCAATGTCTG	493 bp
N1	PMA-06013-N1f PMA-06014-N1r	TCACTTGCTTCCGTTGAGGTCCCACTTGGAATGCAGAAC TAMRA-GGTTTCGGATGTTACAGCGTCACATGCACATTCAGACTCTTG	328 bp
N2	PMA-06015-N2f PMA-06016-N2r	TCACTTGCTTCCGTTGAGGATAGCATGGTCCAGCTCAAG TAMRA-GGTTTCGGATGTTACAGCGTACATGCTGAGCACTTCCTG	299 bp
H2	PMA-06019-H2F PMA-06020-H2R	TCACTTGCTTCCGTTGAGGCGTCATTCTTCAGGAACATGG TAMRA-GGTTTCGGATGTTACAGCGTGGCCTTGTTGCTATTTCWGG	229 bp
H4	PMA-06021-H4F PMA-06022-H4R	TCACTTGCTTCCGTTGAGGTTGTTAYCCATTTGATGTGCC TAMRA-GGTTTCGGATGTTACAGCGTGTRACTCTTCCAGGGTTGTT	324 bp
H8	PMA-06023-H8F PMA-06024-H8R	TCACTTGCTTCCGTTGAGGAAGGTTGGTCATACATAGTGG TAMRA-GGTTTCGGATGTTACAGCGTGTCCTCTTACTAATGGTCTGG	444 bp
H10	PMA-06025-H10F PMA-06026-H10R	TCACTTGCTTCCGTTGAGGGATTGACAAGATAAGCACCGG TAMRA-GGTTTCGGATGTTACAGCGTTTACTYACTCTACTAGGTGCTAT	435 bp
H11	PMA-06027-H11F PMA-06028-H11R	TCACTTGCTTCCGTTGAGGACTTAGAAATGTCCCAGCAA TAMRA-GGTTTCGGATGTTACAGCGTCATTTCCCTCGTCTTTGGC	437 bp
H12	PMA-06035-H12F PMA-06036-H12R	TCACTTGCTTCCGTTGAGGAGTACAAGAACACCAGAGATT TAMRA-GGTTTCGGATGTTACAGCGTCTGGCCATCCGCCTTCTAT	537 bp
H13	PMA-06029-H13F PMA-06030-H13R	TCACTTGCTTCCGTTGAGGGACCCTTCTGCTCCTCATG TAMRA-GGTTTCGGATGTTACAGCGTGAAACTGATTGATTCCCCTGG	474 bp
H14	PMA-06037-H14F PMA-06038-H14R	TCACTTGCTTCCGTTGAGGTCTCCCGACTAAACTGGCTA TAMRA-GGTTTCGGATGTTACAGCGTCTGCCGCTCTGATTCCTTAC	247 bp

表 A.1（续）

型别	引物编号	序列(5′～3′)	长度
H15	PMA-06031-H15F PMA-06032-H15R	TCACTTGCTTCCGTTGAGGGACTCCTTGACTGAGATCTGG TAMRA-GGTTTCGGATGTTACAGCGTAGTATCACATCTTTGTACCCAC	305 bp
H16	PMA-06033-H16F PMA-06034-H16R	TCACTTGCTTCCGTTGAGGTAAACTTCTCGTGCTAATCG TAMRA-GGTTTCGGATGTTACAGCGTGTCTTCAACTTGATCCCTTC	252 bp
N3	PMA-06049-N3F PMA-06050-N3R	TCACTTGCTTCCGTTGAGGGGGAAAGARTGGATGCATGT TAMRA-GGTTTCGGATGTTACAGCGTGTTGTTGATTCTCATCCAAGG	366 bp
N4	PMA-06039-N4F PMA-06040-N4R	TCACTTGCTTCCGTTGAGGGGAAGCAATCGACCATGGAT TAMRA-GGTTTCGGATGTTACAGCGTCGACACCCATCCATTAGCAT	260 bp
N5	PMA-06051-N5F PMA-06052-N5R	TCACTTGCTTCCGTTGAGGACTGTTATTGGGTAATGACG TAMRA-GGTTTCGGATGTTACAGCGTTGCTTGTTTTGGTCCAACCG	459 bp
N6	PMA-06041-N6F PMA-06042-N6R	TCACTTGCTTCCGTTGAGGACCTAATAACAATGCTTCGG TAMRA-GGTTTCGGATGTTACAGCGTCACTCTTCTATATGCTGTGC	246 bp
N7	PMA-06043-N7F PMA-06044-N7R	TCACTTGCTTCCGTTGAGGTGTGCAGAGATAAYTGGCA TAMRA-GGTTTCGGATGTTACAGCGTCCGGAATAGCCTGACCAATT	352 bp
N8	PMA-06045-N8F PMA-06046-N8R	TCACTTGCTTCCGTTGAGGGGGCAMTGATGTATGGATGG TAMRA-GGTTTCGGATGTTACAGCGTAAGAATAGCTCCATCGTGCC	340 bp
N9	PMA-06047-N9F PMA-06048-N9R	TCACTTGCTTCCGTTGAGGTTCTATGCTCTCAGCCAAGG TAMRA-GGTTTCGGATGTTACAGCGTTGGCATACGCATTCAGATTC	310 bp
注：Y=(C,T),W=(A,T),R=(A,G)			

表 A.2　A型流感分型基因芯片探针

型　别	编　号	探针序列(5′～3′)
质控探针 QCP	PBA-08001-ctr1 PBA-08002-ctr2 PBA-08003-ctr3	TAMRA-CCTCAACGGAAGCAAGTGAT NH2-T15-ATCACTTGCTTCCGTTGAGG NH2-GCTGCCTCGGCAAGGAGT-TAMRA
H1	PBA-08004-H1a PBA-08066-H1d PBA-08068-H1f	NH2-T15-TGCTTATGTCTCTGTAGTGTCTTC NH2-T15-AATAGAACCTGGAGACACAATAA NH2-T15-CGAGATATTCCCCAAGACAAGTT
H3	PBA-08007-H3a PBA-08008-H3b	NH2-T15-CCTCGGGGTTACTTCAAAATACG NH2-T15-GGAAGCATTCCCAATGACAAACC
H5	PBA-08011-H5a PBA-08012-H5b	NH2-T15-GTCACCAATAAGGTCAACTCGATC NH2-T15-ACCATAGCAATGAGCAGGGGA
H6	PBA-08025-H6a PBA-08026-H6b	NH2-T15-TGAGATGTTTCCCAAAACTACATCG NH2-T15-ATGGGAACTGAAAGCATGAATTT
H7	PBA-08013-H7a PBA-08014-H7b PBA-08065-H7e	NH2-T15-CAGACCAAACTCTATGGAAGTGGA NH2-T15-GTCAAACACAGACAATGCTGCTT NH2-T15-CAAGGAAAGACCCAGCTCTGATAAT
H9	PBA-08017-H9a PBA-08018-H9b	NH2-T15-CAAGACGCCCAATACACAAATAAT NH2-T15-AAGCATGTTCAGATTCATTCTACAG

表 A.2（续）

型　别	编　号	探针序列(5′～3′)
N1	PBA-08019-N1a PBA-08020-N1b	NH2-T15-AGTTGGTTGACAATTGGAATTTCTG NH2-T15-CAAGAGTTGGAGGAACAACATACT
N2	PBA-08022-N2a PBA-08023-N2b	NH2-T15-GCGTTTGTATCAATGGAACTTGTA NH2-T15-ATGATGGGAAAGCATGGTTACATG
H2	PBA-08027-H2a PBA-08028-H2b	NH2-T15-ACATCAACACTGAATAAGAGGTC NH2-T15-GAACAAAGGACACTGTACCAGAAT
H4	PBA-08029-H4a PBA-08030-H4b	NH2-T15-GACAAAGGTCAACAATGGGGA NH2-T15-CTTCAACTGACGCAGAACAAA
H8	PBA-08031-H8a PBA-08032-H8b	NH2-T15-TGGAGACATCATTTTCTTATGGG NH2-T15-GCATCTTACAAGAGAATAAGGCTATT
H10	PBA-08034-H10a PBA-08035-H10b	NH2-T15-AAAACAACTTTGTGCCTGTGGT NH2-T15-CACAAGAAAAGAATGATCTGTATGG
H11	PBA-08036-H11a PBA-08037-H11b	NH2-T15-CAGTGAAATAGAGGAGAGGATAAACC NH2-T15-AGAAGGATGCTAAAGGACAATG
H12	PBA-08045-H12a PBA-08046-H12b	NH2-T15-TAATCACAGGGAAATCACATGGC NH2-T15-CACTAGTAAGCACTATATTGGGAA
H13	PBA-08038-H13a PBA-08039-H13b	NH2-T15-GGATGAAGATTTACTGGTATTTGATG NH2-T15-GTTCATGGAGTAGGAAATACAACC
H14	PBA-08047-H14a PBA-08048-H14b	NH2-T15-CCATCAAGCGATAATGAGCAAAC NH2-T15-TCTTATGTCAGGCTCTATCTCTGG
H15	PBA-08040-H15a PBA-08041-H15b	NH2-T15-GCATACAATTGACCTTGCAGATTC NH2-T15-CCGATGTGACGATCAATGTATG
H16	PBA-08043-H16b PBA-08044-H16c	NH2-T15-GACAGAACATTAGACCTGCATGAT NH2-T15-ATCATGAGGACTACAAAGAAGAG
N3	PBA-08049-N3a PBA-08050-N3b	NH2-T15-TATGTAGGGACAATTGGAAGGG NH2-T15-GATAATGATGCAAGTGCCCAGA
N4	PBA-08051-N4a PBA-08052-N4b	NH2-T15-GGCTATGTATGTAGTGGGATATTTG NH2-T15-GATGGCACAGGCTCATGTAATAG
N5	PBA-08053-N5a PBA-08054-N5b	NH2-T15-GTTTGCCGAGATAATTGGAATGG NH2-T15-AGGGAGGTCACATTGAAGAGT
N6	PBA-08055-N6a PBA-08056-N6b	NH2-T15-GGCAGGAAATATATTAAGGACTCA NH2-T15-CCAGCTAATAACAGAGCAGAAAC
N7	PBA-08057-N7a PBA-08058-N7b	NH2-T15-ATGTTGAAAATACCTAATGCAGG NH2-T15-AAGGGATTCGGGTTTCTAAATGG
N8	PBA-08060-N8a PBA-08061-N8b	NH2-T15-AGCTCCATTGTGATGTGTGG NH2-T15-AACTTAAATTGGTCAGGATACAGCG
N9	PBA-08062-N9a PBA-08063-N9b	NH2-T15-TCATCACCACCCACAGTATACAA NH2-T15-AGAGCCAGGATGTCGATATGTA

附 录 B
（资料性附录）
试剂配制

B.1 无 RNA 酶的水

1 000 mL 超纯水中加入 1 mL DEPC，37 ℃静置 1 h，然后 121 ℃高压蒸汽灭菌 15 min。

B.2 20×SSC

用 800 mL 超纯水溶解 175.3 g 氯化钠和 88.2 g 柠檬酸钠，调节 pH 值至 7.0，定容至 1 000 mL。分装后 121 ℃高压蒸汽灭菌 15 min。

B.3 50×Denhardt's

50×Denhardt's 试剂的成分为：1%（质量体积比）聚糖体 400，1%（质量体积比）聚乙烯吡咯烷酮和 1%（质量体积比）牛血清白蛋白。

B.4 50%（质量体积比）硫酸葡聚糖

用 900 mL 超纯水溶解 500 g 硫酸葡聚糖，定容至 1 000 mL。

B.5 4%（质量体积比）SDS

用 900 mL 超纯水溶解 40 g SDS，调节 pH 值至 7.2，定容至 1 000 mL。

B.6 PBS 缓冲液

B.6.1 A 液（0.2 mol/L 磷酸二氢钠水溶液）

$NaH_2PO_4 \cdot H_2O$ 27.6 g，溶于超纯水中，定容至 1 000 mL。

B.6.2 B 液（0.2 mol/L 磷酸氢二钠水溶液）

$Na_2HPO_4 \cdot 7H_2O$ 53.6 g（或 $Na_2HPO_4 \cdot 12H_2O$ 71.6 g 或 $Na_2HPO_4 \cdot 2H_2O$ 35.6 g），溶于超纯水中，定容至 1 000 mL。

B.6.3 0.01 mol/L、pH7.2 磷酸盐缓冲液的配制

0.2 mol/L A 液	14 mL
0.2 mol/L B 液	36 mL
NaCl	8.5 g
加超纯水定容至	1 000 mL。

B.7　洗涤液Ⅰ、洗涤液Ⅱ、洗涤液Ⅲ

洗涤液Ⅰ：2×SSC，0.1% SDS(17.53 g 氯化钠，8.82 g 柠檬酸三钠，调 pH=7，用超纯水定容到 1 000 mL，后加 1 g SDS)；洗涤液Ⅱ：0.2×SSC，0.1% SDS(1.753 g 氯化钠，0.882 g 柠檬酸三钠，调 pH=7，用超纯水定容到 1 000 mL，后加 1 g SDS)；洗涤液Ⅲ：0.2×SSC(1.753 g 氯化钠，0.882 g 柠檬酸三钠，调 pH=7，用超纯水定容到 1 000 mL)。

附 录 C
（资料性附录）
基因芯片的制备与检验

C.1 芯片的设计方案

本芯片设计为每张经醛基修饰的玻片上含 4 个点阵，每个点阵的微矩阵为 14×9 阵列（见图 C.1），芯片点样矩阵图包括 5 个部分：QC 为点样阳性参照，8 个重复位点；NC 为点样 buffer 参照，8 个重复位点；PC 为杂交阳性参照，2 个重复位点；N 为空白参照，2 个重复位点；其他位点为检测探针：HA 亚型和 NA 亚型（H1～H16，N1～N9）的 52 条特异性探针，每条探针 2 个重复位点。

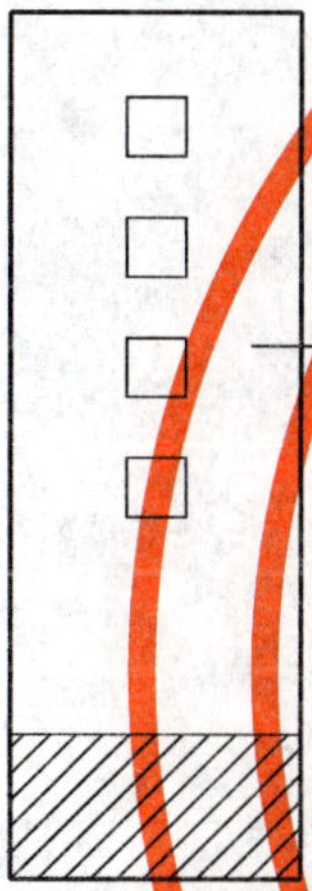

QC	QC	H1	H1	H1	H1	NC	NC	H1	H1	H2	H2	QC	QC
H2	H2	H3	H3	H3	H3	H4	H4	H4	H4	H5	H5	H5	H5
H6	H6	H6	H6	H7	H7	H7	H7	H7	H7	H7	H7	H8	H8
H8	H8	H9	H9	H9	H9	H10	H10	H10	H10	H11	H11	H11	H11
NC	NC	H12	H12	H12	H12	PC	PC	H13	H13	H13	H13	NC	NC
H14	H14	H14	H14	H15	H15	H15	H15	H16	H16	H16	H16	N1	N1
N1	N1	N2	N2	N2	N2	N3	N3	N3	N3	N4	N4	N4	N4
N5	N5	N5	N5	N6	N6	N6	N6	N7	N7	N7	N7	N8	N8
QC	QC	N8	N8	N9	N9	NC	NC	N9	N9	N	N	QC	QC

QC——质控探针；
PC——阳性探针；
NC——阴性对照；
N——空白对照；
DP——检测探针（H1～H16，N1～N9）。

图 C.1 芯片点样矩阵图

C.2 芯片的制备

稀释好的探针按照芯片点样矩阵图点制到醛基基片上，即为点制好的芯片，保存期为 12 个月。

C.3 芯片的检验

从每批点制好的芯片中随机抽取 2 张，应为无色、透明，无缺刻，无划伤的玻璃片，对光观察能看到有明显的 4 个点阵。

ICS 11.220
B 41

中华人民共和国国家标准

GB/T 27538—2011

动物流感检测 A型H1N1流感病毒中HA、NA的焦磷酸测序检测方法

Animal influenza detection—Method of pyrosequencing for HA and NA in influenza virus A (H1N1)

2011-11-21 发布

2012-03-01 实施

中华人民共和国国家质量监督检验检疫总局
中国国家标准化管理委员会 发布

前　言

本标准按照 GB/T 1.1—2009 给出的规则起草。

本标准由中华人民共和国农业部提出。

本标准由全国动物防疫标准化技术委员会(SAC/TC 181)归口。

本标准起草单位:中华人民共和国山东出入境检验检疫局、中国检验检疫科学研究院。

本标准主要起草人:徐彪、梁成珠、凌宗帅、张太翔、岳志芹、高宏伟、孙涛、方绍庆、林祥梅、韩雪清、朱来华、张鹤晓、单虎。

动物流感检测 A型H1N1流感病毒中 HA、NA的焦磷酸测序检测方法

1 范围

本标准规定了焦磷酸测序技术用于A型H1N1流感病毒及其墨西哥变异株中的HA和NA核酸序列检测方法。

本标准适用于A型H1N1流感病毒通用及A型H1N1流感病毒墨西哥变异株的核酸检测。

2 规范性引用文件

下列文件对于本文件的应用是必不可少的。凡是注日期的引用文件，仅注日期的版本适用于本文件。凡是不注日期的引用文件，其最新版本(包括所有的修改单)适用于本文件。

GB/T 6682 分析实验室用水规格和试验方法

GB/T 18088 出入境动物检疫采样

GB 19489 实验室生物安全通用要求

NY/T 541 动物疫病实验室检验采样方法

SN/T 1193 基因检验实验室技术要求

3 缩略语

下列缩略语适用于本文件。

ATP：三磷酸腺苷(adenosine triphosphate)

DNA：脱氧核糖核酸(deoxyribonucleic acid)

DEPC：焦碳酸二乙酯(diethylpyrocarbonate)

PBS：磷酸盐缓冲生理盐水(phosphate belanced solution)

Pyrosequencing：焦磷酸测序

RT-PCR：反转录聚合酶链式反应(reverse transcription polymerase chain reaction)

RNA：核糖核酸(ribonucleic acid)

Taq 酶：*Taq* DNA 聚合酶

4 原理

焦磷酸测序是通过测序引物和PCR扩增单链DNA模板杂交，与DNA聚合酶、ATP硫酸化酶、荧光素酶、三磷酸腺苷双磷酸酶和底物(APS)、荧光素孵育，逐一加入四种dNTPs(dATP，dTTP，dCTP，dGTP)，如与模板配对，此dNTP与引物的末端形成共价键，释放焦磷酸基团(PPi)；ATP硫酸化酶在APS存在的情况下催化焦磷酸形成ATP，ATP驱动荧光素酶介导的荧光素向氧化荧光素转化，氧化荧光素发出与ATP量成正比的可见光信号；光信号由电荷耦合检测器(CCD)收集并由软件转化为峰。每个光信号的峰高与反应中掺入的核苷酸数目成正比。ATP和未掺入的dNTP由三磷酸腺苷双磷酸酶降解，淬灭光信号，并再生反应体系。

5 试剂和材料

5.1 除特别说明外，本标准所用试剂为分析纯或生化试剂，所有试剂均用无 RNA 酶污染的器具(用 DEPC 水处理)分装，实验用水符合 GB/T 6682 的规定。

5.2 焦磷酸测序用引物(对)序列见附录 A。

5.3 AMV 反转录酶。

5.4 *Taq* DNA 聚合酶。

5.5 Pyro Gold SQA Reagents DNA 序列分析试剂盒或其他等效试剂。

5.6 DNTPs。

5.7 琼脂糖(电泳纯)。

5.8 三氯甲烷。

5.9 异丙醇。

5.10 70%乙醇：配制方法见附录 B。

5.11 DNA 分子量标准品(100 bp ～2 000 bp)。

5.12 裂解液：Trizol 或其他等效总 RNA 提取试剂。

5.13 PBS：配制方法见附录 B。

5.14 10×PCR 缓冲液：建议使用厂家提供，如需配制见附录 B。

5.15 电泳缓冲液：配制方法见附录 B。

5.16 溴化乙锭贮存液：用水配制成 10 mg/mL。

5.17 电泳加样缓冲液：配制方法见附录 B。

5.18 磁珠悬液。

6 仪器设备

6.1 焦磷酸测序仪。

6.2 焦磷酸测序仪 96 孔板。

6.3 真空吸附器。

6.4 PCR 仪。

6.5 冷冻离心机(最大离心力 12 000*g* 以上)。

6.6 微量移液器。

6.7 电泳仪。

6.8 紫外检测仪。

6.9 1.5 mL Eppendorf 管。

7 采样和样品制备

7.1 采样

按照 NY/T 541 和 GB/T 18088 选取样品。样品处理和其他实验活动符合 GB 19489 的有关规定。

7.2 样品处理

7.2.1 鼻腔拭子

样品在混合器上充分混合后，用高压灭菌镊子将拭子中的液体挤出，3 000*g* 离心 5 min，取上清液转入无菌的 1.5 mL Eppendorf 管中，编号备用。

7.2.2 肌肉或组织脏器

取待检样品 2.0 g 于洁净、灭菌并烘干的研钵中充分研磨，加 10 mL PBS 混匀，4 ℃，3 000*g* 离心 15 min，根据需要取上清液转入无菌的 1.5 mL Eppendorf 管中，编号备用。

7.3 样本存放

制备的样本在 2 ℃～8 ℃条件下保存应不超过 24 h，若需长期保存应置－70 ℃以下，但应避免反复冻融（冻融不超过 3 次）。

8 操作方法

8.1 病毒 RNA 的提取

8.1.1 取灭菌的 1.5 mL Eppendorf 管，编号。

8.1.2 用微量移液器向每管中各加入 600 μL 裂解液，分别加入被检样本、阴性对照、阳性对照各 200 μL，混匀后再加入 200 μL 三氯甲烷，混匀器上振荡混匀 30 s。于 4 ℃ 12 000*g* 离心 15 min。

8.1.3 取与 8.1.1 相同数量灭菌的 1.5 mL Eppendorf 管，加入－20 ℃预冷的 500 μL 异丙醇，做标记。吸取本标准 8.1.2 各管中的上清液转移至相应的管中，上清液应至少吸取 500 μL。

8.1.4 于冷冻离心机上 4 ℃ 12 000*g* 离心 15 min，小心倒去上清，倒置于吸水纸上，吸干液体；加入 600 μL 70%乙醇，颠倒洗涤。

8.1.5 于 4 ℃ 12 000*g* 离心 10 min，小心倒去上清，倒置于吸水纸上，尽量沾干液体，室温干燥。

8.1.6 加入 10 μL DEPC 水，轻轻混匀，溶解管壁上的 RNA，2 000*g* 离心 5 s，冰上保存备用。提取的 RNA 应在 2 h 内进行 PCR 扩增；若需长期保存须放置－70 ℃冰箱。

8.2 RT-PCR 扩增

8.2.1 反转录

在 3 μL 模板中分别加入 2 μL 25 mmol/L $MgCl_2$，1 μL 10×PCR 缓冲液，1 μL 2.5 mmol/L dNTP，0.25 μL 40 U/μL RNA 酶抑制剂，0.5 μL 5 U/μL AMV 反转录酶，0.5 μL 20 pmol/μL焦磷酸测序引物对（见附录 A）中的 RT-PCR 上下游引物，用 DEPC 水补足体积至 10 μL，瞬时离心混合。在 PCR 仪上进行反转录，条件为 42 ℃ 30 min，98 ℃ 1 min，冷却到 4 ℃。

8.2.2 PCR 反应

8.2.2.1 PCR 反应体系

在反转录后的 10 μL cDNA 溶液中加入 10×PCR 缓冲液 5 μL，5 U/μL *Taq* DNA 聚合酶 0.25 μL，20 pmol/μL 焦磷酸测序引物对（见附录 A）中的 RT-PCR 上下游引物各 0.5 μL，DEPC 水补足体积至 50 μL，在 PCR 仪上扩增。

8.2.2.2 PCR 循环条件

8.2.2.2.1 A 型 H1N1 流感病毒 HA 基因：94 ℃预变性 5 min，94 ℃变性 30 s，60 ℃退火 30 s，72 ℃延伸 30 s，共循环 45 次；然后 72 ℃再延伸 10 min。

8.2.2.2.2 A 型 H1N1 流感病毒 NA 基因：94 ℃预变性 5 min，94 ℃变性 30 s，56 ℃退火 30 s，

72 ℃延伸 30 s,共循环 45 次;然后 72 ℃再延伸 10 min。

8.2.2.2.3 A 型 H1N1 流感病毒墨西哥株 HA 基因:94 ℃预变性 5 min,94 ℃变性 30 s,58 ℃ 退火 30 s,72 ℃延伸 30 s,共循环 45 次;然后 72 ℃再延伸 10 min。

8.2.2.2.4 A 型 H1N1 流感病毒墨西哥株 NA 基因:94 ℃预变性 5 min,94 ℃变性 30 s,55 ℃退火 30 s,72 ℃延伸 30 s,共循环 45 次;然后 72 ℃ 再延伸 10 min。

8.2.3 对照系统

检测过程中分别设阳性对照、阴性对照和空白对照。

8.3 PCR 扩增产物电泳检测

在电泳槽中加入电泳缓冲液,使液面刚刚没过含有溴化乙锭的琼脂糖凝胶;将 3 μL~6 μL PCR 扩增产物分别和适量电泳加样缓冲液混合,点样;以 DNA 分子量标准品做对照;9 V/cm 恒压电泳,直至溴酚蓝指示剂迁移至凝胶中部;紫外检测仪下观察电泳结果并记录;扩增到目标片段的 PCR 产物用于测序。

8.4 焦磷酸测序

8.4.1 测序单链模板的制备

8.4.1.1 测序使用焦磷酸测序专用试剂盒或其他等效试剂。

8.4.1.2 在焦磷酸测序仪 96 孔板中每孔预先加入 44 μL 退火缓冲液,1 μL 20 pmol/μL 测序引物,混匀。

8.4.1.3 混匀磁珠悬液,将需要使用的磁珠总量(按每样 3 μL)转移到一个 1.5 mL Eppendorf 管中,加入结合缓冲液,使得平均每样达 50 μL。

8.4.1.4 将 50 μL 标记有生物素的 PCR 产物与 50 μL 链霉亲和素包被的磁珠混合,在室温 25 ℃下振荡孵育 20 min。

8.4.1.5 用真空吸附器将与磁珠结合后的 PCR 产物吸起,然后在纯水中清洗 30 s;在 70%乙醇中清洗 5 s;变性缓冲液洗 5 s;最后移到洗涤缓冲液中清洗 10 s。

8.4.1.6 真空吸附器放入含有焦磷酸测序引物的板中,摇动,释放磁珠。将样品放入 80 ℃烘箱2 min,再冷却到室温。

8.4.2 测序反应

测序反应在 28 ℃下于焦磷酸测序仪上进行,加样使用 600 mb/8 ms 的加样压力和时间,每轮反应时间 65 s。引物链随着不同 dNTP 的加入而延伸。随着核酸的结合,CCD 摄像机检测到发出的光信号,读出 DNA 序列。

8.5 结果判定

8.5.1 A 型 H1N1 流感病毒的确定

8.5.1.1 H1 和 N1 RT-PCR 反应均为阳性的,进行焦磷酸测序分析,测序片段与 H1、N1 目标片段完全相同的,确定为 A 型 H1N1 流感病毒亚型。

8.5.1.2 H1 和 N1 RT-PCR 反应均为阳性的,H1 和 N1 测序片段与目标片段有一个以上碱基不同定为可疑,进行 HA 或 NA 基因全序列测定,确定其亚型和毒株,如为 H1N1 变异株,建议将其作为新序列公布,以供其他诊断参考。

8.5.1.3 H1、N1 RT-PCR 反应全部或有一个为阴性的判定为非 A 型 H1N1 流感病毒。

8.5.2 A 型 H1N1 流感病毒墨西哥变异株的确定

8.5.2.1 8.5.1 中确定为 A 型 H1N1 流感病毒的样品，建议采用 A.2 中的引物，按照 8.1 到 8.4 的程序进行测序。

8.5.2.2 所得序列参照 8.5.1 中的方法，对照附录 C 中的 A 型 H1N1 流感病毒墨西哥变异株的目标片段确定是否为 A 型 H1N1 流感病毒墨西哥变异株。

9 检测过程中防止交叉污染的措施

按照 SN/T 1193 要求执行。

10 废弃物处理

检测过程中的废弃物，收集后在焚烧炉中焚烧处理。

附 录 A
（规范性附录）
RT-PCR 及测序引物

A.1 A 型 H1N1 流感病毒 RT-PCR 及测序引物

H1 基因上游引物(88 bp)	5′-TTTGGCGATCTACTCCACAGTC-3′	
H1 基因下游引物	5′-ACCCATTAGAACACATCCAGAAGC-3′	5′生物素标记
H1 基因测序引物	5′-AGAACACATCCAGAAGC-3′	
N1 基因上游引物(249 bp)	5′-AATTGGCATGGCTCAAATCG-3′	
N1 基因下游引物	5′- TGGATCCCAAATCATCTCAAAA-3′	5′生物素标记
N1 基因测序引物	5′- CGTTTAAATACGGCAAT-3′	

A.2 A 型 H1N1 流感病毒墨西哥变异株 RT-PCR 及测序引物

H1 基因上游引物(86 bp)	5′-GAAGACAAGCATAACGGGAAAC-3	
H1 基因下游引物	5′-AGGATCCAGCCAGCAATGTTAC-3	5′生物素标记
H1 基因测序引物	5′-CAAGCATAACGGGAAA-3	
N1 基因上游引物(147 bp)	5′-GGGAATCAAAATCAGATTGAAACA-3	
N1 基因下游引物	5′-GGAATTGCCCGCTAATTTCA-3	5′生物素标记
N1 基因测序引物	5′-CAACTTTGCTGCTGG-3	

附 录 B
（规范性附录）
试剂配制

B.1 70%乙醇

取 70 mL 乙醇加蒸馏水稀释定容至 100 mL。

B.2 磷酸盐缓冲生理盐水配方

B.2.1 A 液(0.2 mol/L 磷酸二氢钠水溶液)

一水合磷酸二氢钠($NaH_2PO_4 \cdot H_2O$)27.6 g，溶于蒸馏水中，最后稀释至 1 000 mL。

B.2.2 B 液(0.2 mol/L 磷酸氢二钠水溶液)

七水合磷酸氢二钠($Na_2HPO_4 \cdot 7H_2O$)53.6 g，[或十二水合磷酸氢二钠($Na_2HPO_4 \cdot 12H_2O$) 71.6 g 或二水合磷酸氢二钠($Na_2HPO_4 \cdot 2H_2O$)35.6 g]加蒸馏水溶解，最后稀释至 1 000 mL。

B.2.3 0.01 mol/L pH7.2 磷酸盐缓冲生理盐水的配制

0.2 mol/L A 液	14 mL
0.2 mol/L B 液	36 mL
氯化钠	8.5 g

用蒸馏水稀释至 1 000 mL。

B.3 10×PCR 缓冲液

500 mmol/L KCl
100 mmol/L Tris-Cl(pH8.3，室温下)
15 mmol/L $MgCl_2$
在 1.05 kg/cm^2 高压下蒸汽灭菌 10 min。分装后贮存在 −20 ℃。

B.4 电流缓冲液

B.4.1 贮存液(50×)

Tris	242 g
冰乙酸	57.1 mL
0.5 mol/L EDTA(pH8.0)	100 mL

加蒸馏水至 1 000 mL。

B.4.2 使用液

将上述贮存液做 50 倍稀释。

B.5 溴化乙锭贮存液

取 1 g 溴化乙锭加蒸馏水稀释定容至 100 mL，磁力搅拌数小时，确保完全溶解。然后用铝箔包裹容器或将溶液保存于棕色瓶中，于室温保存。

B.6 电泳加样缓冲液

溴酚蓝	0.25 g
蔗糖	40.0 g

加水稀释至 100 mL。

附　录　C
（规范性附录）
已知亚型目标片段

A 型 H1N1 流感病毒 H1 目标片段:GGGGGCAAT

A 型 H1N1 流感病毒 N1 目标片段:GGTGTTTGGATAGG

A 型 H1N1 流感病毒墨西哥变异株 H1 目标片段:TGCAAACTAAGAGGGGTA

A 型 H1N1 流感病毒墨西哥变异株 N1 目标片段:CAGTCAGTGGTT

ICS 11.220
B 41

中华人民共和国国家标准

GB/T 27539—2011

动物流感检测 A型流感病毒通用荧光RT-PCR检测方法

Animal influenza detection—Method of real-time RT-PCR for detection of influenza virus A

2011-11-21 发布　　2012-03-01 实施

中华人民共和国国家质量监督检验检疫总局
中国国家标准化管理委员会　发布

前　言

本标准按照 GB/T 1.1—2009 给出的规则起草。

本标准由中华人民共和国农业部提出。

本标准由全国动物防疫标准化技术委员会(SAC/TC 181)归口。

本标准起草单位:中华人民共和国北京出入境检验检疫局、中华人民共和国广东出入境检验检疫局、深圳匹基生物工程有限公司。

本标准主要起草人:汪琳、林志雄、周琦、高志强、陈茹、乔彩霞、蒲静、杨伟、梁成珠。

动物流感检测　A型流感病毒通用荧光 RT-PCR 检测方法

1　范围

本标准规定了 A 型流感病毒通用荧光 RT-PCR 检测的操作方法。

本标准适用于活动物及其产品中 A 型流感病毒的检测。

2　规范性引用文件

下列文件对于本文件的应用是必不可少的。凡是注日期的引用文件，仅注日期的版本适用于本文件。凡是不注日期的引用文件，其最新版本(包括所有的修改单)适用于本文件。

GB/T 6682　分析实验室用水规格和试验方法

GB 19489　实验室　生物安全通用要求

GB/T 19495.2　转基因产品检测　实验室技术要求

GB/T 27401　实验室质量控制规范　动物检疫

SN/T 1330　进出口生、熟毛皮检验规程

3　缩略语

下列缩略语适用于本文件。

Ct 值：每个反应管内的荧光信号达到设定的阈值时所经历的循环数(Ct value)

DEPC：焦碳酸二乙酯(diethylpyrocarbonate)

PBS：磷酸盐缓冲液(配方见附录 A)(phosphate buffer saline)

RNA：核糖核酸(ribonucleic acid)

RT-PCR：反转录-聚合酶链式反应(reverse transcription polymerase chain reaction)

4　原理

流感病毒(influenza virus)属正粘病毒科，根据抗原特性及其基因特性的不同，流感病毒分为甲(A)、乙(B)、丙(C)型。乙型变异性较弱、丙型抗原性比较稳定，仅感染人类；甲(A)型抗原变异性最强，感染人类和其他动物，常引起世界性大流行。编码基质蛋白的 M 基因是 A 型流感病毒共有且较保守。采用 Taqman 技术，针对 M 基因中特定序列，合成一对特异性引物和一条特异性的荧光双标记探针，探针的 5′端标记报告荧光基团(R)，3′端标记淬灭荧光基团(Q)。在 PCR 退火阶段，一对引物和一条探针同时与目的基因片段结合，探针上 R 基团发出的荧光信号被 Q 基团所吸收，仪器检测不到 R 所发出的荧光信号；在 PCR 延伸阶段，Taq 酶在引物的引导下沿着模板链合成新链，当链的延伸进行到探针结合部位时，受到探针的阻碍而无法继续，Taq 酶发挥 5′→3′外切核酸酶的功能，将探针水解成单核苷酸，标记在探针上的 R 基团就游离出来，R 所发出的荧光不为 Q 所吸收而被检测仪所接收，随着 PCR 反应的进行，PCR 产物量与荧光信号呈现正比关系。

5 材料与试剂

5.1 仪器设备

5.1.1 荧光 PCR 检测仪。

5.1.2 高速微型离心机(离心速度 12 000 r/min 以上)。

5.1.3 台式高速离心机(离心速度 3 000 r/min 以上)。

5.2 试剂

5.2.1 除特别说明以外,本标准所用试剂均为分析纯,实验室用水符合 GB/T 6682 的要求。所有试剂均用无 RNA 酶污染的容器(用 DEPC 水处理后高压灭菌)分装。

5.2.2 DEPC 水(见附录 B)。

5.2.3 Trizol。

5.2.4 氯仿。

5.2.5 异丙醇:－20 ℃预冷。

5.2.6 PBS:(121±2)℃,15 min 高压灭菌冷却后,无菌条件下加入青霉素、链霉素各 10 000 U/mL。

5.2.7 75%乙醇:用新开启的无水乙醇和 DEPC 水配制,－20 ℃预冷。

5.2.8 A 型流感病毒通用荧光 RT-PCR 检测引物、探针序列、反应液体系组成及使用注意事项见附录 B。

6 抽样

6.1 采样工具

下列采样工具应该经(121±2)℃,15 min 高压灭菌并烘干:

——棉拭子;

——剪刀;

——镊子;

——注射器;

——1.5 mL 离心管;

——研钵。

6.2 样品采集

6.2.1 活动物

取鼻拭子、咽喉拭子和泄殖腔拭子,采集方法如下:

——取鼻拭子时将拭子深入鼻腔来回刮 2 次～3 次并旋转,取鼻腔分泌液;

——取咽喉拭子时将拭子深入喉头口及上颚裂来回刮 2 次～3 次并旋转,取咽喉分泌液;

——取泄殖腔拭子时将拭子深入泄殖腔旋转一圈并沾取少量粪便;

——将采样后的拭子分别放入盛有 1.0 mL PBS 的 1.5 mL 离心管中,加盖、编号。

6.2.2 脏器或肌肉组织

用无菌镊子采集待检脏器或肌肉组织,装入一次性塑料袋或其他灭菌容器,编号。

6.2.3 血清、血浆

用无菌注射器直接吸取至无菌离心管中，编号备用。

6.2.4 动物皮

采样方法按照 SN/T 1330，将待检样品装入一次性塑料袋或其他灭菌容器，编号。

6.3 样品贮运

样品采集后，放入密闭的塑料袋内（一个采样点的样品放一个塑料袋），于保温箱中加冰、密封，24 h 内送实验室。

6.4 样品处理

6.4.1 拭子

样品在混合器上充分混合后，用灭菌镊子将拭子中的液体挤出，3 000 r/min 离心 5 min，吸取上清液 1 mL 转入无菌的 1.5 mL 离心管中备用。

6.4.2 脏器或肌肉组织

取待检样品 2.0 g 于洁净、灭菌并烘干的研钵中充分研磨，加 10 mL PBS 混匀，4 ℃，取上清液 1 mL 转入无菌的 1.5 mL 离心管中，编号备用。

6.4.3 动物皮

先用消毒的镊子、剪刀将动物皮剪成 1 mm^3 大小的颗粒，称取 2.0 g 于无菌的研钵中，加液氮充分研磨后，加 10 mL PBS 混匀，4 ℃，3 000 r/min 离心 5 min，取上清液 1 mL 转入无菌的 1.5 mL 离心管中，编号备用。

6.5 样品存放

制备的样品在 2 ℃～8 ℃条件下保存应不超过 24 h，若需长期保存应置－70 ℃以下，但应避免反复冻融（冻融不超过 3 次）。

7 操作方法

7.1 实验室设置标准与生物安全管理

A 型流感病毒通用荧光 RT-PCR 检测按照 GB/T 27401，GB 19489，GB/T 19495.2 的规定。

7.2 样品核酸提取

7.2.1 在样品制备区进行。取 n 个灭菌的 1.5 mL 离心管，其中 n 为被检样品、阳性对照与阴性对照的和，编号。

7.2.2 每管加入 600 μL Trizol，分别加入被检样品、阴性对照、阳性对照各 200 μL，混匀，再加入 200 μL 氯仿，上下颠倒混匀。于 4 ℃、12 000 r/min 离心 15 min。

7.2.3 取与 7.2.1 相同数量灭菌的 1.5 mL 离心管，加入等体积异丙醇（－20 ℃预冷），做标记。吸取本标准 7.2.2 各管中的上清液转移至相应的管中，吸取上清液，不能吸出中间层，颠倒混匀。

7.2.4 于4 ℃、12 000 r/min 离心15 min，小心倒去上清，加入600 μL 75%乙醇（－20℃预冷），颠倒洗涤。

7.2.5 于4 ℃、12 000 r/min 离心10 min，小心倒去上清，晾干。

7.2.6 加入11 μL DEPC水，轻轻混匀，溶解管壁上的RNA，2 000 r/min 离心5 s，冰上保存备用。提取的RNA应在2 h内进行RT-PCR扩增，若需长期保存应放置－70 ℃冰箱。

7.3 检测

7.3.1 扩增试剂准备

在反应混合物配制区进行。

荧光RT-PCR反应液体系组成见附录B，充分混匀后，转移至样品处理区。

7.3.2 加样

在样品处理区进行。

在各设定的荧光RT-PCR管中分别加入样品处理7.2.6中制备的RNA溶液各10 μL，盖紧管盖，500 r/min 离心30 s。

7.3.3 荧光 RT-PCR 反应

在检测区进行。

将本标准7.3.2中离心后的PCR管放入荧光RT-PCR检测仪内，记录样品摆放顺序。

循环条件设置：

第一阶段，反转录42 ℃、30 min。

第二阶段，预变性92 ℃、3 min。

第三阶段，92 ℃、10 s，45 ℃、30 s，72 ℃、1 min，5个循环。

第四阶段，92 ℃、10 s，60 ℃、30 s，40个循环，在第四阶段每个循环的退火延伸时收集荧光。

试验检测结束后，根据收集的荧光曲线和Ct值判定结果。

8 结果判定

8.1 结果分析条件设定

直接读取检测结果。阈值设定原则根据仪器噪声情况进行调整，以阈值线刚好超过正常阴性样品扩增曲线的最高点为准。

8.2 质控标准

8.2.1 阴性对照无Ct值并且无扩增曲线。

8.2.2 阳性对照的Ct值应小于28.0，并出现典型的扩增曲线。

8.2.3 当8.2.1和8.2.2都成立时，此次试验才有效；否则，此次试验视为无效。

8.3 结果描述及判定

8.3.1 阴性

无Ct值并且无扩增曲线，判为阴性。

8.3.2 阳性

Ct 值小于 30,且出现典型的扩增曲线,判为阳性。

8.3.3 有效原则

Ct 值大于 30 的样品建议重做。重做结果无 Ct 值者为阴性,否则为阳性。

附　录　A
（规范性附录）
磷酸盐缓冲生理盐水（PBS）配方

A.1　A液（0.2 mol/L 磷酸二氢钠水溶液）

$NaH_2PO_4 \cdot H_2O$ 27.6 g，溶于蒸馏水中，最后稀释至 1 000 mL。

A.2　B液（0.2 mol/L 磷酸氢二钠水溶液）

$Na_2HPO_4 \cdot 7H_2O$ 53.6 g，（或 $Na_2HPO_4 \cdot 12H_2O$ 71.6 g 或 $Na_2HPO_4 \cdot 2H_2O$ 35.6 g）加蒸馏水溶解，最后稀释至 1 000 mL。

A.3　0.01 mol/L、pH7.2 磷酸盐缓冲生理盐水的配制

0.2 mol/L A液	14 mL
0.2 mol/L B液	36 mL
NaCl	8.5 g

用蒸馏水稀释至 1 000 mL。

附　录　B
（规范性附录）
引物探针序列及 RT-PCR 反应体系组成

B.1　引物探针序列

引物探针序列见表 B.1。

表 B.1　引物探针序列

名　称	序　列
上游引物	5′-GTC TTC TAA CCG AGG TCG AAA C-3′
下游引物	5′- AAG ATC TGT GTT CTT TCC TGC AAA -3′
探针	5′-(FAM)-CCC TCA AAG CCG AGA TCG C-(TAMRA)-3′

B.2　RT-PCR 反应液体系组成

10×PCR Buffer	1.25 μL
上游引物（10 μmol/L）	0.5 μL
下游引物（10 μmol/L）	0.5 μL
探针（10 μmol/L）	0.4 μL
$MgCl_2$（25 mmol/L）	0.75 μL
dNTPs (25 mmol/L)	0.1 μL
Taq 酶	0.25 μL
RT-PCR 反转录酶颗粒	0.25 颗
补 H_2O（RNase-free）至	15 μL

B.3　说明

DEPC 水，是用 1% DEPC 处理后的去离子水，用于溶解 RNA。

B.4　使用时的注意事项

在检测过程中，应严防不同样品间的交叉污染。

反应液分装时应避免产生气泡，上机前检查各反应管是否盖紧，以免荧光物质泄露污染仪器。

RT-PCR 反转录酶颗粒极易吸潮失活，应在室温条件下置于干燥器内保存，使用时取出所需数量，剩余部分立即放回干燥器中。

ICS 11.220
B 41

中华人民共和国国家标准

GB/T 27540—2011

猪瘟病毒实时荧光 RT-PCR 检测方法

Method of the real-time RT-PCR for the detection of classical swine fever virus

2011-11-21 发布 | 2012-03-01 实施

中华人民共和国国家质量监督检验检疫总局
中国国家标准化管理委员会 发布

前　言

本标准按照 GB/T 1.1—2009 给出的规则起草。

本标准由中华人民共和国农业部提出。

本标准由全国动物防疫标准化技术委员会(SAC/TC 181)归口。

本标准起草单位:中国兽医药品监察所。

本标准主要起草人:王琴、王泰健、徐璐、范学政、刘俊、蒋春燕、赵启祖、宁宜宝、邹兴启。

猪瘟病毒实时荧光 RT-PCR 检测方法

1 范围

本标准规定了猪瘟病毒(Classical swine fever virus,CSFV)实时荧光 RT-PCR 检测方法。

本标准适用于猪瘟的诊断和监测,适用于猪活体及其脏器、血液、排泄物和细胞培养物中 CSFV 核酸的检测。

2 规范性引用文件

下列文件对于本文件的应用是必不可少的。凡是注日期的引用文件,仅注日期的版本适用于本文件。凡是不注日期的引用文件,其最新版本(包括所有的修改单)适用于本文件。

中华人民共和国农业部公告第 302 号 兽医实验室生物安全技术管理规范

3 缩略语

下列缩略语适用于本文件。

CSFV:猪瘟病毒(Classical swine fever virus)

Ct 值:达到阈值的循环数(cycle threshold)

DEPC:焦碳酸二乙酯(diethylpyrocarbonate)

HS Taq 酶:热启动 Taq DNA 聚合酶(HS Taq DNA polymerase)

RNA:核糖核酸(ribonucleic acid)

荧光 RT-PCR:荧光逆转录聚合酶链式反应(real time fluorescent quantitative reverse transcription polymerase chain reaction)

4 试剂和材料

除另有说明,所用试剂均为分析纯;所有试剂均用无 RNA 酶的容器分装。

4.1 Trizol:RNA 抽提试剂,外观为粉红色,分装至棕色瓶中,于 4 ℃~8 ℃保存。

4.2 氯仿:4 ℃预冷。

4.3 异丙醇:4 ℃预冷。

4.4 75%乙醇:用新开启的无水乙醇和 DEPC 水配制,−20 ℃预冷。

4.5 DEPC 水:去离子水中加入 0.1%DEPC,37 ℃作用 1 h,(121±2)℃,高压灭菌 15 min。

4.6 RNA 酶抑制剂(30 U/μL)。

4.7 10×PCR buffer (10 mmol/L pH8.3Tris-HCl,50 mmol/L KCl,1.5 mmol/L $MgCl_2$)。

4.8 dNTP(2.5 mmol/L)。

4.9 用于 RT-PCR 反应的引物浓度为 10 μmol/L,探针浓度为 5 μmol/L,其序列如下:

上游引物 F:5-TACAGGACAGTCGTCAGTAGTTCGA-3

下游引物 R:5-CCGCTAGGGTTAAGGTGTGTCT-3

探针 P:5-FAM-CCCACCTCGAGATGCTATGTGGAC GA-TAMRA-3

4.10 反转录酶:SuperscriptⅢ反转录酶(200 U/μL)。

4.11 DNA 聚合酶:HS Taq DNA 聚合酶(5 U/μL)。

4.12 阴性对照:DEPC 水。

4.13 强阳性对照:非感染体外转录 RNA (4 200 pg/μL)。

4.14 弱阳性对照:非感染体外转录 RNA (42 pg/μL)。

5 器材和设备

5.1 高速台式冷冻离心机:最大离心力 12 000g 以上。

5.2 冰箱。

5.3 荧光 PCR 检测仪。

5.4 组织匀浆器。

5.5 微量移液器和吸头。

5.6 离心管。

6 样品的采集

6.1 采样注意事项

采样及样品前处理过程中应戴一次性手套,样本不得交叉污染。

6.2 采样工具

扁桃体采样器:鼻捻子、开口器和采样枪。使用前均应用 3%氢氧化钠溶液浸泡消毒 5 min~10 min,经清水冲洗。

灭菌牙签和 0.5 mL 或 1.5 mL 离心管经(121±2)℃,高压灭菌 15 min;剪、镊经 160 ℃干烤 2 h。

6.3 采样方法

6.3.1 活体样品

固定活猪的上唇,用开口器打开口腔,用采样枪采取扁桃体样品,用灭菌牙签挑至 0.5 mL 或 1.5 mL 离心管并作标记,编号,送实验室。取待检样品,按 1∶5 倍体积加入 DEPC 水,于研钵或组织匀浆器中充分研磨,3 000g 离心 15 min,取上清液转入离心管中编号备用。

6.3.2 内脏样品

采取病死猪各种脏器(淋巴结、胰脏、脾脏、回肠、肝脏和肾脏)装入一次性塑料袋或其他灭菌容器,编号,送实验室。取 50 mg~100 mg 待检样品,按 1∶5 倍体积加入 DEPC 水,于研钵或组织匀浆器中充分研磨,3 000g 离心 15 min,取上清液转入离心管中编号备用。

6.3.3 4%EDTA 抗凝血

用无菌注射器直接全血,注入含 1/10 4%EDTA 溶液的无菌容器中,充分混匀后编号备用。

6.3.4 排泄物

挑取少许粪便样本于离心管中，加入适量生理盐水，振荡混匀，室温 3 000g 离心 15 min，取上清液转入离心管中编号备用。其余液体排泄物直接转入离心管编号备用。

6.3.5 细胞培养物

细胞培养物冻融 3 次，转入离心管中编号备用。

6.4 存放与运送

采集或处理的样品在 2 ℃～8 ℃条件下保存应不超过 24 h；若需长期保存，应放置－70 ℃冰箱，但应避免反复冻融(冻融不超过 3 次)。采集的样品密封后，采用保温壶或保温桶加冰密封，在 6 h～8 h 之内运送到实验室。按照《兽医实验室生物安全技术管理规范》进行样品的生物安全标识。

7 实时荧光 RT-PCR 检测

7.1 核酸提取

在样本制备区进行。

7.1.1 取 n 个灭菌的 1.5 mL 离心管，其中 n 为待检样品数×重复数 3＋阳性管数＋弱阳性管数＋阴性管数，对每个离心管进行编号。

7.1.2 每管加入 500 μL Trizol，分别加入被检样品、阳性对照、弱阳性对照和阴性对照各 200 μL(由于阳性和弱阳性样品中模板浓度相对较高，检测过程中不得交叉污染)，颠倒 10 次混匀，静置 5 min；再加入 200 μL 氯仿，混匀器上振荡混匀 5 s(也可以用手反复颠倒混匀)。于 4 ℃、12 000g 离心 15 min。

7.1.3 取与 7.1.1 中相同数量灭菌的 1.5 mL 离心管，加入 500 μL 异丙醇(4 ℃预冷)，对每个管进行编号。取 7.1.2 中离心后的上清液约 500 μL(注意不要吸出中间层)转移至相应的管中，颠倒混匀，－20 ℃静置 30 min。

7.1.4 于 4 ℃、12 000g 离心 15 min(离心管开口保持朝离心机转轴方向放置)，弃上清，倒置于吸水纸上，沾干液体，加入 600 μL 75%乙醇，颠倒洗涤。

7.1.5 于 4 ℃、12 000g 离心 10 min(离心管开口保持朝离心机转轴方向放置)，弃上清，倒置于吸水纸上，沾干液体(不同样品应在吸水纸不同地方沾干)。

7.1.6 4 000g 离心 10 s(离心管开口保持朝离心机转轴方向放置)，用微量加样器小心将残余液体吸干，室温干燥 3 min～10 min。

7.1.7 加入 38 μL 经 DEPC 处理的水和 2 μL RNA 酶抑制剂，轻柔混匀，溶解管壁上的 RNA，冰上保存备用。提取的 RNA 应在 2 h 内进行荧光 RT-PCR 扩增；若需长期保存应放置－70 ℃冰箱。

7.2 荧光 RT-PCR 扩增体系的配制

在反应混合物配制区进行。

设 PCR 反应数为 n，其中 n 为待检样品数×重复数 3＋阳性管数＋弱阳性管数＋阴性管数，每个样本测试反应体系配制见表 1。配制完毕的反应液分装时应尽量避免产生气泡，上机前注意检查各反应管是否盖紧，以免荧光物质泄露污染仪器。

表 1 每个样品反应体系配制表

体系组分		用量	终浓度
猪瘟病毒 RT-PCR 反应液	10×PCR Buffer	5.0 μL	1×
	dNTPs	1.5 μL	0.075 μmol/L
	上游引物 F	3.0 μL	0.6 μmol/L
	下游引物 R	3.0 μL	0.6 μmol/L
探针溶液	探针 P	1.5 μL	0.15 μmol/L
反应酶	SuperscriptⅢ反转录酶	0.3 μL	2 U/μL
	HS Taq DNA 聚合酶	0.5 μL	0.05 U/μL
总　量		14.8 μL	

7.3 加样

在样本处理区进行。

在各设定的荧光 RT-PCR 管中分别加入本标准 7.1.7 中制备的 35.2 μL RNA 溶液，盖紧管盖后，500 r/min 离心 30 s。放入荧光 PCR 检测仪内。

7.4 荧光 RT-PCR 扩增

在检测区进行。

将本标准 7.3 中离心后的 PCR 管放入荧光 RT-PCR 检测仪内，记录样品摆放顺序。

循环条件设置：

a) 反转录 50 ℃/20 min；

b) 预变性 94 ℃/4 min；

c) 88 ℃、8 s，60 ℃、35 s，40 个循环。荧光收集设置在此阶段每次循环的退火延伸时进行。

7.5 结果判定

7.5.1 阈值设定

试验检测结束后，根据收集的荧光曲线和 Ct 值直接读取检测结果，Ct 值为每个反应管内的荧光信号达到设定的阈值时所经历的循环数。阈值设定原则根据仪器噪声情况进行调整，以阈值线刚好超过正常阴性样品扩增曲线的最高点为准。

7.5.2 质控标准

7.5.2.1 阴性对照无 Ct 值，且无典型扩增曲线。

7.5.2.2 强阳性对照的 Ct 值应＜27.0 并出现典型的扩增曲线；弱阳性对照的 Ct 值应在 34.0 左右并出现典型的扩增曲线。否则，此次试验视为无效。

7.5.3 结果描述及判定

7.5.3.1 阴性

无 Ct 值并且无典型的扩增曲线，表示样品中无 CSFV 核酸。

7.5.3.2 阳性

Ct 值≤34.0,且出现典型的扩增曲线,表示样品中存在 CSFV 核酸。

7.5.3.3 可疑

Ct 值>34.0,且出现典型扩增曲线的样本建议重复试验,重复试验结果出现 Ct 值≤34.0 和典型扩增曲线者为阳性,否则为阴性。

ICS 45.100
J 81

中华人民共和国国家标准

GB/T 27541—2011

货运缆车技术规范

Technology code for freight funiculars

2011-11-21 发布　　2012-05-01 实施

中华人民共和国国家质量监督检验检疫总局
中国国家标准化管理委员会　发布

前　言

本标准由全国索道与游乐设施标准化技术委员会(SAC/TC 250)归口。

本标准起草单位:重庆市特种设备质量安全检测中心、重庆泰丰矿山机器有限公司、洛阳矿山机械工程设计研究院、武汉理工大学、交通部第二航务工程勘察设计院、重庆市港务局。

本标准主要起草人:庞小利、邓明旭、邹定东、贾上远、张泰业、张雷、张步斌、李勇智、梁开谧、易水洪、龙荣志、王诚、杨建中。

货运缆车技术规范

1 范围

本标准规定了码头货运缆车术语和定义、基本参数、技术要求、试验方法。

本标准适用于码头及类似码头作业环境的货运缆车。

2 规范性引用文件

下列文件对于本文件的应用是必不可少的。凡是注日期的引用文件,仅注日期的版本适用于本文件。凡是不注日期的引用文件,其最新版本(包括所有的修改单)适用于本文件。

GB/T 699 优质碳素结构钢

GB/T 985.1 气焊、焊条电弧焊、气体保护焊和高能束焊的推荐坡口

GB/T 985.2 埋弧焊的推荐坡口

GB/T 1801 产品几何技术规范(GPS) 极限与配合 公差带和配合的选择

GB/T 3811 起重机设计规范

GB/T 5973 钢丝绳用楔形接头

GB/T 5974.1 钢丝绳用普通套环

GB/T 5975 钢丝绳用压板

GB/T 5976 钢丝绳夹

GB 8918 重要用途钢丝绳

GB/T 11345 钢焊缝手工超声波探伤方法和探伤结果分级

GB/T 15706.2 机械安全 基本概念与设计通则 第2部分:技术原则

GB/T 17495 港口门座起重机

GB 20181 矿井提升机和矿用提升绞车 安全要求

GB/T 20961 单绳缠绕式矿井提升机

JB 3277 矿井提升机和矿用提升绞车 液压站

JB/T 3721 矿用提升机盘形制动器闸瓦

JB/T 3812 矿用提升机和矿用绞车盘形制动器用碟形弹簧

JB/T 4263 交流传动矿井提升机 电控设备技术条件

JB/T 5000.15 重型机械通用技术条件 第15部分:锻钢件无损探伤

JB/T 6397 大型碳素结构钢锻件 技术条件

JB/T 6754.2 直流传动矿井提升机电控设备 第2部分:晶闸管电控设备

JB/T 7888 JTP型矿用提升绞车

JB 8519 矿井提升机和矿用提升绞车 盘形制动器

3 术语和定义

下列术语和定义适用于本文件。

3.1

货运缆车 freight funiculars

由牵引索牵引载货平车沿着地面斜坡轨道做往复运动运输物料的设备，通常由驱动装置、载货平车、电控系统、滑轮与托索轮等部件构成。

3.2

载货平车 flatcar

是一种承载物料的设备，通常由上平台、车架、车轮、动滑轮等构成。

3.3

断绳保护装置 safe device against rope break

安装在载货平车上，当牵引索断裂时，能及时、可靠地将载货平车停止在轨道上的专用保护装置。

3.4

坡顶越位逆止器 top of the slope offside holdfast

当载货平车超过上站极限停车位置，能有效防止载货平车沿轨道下滑的专用保护装置。

3.5

锁紧器 reel locking device

在驱动系统调绳、检修、停止使用时固定主轴装置的卷筒，防止卷筒意外旋转的保护装置。

4 基本参数

4.1 额定载重量、轨距、钢轨规格选用

4.1.1 缆车额定载重量应根据缆车所运载的最大载重量确定，可按 3 t、5 t、8 t、10 t、15 t、20 t、25 t 和 30.5 t 八级选用，当缆车额定载重量超过 30.5 t 时，应根据实际情况确定，额定载重量和轨距优先按表 1 选用：

表 1 额定载重量和轨距选用

额定载重量/t	3,5,8,10,15,20,25,30.5
轨距/m	1.5,2.0,2.5,3.0,3.5,4.0,5.0,9.5

4.1.2 钢轨规格根据额定载重量，优先按表 2 选用。

表 2 钢轨规格选用

额定载重量/t	3	5	8 或 10	15 或 20	25 或 30.5
钢轨规格/(kg/m)	8～15	15～18	18～24	24～38	≥38

5 技术要求

5.1 驱动装置

5.1.1 一般要求

货运缆车驱动装置应符合 GB/T 20961 和 JB/T 7888 的要求。

5.1.2 主轴装置

5.1.2.1 主轴

5.1.2.1.1 主轴宜采用45锻钢件，其化学成分应符合GB/T 699和JB/T 6397的要求，热处理状态为正火+回火，表面硬度170 HB～207 HB，力学性能应满足以下要求：σ_b>567 MPa，σ_s>284 MPa，δ_5>15%，ψ>35%，A_{KU2}≥41 J。

5.1.2.1.2 主轴加工后应按JB/T 5000.15的要求进行超声波探伤检查，其内部不应有白点和裂纹，夹杂和非裂纹性缺陷要求应符合GB 20181的规定。

5.1.2.1.3 应在主轴非联轴器一端明显位置打上永久性且清晰的编号。

5.1.2.1.4 主轴连续使用5年后，应按JB/T 5000.15的要求，每隔两年进行一次超声波探伤检查，检查结果应符合GB 20181的规定。

5.1.2.2 卷筒和制动盘

5.1.2.2.1 卷筒直径与钢丝绳直径应符合JB/T 7888或GB/T 20961的相关要求。

5.1.2.2.2 卷筒和制动盘的主要焊缝应按GB/T 11345的规定进行探伤检查，焊缝质量应达到GB/T 11345规定的二级焊缝要求。卷筒和制动盘焊接后应进行高温退火或振动时效处理。

5.1.2.2.3 卷筒装配后卷筒外圆径向全跳动量和制动盘端面全跳动量应符合表3的规定。

表3 卷筒和制动盘全跳动量

单位为毫米

卷筒直径	制动盘端面全跳动量	卷筒外圆径向全跳动量
1 200～1 600	≤0.4	5
2 000～3 000	≤0.5	5

5.1.2.2.4 制动盘表面粗糙度参数 Ra≤3.2 μm。

5.1.2.2.5 卷筒上应设木衬或带绳槽的衬垫，钢丝绳在卷筒上缠绕层数达两层以上时，钢丝绳层间过渡区应设置层间过渡块，卷筒挡绳板外缘高出最外一层钢丝绳的高度至少应为钢丝绳直径的2.5倍。

5.1.2.3 调绳离合器

双卷筒驱动装置的调绳离合器在2.5 MPa～3 MPa压力下，能顺利离合，齿轮离合器脱开时间≤20 s，合上时间≤25 s，油缸及管路系统在1.25倍工作压力下保持10 min，不应漏油。

5.1.2.4 锁紧器

主轴装置应设置锁紧器。

5.1.3 制动器

盘形制动器应符合JB 8519的要求，碟形弹簧应符合JB/T 3812的要求，制动器闸瓦应符合JB/T 3721的要求。

5.1.4 减速器及润滑系统

5.1.4.1 减速器各密封部位不应有渗油或漏油现象。

5.1.4.2 减速器轴承温升不应超过40 ℃，最高温度不应超过75 ℃，润滑油温升不应超过35 ℃。

5.1.4.3 减速器运转应平稳，不应有周期性冲击和振动，噪声应不大于85 dB(A)。

5.1.4.4 行星齿轮减速器应设置配备压力、温度、液位检测装置的强制润滑系统，各密封部位不应有渗油和漏油。润滑站应设两套各自独立、互为备用的油泵系统，润滑油的出口温度不应超过 48 ℃。

5.1.5 液压站

液压站应符合 JB 3277 的要求。

5.2 载货平车

5.2.1 自动平衡装置

单绳牵引的载货平车轨距大于 5 m 时，应在载货平车上设置自动平衡装置。

5.2.2 制造允许偏差

载货平车的制造允许偏差应符合 GB/T 17495 的要求。

5.2.3 载货平车的焊接

5.2.3.1 焊缝坡口应符合 GB/T 985.1 和 GB/T 985.2 的要求，有特殊要求的坡口形式和尺寸，应在图样上注明。

5.2.3.2 重要焊缝应打上焊工代号钢印，所有焊缝均不应有漏焊、烧穿、裂纹、未焊透、严重咬边、夹渣、熔瘤等影响性能和外观质量的缺陷。

5.2.3.3 受力结构件的焊缝质量不应低于 GB/T 17495 的要求。

5.2.4 车轮

5.2.4.1 载货平车运行时，所有车轮均应与钢轨始终保持良好接触。

5.2.4.2 载货平车运行时，车轮不应出现啃轨现象。

5.2.4.3 车轮踏面直径的尺寸公差带应不低于 GB/T 1801 中的 h9 级。

5.2.4.4 车轮热处理后，其踏面和轮缘内侧面的硬度达到 300 HB～380 HB，淬硬层深 1.5 mm 处，硬度应不小于 260 HB。

5.2.4.5 车轮不应有裂纹，不应焊补，其踏面和轮缘内侧面不应有影响使用性能的缺陷。

5.3 钢丝绳、滑轮与托索轮

5.3.1 钢丝绳

5.3.1.1 钢丝绳的选用应符合 GB 8918 的要求，钢丝绳的抗拉安全系数（钢丝绳的最小破断拉力与钢丝绳最大工作拉力之比）应不小于 6.5。

5.3.1.2 当载货平车放到最低位置时，卷筒上的钢丝绳应保留五圈以上（压绳部分除外）。

5.3.1.3 钢丝绳端部采用绳夹固定时，应符合 GB/T 5976 的规定，采用楔形接头时应符合 GB/T 5973 的规定，钢丝绳用的套环应符合 GB/T 5974.1 的规定，用压板固定时，应符合 GB/T 5975 的规定。

5.3.1.4 钢丝绳在卷筒上采用压板固定时，压板不应少于三块；采用楔块固定时，钢丝绳不应系在卷筒轴上，应贴紧楔块的圆弧段并将其楔紧，钢丝绳的弯曲不应形成锐角，其出绳孔应光滑，不应有锐利边缘。

5.3.2 滑轮与托索轮

5.3.2.1 滑轮直径与钢丝绳直径之比应符合 GB/T 3811 中起升机构的要求，滑轮的最小直径按下式计算：

$$D_{min} = h \cdot d \quad \cdots\cdots (1)$$

式中：

D_{min}——按钢丝绳中心计算的滑轮的最小直径，单位为毫米(mm)；

d ——钢丝绳直径，单位为毫米(mm)；

h ——与机构工作级别和钢丝绳结构有关的系数，按表4选择。

表4 系数 h 值

机构工作级别 M	M1～M3	M4	M5	M6	M7	M8
h	16	18	20	22.4	25	28

5.3.2.2 滑轮与托索轮的绳槽应镶嵌衬垫，不应有裂纹等影响使用性能的缺陷，托索轮的设置应使牵引索运行时不接触地面或构架。

5.4 斜坡道与轨道

5.4.1 斜坡的坡度应根据装卸工艺要求，结合地形、地质、水文等自然条件确定，一般坡度大于7°，小于30°，斜坡道应设防护隔离设施，并设有检修专用通道。

5.4.2 图1为变坡缆车道示意图，变坡缆车道变坡点可采用高低轨或凹形竖曲线，凹形竖曲线曲率半径不小于160 m，坡道上、下段坡差角 β 不宜大于12°。

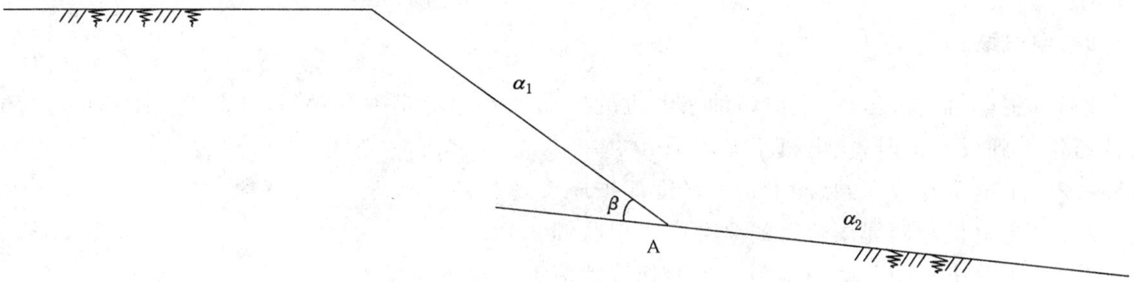

说明：

A——变坡点；

β ——坡差角；

α_1——上段坡度；

α_2——下段坡度。

图1 变坡缆车道

5.4.3 载货平车与其周围固定设施的安全距离应大于0.2 m，载货平车行至上站点极限停车位置时的安全距离应大于0.5 m。

5.5 运行速度

货运缆车设计最高运行速度不宜超过3.0 m/s。

5.6 电气系统

5.6.1 一般要求

5.6.1.1 采用交流传动驱动装置的电控设备电气性能、保护和连锁功能应符合JB/T 4263的要求。

5.6.1.2 采用晶闸管直流传动驱动装置的电控设备电气性能、保护和连锁功能应符合 JB/T 6754.2 的要求。

5.6.1.3 采用可编程控制器(PLC)的电控系统,安全回路应具备硬件和软件冗余,同时具有应急操纵功能。

5.6.1.4 采用全数字调节技术的电控系统,应具有运行参数自检、故障记忆和自诊断功能。

5.6.1.5 电气设备应设置不能自动复位的紧急开关,在紧急情况下能切断总电源。

5.6.1.6 零线和接地线应分开,不应采用接地线作为载流回路。

5.6.2 防雷和接地

5.6.2.1 站房应设置防雷装置,其接地电阻应不大于 30 Ω。

5.6.2.2 缆车的金属结构、轨道、所有电气设备的金属外壳、金属线管、安全照明的变压器低压侧等,均应可靠接地,其接地电阻不大于 4 Ω。

5.6.3 驱动装置电气保护

5.6.3.1 安全回路

5.6.3.1.1 全部安全保护装置应置于安全回路中,并在操纵台上设置安全回路检修开关,当安全回路中任意一个安全装置发生故障时,货运缆车应能自动停车。

5.6.3.1.2 安全回路失电,驱动装置主电机应能立即断电,液压站和润滑站的油泵应能立即停止工作,制动器应能立即实现安全制动。

5.6.3.2 电气联锁

5.6.3.2.1 主电机与液压站、润滑站油泵电机的启动和停止应实现联锁,液压站或润滑站不启动或启动后油压达不到设计值时,主电机不能启动。

5.6.3.2.2 主电机与液压站、润滑站的温度保护应实现联锁。

5.6.3.2.3 主电机与调绳离合器的离合应实现联锁。

5.6.3.2.4 主电机与闸瓦磨损检测及碟形弹簧疲劳失效检测应实现联锁。

5.6.3.3 其他保护

应设置短路保护、过流保护、欠压保护、过压保护、失压保护、零位保护、电源错断相保护和过负荷保护等。

5.6.3.4 操纵台

设置辅助操纵台时,主、辅操作台之间应能互锁。

5.6.3.5 操纵系统及信号

5.6.3.5.1 驱动装置操纵系统的设计布置和标志应符合 GB/T 15706.2 的有关要求,司机的位置应视线良好,易于观察载货平车的运行状况。

5.6.3.5.2 操纵信号以下站台的开车信号为主动信号。

5.6.3.5.3 载货平车驶近正常停车位置时应发出声响。

5.6.3.5.4 司机室外应设置有提醒准备开车、开车和停车的声响、灯光信号装置。

5.6.3.5.5 声光报警信号显示应清晰、准确,并设置在司机和有关人员视力、听力可及的地方。

5.6.3.5.6 载货平车运行距离大于 200 m 时,应在主操纵台上设置准确显示载货平车运行位置的显示装置。

5.7 安全保护

5.7.1 安全防护要求

驱动装置和其他机构的外露旋转部分应装设防护装置，并有醒目的安全警示标志。

5.7.2 紧急断电开关

操作台上应设置不能自动复位的紧急断电开关，在紧急情况下，应能切断缆车总电源。紧急断电开关应设在操作人员操纵方便的地方并有醒目标志。

5.7.3 过卷保护装置

应设置至少两套相互独立的过卷保护装置，当载货平车运行超过正常终端停车位置（或停车平台）0.2 m 时，过卷保护装置应能使主机断电，制动器实现制动。

5.7.4 超速保护装置

应设置至少两套相互独立的超速保护装置，当缆车运行速度超过最大速度的15%时，超速保护装置应能使主机断电，制动器实现制动。

5.7.5 减速功能保护装置

应设置至少两套相互独立的减速保护装置，当载货平车运行到达设计减速位置时，应能报警并开始减速。

5.7.6 闸间隙保护装置

当制动器闸瓦的闸间隙超过规定值时，应能自动报警或自动断电。

5.7.7 锁紧器

应设置锁紧器。

5.7.8 断绳保护装置

宜设置断绳保护装置。当载货平车的牵引索突然断裂时，断绳保护装置应能使载货平车安全停止在斜坡轨道上。

5.7.9 坡顶越位逆止器

坡顶越位逆止器应安装牢固，挡车块应坚固且动作灵活，能有效防止载货平车越位下滑。

5.7.10 超载保护装置

宜设置超载保护装置，当实际载荷达到额定载荷的90%时，超载保护装置应报警；当实际载荷达到额定载荷的105%时，超载保护装置应使载货平车停止运行。

6 试验方法

货运缆车试验方法见表5。

表 5　货运缆车试验方法

序号	项　目		要　求	试验方法
1	驱动装置	一般要求	5.1.1	按照 GB/T 20961 和 JB/T 7888 的规定执行
		主轴	5.1.2.1.1	化学成分和力学性能试验按 GB/T 699 和 JB/T 6397 的规定执行，表面硬度用硬度计测量
			5.1.2.1.2	按照 JB/T 5000.15 规定的方法进行超声波探伤检查，缺陷评定按 GB 20181 的规定执行
			5.1.2.1.3	目测检查
			5.1.2.1.4	同 5.1.2.1.2
		卷筒和制动盘	5.1.2.2.1	用游标卡尺测量钢丝绳直径，用钢卷尺、皮尺、π 尺测量卷筒直径
			5.1.2.2.2	按 GB/T 11345 中规定方法进行超声波探伤检查及评定
			5.1.2.2.3	用百分表测量
			5.1.2.2.5	目测检查卷筒上钢丝绳缠绕情况，塑衬、木衬及过渡块的设置；必要时在卷筒上取三点用钢尺测量卷筒边缘高出最外一层钢丝绳的高度，取最小值与钢丝绳直径对比
		调绳离合器	5.1.2.3	用秒表测量离合时间，目测检查离合器离合、油缸和管路系统的密封及调绳情况
		锁紧器	5.1.2.4	目测检查
		制动器	5.1.3	按 JB 8519 规定的方法试验
		减速器及润滑系统	5.1.4.1	减速器连续运行 6 h 后，目测检查
			5.1.4.2	减速器及润滑系统温升试验： a）运行前用温度计（点温计）分别测量轴承、油液的初始温度； b）运行 1 小时后用温度计（点温计）在轴承处分别测量三个点，取最高值为测量值，与初始温度对比； c）在减速器油池中按长度方向任选三个点，用温度计插入油液内 50 mm 处测量油温的平均值为实测值，与初始温度对比
			5.1.4.3	用声级计在离减速器外廓 1 m 处测量，其高度为减速器剖分面形成的水平面上测试 6 个点，取最大值为测量值
			5.1.4.4	目测检查油泵系统和润滑系统，用温度计在离出油口端面 100 mm 内中心处测量出油温度
		液压站	5.1.5	按 JB 3277 规定的方法试验
2	载货平车	自动平衡装置	5.2.1	目测检查
		制造偏差	5.2.2	用游标卡尺、卷尺、钢直尺、楔形塞尺等测量
		焊接	5.2.3.1	用焊缝检验尺测量
			5.2.3.2	目测检查
			5.2.3.3	目测检查
		车轮	5.2.4.1	目测检查
			5.2.4.2	目测检查
			5.2.4.3	用游标卡尺测量
			5.2.4.4	用硬度计测量
			5.2.4.5	目测检查

表 5（续）

序号	项　目		要　求	试验方法
3	钢丝绳、滑轮与托索轮	钢丝绳	5.3.1.1	按照 GB 8918 规定的方法执行
			5.3.1.2	目测检查
			5.3.1.3	按 GB/T 5976、GB/T 5973、GB/T 5974.1 和 GB/T 5975 中规定执行
			5.3.2.4	目测检查
		滑轮与托索轮	5.3.2.1	用钢卷尺、游标卡尺、皮尺等测量
			5.3.2.2	目测或用放大镜检查
4	斜坡道与轨道	斜坡道	5.4.1	用坡度测量仪测量，目测检查专业通道和隔离设施
		轨道	5.4.2	目测检查，用坡度测量仪测量
		安全距离	5.4.3	用钢卷尺或钢直尺等测量
5	运行速度	速度	5.5	用雷达测速仪、秒表、皮尺等测量
6	电气系统	一般要求	5.6.1.1	按照 JB/T 4263 规定的方法试验
			5.6.1.2	按照 JB/T 6754.2 规定的方法试验
			5.6.1.3	目测检查，模拟运行试验
			5.6.1.4	目测检查，模拟运行试验
			5.6.1.5	检查在操作台上是否设有手动或脚踏紧急开关，试验紧急开关是否有卡阻
			5.6.1.6	目测检查
		防雷和接地	5.6.2.1	用接地电阻仪测量防雷接地电阻
			5.6.2.2	用接地电阻测量仪测量接地电阻
		驱动装置电气保护	5.6.3.1.1	手动试验
			5.6.3.1.2	手动运行试验
			5.6.3.2.1	手动运行试验
			5.6.3.2.2	手动运行试验
			5.6.3.2.3	手动运行试验
			5.6.3.2.4	手动运行试验
			5.6.3.3	手动运行试验
			5.6.3.4	手动运行试验
			5.6.3.5.1	目测检查
			5.6.3.5.2	手动运行试验
			5.6.3.5.3	手动运行试验
			5.6.3.5.4	手动运行试验
			5.6.3.5.5	手动运行试验
			5.6.3.5.6	手动运行试验

表 5（续）

序号	项目		要求	试验方法
7	安全保护	安全防护	5.7.1	目测检查
		紧急断电开关	5.7.2	目测检查，手动运行试验
		过卷保护装置	5.7.3	手动试验，模拟运行试验
		超速保护装置	5.7.4	模拟运行试验
		减速功能保护装置	5.7.5	手动试验，模拟运行试验
		闸间隙保护装置	5.7.6	手动运行试验
		锁紧器	5.7.7	目测检查
		断绳保护装置	5.7.8	在采取安全保护措施的前提下进行断绳保护装置的模拟试验。让载货平车牵引钢丝绳突然松绳，断绳保护装置应立即动作并将载货平车停止在轨道上
		坡顶越位逆止器	5.7.9	坡顶越位逆止器功能试验步骤： a) 断开过卷保护装置的连线，载货平车低速缓慢运行至坡顶越位逆止器，当载货平车越过坡顶越位逆止器时，坡顶越位逆止器应立即动作，此时应立即停车； b) 然后朝下行方向缓慢开车，载货平车应能被坡顶越位逆止器挡住不动； c) 测试完成后，再往上行方向缓慢开车，解除坡顶越位逆止器，手动将其复位；再往下行方向开车至正常停车位置，试验完毕，恢复过卷保护装置
		超载保护装置	5.7.10	连接超载保护装置连线，在载货平车上添加砝码至 90% 额定载荷，启动运行时，超载保护装置应能立即报警；在载货平车上添加砝码超过 100% 额定载荷，启动时，超载保护装置立即报警且主电机不能启动

参 考 文 献

[1] GB/T 19402 客运地面缆车技术规范

ICS 53.060
J 83

中华人民共和国国家标准

GB/T 27542—2011

蓄电池托盘搬运车

Battery pallet trucks

2011-11-21 发布　　2012-05-01 实施

中华人民共和国国家质量监督检验检疫总局
中国国家标准化管理委员会　发布

前　言

本标准由中国机械工业联合会提出。

本标准由全国工业车辆标准化技术委员会(SAC/TC 332)归口。

本标准负责起草单位:浙江诺力机械股份有限公司。

本标准参加起草单位:北京起重运输机械设计研究院、宁波如意股份有限公司、浙江杭叉工程机械股份有限公司、无锡大隆电工机械厂。

本标准起草人:周学军、刘杰、罗松土、王军、叶建波、徐柏松、张立军。

蓄电池托盘搬运车

1 范围

本标准规定了蓄电池托盘搬运车(以下简称托盘车)的类型、技术要求、试验方法、检验规则、标志、包装、运输和贮存。

本标准适用于以蓄电池为动力的货叉上表面最大离地高度不大于300 mm的蓄电池托盘搬运车。

本标准也适用于货叉为平台型式的蓄电池搬运车。

2 规范性引用文件

下列文件中的条款通过本标准的引用而成为本标准的条款。凡是注日期的引用文件,其随后所有的修改单(不包括勘误的内容)或修订版均不适用于本标准,然而,鼓励根据本标准达成协议的各方研究是否可使用这些文件的最新版本。凡是不注日期的引用文件,其最新版本适用于本标准。

GB/T 9286 色漆和清漆 漆膜的划格试验(GB/T 9286—1998,eqv ISO 2409:1992)

GB 10827 机动工业车辆 安全规范(GB 10827—1999,eqv ISO 3691:1980)

GB/T 13306 标牌

GB/T 18849 机动工业车辆 制动器性能和零件强度(GB/T 18849—2002,eqv ISO 6292:1996)

GB/T 26562 自行式坐驾工业车辆踏板的结构与布置 踏板的结构与布置原则

3 托盘车类型

托盘车的类型分为:

a) 手动起升电动行走步行式托盘车(图1);

b) 电动起升电动行走步行式托盘车(图2);

c) 电动起升电动行走站板式托盘车(站板可折叠)(图3);

d) 电动起升电动行走乘驾式(包括站驾式和坐驾式)托盘车(图4)。

单位为毫米

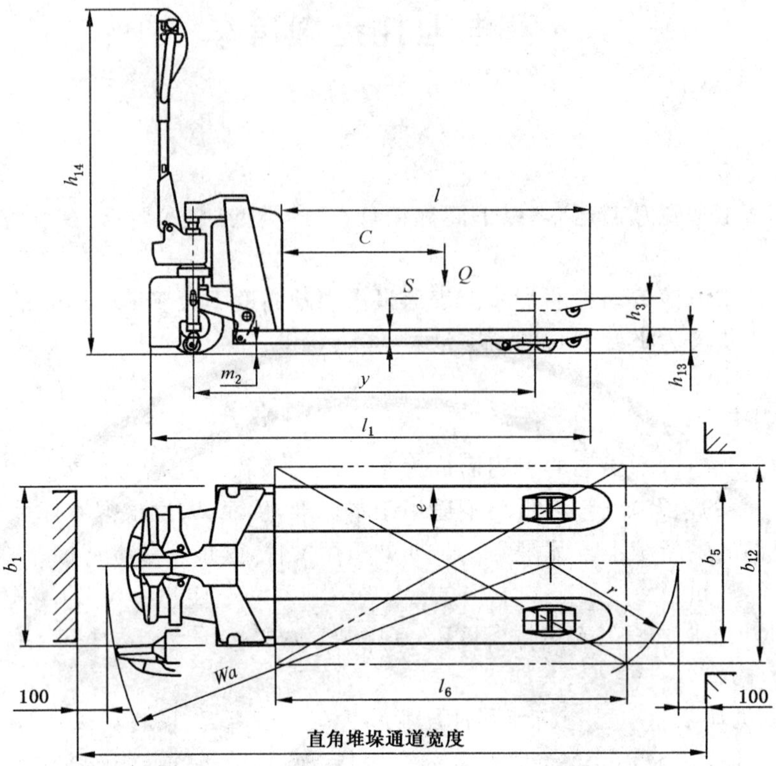

图 1　手动起升电动行走步行式托盘车

单位为毫米

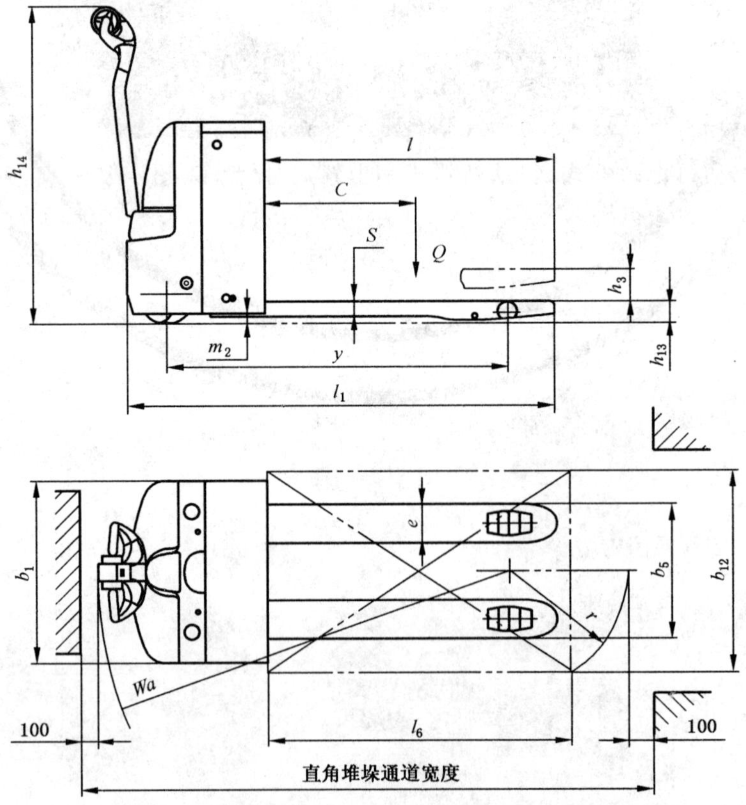

图 2　电动起升电动行走步行式托盘车

单位为毫米

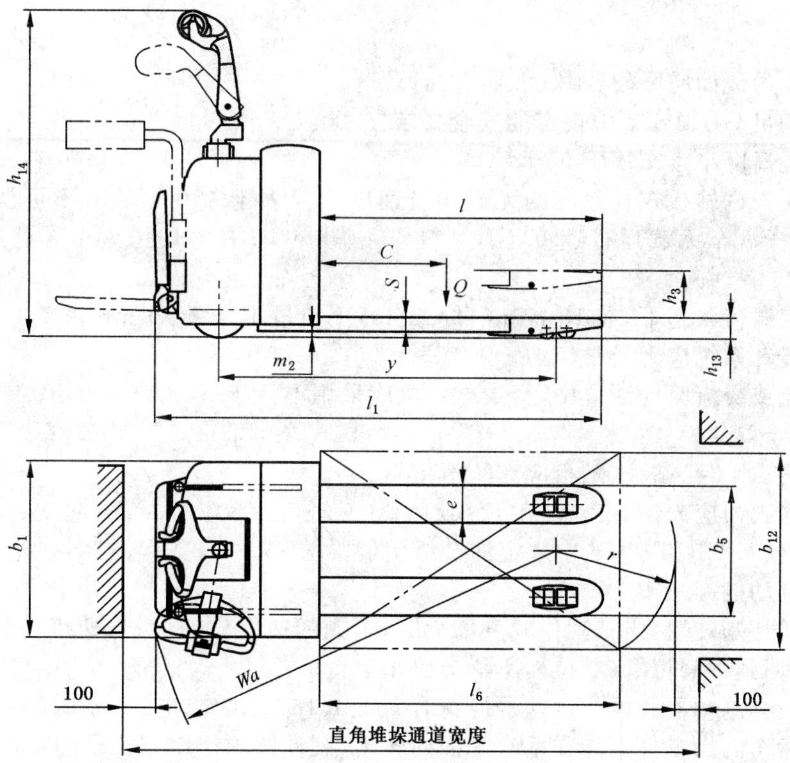

图 3　电动起升电动行走站板式托盘车(站板可折叠)

单位为毫米

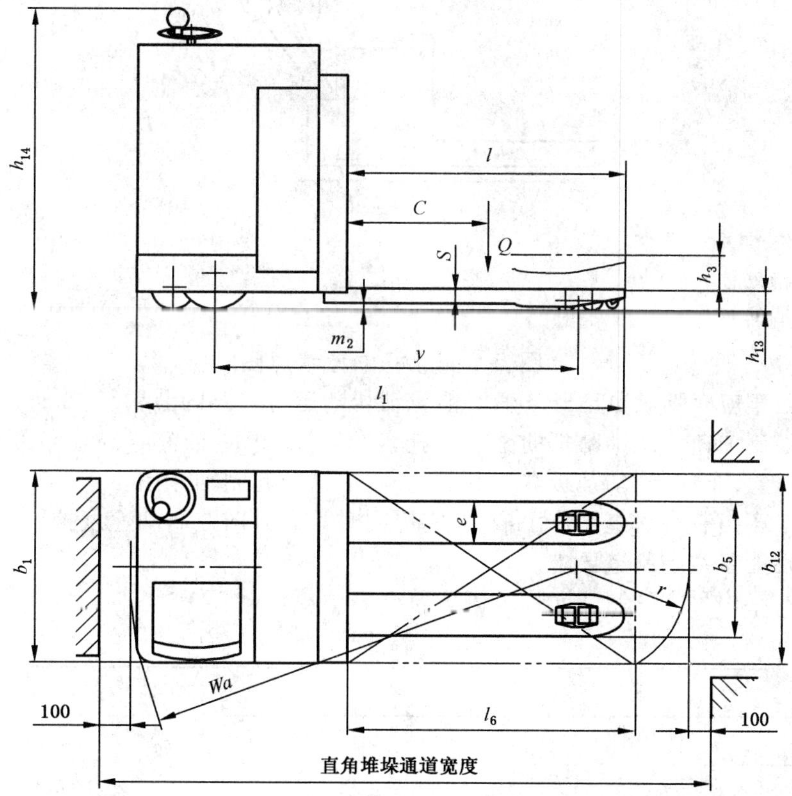

图 4　电动起升电动行走乘驾式(包括站驾式和坐驾式)托盘车

4 技术要求

4.1 基本要求

4.1.1 托盘车作业的地面应坚硬、相对水平、表面平整。

4.1.2 托盘车应满足 GB 10827 中规定的安全要求。

4.1.3 托盘车最低高度小于或等于 90 mm。

4.1.4 步行式和无护栏站板式托盘车的无载运行速度不应大于 4.0 km/h(不可调)或 6.0 km/h(可调);有护栏站板式托盘车无载运行速度不应大于 10.0 km/h;乘驾式托盘车无载运行速度不应大于 16.0 km/h。

4.1.5 托盘车额定载荷状态下,在 10 min 内货叉自然下滑量不大于 10 mm。

4.1.6 托盘车的传动系统应无异常声响。

4.1.7 托盘车直流或交流驱动装置中,行走电动机应采用不低于 S_2 30 min 工作制的电动机。电动机的绝缘等级均不低于 F 级。

4.1.8 托盘车的站人平台、站板、踏板应有防滑措施。

4.1.9 托盘车外露表面应光洁、美观。油漆(或喷涂)应均匀,不应有裂纹、起皮、流挂及起泡等缺陷。漆膜的附着力不应低于 GB/T 9286 中规定的 2 级质量要求。

4.2 运行速度和制动控制

4.2.1 运行速度的控制装置,当其动作幅度增大时,车辆的速度应增大;当速度控制装置被释放时,控制装置应能自动返回到中间位置(零位),车辆应停止运行。

4.2.2 托盘车的行车制动器和停车制动器应符合 GB/T 18849 的规定。

4.2.3 步行式托盘车的操纵杆应能在垂直平面内转动,制动器的作用应符合图 5 所示。

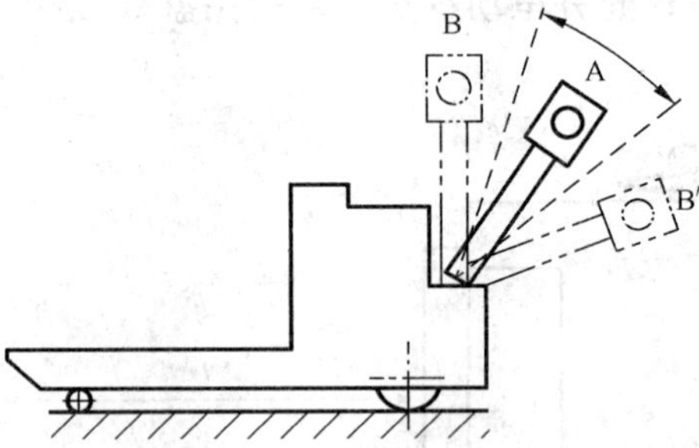

说明:

A ——制动器松闸接通驱动电源;

B,B′——制动器起制动作用,驱动电源切断。

图 5 操纵杆位置示意图

4.2.4 乘驾式托盘车应有驾驶员离开车辆时能自动切断运行电路的装置。

4.2.5 采用踏板控制加速及制动踏板的坐驾式托盘车,其踏板的布置应符合 GB/T 26562 的规定,当加速踏板踩下后应增大车速,制动踏板踩下后,行车制动器应起制动作用。

4.2.6 站驾式托盘车当装有一个操作手柄时,它应同时具有方向控制和速度控制的功能。

4.3 结构尺寸和性能参数的制造要求

4.3.1 托盘车主要结构尺寸的制造允许范围应符合表 1 规定。

表 1

参数名称		要求
总长	l_1	$l_1 \pm (l_1)1\%$
总宽	b_1	$b_1 \pm (b_1)1\%$
高度(手柄)	h_{14}	$h_{14} \pm (h_{14})1\%$

表 1（续）

参数名称		要求
货叉最低高度	h_{13}	$\leqslant h_{13}$
货叉最大起升距离	h_3	$\geqslant h_3$
轴距中心处离地间隙	m_2	$\geqslant (m_2)95\%$
轴距	y	$y \pm (y)2\%$
货叉最大外侧间距	b_5	$b_5 \pm (b_5)1\%$

4.3.2 托盘车主要技术性能参数的要求应符合表 2 的规定。

表 2

参数名称			要求
货叉最大起升速度	无载 v_1		$v_1 \pm (v_1)10\%$
	满载 v_1'		$v_1' \pm (v_1')10\%$
货叉最大下降速度	（满载）v_2		$\leqslant$100 mm/s
最大运行速度	无载	乘驾式 v_3	$v_3 \pm (v_3)10\%$
		步行式 v_3'	$v_3' \pm (v_3')10\%$
	满载 v_3''		$v_3'' \pm (v_3'')10\%$
最小外侧转弯半径 W_a			$\leqslant (W_a)105\%$
满载最大爬坡度 α_m			$\geqslant \alpha_m$
整车质量（无载，含蓄电池）G_0			$G_0 \pm (G_0)5\%$

4.4 强度

4.4.1 托盘车用液压软管、硬管和连接件应能承受液压回路 3 倍的额定工作压力 1 min 而不破裂且无异常现象。

4.4.2 托盘车结构应具备足够的强度，进行 1.33 倍超载试验后应无永久性变形和损坏。

4.4.3 手动起升托盘车经额定载荷下连续作升降动作 2 000 次试验后，应无永久性变形和损坏。

4.4.4 托盘车经 200 h 可靠性强化试验，平均无故障工作时间不少于 50 h。试验后主要性能指标的变化值应符合表 3 的要求。主要关键件不应出现损坏、折断等严重故障，电气、液压系统不应出现失控及其他异常现象。

表 3

性能指标名称	试验前测量值	试验后复测值的允差
满载电动起升速度变化值	v_1'	±5 mm/s
货叉自然下滑量变化值	—	$\leqslant$1.5 mm/10 min
满载运行速度变化值	v_3''	±0.5 km/h

4.5 使用性能

4.5.1 手动起升托盘车的起刀操作力和下降启动力不大丁表 4 的规定。

表 4

额定起重量/ kg	起升操作力/ N	下降启动力/ N
$\leqslant$2 000	350	150
>2 000	400	

4.5.2 手柄式操作的托盘车的原地转向操作力不应大于 400 N。方向盘操作的托盘车原地转向操作力不应大于 20 N,左右转向作用力相差不应大于 10 N。

4.6 安全、环保要求

4.6.1 托盘车总电源应有钥匙开关装置。

4.6.2 托盘车应安装能发出清晰声响的报警装置。

4.6.3 托盘车应装有操作者能方便切断总电源(或运行电路)的紧急断电装置,电动机控制电路应装有过电流保护装置。

4.6.4 步行式和站板式托盘车应设有可靠防止人身被挤压紧急反向控制装置。

4.6.5 托盘车的车外最大允许噪声值不应大于 75 dB(A)。

4.6.6 托盘车应能爬上标称坡度。

4.6.7 托盘车起升电动机、转向电动机的工作电流不应大于电动机最大允许电流。

4.6.8 托盘车上蓄电池金属盖板与蓄电池带电部分之间应有 30 mm 以上的空间。如盖板与蓄电池带电部分之间有绝缘层时,则其间隙至少应有 10 mm。绝缘层应牢固,以免在使用时发生绝缘层脱落或移动。

4.6.9 蓄电池的绝缘电阻不应低于 50 Ω 乘以蓄电池额定电压数值,其余电气设备的绝缘电阻不应小于 1 kΩ 乘以蓄电池额定电压数值。托盘车应设置蓄电池或蓄电池箱约束装置。

4.6.10 托盘车整机液压与润滑系统密封性能良好,在额定起重量的正常作业情况下,各部位应无渗漏油现象。

4.6.11 托盘车液压系统中应装有防止过载的安全阀。

5 试验方法

5.1 试验前的准备工作

5.1.1 试验前应使托盘车具备正常的技术状态。

5.1.2 试验仪器应在试验前进行校对和检定达到规定的测量精度(有效期内可不重复检定)。

5.1.3 试验前托盘车的各运动部件允许充分磨合。

5.2 一般试验条件

5.2.1 试验环境温度为−5 ℃~40 ℃。

5.2.2 空气相对湿度不大于 90%。

5.2.3 海拔高度不大于 2 000 m。

5.2.4 试验场地应是坚实、干燥、清洁、坡度不大于 0.5%的平整的混凝土、沥青或等效的路面。

5.2.5 试验载荷的质量等于托盘车的额定起重量 Q,其误差为 1%。

5.2.6 试验时,试验载荷应均匀分布在货叉的上表面。

5.3 主要结构尺寸参数和技术参数的测定

5.3.1 结构尺寸的测定

托盘车无载静止状态下,测定总长 l_1、总宽 b_1、高度(手柄)h_{14}、货叉长度 l、货叉外侧间距 b_5、货叉最大起升距离 h_3、货叉最低高度 h_{13}、轴距中心处离地间隙 m_2。

5.3.2 外观质量检查

托盘车的外表面按 4.1.9 要求目测检查。漆膜的附着力按 GB/T 9286 的规定进行试验,任取三处,结果取最低值。

5.3.3 最小外侧转弯半径的测定

托盘车呈无载运行状态,把货叉升到最高位置,转动驱动轮与纵向轴线呈 90°(最大转角达不到 90°,以最大转角),方向盘(或操作手柄应处于运行区域)保持不动,以最小稳定运行速度,分别向左和右前进各转一圈,测绘出车体最外侧转弯半径,取最大半径值。测定两次,取其平均值。

5.3.4 货叉最大起升速度的测定

托盘车分别呈无载和满载状态,在液压油温为 40 ℃~50 ℃时,货叉处于最低位置,起升电动机处于全电压工作状况,测定试验载荷(货叉)从最低位置起升到最高位置所需的时间,并同时监测起升电动机的电流。无载和满载的最大起升速度用式(1)计算：

$$v_1 = \frac{h_3}{t} \qquad \cdots\cdots(1)$$

式中：

v_1——最大起升速度(无载 v_1，满载 v_1')，单位为毫米每秒(mm/s)；

h_3——起升距离，单位为毫米(mm)；

t——对应 h_3 的起升时间，单位为秒(s)。

无载、满载各测定三次，取平均值。

5.3.5 货叉最大下降速度的测定

托盘车分别呈满载运行状态，在液压油温为 40 ℃～50 ℃时，货叉处于最高位置，测定试验载荷(货叉)从最高位置下降到最低位置所需的时间。用式(2)计算最大下降速度：

$$v_2 = \frac{h_3}{t} \qquad \cdots\cdots(2)$$

式中：

v_2——最大下降速度，单位为毫米每秒(mm/s)；

h_3——下降行程，单位为毫米(mm)；

t——对应 h_3 的下降时间，单位为秒(s)。

测定三次，取平均值。

5.3.6 运行速度的测定

托盘车分别呈无载和满载运行状态，在测定区间为 25 m，辅助运行距离任意，托盘车以最大速度向前和向后运行，往返各测二次，取其平均值，运行速度按式(3)计算：

$$v_3 = \frac{2S \times 3.6}{t_1 + t_2} \qquad \cdots\cdots(3)$$

式中：

v_3——平均速度，单位为千米每小时(km/h)；

S——被测区间，单位为米(m)；

t_1——进程平均时间，单位为秒(s)；

t_2——返程平均时间，单位为秒(s)。

5.3.7 货叉自然下滑量的测定

托盘车呈额定载荷状态，在液压油温为 40 ℃～50 ℃时，货叉起升到 $h_3/2$ 处，测定货叉根部 10 min 内的下降量。重复测量二次，取其平均值。

5.4 能耗试验

托盘车呈额定载荷运行状态，蓄电池充足电后，测其电压、电解液密度和温度。托盘车从运行路线图(图 6)原始位置 A 沿路线 1 前进，在位置 B 装上标准载荷 Q，沿路线 2 退回到位置 C，沿路线 3 快速前进到位置 D 卸载，沿路线 4 退回到原始位置 A，完成半个循环。再按原相反方向沿路线 4 快速前进到位置 D 装上标准载荷 Q 后，沿路线 3 快速退回到位置 C，沿路线 2 前进到位置 B 放下标准载荷，再沿线路 1 退回到原始位置 A，则完成一个循环(行程约 68m)。连续运行三个循环。

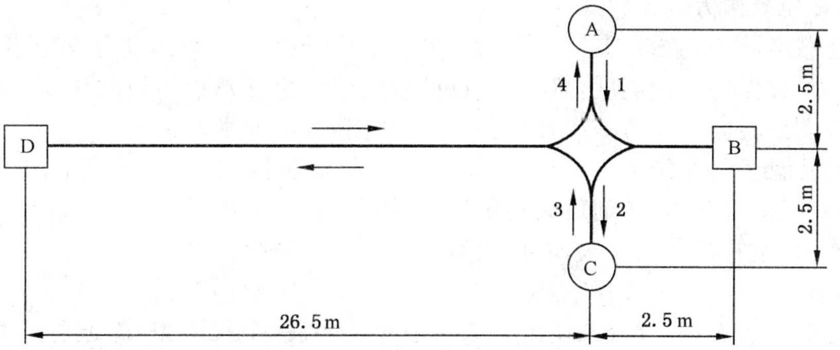

图 6 能耗试验路线图

蓄电池可供用户工作时间用式(4)计算：

$$T=K\frac{0.8C}{W}t \tag{4}$$

式中：

T ——蓄电池可供用户工作时间，单位为小时(h)；

C ——蓄电池 5 h 放电率时的容量，单位为安时(Ah)；

W ——三个循环过程的耗电量，单位为安时(Ah)；

t ——三个循环过程的时间，单位为小时(h)；

K ——托盘车用户作业工作制系数 2.0～3.0，一般取 3.0。

5.5 制动性能试验

制动性能试验应按照 GB/T 18849 的规定。

5.6 爬坡性能测试

托盘车通过设计规定坡度的坡道，如果试验坡度不合适(过大或过小)，可以用适当增、减试验载荷的方法进行试验，确定托盘车实际的坡度，并折算出最大爬坡度。折算最大爬坡度按式(5)近似计算：

$$\alpha_{m}'=\arcsin\left(\frac{Q_{实}+G_{0}}{G_{0}'}\sin\alpha_{试}\right) \tag{5}$$

式中：

α_{m}'——折算最大爬坡度，单位为度(°)；

G_0——托盘车自重，单位为千克(kg)；

$Q_{实}$——试验实际载荷，单位为千克(kg)；

G_0'——托盘车额定总重，单位为千克(kg)；

$\alpha_{试}$——托盘车试验时实际爬坡度，单位为度(°)。

5.7 结构强度试验

5.7.1 托盘车呈额定载荷状态，把货叉起升到最高位置，再在货叉上施加上 0.33 倍的额定载荷，保持 10 min 后卸载。检查液压系统有无渗漏油现象，目测结构件有无脱焊、裂纹和永久变形。

5.7.2 手动起升托盘车在额定载荷下，以(18±5)次/min 的频速摇动手柄，使货叉由最低位升到最高位，然后将控制杆扳至下降位置，使货叉降到最低位置为 1 次升降过程，连续升降 2 000 次，试验结束后卸载。检查操作动作和是否有漏油，必要时允许对托盘车进行调节，但不得更换零件。

注：连续试验可能使泵的温度升高，当泵外部温度达 65℃时允其冷却后再试。

5.8 使用性能试验

5.8.1 托盘车紧急反向控制性能测试

托盘车分别呈无载和额定载荷状态。操纵加速器使托盘车向着操作者的方向运行，此时触动紧急反向开关，车辆立即停止原方向运动，并且应向相反方向运动一小段距离。操作三次。

5.8.2 方向盘转向操作力

动力转向的托盘车，呈额定载荷运行状态，由直线运行位置开始，方向盘分别向左转、再向右转，测定左右方向各二次，取平均值。同时监测转向电动机的工作电压、电流值的变化。

5.8.3 操作手柄转向操作力

托盘车呈额定载荷状态，在手动起升托盘车货叉离开最低位置后，将手柄摇至其头部距地面高 950 mm±50 mm处，并保持在此高度，然后手拉测力计(或弹簧秤)，沿转向的切线方向测出手柄上的最大拉力。左右侧各测定转向操作力一次，取最大值。共测二次，取平均值。

手柄式操作的托盘车呈额定载荷状态，其操作手柄与地面保持约 45°夹角，车辆静止，缓慢转动操作手柄，转向轮由直线位置开始，转到最大转角位置，用手拉测力计(或弹簧秤)沿转向的切线方向测定操作手柄转向操作力，左右侧各测一次，取最大值。共测二次，取平均值。

5.8.4 起升操作力

托盘车呈额定载荷状态，起升货叉使试验载荷离开地面后，手拉测力计(或弹簧秤)，沿操作手柄摇动的切线方向测出手柄上最大拉力，共测二次，取平均值。

5.8.5 下降启动力

托盘车呈额定载荷状态，起升托盘车货叉到大约 $h_3/2$ 处，手拉测力计（或弹簧秤），作用于控制杆上，缓慢拉动控制杆，测出货叉开始下降时的最大拉力，共测二次，取平均值。

5.9 绝缘电阻测试

托盘车处于冷态，测量蓄电池正、负极相对箱体绝缘电阻，测定二次，取最小值。断开蓄电池电源，短接控制设备全部电气元件，在冷态下测定控制电路、电动机回路等导体对车体和蓄电池外壳的绝缘电阻。测点应不少于八点，取最小值。

注：测试前应拆除与车体连接的电气系统；短路或拆除不能承受 500 V 电压的元器件。

5.10 噪声测定

在驾驶员耳边处，测量托盘车以最大运行速度时的最大噪声值。环境噪声应比所测噪声至少低10 dB(A)。

5.11 200 h 可靠性试验

5.11.1 试验方法

如图 6 所示，按照 5.4 规定的方法进行试验，D 处起升到最大起升高度。

第一次装载 1.0Q 载荷。

第二次装载 1.0Q 载荷。

第三次装载 0Q 载荷。

完成以上三次循环为一循环组。

试验要求：直线段以快速运行，每天连续 8 h 以上，允许更换电池。除按产品说明书进行日常保养外，不应更换零部件，主要关键件不应出现损坏、折断等严重故障，电气、液压系统不应出现失控及其他异常现象。

5.11.2 托盘车故障判断

按故障原因和影响托盘车正常工作的严重性及故障的关联性，将托盘车故障分为四级，即致命故障、重大故障、一般故障、轻微故障。它们之间的当量关系是：一次致命故障相当于 10 次一般故障；一次重大故障相当于 5 次一般故障；一次轻微故障相当于 0.2 次一般故障。故障判断原则见表 5。

表 5

故障类别	故障当量数	划分原则	故障举例
致命故障	10	危及人身及货物安全或导致主要部件总成报废	(1)车脚断落 (2)电控严重烧毁 (3)制动系统严重损坏
重大故障	5	导致零部件总成严重损坏影响托盘车正常作业，一般无危及人身及货物安全或在 4 h 之内不能排除的故障	(1)电动机严重烧毁 (2)传动系统齿轮损坏 (3)电控失控，不能紧急断电
一般故障	1	使托盘车停车或性能下降，但一般不导致主要零部件总成严重损坏，用随车工具在 15 min 内不能排除的故障	(1)密封圈损坏，螺栓断裂 (2)仪表、开关损坏 (3)漏油，车轮早期损坏 (4)接触器触头烧坏，电气失控(能紧急断电)
轻微故障	0.2	一般不会使托盘车停车性能下降，不需要更换零件，对托盘车正常作业略有影响，用随车工具轻易(15 min 内)排除的故障	(1)非主要位置螺栓松动 (2)各密封结合面及管接头渗油(发现一次算一次) (3)各种电气线接头松脱，接触不良，灯泡损坏 (4)蓄电池接线柱打火粘连

5.11.3 **可靠性指标的计算**

可靠性指标计算如下：

a) 有效度按式(6)进行计算：

$$A=\frac{T}{T+T_1}\times 100\% \qquad \cdots\cdots(6)$$

式中：

A ——有效度,%；

T ——总工作时间,单位为小时(h)；

T_1——故障停机时间与维修时间,单位为小时(h)。

b) 平均无故障工作时间按式(7)进行计算：

$$\mathrm{MTBF}=\frac{T}{r_1} \qquad \cdots\cdots(7)$$

式中：

MTBF——平均无故障工作时间,单位为小时(h)；

r_1——当量一般故障次数。

5.11.4 **性能参数复测**

可靠性试验后对以下性能参数进行复测：

a) 满载最大起升速度；

b) 满载最大运行速度；

c) 满载最大爬坡速度；

d) 满载坡道停车制动；

e) 货叉自然下滑量。

5.11.5 **宏观解体检查**

可靠性试验后,以下系统、部件应进行宏观解体检查：

a) 电动机；

b) 底盘体；

c) 电气系统；

d) 其他。

6 检验规则

6.1 出厂检验

出厂检验包括逐台检验和抽样检验。产品经检验合格后才能出厂。

6.2 型式试验

6.2.1 在下列情况之一时,应进行型式试验：

a) 新产品或老产品转厂生产的试制定型鉴定；

b) 正式生产后,如结构、材料、工艺有较大改变,可能影响产品性能时；

c) 停产一年后,恢复生产时；

d) 出厂检验结果与型式检验有较大差异时；

e) 国家质量监督机构提出进行型式检验的要求时。

6.2.2 型式试验结果应符合第4章的要求。若有不合格项即为型式试验不合格。

6.3 检验项目

托盘车出厂检验和型式试验的检验项目按表6。

表 6

序号	检验项目			型式试验	出厂检验
1	结构尺寸			△	
2	自重			△	
3	外观质量	表面质量		△	△
4		漆膜附着力		△	
5	使用性能	紧急反向控制性能		△	△
6		方向盘转向操作力		△	
7		操作手柄转向操作力		△	
8		手动起升托盘车	转向操作力	△	
9			起升操作力	△	
10			下降启动力	△	
11	货叉自然下滑量测定			△	△
12	货叉最大起升速度测定			△	△
13	货叉最大下降速度测定			△	△
14	坡道停车制动性能试验			△	△
15	行车制动性能试验			△	△
16	无载运行速度测定			△	△
17	满载运行速度测定			△	
18	1.33Q 结构强度试验			△	
19	电气绝缘性能			△	
20	能耗试验			△	
21	爬坡性能测试			△	
22	噪声测定			△	
23	200 h 可靠性强化试验			△	
注："△"表示应做项目。					

7 标志、包装、运输和贮存

7.1 在托盘车明显而又不易碰坏的位置固定产品标牌、警告标志。产品标牌、警告标志的尺寸及技术要求应符合 GB/T 13306 的规定。

7.2 产品标牌上应包括下列内容：

a) 产品名称、型号；

b) 额定起重量；

c) 最大起升高度；

d) 车辆电气系统中蓄电池的额定电压；

e) 自重(包括蓄电池)；

f) 制造日期或产品编号；

g) 制造厂名称。

7.3 蓄电池标牌上应包括下列内容：

a) 产品名称、型号；

b) 额定电压；

c) 5 h放电率时的容量；

d) 重量(包括可拆卸容器)；

e) 制造日期或产品编号；

f) 制造厂名称。

7.4 托盘车出厂时一般不进行包装，如用户有特殊要求，则按合同执行。

7.5 托盘车在包装运输过程中，应能承受相当于三级公路汽车运输所产生的机械振动和冲击。

7.6 托盘车出厂时应附带下列文件：

a) 产品合格证；

b) 使用说明书；

c) 装箱单；

d) 备件目录。

7.7 托盘车应贮存于通风良好的仓库内，不能长期露天贮存。

ICS 53.060
J 83

GB

中华人民共和国国家标准

GB/T 27543—2011

手推升降平台搬运车

Pedestrian controlled platform trucks

2011-11-21 发布　　2012-05-01 实施

中华人民共和国国家质量监督检验检疫总局
中国国家标准化管理委员会　发布

前　言

本标准由中国机械工业联合会提出。

本标准由全国工业车辆标准化技术委员会(SAC/TC 332)归口。

本标准负责起草单位:宁波如意股份有限公司。

本标准主要起草人:骆明飞。

手推升降平台搬运车

1 范围

本标准规定了手推升降平台搬运车的基本参数、技术要求、试验方法、检验规则、标志、包装、运输和贮存。

本标准适用于额定载荷不大于 1 500 kg，最大起升高度不大于 1 700 mm 的手推升降平台搬运车(以下简称平台车)。

2 规范性引用文件

下列文件中的条款通过本标准的引用而成为本标准的条款。凡是注日期的引用文件，其随后所有的修改单(不包括勘误的内容)或修订版均不适用于本标准，然而，鼓励根据本标准达成协议的各方研究是否可使用这些文件的最新版本。凡是不注日期的引用文件，其最新版本适用于本标准。

GB/T 3683 橡胶软管及软管组合件 油基或水基流体适用的钢丝编织增强液压型 规范

GB/T 9286 色漆和清漆 漆膜的划格试验(GB/T 9286—1998，eqv ISO 2409：1992)

GB 12265.3 机械安全 避免人体各部位挤压的最小间距

GB/T 13306 标牌

3 基本参数

平台车的基本参数应符合图 1 和表 1 的要求。

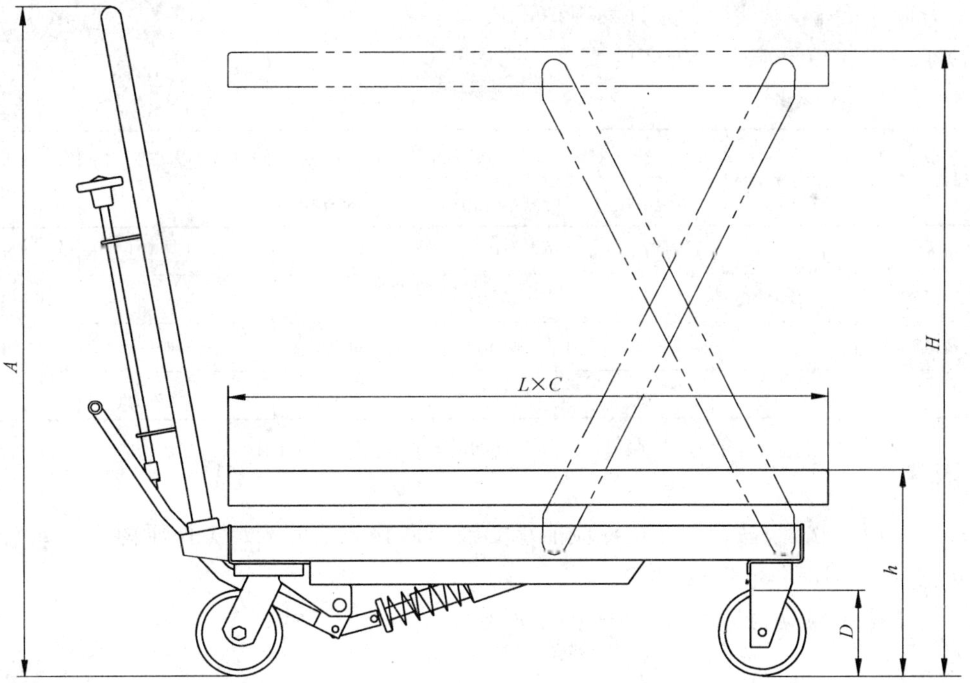

图 1

表 1

额定载荷/kg	≤1 500
最大起升高度 H/mm	≤1 700
最低高度 h/mm	>100
工作台面长度 L/mm	≥700
工作台面宽度 C/mm	≥400
把手高度 A/mm	900～1 100

4 技术要求

4.1 环境要求

4.1.1 平台车的工作环境温度为－20 ℃～＋45 ℃。

4.1.2 平台车的作业地面应坚硬、相对水平、表面平整。

4.2 使用性能

4.2.1 手柄握杆直径应为 22 mm～35 mm(指手握部分)。

4.2.2 平台车在无载和额定载荷下各构件、车轮应工作正常,不应有卡滞现象。平台车在全行程范围内的任意位置均应能平稳上升和下降。在无载状态时台面应能从最高处平稳下降至最低处,无异常声响。

4.2.3 平台车的下降控制装置在松手后应能自动回复至起始位置。

4.2.4 平台车在额定载荷时泵的容积效率不应小于 92%。

注:仅指人力泵,机动泵无此要求。

4.2.5 平台车在额定载荷时,10 min 内平台的自然下滑量不应大于 10 mm。

4.2.6 平台车在额定载荷时,下降速度不应大于 0.15 m/s。

4.2.7 电动升降平台车,车外最大允许噪声值不应大于 75 dB(A)。

4.2.8 平台车的操作力不应大于表 2 的要求。

表 2

额定载荷 Q/kg	滚动力/N		起升操作力/N		转向操作力/N	下降启动力/N
	启动阻力	滚动阻力	脚踏力	手动力		
≤300	150	75	300	200	150	150
300<Q≤500	250	150	350	250	250	
500<Q≤1 000	350	250	450	300	350	
1 000<Q≤1 500	400	300	450	400	400	

4.2.9 平台车应有制动装置,能使平台车在 5%硬质坡道上止停 5 min。

4.3 结构强度

4.3.1 平台车用液压软管、硬管和连接件应能承受液压回路 3 倍的额定工作压力 1 min 而不破裂且无异常现象,并应符合 GB/T 3683 的规定。

4.3.2 平台车整体结构应满足 1.33 倍额定载荷试验。

4.4 可靠性

4.4.1 平台车在额定载荷下连续起升 800 次后,不应出现焊缝开裂、零件损坏和各结构件永久变形、车轮脱胶、车轮龟裂、液压系统漏油、电气器件损坏等影响整机正常工作的缺陷。

4.4.2 平台车在额定载荷下,以 2(1±20%)km/h 的速度,随意行走 1 h 后,不应出现焊缝开裂、零件损坏和各结构件永久变形、车轮脱胶、车轮龟裂、液压系统漏油、电气器件损坏等影响整机正常工作的缺陷。

4.5 表面质量

4.5.1 平台车的表面涂装应光洁、美观。油漆(或喷涂)应均匀、色泽一致,不应有粗糙不平、漏漆、错漆、皱纹、针孔及严重流挂等缺陷。

4.5.2 漆膜附着力应符合 GB/T 9286 中规定的 2 级质量要求。

4.6 安全要求

4.6.1 平台车应有平台锁定装置,该装置能将平台限制在安全高度,该装置应能够承受平台车的额定载荷。

4.6.2 平台车的车轮应有防止误压人足的保护装置,其离地高度 h_1 应小于 35 mm(见图 2)。

1——轮子;

2——护脚挡板;

3——地面。

图 2

4.6.3 操作者在平台车正常工作位置上可以触及的活动部位应有足够的保护措施和机械安全空隙,其空隙应符合 GB 12265.3 的如下规定:

a) 对于可能伤害到手指的——≥25 mm;

b) 对于可能伤害到手掌和脚的——≥50 mm;

c) 对于可能伤害到手臂和腿的——≥100 mm。

4.6.4 所有外露的零部件应无利刃和尖刺。

4.6.5 总电源应有钥匙开关装置。

4.6.6 平台车应有超载保护的安全装置,在超载 15%时应能停止工作。

4.6.7 车上蓄电池金属盖板与蓄电池带电部分之间应有 30 mm 以上的空间。如盖板与蓄电池带电部分之间有绝缘层时,则其间隙至少应有 10 mm。绝缘层应牢固,以免在使用时发生绝缘层脱落或移动。

4.6.8 起升电动机的工作电流不应大于电动机最大允许电流。

4.6.9 蓄电池的绝缘电阻不应低于 50 Ω 乘以蓄电池组额定电压数值,其余电气设备的绝缘电阻不应小于 1 kΩ 乘以蓄电池组额定电压数值。

4.6.10 平台车应装有蓄电池或蓄电池箱约束或固定装置,防止蓄电池意外或非正常时滑出。

4.6.11 电器控制开关应有明显的标识,用于提醒和防止误操作。

4.6.12 平台车应有紧急断电装置。

4.6.13 对平台车在使用过程中的潜在危险应提出文字或图形警示。

4.7 液压系统密封性

整机液压与润滑系统密封性能良好,无渗漏油现象。

4.8 稳定性

平台车应能通过纵向5%坡度,横向3.5%坡度的稳定性试验。

5 试验方法

5.1 试验前的准备工作

5.1.1 试验前应使平台车具备正常的技术状态,允许充分磨合。

5.1.2 试验仪器应在试验前进行校对和检定达到规定的测量精度(有效期内可不重复检定)。

5.2 试验条件

5.2.1 试验环境温度为10 ℃~35 ℃。

5.2.2 空气最大相对湿度不大于90%。

5.2.3 试验场地应为平整、光滑、清洁的混凝土地面,其面积应能满足平台车的试验要求。

5.2.4 试验载荷不应超出平台车的台面,其质心点应垂向对准台面中心且应均匀分布在台面上。

5.3 试验

5.3.1 平台车呈无载状态下测定手柄握杆直径(非圆体应按外接圆测定)。

5.3.2 无载试验

平台车呈无载状态下,将台面上升到最高位置,然后打开下降控制装置,检查升降是否平稳,是否有阻滞或异常声响。当松开下降控制装置时,观察台面是否停止下降。

5.3.3 额定载荷试验

平台车在额定载荷下,试验方法同5.3.2。

5.3.4 台面自然下滑量

平台车在额定载荷下,台面起升到约总升程的1/2高度,测定台面在10 min内的总下滑量。

5.3.5 人力泵的容积效率

在额定载荷下,最大幅度地操作起升操纵杆,使台面从最低位置上升至最高位置,测量活塞杆的实际升程和泵芯的实测行程。并按式(1)计算泵的容积效率。测3次取平均值。

$$\eta_v = \frac{D^2 h_1}{n d^2 h_2} \times 100\% \qquad \cdots\cdots(1)$$

式中:

D——油缸内径,单位为毫米(mm);

d——泵体内径,单位为毫米(mm);

n——泵芯的工作次数;

h_1——活塞杆实测升程,单位为毫米(mm);

h_2——泵芯实测升程,单位为毫米(mm)。

5.3.6 下降速度

平台车在额定载荷下,将台面上升到最高位置,打开下降控制装置,此时台面将按最高速度下降,共测3次取平均值。按式(2)计算台面下降速度。

$$v = \frac{r}{t} \qquad \cdots\cdots(2)$$

式中:

v——下降速度,单位为米每秒(m/s);

r——台面升程,单位为米(m);

t——下降时间,单位为秒(s)。

5.3.7 安全阀

平台车分别在额定载荷和超载15%时做起升试验。

5.3.8 操作力

5.3.8.1 启动阻力

平台车在额定载荷下，台面处于最低位置，轮子处于直线运动状态，手拉力计（如弹簧秤）在把手处沿水平方向（图 3）慢慢拉动平台车，测出平台车启动时的最大拉力值 F，正反方向各测 2 次，取平均值为启动阻力。

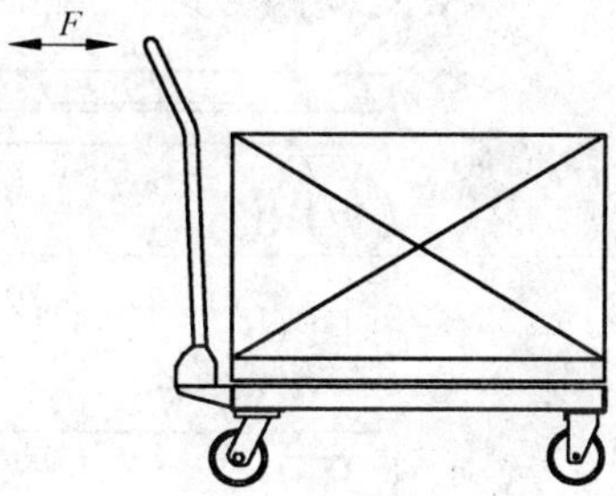

图 3

5.3.8.2 滚动阻力

平台车在额定载荷下，台面处于最低位置，轮子处于直线运动状态，手拉力计（如弹簧秤）在把手处沿水平方向（图 3）慢慢拉动平台车，以 0.5(1±20%)m/s 速度移动时的最大拉力值为滚动阻力。正反方向各测 2 次，取平均值。

5.3.8.3 转向力

5.3.8.3.1 固定手柄的转向力

平台车在额定载荷下，台面处于最低位置，转向轮与把手同向时手拉力计（如弹簧秤）在把手处沿 90°方向（图 4），转向轮在把手对面时在把手处沿 45°方向（图 5）拉动，使平台车转向时的最大拉力值为平台车的转向力。正反方向各测 2 次，取平均值。

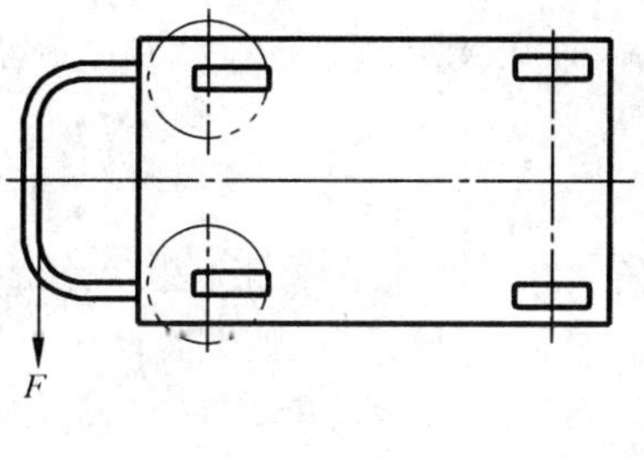

图 4

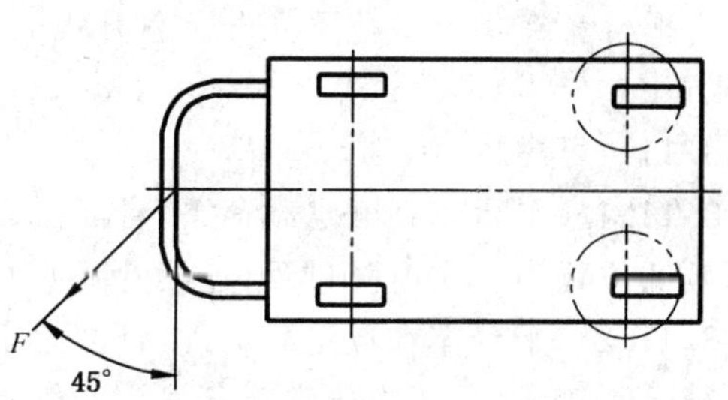

图 5

5.3.8.3.2 铰接手柄的转向力

平台车在额定载荷状态下，台面处于最低位置，将手柄摇至与地面成 45°±2°时，手拉力计（如弹簧秤）在手柄切线（图 6、图 7）方向拉动，使平台车转向的最大拉力值为平台车的转向力。正反方向各测 2 次，取 2 次平均值。

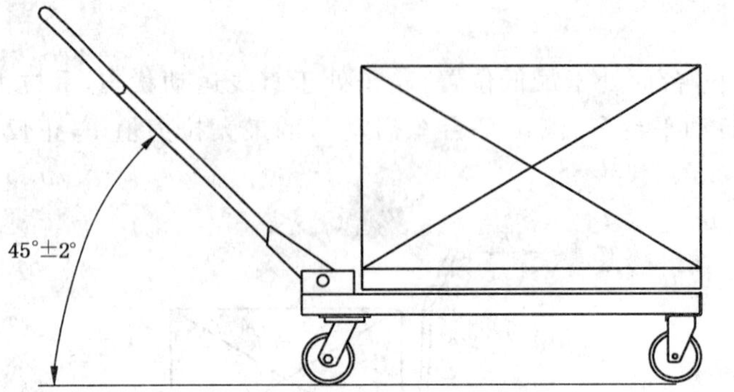

图 6

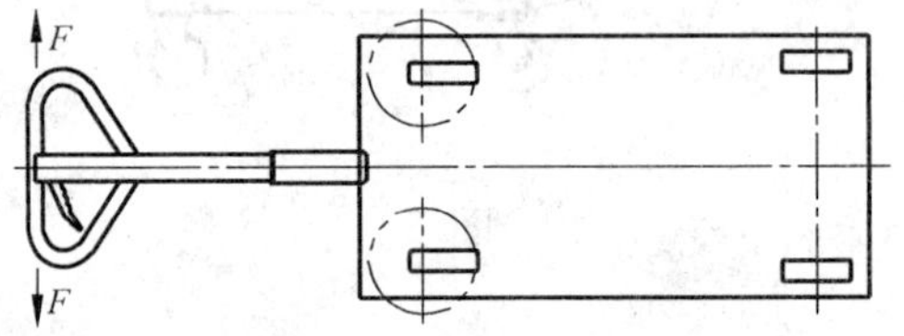

图 7

5.3.8.4 起升操作力

平台车在额定载荷下，台面处于最低位置，手拉力计（如弹簧秤），沿起升操纵杆切线方向测出的最大力值，共测 2 次，取平均值为起升操作力。

5.3.8.5 下降启动力

平台车在额定载荷下，将台面升至最高位置，用测力计（如弹簧秤）测出下降控制装置如：扳手、踏板、旋轮等末端沿运动方向拉动，直至使台面下降时的最大力值为下降启动力。取 3 次平均值。

5.3.9 制动性能

平台车在额定载荷下，台面处于最低位置，在 5%坡度上作制动 5 min 测试，上下坡各做 1 次。

5.3.10 结构强度

平台车在额定载荷下先升至总升程的 1/2 高度，再在台面上施加 0.33 倍额定静载荷，静置时间为 15 min。

5.3.11 可靠性

5.3.11.1 平台车在额定载荷下，台面由最低位置上升到最高位置，然后打开下降控制装置使台面下降到最低位置为一次升降过程，连续升降 800 次，检查运行是否正常，是否有异常现象发生。

5.3.11.2 平台车在额定载荷下，台面处于最低位置，以 2(1±20%)km/h 的速度，随意行走 1 h，检查运行是否正常，是否有异常现象发生。

5.3.12 液压系统密封性

可靠性试验后用清洁软质的纸张（如餐巾纸）擦拭泵芯、活塞杆、液压管及各连接等部位，检查是否有渗漏油迹象。

5.3.13 表面质量

5.3.13.1 观察平台车表面涂装是否符合要求。

5.3.13.2 平台车的漆膜附着力按 GB/T 9286 中规定的方法检验，任取 3 处，结果取最低值。

5.3.14 安全性

5.3.14.1 检查台面是否有锁定装置。

5.3.14.2 检查车轮是否有保护装置。

5.3.14.3 检查外露的零部件是否存在锋利的边或尖刺。

5.3.14.4 检查总电源是否有钥匙开关。

5.3.14.5　检查机械安全空间是否符合要求。

5.3.14.6　检查蓄电池带电部位与金属箱体(箱盖)的间距是否符合要求。

5.3.14.7　检查蓄电池是否有约束固定装置。

5.3.14.8　检查是否有紧急断电装置。

5.3.14.9　对绝缘电阻进行测试。

平台车处于冷态，测量蓄电池正、负极相对箱体绝缘电阻，测定2次，取最小值。断开蓄电池电源，短接控制设备全部电气元件，在冷态下测定控制电路、电动机回路等导体对车体和蓄电池外壳的绝缘电阻。测点应不少于8点，取最小值。

注：测试前应拆除与车体连接的电气系统；短路或拆除不能承受500 V电压的元器件。

5.3.15　稳定性车外噪声值测试

在操作人员耳边处，测量平台车以最大起升速度起升时的最大噪声值。环境噪声应比所测噪声至少低10 dB(A)。

5.3.16　坡度试验

5.3.16.1　纵向5%坡度试验

平台车呈额定载荷状态，在坡道上如表3所示位置放置，刹住车轮，防止车子移动，也可以用楔木垫住车轮。楔木的高度尺寸应符合表4的要求。然后将台面上升至最高位置，静置5 min，不倾翻为通过试验。

表 3

轮子数量和排列方式	纵向测试5%坡度	横向测试3.5%坡度

四个或更多轮子，其中一个或多个是转向轮	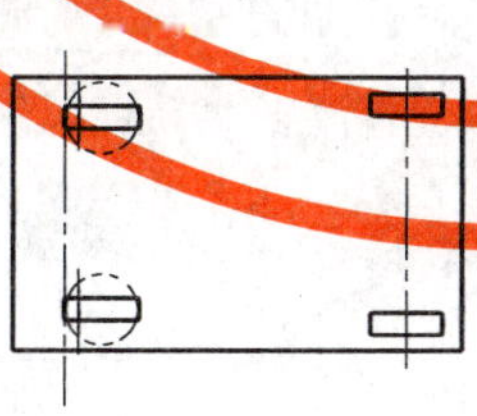	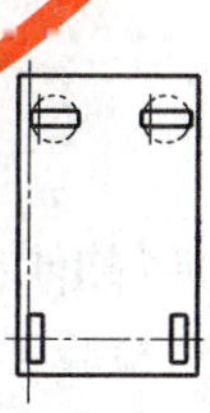
三角形排列轮子，其中一组可以转向	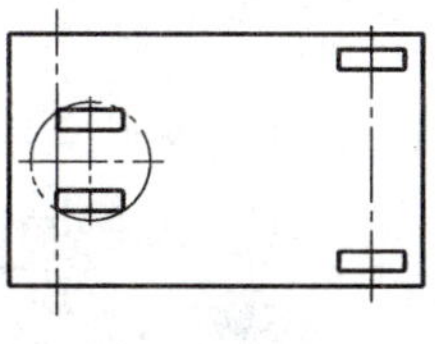	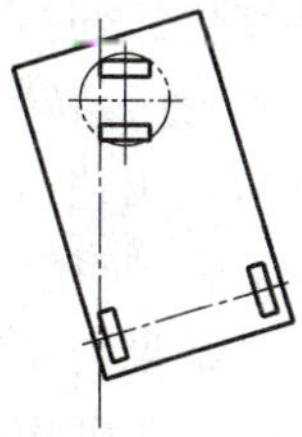

表 3（续）

轮子数量和排列方式	纵向测试 5%坡度	横向测试 3.5%坡度
棱形排列轮子，其中一个可以转向	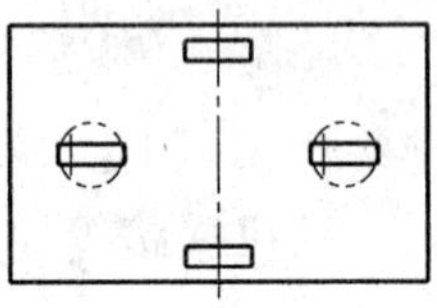	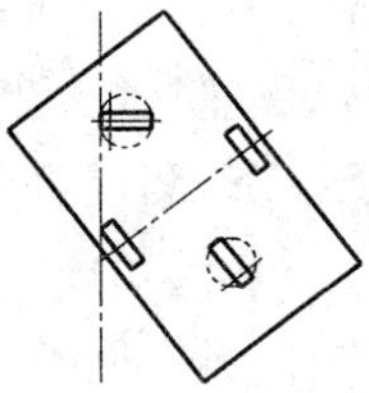
三角形排列轮子，其中一个可以转向	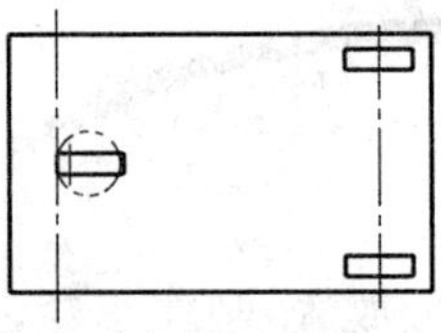	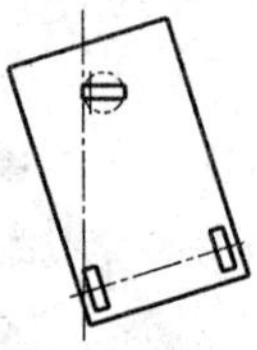

表 4

轮子外径 d/mm	楔木高度/mm
≤250	25
>250	d/10

5.3.16.2　**横向 3.5%坡度试验**

平台车呈额定载荷状态，在专用试验平台上如表 3 所示位置放置，刹住车轮，防止车子移动，也可以用楔木垫住轮子。楔木的高度尺寸应符合表 4 的要求。将台面上升至最高位置，缓慢地倾斜试验平台至规定的坡度，静置 5 min，不侧翻为通过试验。

5.3.16.3　**安全保护**

为了避免在试验过程中平台车发生倾翻或试验载荷移动，应采取适当的保护措施。例如用绳套来防止倾翻，或用起重吊车挂住试验载荷。不管用何种方法，都应保持绳套或吊具的松弛状态，这样就可以保证在平台车出现倾翻之前不会有明显的约束力附加在平台车上。

6　检验规则

6.1　出厂检验

6.1.1　平台车应进行出厂检验。

6.1.2　采用抽样法检验批量生产的平台车。

6.1.3　出厂检验项目应符合表 5 要求。

6.2　型式检验

6.2.1　在下列情况之一时，应进行型式检验：

a)　新产品或老产品转厂生产的试制定型鉴定；

b)　结构、材料、工艺有较大改变，可能影响产品性能时；

c)　长期停产后，恢复生产时；

d)　出厂检验结果与型式检验有较大差异时；

e)　国家质量监督机构或有关部门提出进行型式检验的要求时。

6.2.2　型式检验结果应符合第 4 章的要求。若有不合格项即为型式检验不合格。

6.2.3 型式检验项目应符合表 5 要求。

表 5

检验项目	型式试验	出厂检验
结构尺寸	√	—
手柄握杆直径	√	—
表面质量	√	√
无载试验	√	√
额定载荷试验	√	√
泵容积效率	√	—
自然下滑量	√	√
下降速度	√	√
操作力	√	—
制动性能	√	—
结构强度	√	—
可靠性	√	—
液压系统密封性	√	√
安全阀	√	√
安全性	√	—
车外噪声	√	—
绝缘性能	√	—
稳定性	√	—
注 1：“√”表示应做项目。 注 2：电动升降平台车不做泵容积效率试验和起升操作力及下降启动力试验。		

7 标志、包装、运输、贮存

7.1 标志

每台产品应在明显位置固定产品标牌，其型式和尺寸应符合 GB/T 13306 的规定并标明下列内容：

a) 产品名称、型号；

b) 额定载荷；

c) 最大起升高度；

d) 工作台面的长度和宽度尺寸；

e) 自重；

f) 生产日期及出厂编号；

g) 制造厂名称。

7.2 包装

7.2.1 平台车出厂时应进行妥善包装，保证平台车不受损坏、腐蚀，并能满足运输、贮存的要求。

7.2.2 平台车出厂时随机附带下列文件：

a) 产品合格证；

b) 使用说明书；

c) 装箱单。

7.3 运输

7.3.1 平台车上所有相对运动的零部件应作必要的固定。

7.3.2 平台车在运输的过程中应采取适当的固定，捆扎的绳带不应与产品直接接触。

7.3.3 平台车在运输过程中应有防护措施，防止雨水和风沙的侵入。

7.4 贮存

7.4.1 平台车宜在室内通常环境下贮存。

7.4.2 平台车不能露天贮存。

7.4.3 平台车不能在潜在的爆炸性气体和腐蚀性环境中贮存。

ICS 53.060
J 83

中华人民共和国国家标准

GB/T 27544—2011/ISO 20898:2008

工业车辆　电气要求

Industrial trucks—Electrical requirements

(ISO 20898:2008,IDT)

2011-11-21 发布　　2012-05-01 实施

中华人民共和国国家质量监督检验检疫总局
中国国家标准化管理委员会　发布

前　言

本标准按照 GB/T 1.1—2009 给出的规则起草。

本标准使用翻译法等同采用 ISO 20898:2008《工业车辆　电气要求》。

与本标准中规范性引用的国际文件有一致性对应关系的我国文件如下：

GB 4208　外壳防护等级(IP 代码)(GB 4208—2008,IEC 60529:2001,IDT)

GB/T 14472　电子设备用固定电容器　第 14 部分:分规范:抑制电磁干扰和电源网络　主电源连接用固定电容器(GB/T 14472—1998,idt IEC 60384-14:1993)

GB/T 15706.2　机械安全　基本概念与设计通则　第 2 部分:技术原则(GB/T 15706.2—2007,ISO 12100-2:2003,IDT)

GB/T 16855.1　机械安全　控制系统有关安全部件　第 1 部分:设计通则(GB/T 16855.1—2008,ISO 13849-1:2006,IDT)

GB/T 17938　工业车辆　电动车牵引用铅酸蓄电池　优先选用的电压(GB/T 17938—1999,idt ISO 1044:1993)

本标准由中国机械工业联合会提出。

本标准由全国工业车辆标准化技术委员会(SAC/TC 332)归口。

本标准负责起草单位:杭叉集团股份有限公司、北京起重运输机械设计研究院。

本标准参加起草单位:广西柳工机械股份有限公司、浙江诺力机械股份有限公司、宁波如意股份有限公司、厦门厦工机械股份有限公司。

本标准主要起草人:余香琴、徐征宇、王晓峰、邵以东、明国胜、赵衍木、李蔚苹。

工业车辆 电气要求

1 范围

本标准规定了设计和制造自行式工业车辆(包括带门架的)和伸缩臂式越野叉车(见 GB/T 6104—2005 中的 3.1.3.1.8)以及额定牵引力不大于 20 000 N 的牵引车的电气要求。

本标准适用于蓄电池电压符合 ISO 1044 的车辆,而带主电源的车辆的附加要求见 GB 5226.1—2008。

本标准不适用于:

——在潜在爆炸性环境下使用的车辆;

——与电磁兼容有关的问题。

本标准不再复述与技术方法相关的规则以及制造工业车辆所用材料的要求。上述内容可参考 ISO 12100-2。

2 规范性引用文件

下列文件对于本文件的应用是必不可少的。凡是注日期的引用文件,仅注日期的版本适用于本文件。凡是不注日期的引用文件,其最新版本(包括所有的修改单)适用于本文件。

GB 5226.1—2008 机械电气安全 机械电气设备 第1部分:通用技术条件(IEC 60204-1:2005,IDT)

GB/T 16856.1—2008 机械安全 风险评价 第1部分:原则(ISO 14121-1:2007,IDT)

ISO 1044 工业车辆 电动车辆牵引用铅酸蓄电池 优先选用的电压(Industrial trucks—Lead-acid traction batteries for electric trucks—Preferred voltages)

ISO 12100-2 机械安全 基本概念与设计通则 第2部分:技术原则(Safety of machinery—Basic concepts,general principles for design—Part 2:Technical principles)

ISO 13849-1 机械安全 控制系统有关安全部件 第1部分:设计通则(Safety of machinery—Safety-related parts of control systems Part 1:General principles for design)

EN 50272-3 二次蓄电池和电池设备的安全要求 第3部分:牵引用蓄电池(Safety requirements for secondary batteries and battery installations—Part 3:Traction batteries)

IEC 60384-14 电子设备用固定电容器 第14部分:分规范:抑制电源电磁干扰用固定电容器(Fixed capacitors for use in electronic equipment—Part 14:Sectional specification:Fixed capacitors for electromagnetic interference suppression and connection to the supply mains)

IEC 60529 外壳防护等级(IP代码)(Degrees of protection provided by enclosures(IP Code))

IEC 60947-5-1 低压开关设备和控制设备 第5-1部分:控制电路器件和开关元件 机电控制电路器件(Low-voltage switchgear and control gear—Part 5-1:Control circuit devices and switching elements—Electromechanical control circuit devices)

3 术语和定义

下列术语和定义适用于本文件。

3.1

电弧元件 arcing part

用于分断电流的机械装置。

3.2

辅助电路 auxiliary circuit

控制灯、风扇和其他电气附件的电路。

3.3

蓄电池舱 battery compartment

车辆上用于放置蓄电池组的空间。

3.4

蓄电池箱 battery enclosure

存放蓄电池的容器。

3.5

控制电路 control circuit

控制车辆动作的电路。

3.6

失效 deactivate

使不起作用或无效。

3.7

直接接触 direct contact

人体与带电部分的接触。

3.8

电气外壳 electrical enclosure

供存放未绝缘带电部件的隔室。

3.9

电动或电子转向 electrical or electronic steering

连接输入到输出的非机械转向系统。

3.10

外露可导电部分 exposed conductive part

易触及的、平时不带电、但在故障情况下可能带电的电气设备的可导电部分。

3.11

搭铁故障 frame fault

带电部分意外接触到车架。

3.12

间接接触 indirect contact

人体与故障情况下变为带电的外露导电部分的接触。

3.13

带电部分 live part

正常使用时带电的导线或导电体。

3.14

标称电流 nominal current

电气系统能够连续工作而不超过允许温度的电流值,单位为安培。

3.15

标称电压(车辆系统) nominal voltage(of the truck system)

车辆系统中串联在一起的蓄电池单体总数乘蓄电池单体标称电压。

3.16

动力电路 power circuit

电动机的供电电路,这些电动机使车辆动作,即牵引、转向和起升。

3.17

接触器额定工作电流 rated operating current

I_e

由使用条件决定的接触器的电流值。

3.18

额定发热电流 rated thermal current

I_{th}

在无任何闭合或分断接触器的情况下,决定主电路温升的电流值。

3.19

失火危险 risk of fire

任何设备表面温度大于175 ℃或其在外壳以外能产生火花。

3.20

常规试验 routine test

所有车辆产品所必需的试验。

3.21

型式试验 type test

验证每种类型车辆符合本标准的试验。

4 危险列表

表1包含了不符合本标准的所有重大危险、危险情况和事件,见GB/T 16856.1—2008的附录A和括号内的引用所描述的情况,如果不加以解决可能涉及到人身伤害。相应要求栏中提供了在每一种情况下限制或减少危险的指导。

表1 重大危险、危险情况和危险事件

危　险		相应要求	
1	机械危险(1)	5.1.11	链条松动和损坏
	挤压危险(1.1)	5.1.12	低电压
	——车辆部件之间	5.1.14	控制系统—总则
	——车辆和障碍物之间	5.1.15	控制系统—运行
	碰撞冲击(20)	5.1.16	控制系统—装卸操作
	——操作者驾驶时	5.1.17	控制系统—转向
	失去稳定(18)	5.1.18	接触器
	——由于超速	7.1	电动车辆标识基本要求
	——由于电池质量错误	7.3	内燃车辆标识基本要求

表1(续)

危险		相应要求	
2	电气危险	5.1.1	牵引蓄电池
	触电(2.1)	5.1.2	蓄电池连接线
	过载	5.1.3	蓄电池连接器
	——所有电压	5.1.4	蓄电池充电
		5.1.5	蓄电池紧急切断(断开)要求
		5.1.6	结构设计
		5.1.8	配线及导线
		5.1.9	触电保护[直接接触和间接接触(有间距)]
		5.1.13	过流保护元件
		5.2.1	蓄电池
		5.2.2	电路保护
		5.2.3	控制系统
		5.2.4	配线及导线
		5.2.5	触电保护[直接接触和间接接触(有间距)]
		6.2.1	异常操作
	120 V<电压≤240 V	5.1.1	牵引蓄电池
		5.1.7	标称直流电压超过120 V的车辆
3	过热危险	6.2.2	温度
7	材料/物质的危害	5.1.1	牵引蓄电池
	蓄电池电解液	5.1.2	蓄电池连接线
	失火及爆炸危险(所有电压)	5.1.3	蓄电池连接器
		5.1.4	蓄电池充电
		5.1.5	蓄电池紧急切断(断开)要求
		5.1.6	结构设计
		6.1	绝缘电阻试验(常规试验)
		6.2.1	异常操作
		6.2.3	电弧试验
		6.2.5	蓄电池连接器试验
		6.2.6	接触器试验
	120 V<电压≤240 V	5.1.7	标称直流电压超过120 V的车辆
		7.1	电动车辆标识基本要求
		7.3	内燃车辆标识基本要求
4.5	人机工程危险(8)	7.1	电动车辆标识基本要求
4.5.1	人的错误(8.6)	7.3	内燃车辆标识基本要求

表 1（续）

危险		相应要求	
4.6	功能紊乱造成的危险(10)	5.1.12 5.1.14	低电压 控制系统—总则
4.6.1	能量供应错误	5.1.15	控制系统—运行
4.6.2	控制系统错误	5.1.16	控制系统—装卸操作
4.6.3	失去机械稳定	5.1.17	控制系统—转向
		5.1.18	接触器
		5.2.2	电路保护
		5.2.3	控制系统

5 要求

5.1 电动车辆的电气要求

5.1.1 牵引蓄电池

5.1.1.1 所有车辆都应配备绝缘蓄电池。

5.1.1.2 安装在金属容器内的蓄电池单体应彼此绝缘。

5.1.1.3 蓄电池单体连接应遵循的原则为：任何两个相邻的蓄电池单体之间的标称直流电压不能超过 24 V。

5.1.1.4 对于蓄电池极柱，应采取措施减少连接松动的风险，连接松动会产生电弧或过热。

5.1.1.5 在车辆上配备车载蓄电池充电器时，蓄电池极柱应有绝缘套或绝缘盖保护。

例外 1：极柱特意通过车架接地，不必提供绝缘套或绝缘盖。

例外 2：本项要求不适用于按照 5.1.1.6 要求配备了接地故障断路器或输出隔离的车载蓄电池充电器。

5.1.1.6 当车辆配备车载充电器时，应符合 GB 5226.1—2008 中的 6.3.1～6.3.2，7.2.1 和 8.1～8.2 的要求。与主电源连接的设备的外壳应符合 IEC 60529 中的防护等级 IPxxB。但对于上表面，防护等级至少应达到 IPxxD。

5.1.1.7 对于标称直流电压超过 120 V 的蓄电池，蓄电池箱应可锁住，或应有相关的装置保证蓄电池箱未锁住时，蓄电池箱未经允许时不能被打开。

5.1.1.8 对标称直流电压超过 120 V 的蓄电池，可以选择下列防护措施防止间接接触：

a) 绝缘保护；

b) 非接地等电位连接保护；

c) 自动切断或信号保护。

5.1.1.9 标称直流电压超过 120 V 的蓄电池箱应符合下列条件：

a) 金属和与金属连接的材料不受电解液腐蚀；

b) 由绝缘材料组成。

5.1.2 蓄电池连接线

5.1.2.1 标称直流电压不大于 120 V 的蓄电池连接线应符合下列条件：

a) 使用横截面积和绝缘层厚度合格的导线(见 IEC 60227-1 和 IEC 60245-1)；

b) 根据车辆的温度和电压选定适当的绝缘层材料；

c) 耐电解液腐蚀；

d) 能承受 5.1.3.2 中规定的温度条件下的弯曲、加工处理和撞击；

e) 不大于 35 mm^2 的导线平均绝缘层厚度不小于 1.5 mm，大于 35 mm^2 的导线平均绝缘层厚度不小于 2 mm。

5.1.2.2 标称直流电压超过 120 V 的蓄电池连接线，应符合 GB 5226.1—2008 的要求。

5.1.3 蓄电池连接器

5.1.3.1 如果安装蓄电池连接器，连接器一端应永久固定在车辆或蓄电池箱上，在不影响连接器配合、插拔效率或断开操作以及端子和连接线不产生张力的情况下，连接器自由端的电缆长度应尽可能的短。(见 5.1.2)

5.1.3.2 蓄电池连接器应符合蓄电池电压，并根据使用需要选择，且应对蓄电池电解液和酸雾有抗腐蚀性。连接器的使用温度范围至少应达到－20 ℃～＋90 ℃，并应符合 6.2.5 的试验规定。

5.1.3.3 连接器应能防止极性反接，不同工作电压应通过颜色或编码装置区别，避免充电器/蓄电池/车辆的误接。

5.1.3.4 永久固定在蓄电池上的一端应加以保护，以避免人体意外接触到带电部件，带电部件应隐藏在连接器内，按照 IEC 60529 的规定，当蓄电池直流电压大于 60 V 时，防护等级应为 IP2X 或更高。

5.1.3.5 按照 IEC 60529 的规定，当连接器两端连接时，其外壳的防护等级应为 IP23 或更高。

5.1.3.6 如果连接器两端能被小于 15 N 的力分开，则应配有一个防松脱装置以保证可靠连接，可以设计一个手柄方便连接器两端插拔。

5.1.3.7 连接器应符合 6.2.5 规定的型式试验要求。

5.1.4 蓄电池充电

5.1.4.1 外部充电电缆与车辆或车辆蓄电池连接时，不能给车辆驱动电路供电。该要求不适用于在作业过程中也可以充电的车辆。

5.1.4.2 当蓄电池标称直流电压超过 120 V，充电机应由连接器的辅助触点或其他装置控制通电，以防止连接器上产生电弧，并确保在充电机连接到蓄电池之前不带电。

5.1.5 蓄电池紧急切断(断开)要求

5.1.5.1 紧急切断控制器或蓄电池连接器作为紧急切断装置时，应置于在正常操作位置的操作人员随手可及之处。

5.1.5.2 紧急切断装置应能无危险地切断所有驱动部件的电源。通过下述方法之一，应能切断最大标称电流(包括电动机启动电流)：

a) 对于蓄电池标称直流电压不大于 120 V 的蓄电池连接器，可作为紧急切断装置使用；对于蓄电池标称直流电压大于 120 V 的蓄电池连接器，禁止把蓄电池连接器作为紧急切断装置使用。

b) 手动电源开关直接断开供电线路的一条导线。

c) 手动控制开关通过接触器断开供电线路上一条导线，同时应使电源控制器(例如：逆变器或他励电动机控制器)失效。使用机械换向器而没有电源控制器的串励电动机驱动的车辆，有必要使用两个独立的接触器切断蓄电池供电。

在 b)或 c)的情况下，根据 IEC 60947-5-1，应该切断电源正极。紧急断开控制器为红色，参见 IEC 60947-3，如果背景是红色，应使用对比(反衬)色。

只应通过正常操作手动复位装置重新建立驱动部件的供电。

5.1.5.3 如蓄电池连接器被用作紧急切断装置，连接器可移动端应能在不损坏蓄电池连接器或电缆的情况下断开。

连接器中可移动端用作紧急切断开关时，应能在紧急状态下从连接器快速断开，连接器的两部分应能轻易地分开。操作力不应超过 150 N。

5.1.6 结构设计

5.1.6.1 电源电路中所有电弧元件应被封装或合理安装，以避免产生的火花或熔化的金属可能引起的失火危险。

5.1.6.2 产生火花的部件、温度可达 300 ℃或更高的部件不能安装在可能产生爆炸性气体和空气混合气的地方，例如，在蓄电池充放电时，蓄电池上方或靠近蓄电池的地方氢气容积浓度超过 4% [爆炸下限(LEL)]。蓄电池连接器不用作紧急切断装置时，视为非产生火花的部件。

5.1.6.3 接触器和熔断器应安装在便于维修的位置，例如，移除盖子后，能更换整个接触器或更换触点。其他电弧元件和需经常处理的元件也应便于维修和检查。

5.1.6.4 除以下情况外，车架不应有任何电气连接：

a) 车架故障检测系统；

b) 照明及附属设备的输入标称直流电压不超过 60 V，并且与主电源隔离；

c) 在使用车载充电器充电时接地；

d) 如果输入直流电压超过 60 V，根据 IEC 60384-14，抑制电容器最小标准等级为 Y 级；

e) 电缆和元件的屏蔽层应当符合 6.1 规定的绝缘电阻试验要求。

5.1.6.5 切断电源后，对于容量 60 μF 以上的充电电容的电压应该在 5 s 内放电到 60 V 以下，见 GB 5226.1—2008 中的 6.2.4，或者提供一个电容放电的警告标志。

5.1.7 标称直流电压超过 120 V 的车辆

5.1.7.1 控制和辅助电路的直流电压不应超过 120 V，并且应与主电源隔离，预热电路和电池充电电路除外。

5.1.7.2 车架和金属电气壳体(如电动机壳体)应采用等电位连接。

5.1.7.3 当自动装置检测到线路发生搭铁故障时，应发出声音和/或视觉信号，或者能紧急停车并切断电源。

5.1.8 配线及导线

5.1.8.1 多芯电缆应能在电路最高电压条件下绝缘。

5.1.8.2 导体的横截面积应满足导线的温度不超过绝缘温度等级。

5.1.8.3 铜导线的外部绝缘层应有满足使用要求的足够的柔韧性和合适的机械强度(用于电气和电子元件之间的短连接以及作为元件本体部分的导线除外)。

5.1.8.4 所有的导线应有效地绝缘，并有必要的保护措施以免机械损伤，导线的布置和保护应能避免其在车辆正常操作条件下损伤。车辆正常操作时的导线弯曲应在其接线端子处得到机械应力的释放。驾驶室内的绝缘导线如果不会被操作者损坏，则不需要保护。

5.1.8.5 电源接线端的尺寸和形状应与相连接的导线的容量相符并具有相应的机械强度。对于电源接线端，应采取措施以减小可能引起过热和电弧的连接松动风险。

5.1.8.6 应由有资格的人员现场安装车辆制造商允许的电气附件，且不应对原有布线进行大的更改或剪切、拼接或焊接接线端子，电气附件应符合本标准的要求。

5.1.8.7 线束和电缆不应被润滑油污染，不应布置在不适合其绝缘等级或有润滑油的表面上。

5.1.9 触电保护[直接接触和间接接触(有间距)]

5.1.9.1 工作条件下的车辆非绝缘带电部件的防护等级应为 IEC 60529 中规定的 IPxxB 级，以防止直接接触。对于上表面,最小防护等级应为 IPxxD 级。

5.1.9.2 按照 GB 5226.1—2008 中的 6.3.2.3,防止间接接触的保护应通过电气隔离来实现。

5.1.9.3 除蓄电池外,对于直流电压超过 60 V 的带电元件的电气外壳,应使用锁具以确保安全。

5.1.10 灯和灯座

所有灯和灯座都应封装,封装材料的温度等级应达到其最大工作温度。

5.1.11 链条松动和损坏

驾驶员位置可升降的车辆,其上用于检测链条松动和损坏并终止链条动作的电气或电子装置,应正确设计和安装,以确保链条提升过程中出现故障时,终止动作功能始终有效。

按照 IEC 60947-5-1,如果检测是通过机械开关,直接断开上升和下降功能,这个开关应是常开型的。

如果检测是通过其他类型的开关或传感器电路,与安全有关的部分应符合 ISO 13849-1 中的第 3 类要求。

5.1.12 低电压

电气系统应设计为在任何蓄电池电压条件下都不会产生安全危害。在电压降至标称电压 70%前,车辆所有功能都应正常工作。如果电压低于 70%时存在风险,控制系统应阻止车辆相关功能的工作。

5.1.13 过流保护元件

5.1.13.1 电源、控制电路和辅助电路应有过流保护元件,该装置应能防止最小导体的过热。

5.1.13.2 过流保护元件应能切断最大的过电流,而不产生火险。

5.1.13.3 在控制电路和电源电路中,过流保护元件应尽可能接近供电电源或蓄电池。非复位过流保护元件应有额定值的标识以便更换,此外,车辆上也应有过流保护元件额定值的相关标识。

5.1.14 控制系统—总则

5.1.14.1 电路的设计应保证当车辆发生故障时,不引起操作者无法控制的意外运动。

5.1.14.2 采用固态电路控制的车辆的所有电源和控制电路(例如:驱动电路、泵的驱动单元和转向)应经过系统故障分析。任何元件故障均不应造成失火、失控动作和触电。与安全相关零件应符合 ISO 13849-1 的规定,如果无其他规定,电源和控制电路应符合 ISO 13849-1 的要求,具备故障分析功能,最低水平是 1 类。

5.1.15 控制系统—运行

5.1.15.1 运行控制系统应设计成只有当速度和方向控制被激活时,车辆才能够在水平地面上从静止开始启动。另外,应提供一个方法确保当操作者处于操作位置时,只有通过速度和/或方向控制复位,运行控制电路才能够被激活。

5.1.15.2 任何由于电源开关电路故障引起的不受控制的全功率运行,应该在 0.2 s 内被停止。

5.1.15.3 当操作者离开车辆时,应有一个独立于速度控制装置(加速器)之外的装置自动阻止运行控制电路工作,例如:座椅开关、步行操作手柄开关。如果存在远离驾驶位置的独立的运行控制系统,则该系统被选中时,可不受上述装置控制。

5.1.15.4 自行式步行控制车辆的舵柄上应有一个装置,该装置的功能是当车辆的舵柄处于工作位置并触及到一个实体(例如:操作者的身体)时,可使车辆反向行驶,离开操作者,直到装置上的压力消失。或施加了制动使车辆停止。

注：该装置的功能应在操作中防止被误用(例如，该功能只有当舵柄处于工作位置，车辆确实朝向操作者运动时才起作用)。当操作者位于车辆中心处的平台上操作舵柄时，该装置的功能应失效。

5.1.16 控制系统—装卸操作

当控制电路发生故障时，装卸系统的电气控制，无论是自动还是手动功能，均应无效。

5.1.17 控制系统—转向

电动和电子转向控制系统应设计为：在车辆运行时，避免与手动方向盘输入无关的转向动作。任何一个可能产生上述状况的电气或电子故障都应能被检测，并在 0.2 s 内转向辅助系统断电，如果动力转向系统为全电动转向系统，车辆应自动停车。与安全相关的部分应符合 ISO 13849-1 中的第 3 类要求。

注：系统安全电路应能按照制造商的说明定期检查。

5.1.18 接触器

接触器应符合 6.2.6 规定的型式试验要求。

5.1.19 车辆测试

5.1.19.1 车辆应符合 6.1 规定的常规试验要求。

5.1.19.2 车辆应符合 6.2.1～6.2.4 规定的型式试验要求。

5.2 内燃车辆的电气要求

5.2.1 蓄电池

5.2.1.1 除搭铁线路之外的蓄电池带电部分应绝缘。

5.2.1.2 启动用蓄电池应固定，避免移动。

5.2.2 电路保护

5.2.2.1 电源、控制电路和辅助电路应有过流保护元件，该装置应能防止最小导体的过热。

5.2.2.2 过流保护元件应能切断最大过电流，而不产生火险。

5.2.2.3 在控制电路和电源电路中，过流保护元件应尽可能接近供电电源或蓄电池。非复位过流保护元件应有额定值的标识以便更换，此外，车辆上也应有过流保护元件额定值的相关标识。

5.2.3 控制系统

5.2.3.1 电气系统应设计为在任何蓄电池工作电压条件下都不会对设备和人员造成危害。在电压降至 85％标称电压之前，车辆所有功能都应正常工作。如果电压低于 85％标称电压时存在风险，控制系统应阻止车辆相关功能的工作。如果电气系统需要在发动机起动时工作，可能需要特殊的预防措施。

5.2.3.2 电路的设计应保证当车辆发生故障时，不引起操作者无法控制的意外运动。

5.2.3.3 当控制电路发生故障时，装卸系统的电气控制，无论是自动还是手动功能，均应无效。如果通过其他方式控制，例如直接手动操作液压阀，则上述要求无必要。

5.2.3.4 电动和电子转向控制系统应设计为：在车辆运行时，避免与手动方向盘输入无关的转向动作。任何一个可能产生上述状况的电气或电子故障应能被检测，并在 0.2 s 内转向辅助系统断电，如果动力转向系统为全电动转向系统，车辆应自动停车。系统安全电路应能按照制造商的说明定期检查。与安全相关的部分应符合 ISO 13849-1 中的第 3 类要求。

5.2.4 配线及导线

5.2.4.1 线束和电缆不应被润滑油和燃油污染，不应布置在不适合其绝缘等级或有润滑油的表面上。

5.2.4.2 所有的导线应有效地绝缘，并有必要的保护以免机械损伤，导线的布置和保护应能避免其在车辆正常操作条件下损伤。车辆正常操作时的导线弯曲应在其接线端子处得到机械应力的释放。驾驶室内的绝缘导线如果不会被操作者损坏，则不需要保护。

5.2.4.3 应由有资格的人员现场安装车辆制造商允许的电气附件，且不应对原有布线进行大的更改或剪切、拼接或焊接接线端子，电气附件应符合本标准的要求。

5.2.4.4 铜导线的外部绝缘层应有满足使用要求的足够的柔韧性和合适的机械强度(用于电气和电子元件之间的短连接以及作为元件本体部分的导线除外)。

5.2.4.5 多芯电缆在电路最高电压条件下应能绝缘。

5.2.4.6 导体的横截面积应满足导线的温度不超过绝缘温度等级。

5.2.4.7 电源接线端的大小和形状应能为与它连接的导线提供必要的容量和机械支撑。对于电源接线端，应采取措施以减小可能引起过热和电弧的连接松动风险。

5.2.4.8 电气系统中所有电弧元件应被封装或合理安装，以避免产生的火花或熔化的金属可能引起的失火危险。

5.2.5 触电保护[直接接触和间接接触(有间距)]

5.2.5.1 工作条件下车辆的非绝缘带电部件的防护等级应为 IEC 60529 中规定的 IPxxB 级，以防止直接接触。上表面的最小防护等级应为 IPxxD。

5.2.5.2 按照 GB 5226.1—2008 中的 6.3.3，防止间接接触的保护可以通过电气隔离来实现。

5.2.5.3 裸露的高压火花塞应通过适应其工作电压的隔离屏或绝缘帽来防护，防止直接接触。

6 蓄电池车辆的验证

6.1 绝缘电阻试验(常规试验)

6.1.1 车辆的绝缘电阻和牵引蓄电池的绝缘电阻应分别测试。测试最低电压应为标称电压的 3 倍，但不应超过 100 V(对于超过直流电压 120 V 的车辆，测试最大直流电压为 500 V)。

6.1.2 所有电气元件带电部分和去除蓄电池的工业车辆车架之间的绝缘电阻不应小于 1 000 Ω 乘以车辆系统标称电压。

6.1.3 安装在车辆上、断开连接的、充满电解液的、充过电的牵引蓄电池的带电部分与车辆车架之间的绝缘电阻应不小于 50 Ω(超过直流 120 V 的车辆为 500 Ω)乘以车辆系统标称电压。如果蓄电池装在多个容器内，测试应在各部分(包括金属蓄电池容器)电气连接后进行。

6.2 型式试验

6.2.1 异常操作

6.2.1.1 车辆的超载试验应按照 6.2.1.2 的规定进行。测试完成时，车辆任何部分不应有失火、触电及爆炸的损坏迹象。按照 6.2.1.2 进行的前 5 轮试验过程中，牵引电动机或油泵电动机的热保护元件或过流保护元件不应动作。如果在剩余的试验过程中热保护元件或过流保护元件起作用，允许热保护元件重新闭合，过流保护元件允许更换或复位。然后试验继续进行，直到完成所有规定的操作。

6.2.1.2 车辆承载 110% 额定载荷。车辆进行最大加速和制动操作循环 25 次，每次往返总行驶距离为 25 m。当车辆在每 25 m 运行距离终点处停车时，将载荷起升到最大起升高度，然后降低到车辆运行时起升高度，再完成其他操作，例如：倾斜、前移、侧移等。

6.2.2 温度

在进行该类型车辆规定的试验时，车辆结构用材料不应产生任何导致电气元件的失火风险或绝缘损坏。试验时,在车辆额定载荷、蓄电池 8 h 放电电流最大安培容量条件下,元件不应超过规定的温度。任何元件的表面温度不应超过 175 ℃最高限值。如果试验时环境温度低于 25 ℃,最高温度限值相应调整。

6.2.3 电弧试验

6.2.3.1 在主电路上的通/断电设备,如接触器、速度控制器的触点材料应无可见熔结或脱落现象。该设备应保证在接通和切断 100 次最大驱动电流过程中,不会与车架和外壳产生电弧,也不会造成其他引起失火危险的可能,例如导线绝缘层的燃烧或融化,并且开关应仍具有机械和电气功能。

6.2.3.2 连接在主电路以外的开关触点材料应无可见焊缝或开裂现象。该设备应保证在接通和切断 100 次其所连接的开关电路过程中,不会与车架和外壳产生电弧,也不会造成其他引起失火风险的可能,例如导线绝缘层的燃烧或融化,并且开关仍应具有机械和电气功能。

6.2.4 介质绝缘强度试验

6.2.4.1 车辆的设计应能保证在一辆新的、干燥的车辆上进行温度试验和电弧切断试验后,可以立即进行该试验,试验时应断开蓄电池连接,并使用一个标称频率 50 Hz～60 Hz 的类似正弦波的交变试验电压。必要时,在温度试验后可将导电灰尘去除干净,如电动机碳刷上的灰尘。

6.2.4.2 该试验应在带电部分和车架之间使用交流电压,由最小额定功率为 500 VA 的变压器提供。

6.2.4.3 设备应能承受 1 min 如表 2 所示的交变试验电压。

表 2 试验电压

标称直流电压	交变试验电压	最大漏电流
$U \leqslant 60$ V DC	500 V rms	150 mA
60 V DC$<U\leqslant$120 V DC	1 000 V rms	150 mA
$U>120$ V DC	1 500 V rms	50 mA

如果需要第二遍试验,交变试验电压应减小为表 2 规定值的 80%。

试验电压下可能导致损坏的半导体或类似电子元件可以旁路或断开,试验时,5.1.5.2 中 a)和 b)项应断开连接。

6.2.5 蓄电池连接器试验

6.2.5.1 连接器作为紧急切断装置使用时,超载情况下的分断试验

连接器两端分别通过一个电感系数为($0.5_{-0}^{+0.05}$) mH 的电路连接至一个 120 V 直流电源。连接器应承受 1.5 倍的标称电流。电流建立后,以 0.8 m/s～1.0 m/s 的速度分离连接器以切断电流。

本试验应连续进行 5 次。这些试验完成后,检查连接器的损坏情况,然后再连接,并进行 6.2.5.4 规定的温度试验。未能正常连接或未能通过温度试验的连接器应判定为不合格。

6.2.5.2 连接器作为紧急切断装置使用时,紧急情况下的分断试验

连接器两端分别通过一个电感电路连接至一个 120 V 直流电源,电感回路的阻抗时间常数为 15 ms,将被断开的电流应为额定电流的 4 倍。连接器应能消除紧急断开时产生的电弧。不必保证在此项试验结束后连接器两端仍能继续使用。

6.2.5.3 介质绝缘强度试验

每个连接器在不接电缆的情况下,以下各项应能承受 2 000 V 的有效电压、频率为 25 Hz～100 Hz

的正弦交流电 1 min：

——在主触点之间；

——在辅助触点之间及辅助触点和主触点之间；

——在所有触点和连接器金属部分之间(以及安装在由绝缘材料制成的外壳上的金属部分)。

6.2.5.4 连接器的温升试验

测试连接器温升，应通过以下任一 2 m 长的电缆连接：

——#6 美标线规(AWG) (美标线径 13.3 mm^2，相当于国标线径 16 mm^2) 50 安培；

——16 mm^2 80 安培；

——#4AWG(美标线径 21.2 mm^2，相当于国标线径 25 mm^2) 120 安培；

——35 mm^2 160 安培；

——1/0AWG(美标线径 53.5 mm^2，相当于国标线径 70 mm^2) 175 安培；

——95 mm^2 320 安培；

——300MCM 350 安培；

——120 mm^2 640 安培；

——500MCM 700 安培；

——满足连接器制造商推荐的额定电流的最大尺寸的电缆。

电缆应按照连接器制造商推荐的方法连接。试验应在标称电流及(20±5)℃环境温度条件下进行。测试应持续，直到温度恒定。主触点的温升测量应采用热电偶，或其他同等精度的方法，温升不应超过 65 ℃。

6.2.6 接触器试验

6.2.6.1 闭合和分断能力验证

在闭合和分断能力测试操作中，电源应具有足够的容量满足验证测试的要求，参数见表 3。电源应由一个蓄电池电源组成，该电源应具备足够的能力维持电压不低于 85%额定工作电压时的测试电流。按照表 3 的要求进行测试可以得到闭合和分断能力(“验证试验”栏)。工作线圈应在其额定电压条件下通电，连续循环试验周期为 10 s，其间最小通电时间为 0.3 s，循环次数为 50 次。试验过程中不应产生持久电弧、极柱间跳火和触点熔结现象。

试验后，清洗或维护触点后(触点不能更换)，接触器应能正常工作，并且符合 6.2.6.3 的要求。

表 3 闭合和分断条件

表　述	实际工况		验证试验	
	I/A	L/R/ms	I/A	L/R/ms
种类 1 只需在故障状态下闭合和分断			6.0×I_{th}	15，相对误差±15%
种类 2 直接带载通断	I_e	7.5，相对误差±15%	4.5×I_e	15，相对误差±15%

I ——闭合和分断电流，单位为安培(A)；

L/R ——电路时间常数，单位为毫秒(ms，相对误差 L/R±15%)；

I_e ——额定工作电流，单位为安培(A)；

I_{th} ——发热电流，单位为安培(A)。

6.2.6.2 表3种类2所列接触器在间歇状态下闭合和分断能力的验证

测试电路应符合6.2.6.1的规定。工作线圈应在其额定电压条件下通电，所用4个等级的循环时间和负载系数，见表4。

主电路负载应与表3“实际工况”栏一致。

接触器应完成至少750 000次循环试验，并仍符合6.2.6.3和6.2.6.4规定的操作限制范围。

表4 各等级的占空比和循环周期

等级	占空比(负载系数)	一次开关循环周期
1	100%	8 h
2	70%	60 s
3	50%	60 s
4	25%	12 s

6.2.6.3 吸合电压范围的验证

在6.2.6.4规定的电压范围内，接触器应完全闭合和断开。

等级1的接触器应在电源供电电压为85%～110%标称电压范围内完全闭合。

等级2、3和4的接触器应在电源供电电压为70%～110%标称电压的范围内完全闭合。

6.2.6.4 释放电压

线圈的释放电压不应大于额定电压的40%，并且不应小于额定电压的5%(用过的触点)。在此范围之外的容限应依据车辆制造商和接触器供应商之间的协议。

7 使用信息

7.1 电动车辆标识基本要求

7.1.1 导线、电缆和端子

导线、电缆、端子等应有编号且应与维修手册中的电气图一致。

7.1.2 蓄电池连接器

蓄电池连接器上应设置清晰永久的产品标牌，标牌应标明如下内容：

a) 制造商名称或商标及型号；

b) 最大工作电压；

c) 标称电流；

d) 连接至蓄电池正负极的触点所对应的“+”和“－”标识，辅助触点也应标识。

7.1.3 蓄电池

蓄电池的永久标牌中应包含下列信息：

a) 蓄电池制造商名称或供应商名称；

b) 制造商的产品型号；

c) 蓄电池类型；

d) 蓄电池(蓄电池组)标称电压；

e) 规定放电率下的电池容量(Ah)；

f) 蓄电池自重(含电解液及附加重物)。

7.1.4 维护、充电和搬运

安装、维护、充电和搬运等要求的信息应包含在蓄电池和/或车辆操作手册中。

7.1.5 蓄电池舱和电气外壳

用于标称直流电压超过 120 V 的车辆的蓄电池舱和电气外壳应具有符合 GB 5226.1—2008 中的 18.2 要求的永久性警告标识。

7.1.6 电气图

在维修手册中应包含符合 GB 5226.1—2008 中第 19 章规定的电路图。如果车辆提供了用于辅助照明或其他用途的连接点时，应在电路图中标明。

7.1.7 安全检查

安全系统的检查方法和检查周期的内容应包含在维修手册或操作手册中。

7.2 充电区域

7.2.1 车上充电

在车上充电时，蓄电池盖应按照车辆制造商的说明打开以用于通风，确保空气流动，见 EN 50272-3。本规定不适用于在工作期间持续充电的车辆。

7.2.2 指定区域充电

充电区域应有足够的通风以防止氢气的聚集。

注：蓄电池充电时，气体从所有使用电解液的二级单体和蓄电池组中生成。当这些气体散发到周围空气中，若空气中氢气容积浓度超过 4%(LEL)，可能形成爆炸性混合气。

7.3 内燃车辆标识基本要求

7.3.1 导线、电缆和端子

导线、电缆、端子等应有编号且应与维修手册中的电气图一致。

7.3.2 电气图

在维修手册中应包含符合 GB 5226.1—2008 中第 19 章规定的电路图。如果车辆提供了用于辅助照明或其他用途的连接点时，应在电路图中标明。

7.3.3 安全检查

安全系统的检查方法和检查周期的内容应包含在维修手册或操作手册中。

参 考 文 献

[1] GB/T 6104—2005 机动工业车辆 术语(ISO 5053:1987,IDT)

[2] ISO 3691-1,Industrial trucks—Safety requirements and verification—Part 1:Self-propelled industrial trucks,other than driverless,variable-reach trucks and burden-carrier trucks

[3] IEC 60227-1,Polyvinyl chloride insulated cables of rated voltages up to and including 450/750 V—Part 1:General requirements

[4] IEC 60245-1,Rubber insulated cables—Rated voltages up to and including 450/750 V—Part 1:General requirements

[5] IEC 60695-11-10,Fire hazard testing—Part 11-10:Test flames—50W Horizontal and vertical test flames methods

[6] IEC 60947-3,Low-voltage switchgear and controlgear—Part 3:Switches,disconnectors,switchdisconnectors and fuse-combination units

ICS 53.020.99
J 80

中华人民共和国国家标准

GB/T 27545—2011

水平循环类机械式停车设备

Level circulating mechanical parking system

2011-11-21 发布 2012-05-01 实施

中华人民共和国国家质量监督检验检疫总局
中国国家标准化管理委员会 发布

前言

本标准按照GB/T 1.1—2009给出的规则起草。

本标准由中国机械工业联合会提出。

本标准由全国起重机械标准化技术委员会(SAC/TC 227)归口。

本标准负责起草单位:山东莱钢泰达车库有限公司。

本标准参加起草单位:杭州西子石川岛停车设备有限公司、杭州友佳精密机械有限公司、兰州远达工程设备有限责任公司、上海赐宝停车设备制造有限公司、上海爱登堡电梯有限公司、莱芜市标准化学会。

本标准主要起草人:闫维庆、程琪、邱荣贤、史惠敏、单单、李绥、张洪强。

水平循环类机械式停车设备

1 范围

本标准规定了水平循环类机械式停车设备的术语和定义、型式、基本参数、技术要求、试验方法、检验规则及标志、包装、运输、贮存。

本标准适用于GB/T 26476中定义的水平循环类机械式停车设备(以下简称设备)。

2 规范性引用文件

下列文件对于本文件的应用是必不可少的。凡是注日期的引用文件,仅注日期的版本适用于本文件。凡是不注日期的引用文件,其最新版本(包括所有的修改单)适用于本文件。

GB/T 700—2006 碳素结构钢
GB 755 旋转电机 定额和性能
GB/T 3811—2008 起重机设计规范
GB/T 4942.1 旋转电机整体结构的防护等级(IP代码) 分级
GB/T 8923 涂装前钢材表面锈蚀等级和除锈等级
GB/T 9286 色漆和清漆 漆膜的划格试验
GB/T 9799 金属覆盖层 钢铁上的锌电镀层
GB/T 13306 标牌
GB/T 13384 机电产品包装通用技术条件
GB/T 13912 金属覆盖层 钢铁制件热浸镀锌层技术要求和试验方法
GB 17907—2010 机械式停车设备 通用安全要求
GB/T 21457 起重机和相关设备 试验中参数的测量精度要求
GB/T 26476 机械式停车设备 术语
GB/T 26559—2011 机械式停车设备 分类
GB 50017 钢结构设计规范
GB 50168 电气装置安装工程 电缆线路施工及验收规范
GB 50169 电气装置安装工程 接地装置施工及验收规范
GB 50254 电气装置安装工程 低压电器施工及验收规范
GB 50256 电气装置安装工程 起重机电气装置施工及验收规范
JB/T 7828 继电器及其装置包装贮运 技术条件

3 术语和定义

GB/T 26476界定的术语和定义适用于本文件。

4 型式和基本参数

4.1 型式

水平循环类机械式停车设备的型式除应符合GB/T 26559—2011中3.2的规定外,按循环方式还可分为：

a) 圆形循环：在设备两端，搬运器在水平面内以圆弧运动方式作循环移动。见图 1a)所示。

b) 矩形循环：在设备两端，搬运器在水平面内以直线运动方式作循环移动。见图 1b)所示。

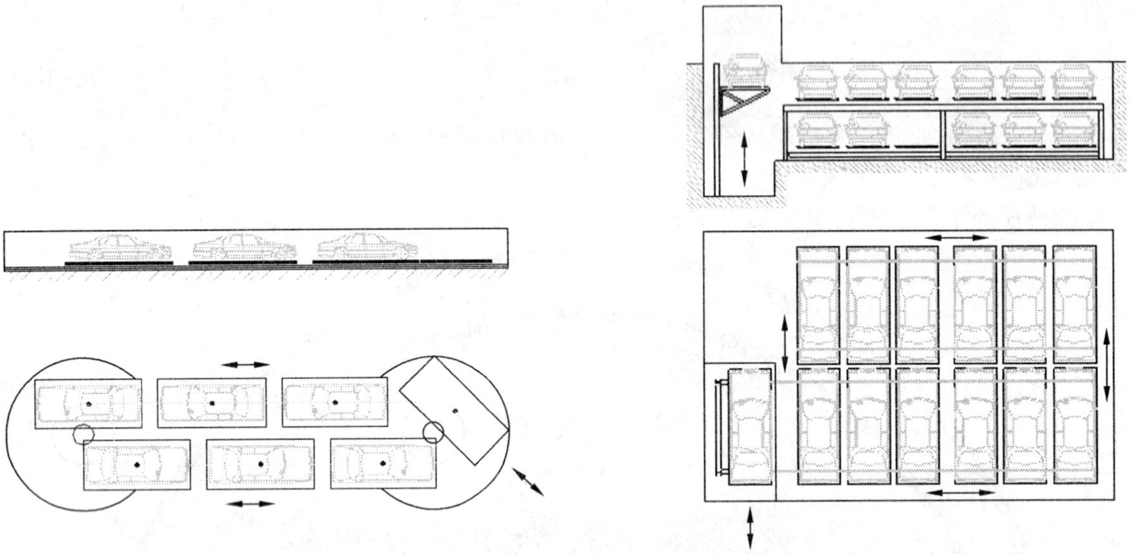

a) 圆形循环　　　　b) 矩形循环

图 1

4.2 基本参数

4.2.1 适停汽车尺寸及质量

按 GB/T 26559—2011 中表 2 的规定。

注：超出上述规定时，应注明具体的适用参数。

4.2.2 单车最大进出时间和存容量

单车最大进出时间和存容量应满足设计要求。

4.3 型号表示方法

由停车设备总代号、类别代号、特征代号、制造商特定代号等组成。

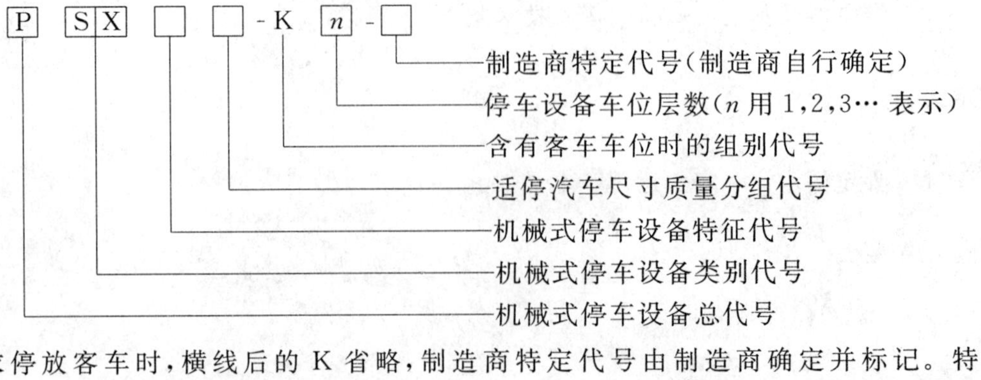

不要求停放客车时，横线后的 K 省略，制造商特定代号由制造商确定并标记。特征代号见 GB/T 26559—2011 中表 1，设备的适停汽车尺寸质量分组代号见 GB/T 26559—2011 中表 2。

4.4 标记示例

a) 水平循环类机械式停车设备，链条起升，适停汽车尺寸及质量为D组的大型车，没有客车车位，车位层数为3层：

PSXLD-3 GB/T 27545—2011

b) 水平循环类机械式停车设备，无起升方式，适停汽车尺寸及质量为T组的特大型车，有客车车位，车位层数为1层，制造商特定代号为B：

PSXT-K1-B GB/T 27545—2011

5 技术要求

5.1 使用环境条件

5.1.1 环境温度为－5 ℃～＋40 ℃。

5.1.2 当最高温度为40 ℃下的相对湿度不超过50％时，电气设备应能正常工作。

5.1.3 海拔不应超过1 000 m(超过1 000 m时应按GB 755的规定对电机进行容量校核，超过2 000 m时应对电器件进行容量校核)。

5.1.4 使用环境中不应有爆炸、腐蚀、破坏绝缘和导电的介质。抗电磁干扰能力应符合GB 17907—2010中5.6.8的规定。

5.1.5 电源为三相五线制交流电源，频率为50 Hz，电压为380 V、供电系统在设备馈电线接入处的电压波动不应超过额定电压的±10％，设备内部的电压损失应符合GB/T 3811—2008中7.8.4.2的规定。

注：使用环境条件超出上述范围时，由用户与制造商协商解决。

5.2 设计及配置

5.2.1 设备设计应符合GB 17907及本标准5.6的规定。

5.2.2 金属结构的构造及设计应符合GB/T 3811的规定。

5.2.3 设备装在主体建筑物内部或相接于建筑物时，应向土建方提交设备的载荷资料。

5.2.4 全金属结构的独立式设备外部框架的设计应符合GB 50017的规定，并按建筑规范进行抗风及抗地震计算。

5.2.5 车位应有防止向下层车辆滴油、滴水措施。

5.3 制造

5.3.1 金属结构

5.3.1.1 金属结构件，如立柱、梁的材料，应选用力学性能不低于GB/T 700—2006中表2的Q235钢。

5.3.1.2 金属结构的焊接应符合GB 17907—2010中5.2.3的规定。

5.3.1.3 金属结构应连接牢固，不应有影响强度的缺陷存在。采用高强度螺栓连接时应达到规定的拧紧力矩要求。

5.3.1.4 金属结构的重要受力构件，如立柱、横梁、钢架、斜杆等，其表面除锈处理应达到GB/T 8923规定的Sa2 $\frac{1}{2}$级，其余结构件材料表面除锈处理应达到Sa2或St2(手工除锈)。

5.3.2 机构及零部件

5.3.2.1 起升用钢丝绳、卷筒和滑轮

设备起升用钢丝绳、卷筒和滑轮应符合GB 17907—2010中5.4.2的规定。

5.3.2.2 **起升用链条、链轮**

5.3.2.2.1 设备起升用链条和链轮应符合 GB 17907—2010 中 5.4.3 的规定。

5.3.2.2.2 所有的链条、链轮应便于润滑。

5.3.2.3 **制动系统**

设备应设有制动系统，制动系统应符合 GB 17907—2010 中 5.4.5 的规定。

5.3.2.4 **液压系统**

设备液压系统应符合 GB 17907—2010 中 5.5 的规定。

5.3.2.5 **水平循环机构、载车板及升降机**

5.3.2.5.1 水平循环机构与载车板之间的传动应可靠。

5.3.2.5.2 载车板应采用非燃烧体材料制造，并应具有足够的强度和刚度。

5.3.2.5.3 载车板应具有互换性。

5.3.2.5.4 升降机导轨允许分段制造，但接头应打磨平整。

5.3.3 **电气设备**

5.3.3.1 电气设备的安全要求应符合 GB 17907—2010 中 5.6 的规定。

5.3.3.2 电动机外壳防护：当设备装设于室内时，其驱动电动机外壳防护等级不应低于 GB/T 4942.1 中规定的 IP 33。当设备装设于室外时，其所有电动机均应安装在有防淋、通风措施的位置，且电动机的外壳防护等级不应低于 GB/T 4942.1 中规定的 IP 54。

5.3.3.3 仪表、按钮、操作开关的功能应标明在相关的屏幕、控制柜(操作台)上。

5.3.3.4 各导线和电缆端部应有标志或编号。

5.3.3.5 在机房内或地坑内，应设置供检修用的电源插座。

5.3.3.6 升降机应设置紧急停止开关，确保紧急情况时立即停止升降机运转。

5.3.3.7 照明电路应单独设立电源开关，不受动力总开关的影响。

5.3.3.8 控制系统应有自动保护装置，动力电路应配有短路、过流、欠压、过压、缺相和相序等保护电路。

5.4 **安装**

5.4.1 设备安装前应对现场安装条件进行确认，符合安装要求后才能进行安装。

5.4.2 金属结构的安装精度应符合表 1 的规定。

表 1

单位为毫米

位置		安装精度			
		垂直度	宽度	进深	对角线相对差
平面		—	±5	±5	10
立柱	X	≤(H/1 000)，且≤10	—	—	—
	Y	≤(H/1 000)，且≤10	—	—	—
注：H——金属结构总体高度。					

5.4.3 所有运动部件安装后应运转灵活，无卡滞现象。

5.4.4 两条运行轨道同一截面的相对高度差不应大于 3 mm，轨距偏差为±2 mm，轨道接头处 50 mm 范围内顶面和侧面的错位不应大于 1 mm，运行轨道直线度的安装误差应符合表 2 的规定。

表 2

测量长度/m		安装误差/mm	
		每米长度内	全长内
轨道直线度	≤50	≤1	≤8
	>50	≤1	≤10

5.4.5 垂直运行导轨的安装误差应符合以下要求：

a) 导轨接头允许打磨，且导轨接头处错位不应大于 0.5 mm，间隙不应大于 2 mm；

b) 各导轨接头不宜处在同一水平面上，其错开距离不应小于 500 mm，且不应等于搬运器与平衡重的上下滚轮或导靴的间距；

c) 两导轨侧面轨距偏差允许±4 mm。

5.4.6 用摩擦轮作为水平循环机构，在运行方向上任意相邻两个摩擦轮之间的高度差不应大于 2 mm。

5.4.7 升降机构的平层精度不应大于 5 mm。

5.4.8 载车板平移的停准精度不应妨碍设备的正常运行。

5.4.9 安装带有平衡重装置时，平衡重块应牢固，防止移位，平衡重和升降平台的间隙不应小于 50 mm。

5.4.10 同一装置的各个缓冲器作用面的相对误差不应大于 5 mm。采用液压缓冲器的垂直度不应大于其高度的 0.5%。

5.4.11 自动门的开、关应灵活，无异响。

5.4.12 电气设备的安装应符合 GB 50168、GB 50169、GB 50254 及 GB 50256 的规定。

5.5 运行

5.5.1 各运动部件应运转正常、无异响。

5.5.2 运动中滚轮及导向装置应无啃轨、卡轨等现象。

5.5.3 升降机应运行平稳，定位准确，并应符合 5.4.7 的要求。

5.6 安全卫生

5.6.1 设备应按照 GB 17907—2010 附录 A 表 A.1 的规定设置安全防护装置，其安全防护装置应动作可靠，功能正常。

5.6.2 当自动门不能作为司机出入口时，应设置通行门。

5.6.3 自动门和通行门应设置联锁保护装置；自动门应设置防夹装置。

5.6.4 水平循环机构与升降机(或升降机构)之间应有联锁措施，当升降机(或升降机构)未到达正确位置时，水平循环机构不能向升降机(或升降机构)取送车辆。

5.6.5 对于以准无人方式运行的升降机，升降机运行到出入口位置后，若出现意外，有可能使搬运器或载车板从高处坠落时，应设防坠落装置，即使发生钢丝绳、链条等关键部件断裂的严重情况，防坠落装置应保证搬运器或载车板不坠落。

5.6.6 搬运器在其垂直升降的下端应设置缓冲器。

5.6.7 升降机在最底层位置时，与缓冲器之间的安全距离不应小于100 mm。

5.6.8 升降机在最高层位置时，顶部安全间隙不应小于500 mm。

5.6.9 设备的声压级噪声不应大于70 dB(A)。

5.7 表面涂装

5.7.1 金属结构表面采用镀锌防护层时，热镀锌应符合GB/T 13912的规定，电镀锌应符合GB/T 9799的规定。

5.7.2 金属结构表面采用涂漆防护时，油漆涂层表面应均匀、细致、光亮、完整和色泽一致，不应有粗糙不平、漏漆、错漆、皱纹、针孔、起泡、脱落、开裂、外来杂质、流挂等降低保护与装饰性的缺陷。漆膜厚度应按设备工作环境确定，漆膜附着力应符合GB/T 9286中规定的2级质量要求。

5.8 超载运行试验

设备做超载试验时，应能承受1.1倍额定载荷的试验载荷。试验过程中，设备应能正常工作，制动器等安全装置动作灵敏可靠。试验后进行目测检查，各受力金属结构件应无裂纹和永久变形，应无油漆剥落，各连接处应无松动现象。

6 试验方法

6.1 试验条件

6.1.1 除有特殊规定外，试验中参数的测量精度要求应符合GB/T 21457的规定，测量仪器及量具的精度应符合下列要求：

a) 质量、力、时间、速度：±1%；

b) 电压、电阻、电流、功率：±1%；

c) 温度：±2℃；

d) 长度：按量程大小选用适当精度等级的仪器、量具；

e) 试验仪器和量具应有合格证及校准证明。

6.1.2 试验时可用重物代替车辆载荷，重物应放置在车辆前后轮所停的位置，并按前后轮轮压比为6∶4放置。

6.2 目测检查

目测检查包括设备所有重要部分的规格(或)状态是否符合要求，如：

——各机构、电气设备、安全防护装置、制动器、控制器、信号系统、标牌等；

——设备的金属结构及连接件、水平循环机构及载车板、各运动机构的运转状态，钢丝绳、链条及其固定件等；

——液压设备是否漏油，是否有防止载车板滴油滴水措施。

检查时不必拆开任何部件，但应拆开在正常维护和检查时应打开的盖子，如限位开关盖等。

目测检查还应包括检查必备的证书是否已提供并经过审核。

6.3 设备运行试验

6.3.1 空载运行试验

空载运行试验应按下列步骤进行：

a) 每层任选1～3个车位(从出入口到最远端任选)；

b） 设备完成出、入库动作一个循环；

c） 在试验过程中按 6.2 的检查项目观察设备运行情况，并做试验记录。

6.3.2 额定载荷运行试验

设备空载试验合格后，进行额定载荷试验。额定载荷试验应按下列步骤进行：

a） 每层任选 1 组驱动单元，按 6.1.2 的规定加载；

b） 设备完成出、入库动作一个循环；

c） 在试验过程中检查设备的操作和控制功能，并记录试验数据和工作情况。

6.3.3 超载运行试验

超载试验应按下列步骤进行：

a） 任选 1 组驱动单元，按 6.1.2 的规定加载至 1.1 倍额定载荷；

b） 设备完成出、入库动作一个循环；

c） 在试验过程中检查设备各机构功能及情况，并记录在超载工况下的运行情况、试验数据。

6.3.4 单车最大进（出）时间测定（用秒表测量）

存车时，是指从给出指令开始，直至将汽车从入口搬运到设备最不利（最远）停车位置所用的时间，测量 3 次，取其平均值为最大进车时间；取车时，是指从给出指令开始，直至将汽车从设备最不利（最远）停车位置搬运到出口处所用的时间，测量 3 次，取其平均值为最大出车时间。

注：上述进（出）车时间不包括机械动作以外的辅助时间，如司机开车到载车板上、下车并关车门等；或司机到载车板上将汽车开出车库、关闭车库安全门等。

6.3.5 噪声

设备在额定载荷、额定速度状态下，在车库内做起升、纵向横向运行，在车库门外 1 m、距地面 1.2 m 处用声级计按 A 档读数测量噪声，测试时脉冲峰值除外，总噪声与背景噪声之差应大于 3 dB(A)，总噪声减去背景噪声修正值（见表 3），即为设备的实际噪声值。测量 3 次取平均值。

表 3

单位为分贝

总噪声与背景噪声之差值	3	4	5	6	7	8	9	10	>10
背景噪声修正值	3	2	2	1	1	1	0.5	0.5	0

6.4 设备安全防护装置试验

6.4.1 紧急停止开关

触动紧急停止开关，设备应立即停机。解除紧急停止开关后，重新启动，设备应能恢复正常运行。

6.4.2 防止超限运行装置

模拟操作，在垂直方向上查看限位开关和超程限位开关，水平方向上查看限位开关和终端位置，触动限位开关，设备应立即停机，检查装置是否有效。

6.4.3 汽车长、宽、高限制装置

模拟外形尺寸超出规定的车辆进入设备，给出运行指令，观察设备报警情况。

6.4.4 阻车装置

用钢直尺测量阻车装置高度，并做相应记录。

6.4.5 汽车位置检测装置

当汽车未停在升降机或载车板上的正确位置时，给出运行指令，观察设备报警情况。

6.4.6 出入口门、栅栏门联锁安全检查装置

人为模拟动作，当升降机没有到达正确位置时，出入口门是否开启；或当门处于开启状态时，升降机是否运行，检查装置是否有效。

6.4.7 自动门防夹装置

人为模拟动作，触动自动门防夹装置，观察自动门是否关闭，检查装置是否有效。

6.4.8 防坠落装置

目测检查是否设置防坠落装置，应符合要求。

6.4.9 警示装置

在设备运行过程中，检查警示装置是否有效。

6.4.10 缓冲器

目测检查是否设置缓冲器装置，应符合要求。

6.4.11 运转限制装置

模拟人员未出设备，给出运行指令，观察设备报警情况。

6.4.12 控制联锁功能

当在一个控制点操作设备存取车时，在另外一个控制点也发出存取车指令，观察设备运行的联锁情况。

6.4.13 升降机与水平循环装置的互锁功能

当升降机(或升降机构)未到达正确位置时，发出指令，使水平循环机构向升降机取送车辆，检查互锁装置是否有效。

6.4.14 驱动机构的制动系统功能

在额定载荷下启动驱动机构，制动后，制动系统应能正常工作。

6.4.15 电源缺相保护功能

在设备启动前或运行前，断开三相电源中的任一相，观察设备启动或运转停机情况，并做相应记录。

6.5 漆膜附着力的测定

漆膜附着力的测定方法应符合 GB/T 9286 的规定。

7 检验规则

7.1 出厂检验

7.1.1 每台设备出厂前应进行检验，检验合格后方能出厂。

7.1.2 出厂检验项目见表4。

表4

序号	项目名称		出厂检验	型式试验	检验要求	试验方法
1	目测检查		○	○		6.2
2	适停汽车尺寸		○	○	4.2.1	
3	适停汽车质量		○	○	4.2.1	重物或汽车
4	单车最大进出时间		○	○	4.2.2	6.3.4
5	存容量		○	○	4.2.2	
6	重要受力构件对接焊缝无损检测		○	○	5.3.1.2	
7	滑轮或卷筒与钢丝绳直径比 D/d		○	○	5.3.2.1	
8	金属结构的安装精度		○	○	5.4.2	
9	运行轨道	直线度	○	○	5.4.4	
10		接头错位	○	○	5.4.4	
11		轨距偏差	○	○	5.4.4	
12		两条轨道同一截面高度差	○	○	5.4.4	
13	垂直导轨	接头错位	○	○	5.4.5a)	
14		接头间隙	○	○	5.4.5a)	
15		接头处错开距离	○	○	5.4.5b)	
16		轨距偏差	○	○	5.4.5c)	
17	升降机构的平层精度		○	○	5.4.7	
18	平衡重和升降台的间隙		○	○	5.4.9	
19	缓冲器安装误差		○	○	5.4.10	
20	底部安全距离		○	○	5.6.7	
21	顶部安全间隙		○	○	5.6.8	
22	设备噪声		○	○	5.6.9	6.3.5
23	设备安全防护装置试验		○	○	5.6.1	6.4
24	漆膜附着力		○	○	5.7.2	6.5
25	接地电阻		○	○	≤4 Ω	
26	绝缘电阻		○	○	>1 MΩ	
27	空载运行试验		○	○	5.5	6.3.1
28	额定载荷运行试验		○	○	5.5	6.3.2
29	超载运行试验			○	5.8	6.3.3

7.1.3 制造商的质检部门按产品图样及本标准进行逐项检验，检验合格后向用户提供《产品质量合格证明书》。

7.2 型式试验

7.2.1 有下列情况之一时，应进行型式试验：

a) 新产品或老产品转厂生产的试制定型鉴定；

b) 正式生产后，如结构、材料、工艺有较大改变，可能影响设备性能时；

c) 产品停产两年以上，恢复生产时；

d) 出厂检验结果与上次型式试验有较大差异时；

e) 国家质量监督机构提出进行型式试验要求时。

7.2.2 如果制造厂没有条件，可在用户使用现场做型式试验。

7.2.3 型式试验的检验项目见表4。

8 标志、包装、运输及贮存

8.1 标志

8.1.1 警示牌

8.1.1.1 在设备进、出口明显位置，应设置清晰的“停车规格”及“车辆入库须知”警示牌。

8.1.1.2 “停车规格”警示牌上至少应标出以下内容：

a) 产品型号及名称；

b) 基本参数(包括适停汽车尺寸、质量)；

c) 制造商名称、厂标或商标(如有时)。

8.1.1.3 “车辆入库须知”警示牌上一般应标出以下内容：

a) 车辆入库警示语及图示(如有时)；

b) 制造商名称。

8.1.2 标牌

在设备明显位置，应设置符合 GB/T 13306 规定的标牌。在标牌上一般应标出以下内容：

a) 产品型号及名称；

b) 基本参数(包括适停汽车尺寸、质量及车位数)；

c) 出厂编号及制造日期(年、月)；

d) 制造商名称、地址、厂标或商标(如有时)；

e) 执行的标准代号。

8.2 包装及运输

8.2.1 包装及运输应符合 GB/T 13384 的规定。

8.2.2 控制屏包装应符合 JB/T 7828 的规定。

8.2.3 控制屏应用防振材料垫好，置于包装箱内。若近距离运输，不需中转装卸时，允许采用简易包装。

8.2.4 每台设备出厂时至少应附有如下随行文件：

a) 装箱单；

b) 产品使用维护说明书；

c) 产品总图、电气原理图；

d) 易损件明细表。

8.3 贮存

8.3.1 设备各部件应保存在干燥、清洁、空气流通的场所，控制屏应保存在相对湿度符合5.1.2的规定、周围环境温度为−5 ℃～+40 ℃的场所。应防止有害气体的侵袭，不应与有腐蚀性的物质存放在一起。

8.3.2 金属结构件、水平循环机构和载车板等应存放在干燥的环境中，应采取有效的措施防止贮存引起的变形。

ICS 53.020.30
J 80

中华人民共和国国家标准

GB/T 27546—2011

起重机械　滑轮

Sheaves for cranes

2011-11-21 发布　　2012-05-01 实施

中华人民共和国国家质量监督检验检疫总局
中国国家标准化管理委员会　发布

前　言

本标准按照GB/T 1.1—2009给出的规则起草。

本标准由中国机械工业联合会提出。

本标准由全国起重机械标准化技术委员会(SAC/TC 227)归口。

本标准起草单位:大连重工·起重集团有限公司、北京起重运输机械设计研究院。

本标准主要起草人:李勇、孙大庆、林卫国、郭胜伟、陈晋。

起重机械　滑轮

1　范围

本标准规定了起重机械用滑轮的型式和基本参数、技术要求、检验规则、标志、包装、运输与贮存。

本标准适用于起重机械常用钢丝绳钢(铁)制滑轮(以下简称滑轮)。

2　规范性引用文件

下列文件对于本文件的应用是必不可少的。凡是注日期的引用文件,仅注日期的版本适用于本文件。凡是不注日期的引用文件,其最新版本(包括所有的修改单)适用于本文件。

GB/T 699—1999　优质碳素结构钢

GB/T 700—2006　碳素结构钢

GB/T 985.1　气焊、焊条电弧焊、气体保护焊和高能束焊的推荐坡口

GB/T 985.2　埋弧焊的推荐坡口

GB/T 1031　产品几何技术规范(GPS)　表面结构　轮廓法　表面粗糙度参数及其数值

GB/T 1348—2009　球墨铸铁件

GB/T 2828.1　计数抽样检验程序　第1部分:按接收质量限(AQL)检索的逐批检验抽样计划

GB/T 5117　碳钢焊条

GB/T 9439—2010　灰铸铁件

GB/T 11352—2009　一般工程用铸造碳钢件

GB/T 13384　机电产品包装通用技术条件

3　型式和基本参数

3.1　典型结构

滑轮的典型结构如图1所示

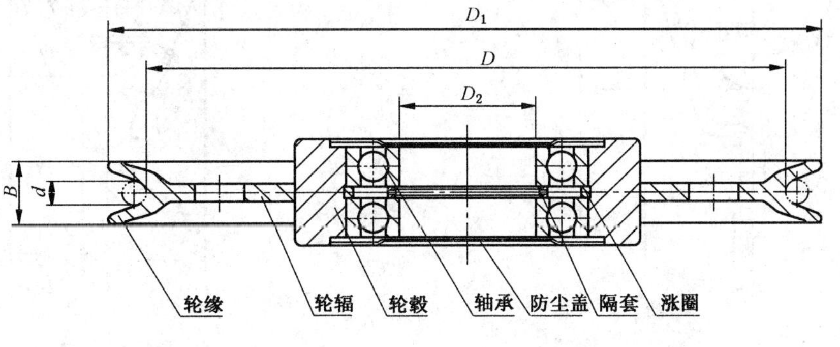

图1　滑轮的典型结构

3.2 型式

3.2.1 按照滑轮制造工艺分为(见图2)：

a) 铸造滑轮；

b) 焊接滑轮；

c) 双幅板压制滑轮；

d) 轧制滑轮。

3.2.2 按采用轴承型式分为(见图3)：

a) 深沟球轴承型；

b) 圆柱滚子轴承型；

c) 双列满装圆柱滚子轴承型；

d) 滑动轴承型。

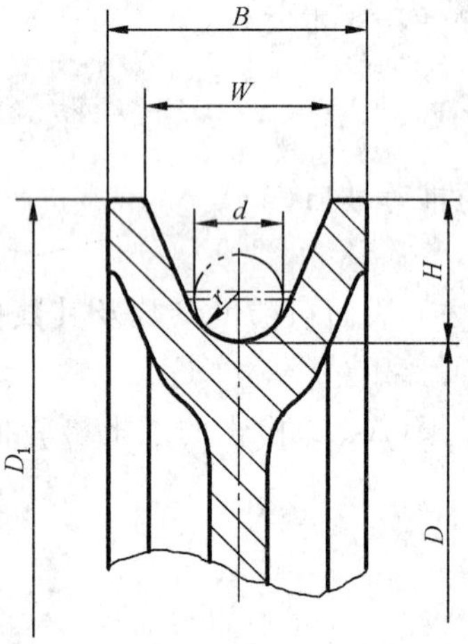

a) 铸造滑轮

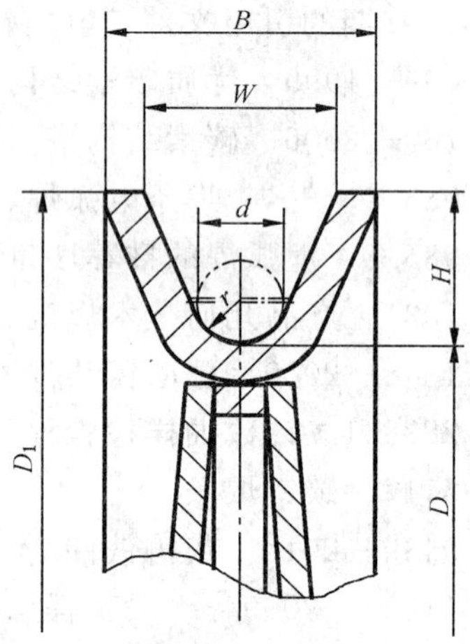

b) 焊接滑轮

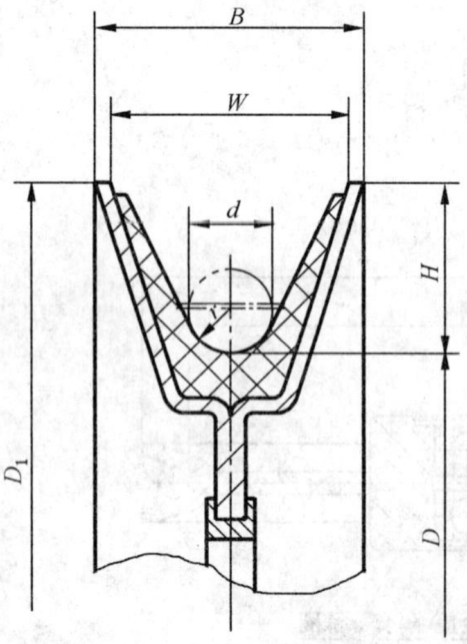

c) 双幅板压制滑轮

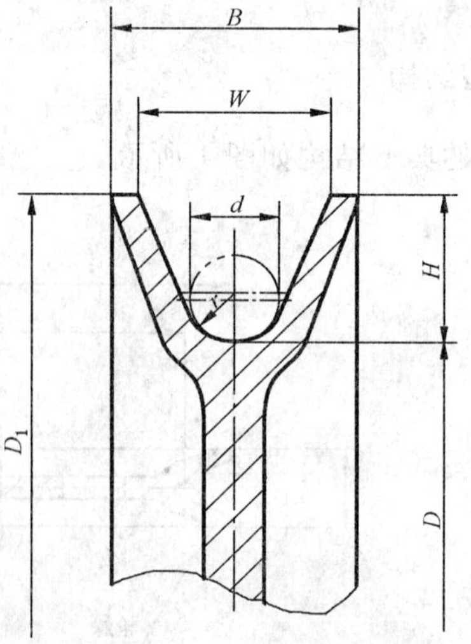

d) 轧制滑轮

图2 滑轮型式及绳槽断面

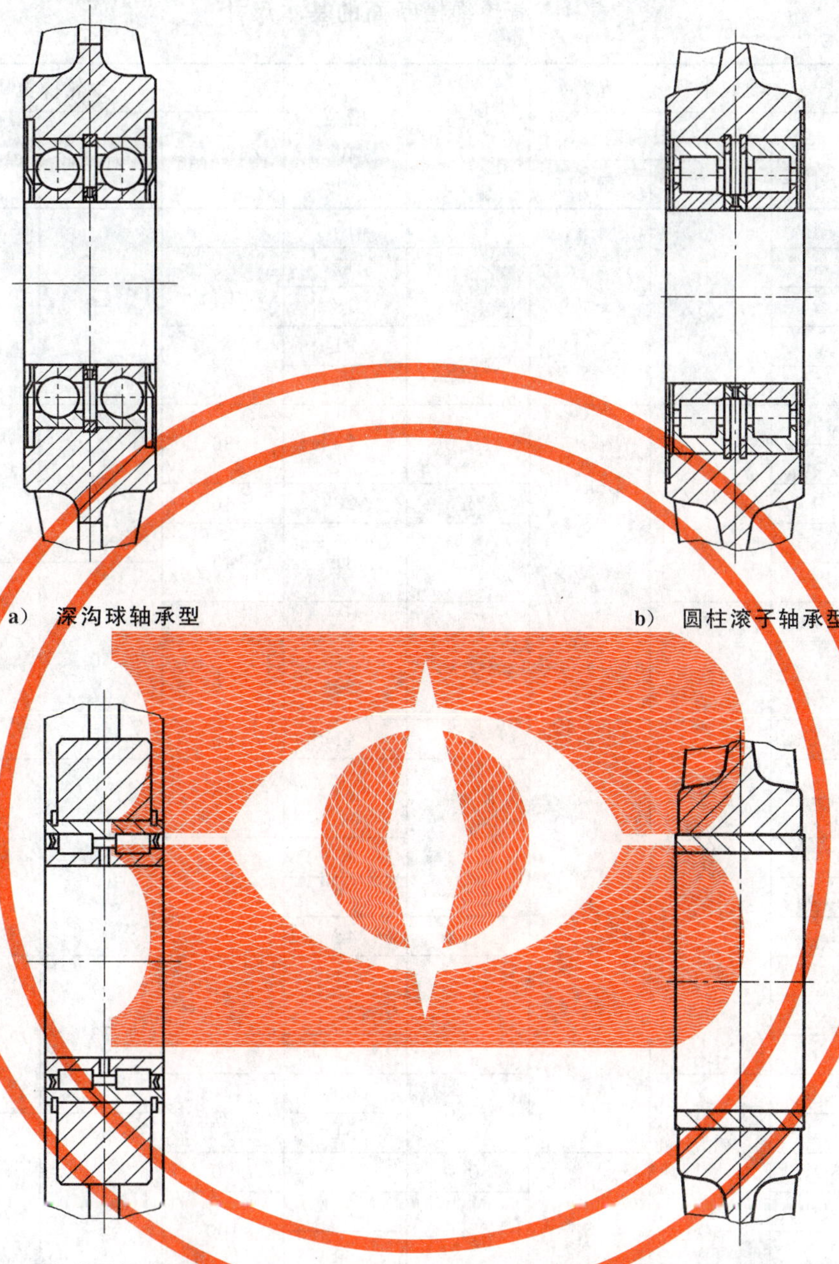

a) 深沟球轴承型　　b) 圆柱滚子轴承型

c) 双列满装圆柱滚子轴承型　　d) 滑动轴承型

图 3　滑轮采用轴承型式

3.3　基本参数

滑轮绳槽断面的基本尺寸(见图 2)应符合表 1 的规定。

轮毂尺寸及其他细部尺寸由滑轮制造商根据轴的尺寸、轴承的型式和滑轮的受力及强度自行确定。

滑轮轴直径 D_2 一般宜在下列数系中选取(单位为毫米)：

25,30,35,40,45,50,55,60,65,70,75,80,90,100,110,120,130,140,150,160,170,180,190,200,220,240。

表 1 滑轮绳槽断面的基本尺寸

单位为毫米

钢丝绳直径 d	槽底半径 r			槽高 H	槽宽 W	轮缘宽 B			
	基本尺寸	极限偏差				铸造滑轮	轧制滑轮	焊接滑轮	双辐板压制滑轮
		铸造	其他						
6	3.3	$^{+0.2}_{0}$	—	12.5	15	22	—	—	—
>6～7	3.8			15.0	17	26			
>7～8	4.3				18				
>8～9	5.0			17.5	21	32			
>9～10	5.5				22				
>10～11	6.0	$^{+0.3}_{0}$	$^{+0.90}_{0}$	20.0	25	36	37	34	43
>11～12	6.5								
>12～13	7.0			22.5	28	40			
>13～14	7.5			25.0	31	45			
>14～15	8.2						50	44	57
>15～16	9.0	$^{+0.4}_{0}$		27.5	35	50			
>16～17	9.5			30.0	38	53			
>17～18	10.0								
>18～19	10.5		$^{+1.10}_{0}$	32.5	41	56			
>19～20	11.0			35	44	60	60	53	67
>20～21	11.5								
>21～22	12.0				45	63			
>22～23	12.5				46				
>23～24	13.0			37.5	48	67			
>24～25	13.5			40.0	51	71	73	68	82
>25～26	14.0				52				
>26～28	15.0				53	75			
>28～30	16.0	$^{+0.8}_{0}$		45.0	59	85			
>30～32	17.0				61		92	84	95
>32～33	18.0		$^{+1.3}_{0}$	50.0	66	90			
>34～35	19.0			55.0	72	100			106
>36～37	20.0				73				
>38～39	21.0			60.0	78	105	104	102	120
>39～41	22.0				79				
>41～43	23.0			65.0	84	115			
>43～45	24.0		$^{+1.5}_{0}$		86		123	122	—
>45～46	25.0			67.5	90	120			
>46～47	25.0			70.0	92	125			
>47～48.5	26.0				94				
>48.5～50	27.0			72.5	96	130			
>50～52	28.0			75.0	99		135	—	—
>52～54.5	29.0			77.5	103	140			
>54.5～56	30.0			80.0	106				
>56～58	31.0			82.5	110	150			

4 滑轮直径的选用系列与匹配

滑轮直径 D 和钢丝绳直径 d 的匹配关系见表 2。表中以黑框线包络的区域为最常使用的匹配范围。

表 2 滑轮直径的选用系列与匹配

单位为毫米

钢丝绳直径	滑轮直径 D																												
d	70	80	90	100	110	125	140	160	180	200	225	250	280	315	355	400	450	500	560	630	710	800	900	1000	1120	1250	1400	1600	1800
6																													
>6～7																													
>7～8																													
>8～9																													
>9～10																													
>10～11																													
>11～12																													
>12～13																													
>13～14																													
>14～15																													
>15～16																													
>16～17																													
>17～18																													
>18～19																													
>19～20																													
>20～21																													
>21～22																													
>22～24																													
>24～25																													
>25～26																													
>26～28																													
>28～30																													
>30～32																													
>32～33																													
>33～35																													
>35～37																													
>37～39																													
>39～41																													
>41～43																													
>43～45																													
>45～46																													
>46～47																													
>47～48.5																													
>48.5～50																													
>50～52																													
>52～54.5																													
>54.5～56																													
>56～58																													

5 技术要求

5.1 材料

滑轮材料的力学性能见表3。

表3 滑轮的材料

序号	滑轮组成及零件名称		材料要求
1	轮毂、轮辐、轮缘、绳衬	铸造滑轮	铸钢材料的力学性能不应低于GB/T 11352—2009表2中的ZG270-500 铸铁材料的力学性能不应低于GB/T 9439—2010表2中的HT200 球墨铸铁件材料的力学性能不应低于GB/T 1348—2009表1中的QT400-18
		轧制滑轮	结构钢材料的力学性能不应低于GB/T 700—2006表2中的Q235B
		焊接滑轮	结构钢材料的力学性能不应低于GB/T 700—2006表2中的Q235B
		双幅板压制滑轮	轮毂铸铁材料的力学性能不应低于GB/T 9439—2010表2中的HT200 轮辐结构钢材料的力学性能不应低于GB/T 700—2006表2中的Q235B
2	连接管	双幅板压制滑轮	结构钢材料的力学性能不应低于GB/T 700—2006表2中的Q235B
3	涨圈		结构钢材料的力学性能不应低于GB/T 699—1999表3中的45钢
4	防尘盖		结构钢材料的力学性能不应低于GB/T 700—2006表2中的Q235
5	隔套		铸铁材料的力学性能不应低于GB/T 9439—2010表2中的HT200

5.2 焊接及焊缝

焊接滑轮和轧制滑轮应符合下列要求：

a) 焊材应与被焊接的材料相适应，并应符合GB/T 5117的规定；

b) 焊缝坡口形式应符合GB/T 985.1和GB/T 985.2的规定；

c) 焊缝应进行外观检验，不应有弧坑、飞溅、熔渣、严重咬边、表面裂纹等影响性能及外观质量的缺陷。

5.3 外观及表面处理

5.3.1 滑轮绳槽表面粗糙度，对采用机械加工方法制造的绳槽表面不应低于GB/T 1031中的*Ra* 12.5，对采用轧制和压制的绳槽表面不应低于GB/T 1031中的*Ra* 25，滑轮安装轴承内孔的表面粗糙度不应低于*Ra* 3.2，其他未注加工表面粗糙度不应低于GB/T 1031中的*Ra* 25。

5.3.2 滑轮的机械加工面和隔环等外露部位应涂防锈油，非加工面应进行涂装。

5.3.3 铸造滑轮、焊接滑轮和轧制滑轮应进行消除应力处理。

5.3.4 焊接滑轮轮槽表面滚压后应无伤痕，除去氧化皮。

5.3.5 双幅板压制滑轮的压制部分应光滑、平整，无皱纹、裂纹和毛刺。

5.3.6 铸件的加工表面不应有砂眼、气孔、缩孔、裂纹和疏松等缺陷，非加工表面不应有影响强度的缺陷。

5.4 装配

5.4.1 所有零件检验合格后，才能进行装配。

5.4.2 装配好的滑轮应转动灵活。

5.5 极限与配合

5.5.1 滑轮体与轴承外径配合公差推荐为 M7 或 P7。

5.5.2 槽底半径 r 的极限偏差应符合表 1 的规定。其他尺寸极限偏差，对铸造滑轮按 h14，对其他滑轮应符合表 4 的规定。

表 4 尺寸极限偏差

单位为毫米

滑轮直径 D		宽度 B		外圆 D_1	
基本尺寸	极限偏差	基本尺寸	极限偏差	基本尺寸	极限偏差
160～400	+2.5	≤50	+2	≤250	−1.0
>400～600	+3.0			>250～500	−1.2
>600～800	+4.0	≤76	+3	>500～1 000	−1.6
>800～1 000	+5.0			>1 000～1 200	−2.0
>1 000～1 200	+6.0	≤108	+4	>1 200～1 500	−2.5
>1 200～1 500	+7.0			>1 500～1 800	−3.0
>1 500～1 800	+8.0	≤150	+5	>1 800～2 000	−3.5

5.6 几何公差

滑轮的几何公差见表 5。

表 5 滑轮的几何公差

种类	符号	项目	符号说明	允许的几何公差(单位毫米)
形状	⌭	圆柱度	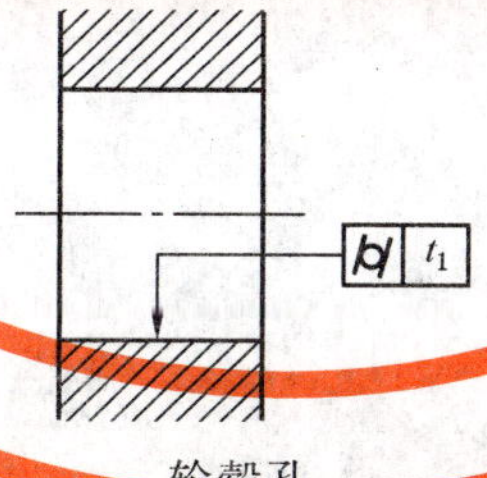 轮毂孔	圆柱度公差 t_1 t_1 = (轮毂孔的公差)/2
	⌒	线轮廓度	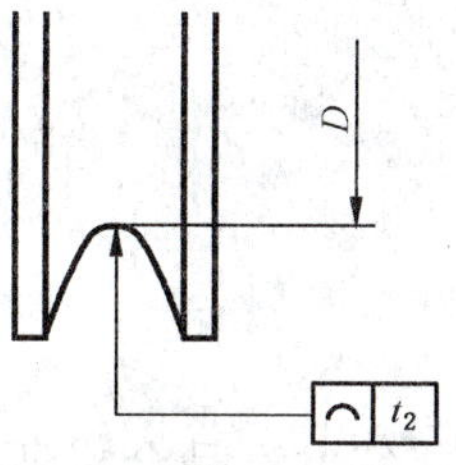 绳槽断面	绳槽半径公差带内的线轮廓度公差 t_2; t_2≤绳槽半径极限偏差

表 5（续）

<table>
<tr><th>种类</th><th>符号</th><th>项目</th><th>符号说明</th><th colspan="2">允许的几何公差(单位毫米)</th></tr>
<tr><td rowspan="8">位置</td><td>↗</td><td>绳槽底圆跳动</td><td>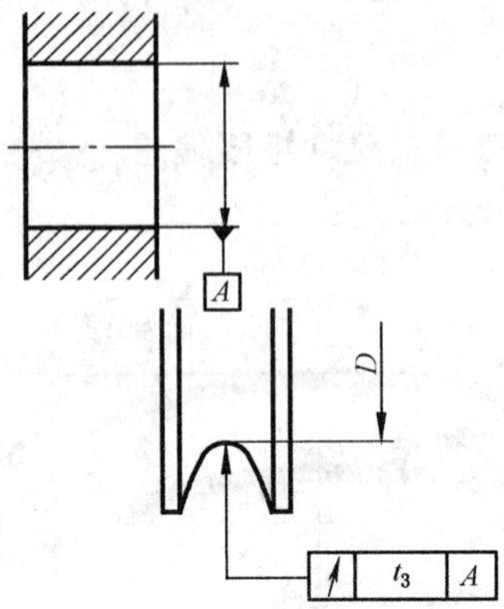
</td><td colspan="2">绳槽底圆跳动公差 t_3:
——铸造滑轮 $t_3=D/1\,000\leqslant1.0$；
——其他滑轮 $t_3=2.5D/1\,000$</td></tr>
<tr><td rowspan="7">↗</td><td rowspan="7">绳槽侧向圆跳动</td><td rowspan="7">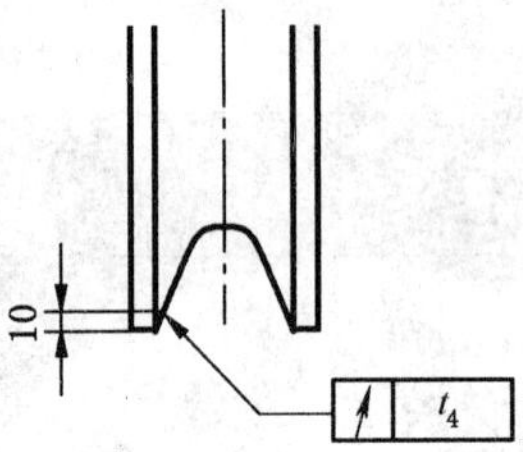
</td><td>D</td><td>t_4</td></tr>
<tr><td>≤250</td><td>2.0</td></tr>
<tr><td>>250～500</td><td>2.5</td></tr>
<tr><td>>500～1 000</td><td>3.0</td></tr>
<tr><td>>1 000～1 200</td><td>4.0</td></tr>
<tr><td>>1 200～1 500</td><td>5.0</td></tr>
<tr><td>>1 500～1 800</td><td>6.0</td></tr>
</table>

5.7 使用条件

5.7.1 使用温度为－20 ℃～＋40 ℃。超出该范围由用户与制造商协商解决。

5.7.2 钢丝绳绕进绕出滑轮槽时允许偏角(即钢丝绳中心线与滑轮轴垂直的平面之间的角度)不应大于 5°。

5.8 滑轮的报废

滑轮有下列情况之一者应予以报废：

a) 出现裂纹或铆接管松动；

b) 轮缘破损，轮槽不均匀磨损达 3 mm；

c) 焊接滑轮、铸造滑轮和轧制滑轮的磨损量超过轮缘板厚的 20%，因磨损使轮槽底部直径减少量达钢丝绳直径的 50%；

d) 双幅板压制滑轮绳衬的磨损量超过原厚度的 50%；

e) 其他影响使用及损害钢丝绳的缺陷。

6 检验规则

6.1 出厂检验

6.1.1 滑轮应由制造厂检验部门检验合格，并签发产品合格证后方可出厂。

6.1.2 出厂检验应对滑轮的外观质量和表面粗糙度进行全数检验；对批量生产的滑轮推荐按 GB/T 2828.1 的规定对尺寸和形位公差进行抽样检查。

6.2 型式检验

6.2.1 有下列情况之一时应进行型式检验：

a) 新产品或老产品转厂生产试制定型鉴定；

b) 批量生产后如结构、材料、工艺有较大改变，可能影响产品性能时；

c) 正常生产状态下每三年进行一次；

d) 国家质量监督机构提出进行型式检验要求时。

6.2.2 型式检验项目为滑轮的外观质量、尺寸、表面粗糙度、形位公差等，检验后应出具型式检验报告。

7 标志、包装、运输和贮存

7.1 标志

每个滑轮应在醒目位置设有永久性的、字迹清楚的滑轮型号标记和制造商标识标志。

7.2 包装

滑轮的包装应保证其不受损伤和腐蚀，并应符合 GB/T 13384 的规定。

7.3 运输

在运输过程中应采取适当防护措施，避免滑轮受到损伤。

7.4 贮存

在贮存过程中，不应与酸、碱性等腐蚀性物质接触，应防止被水侵蚀和在阳光下长期曝晒。

ICS 53.020.99
J 80

中华人民共和国国家标准

GB/T 27547—2011

升降工作平台 导架爬升式工作平台

Elevating work platforms—Mast-climbing work platforms

(ISO 16369:2007,MOD)

2011-11-21 发布 2012-05-01 实施

中华人民共和国国家质量监督检验检疫总局
中国国家标准化管理委员会 发布

前　言

本标准按照 GB/T 1.1—2009 给出的规则起草。

本标准使用重新起草法修改采用 ISO 16369:2007《升降工作平台　导架爬升式工作平台》。

本标准与 ISO 16369:2007 相比,章条和图表的编号发生了变化,附录 D 中列出了本标准与 ISO 16369:2007 相比章条和图表编号变化对照一览表。

本标准与 ISO 16369:2007 相比存在技术性差异,这些差异涉及的条款已通过在其外侧页边空后位置的垂直单线(|)进行了标示。附录 E 给出了本标准与 ISO 16369:2007 的技术性差异及其原因一览表。

本标准做了下列编辑性修改:

——删除了 ISO 16369:2007 的国家前言和前言,增加了本标准的前言;

——第 1 章做了如下修改:将 ISO 16369:2007 范围中的"注"改为"注 1",将 ISO 16369:2007 范围中第 5、6、7 段改为"注 2";将 ISO 16369:2007 范围中第 2、3、4 段改为一段;

——ISO 13852 已被 ISO 13857 替代,且 ISO 13857:2008 已等同转化为我国的国家标准 GB/T 23821—2009,列入规范性引用文件中;

——根据 GB/T 1.1—2009 的要求,6.2.2.4.4 增加引导语;

——根据 GB/T 1.1—2009 的要求,7.1.2 删除悬置段;

——增加了附录 D(资料性附录)"本标准与 ISO 16369:2007 相比的章条和图表编号变化情况";

——增加了附录 E(资料性附录)"本标准与 ISO 16369:2007 的技术性差异及其原因"。

本标准由中国机械工业联合会提出。

本标准由全国升降工作平台标准化技术委员会(SAC/TC 335)归口。

本标准负责起草单位:北京建筑机械化研究院。

本标准参加起草单位:中国建筑科学研究院建筑机械化研究分院、杭州赛奇高空作业机械有限公司、上海市建筑科学研究院有限公司、深圳市华测检测技术股份有限公司、廊坊凯博建设机械科技有限公司、辽宁省安全科学研究院、浙江鼎力机械有限公司、江苏申锡建筑机械有限公司、博宇(无锡)科技有限公司、广东裕华兴建筑机械制造有限公司、天津市祥和机械有限责任公司、厦门康柏机械成套有限公司、广州市京龙工程机械有限公司。

本标准主要起草人:杨国栋、王东红、何振础、陈建平、陈爱华、朱平、赵鹏华、许树根、喻惠业、高智鹏、高明敏、黄家亮、兰荣标、刘跃进、穆铭豪、张华文、吴杰、尹文静、孙红岩、牛雅静。

升降工作平台　导架爬升式工作平台

1　范围

本标准规定了导架爬升式工作平台(以下简称 MCWP)的特殊安全要求,MCWP 是由手动或动力操作的、临时性安装的、可承载一人或多人进行作业的设备。

注 1：做竖直运动的部件(作业平台)也用于将工作人员、设备以及物料运送至或送离某个施工位置。这些条款使 MCWP 区别于施工升降机。

注 2：本标准对该设备使用期内的不同阶段所引起的危险进行了区分,并阐述了消除或减小这些危险以及安全使用的方法。

本标准并未特别规定如何处理由操纵、安装或拆卸、固定或移除任何不属于此 MCWP 部分的物料或设备过程中所引起的危险的要求,也未特别规定处理特殊有害物料的方法。

本标准并未特别规定运送人员和物料至固定层站的要求,此类设施可参见电梯或施工升降机及其他相关标准。

本标准同时适用于永久性安装的 MCWP。本标准适用的 MCWP,其作业平台通过驱动系统进行提升,并通过导架导向和移动。导架与独立的支撑结构之间可以设置或不设置横向支撑。同时,本标准中的 MEWP,适用于下列任何可选择的组合型式：

——单导架或多导架；

——有附着支撑或无附着支撑；

——固定高度的导架或可变高度的导架；

——垂直式导架或与垂直方向倾斜 0°～30°的导架；

——站立式或悬挂式导架；

——移动式或固定式底架(底盘或底架)；

——手动或动力提升；

——在工作场地拖行或自行,无需满足道路交通规则的要求；

——由电动、气动、液压或内燃机驱动。

本标准不适用于符合 ISO 16368 的移动式升降工作平台(MEWP),符合 EN 1808 的高处作业吊篮和符合 EN 1570 的升降平台。

2　规范性引用文件

下列文件对于本文件的应用是必不可少的。凡是注日期的引用文件,仅注日期的版本适用于本文件。凡是不注日期的引用文件,其最新版本(包括所有的修改单)适用于本文件。

GB/T 3480.5　直齿轮和斜齿轮承载能力计算　第 5 部分:材料的强度和质量(GB/T 3480.5—2008,ISO 6336-5:2003,IDT)

GB/T 3811　起重机设计规范

GB 4208　外壳防护等级(IP 代码)(GB 4208—2008,IEC 60529:2001,IDT)

GB 5226.1　机械电气安全　机械电气设备　第 1 部分:通用技术条件(GB 5226.1—2008,IEC 60204-1:2005,IDT)

GB 8898　音频、视频及类似电子设备　安全要求(GB 8898—2001,eqv IEC 60065:1998)

GB 14048.5—2008　低压开关设备和控制设备　第 5-1 部分:控制电路电器和开关元件　机电式

控制电路电器(IEC 60947-5-1:2003,MOD)

GB/T 15706.2—2007 机械安全 基本概念与设计通则 第2部分:技术原则(ISO 12100-2:2003,IDT)

GB/T 16855.1—2008 机械安全 控制系统有关安全部件 第1部分:设计通则(ISO 13849-1:2006,IDT)

GB/T 20863.1 起重机械 分级 第1部分:总则(GB/T 20863.1—2007,ISO 4301-1:1986,IDT)

GB/T 22437.1 起重机 载荷与载荷组合的设计原则 第1部分:总则(GB/T 22437.1—2008,ISO 8686-1:1989,MOD)

GB 23821 机械安全 防止上下肢触及危险区的安全距离(GB 23821—2009,ISO 13857:2008,IDT)

ISO 6336-1 直齿轮和斜齿轮承载能力的计算 第1部分:基本原理、说明和一般影响因素(Calculation of load capacity of spur and helical gears—Part 1:Basic principles,introduction and general influence factors)

ISO 6336-2 直齿轮和斜齿轮承载能力的计算 第2部分:齿轮表面耐用能力(点蚀)的计算[Calculation of load capacity of spur and helical gears—Part 2:Calculation of surface durability (pitting)]

ISO 6336-3 直齿轮和斜齿轮承载能力的计算 第3部分:轮齿弯曲强度的计算(Calculation of load capacity of spur and helical gears—Part 3:Calculation of tooth bending strength)

ISO 13854 机械安全 避免人体部分挤压的最小间距(Safety of machinery—Minimum gaps to avoid crushing of parts of the human body)

EN 614-1 机械安全 人类工程学设计原则 第1部分:术语和一般原则(Safety of machinery—Ergonomic design principles—Part 1:Terminology and general principles)

EN 953 机械安全 护罩(固定的/可动的)设计及构造之一般规范(Safety of machinery—Guards—General requirements for the design and construction of fixed and movable guards)

EN 982 机械安全 流体动力系统及其元件的安全要求 液压传动装置(Safety of machinery—Safety requirements for fluid power systems and their components —Hydraulics)

3 术语和定义

下列术语和定义适用于本文件。

注:下面定义的 MCWP 的部件见图1和图2。

3.1

额定载荷 rated load

正常工作状态下 MCWP 的设计载荷,其值见载荷图表。

3.2

载荷图表 load diagram

在作业平台上,标明作业平台允许的承载人数和特定结构状态下物料的质量及其分布的图表。

3.3

额定速度 rated speed

MCWP 在竖直或水平方向上的设计速度。

3.4

移位 transfer

在同一个施工场地,MCWP 从一个工作位置到另一个工作位置的水平移动。

3.5

移位状态　transfer condition

移位所要求的状态，包括对天气条件和MCWP承载人数或载荷的任何限制。

3.6

运输　transport

在施工场地之外MCWP的任何移动。

3.7

运输状态　transport condition

MCWP在施工场地之外移动时的状态。例如：道路运输状态。

3.8

移位（运输）联锁　transfer(transport)interlocks

MCWP上用于防止不安全移位（运输）的任何设计装置。

3.9

底架　base frame

MCWP中用于支承导架和升降装置的部件。

3.10

底盘　chassis

MCWP中移动和支承导架和升降装置的部件。

3.11

轨道式底盘　rail-mounted chassis

可通过导轨将水平和垂直力传递给地面的底盘。

3.12

支腿　outrigger

在特定的使用条件下，支承底架用于保持或增加MCWP稳定性的部件。

注：支腿也可用于调平底架。

3.13

支腿梁　outrigger beam

可通过动力或手动操作在基本水平面移动的支腿部件。

3.14

导架　mast

对平台提供支承和导向的结构。

3.15

固定高度导架　fixed-length mast

总高度不可改变的导架。

3.16

可变高度导架　variable-length mast

通过改变导架节（亦称为标准节）的数量可以改变总高度的导架。

3.17

导轨　guide

为作业平台提供导向的导架的部件。

3.18

附墙架　mast tie

在导架与建筑物或其他结构之间，对导架进行横向约束的锚固装置。

3.19

作业平台 work platform

MCWP中做垂直运动的部件，可用于运送人员、设备和物料，并在其上进行作业。

注：作业平台包括主平台和所有延伸平台。这与MCWP的含义不同，MCWP是指整个装置，包括作业平台、导架、附墙架、底架和底盘等。

3.20

有效平台面积 available platform area

在作业平台底板平面测得的面积。

3.21

主平台 main platform

由主要结构件构成的作业平台的部件。

3.22

延伸平台 platform extension

由次要结构件构成的作业平台的附加部件，其利用主平台进行支撑与定位。

注：延伸平台用于对主平台进行延伸，通常沿主平台工作边界的宽度方向进行延伸。延伸平台可形成与作业面的外形一致的不规则形状。延伸平台也可高于或低于主平台。

3.23

多级作业平台 multilevel work platform

在同一个导架上运行的两个或多个作业平台，或在一个作业平台上附加一个完全由其支撑的作业平台。

注：如附录B所示。

3.24

背轮 counter-roller

用于抵消齿轮齿条间啮合分离力的滚动轮。

3.25

自动制动器 automatic brake

动力供应中断时，使运动零部件减速并停止的装置。

3.26

缓冲器 buffer

使用油液、弹簧或类似措施，使作业平台在行程终端停止的装置。

3.27

超速 overspeed

任何高于额定速度的速度。

3.28

超速检测装置 overspeed detector

当作业平台超速运行达到预定速度时，使超速安全装置起作用的装置。

3.29

超速安全装置 overspeed safety device

超速时，可使作业平台停止并在导架上保持静止的机械装置。

3.30

专业人员 competent person

拥有理论知识和实践经验、掌握特定型号MCWP操作方法，并能准确操作的人员。

3.31

用户及使用单位 user and user organization

直接控制MCWP使用的个人或组织。

3.32

齿轮齿条驱动系统　rack and pinion drive system

圆柱齿轮与安装于导架上的齿条相啮合的驱动系统。

3.33

棘轮棘爪驱动系统　ratchet drive system

通过棘爪与附于导架上的横挡或其他部件的交互作用，使平台上升或下降预定距离的驱动系统。

注：棘轮棘爪驱动系统不工作时，平台可由棘爪支承在导架上。

3.34

螺杆驱动系统　screw drive system

由安装在导架上的齿形啮合件与安装在平台上的动力驱动的螺杆相啮合而形成的驱动系统。

注：该机构由螺杆旋转产生的动力驱动平台上升或下降。

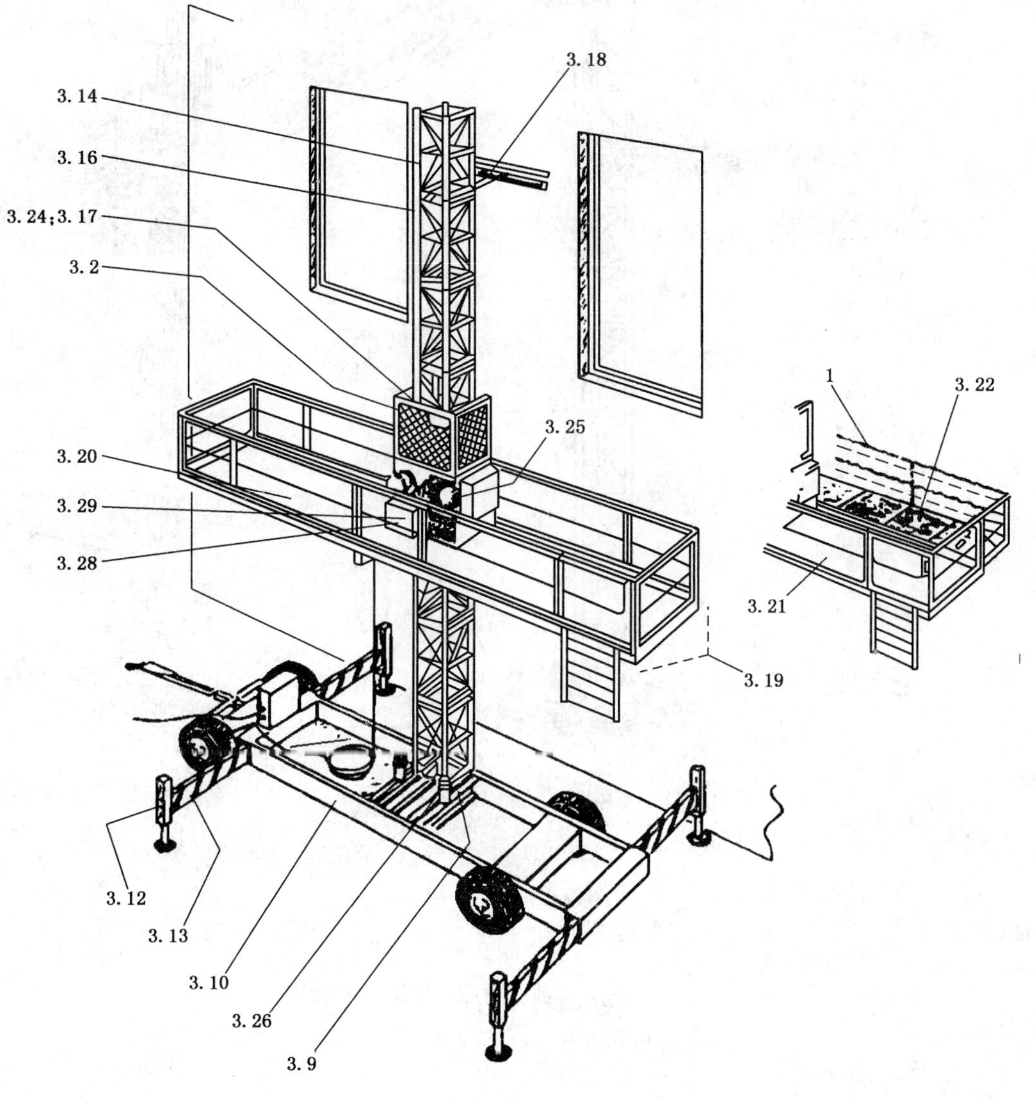

说明：

1——可拆卸护栏。

注：图中数字与第3章“术语和定义”内容一致。

图1　典型的单导架 MCWP

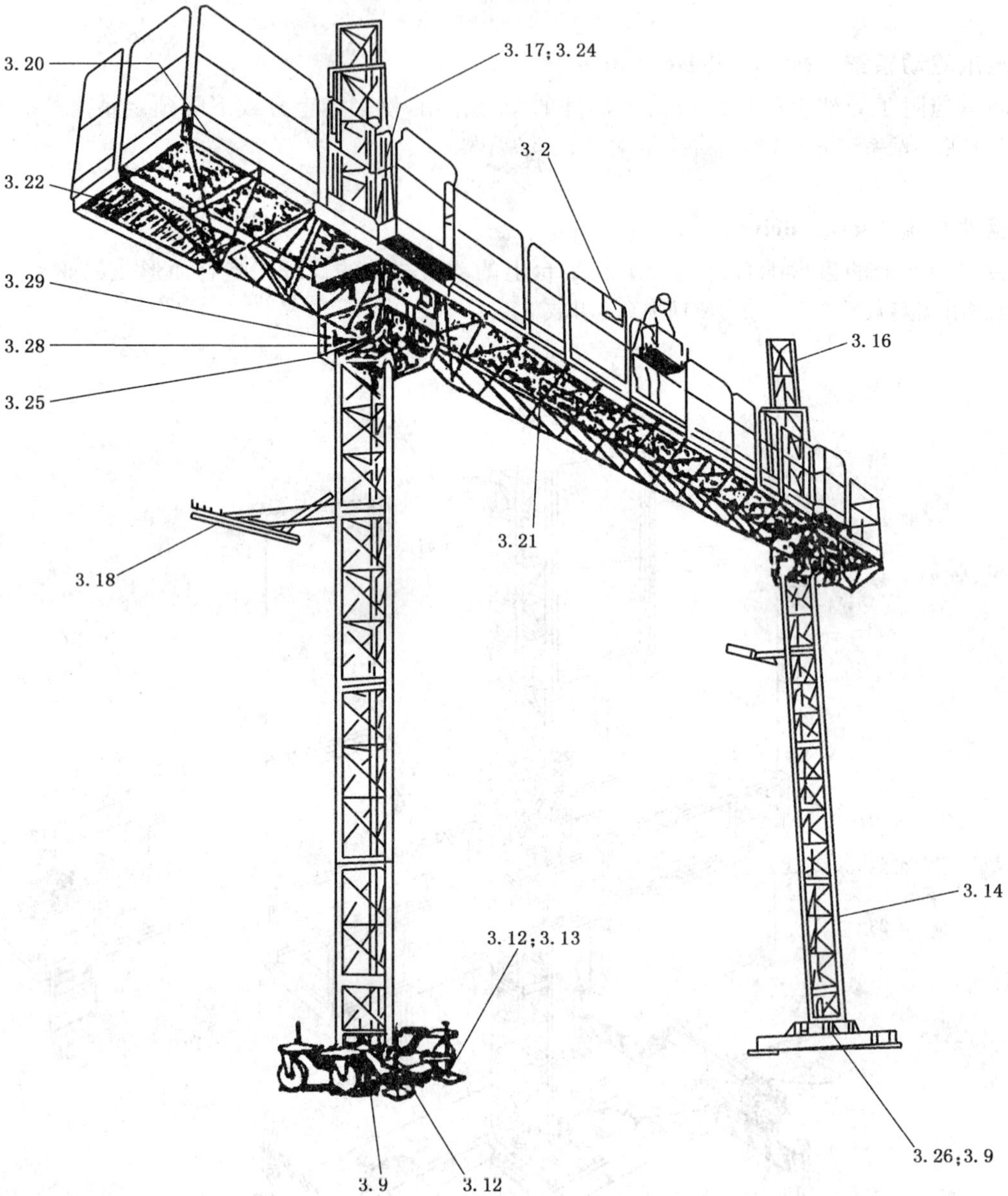

注：图中数字与第3章“术语和定义”内容一致。

图2 典型的双导架 MCWP

4 危险列表

表1危险列表参考了GB/T 15706.1和GB/T 15706.2的相关内容。

为控制风险或减小危险，表1列出了危险类别及相应的条款编号。

本标准不适用的危险或未做要求的不重要危险，其相应的条款编号以“不适用”表示。

表 1 危险列表

危　　险	本标准中的相应条款
1 机械危险	
1.1 挤压	5.2.1.3、5.3.2、5.4.1
1.2 剪切	5.2.1.3、5.3.2、5.4.1
1.3 切割或切断	5.3.2、5.4.1
1.4 缠绕	5.4.1
1.5 吸入或卷入	5.2.1.3、5.3.2、5.4.1
1.6 冲击	5.4.6
1.7 刺伤或刺穿	不适用
1.8 摩擦或磨损	不适用
1.9 高压液体喷射	5.10.1.7、5.10.1.8、5.10.1.9、5.10.1.10
1.10 零部件飞出	5.2.1.4、5.2.1.5
1.11 稳定性丧失	5.1.5、5.2.2.4、5.2.2.5、5.2.5
1.12 滑动、绊倒和坠落	5.2.2.1、5.3.1
2 电气危险	
2.1 触电	5.8
2.2 静电现象	不适用
2.3 热辐射	不适用
2.4 外部影响	5.7.15，附录 B
3 热危险	
3.1 由于人员接触火焰、爆炸和热源辐射造成的烧伤和烫伤	5.9.1、5.9.2、5.9.3
3.2 过热或过冷工作环境对健康造成的损害	5.9.2
4 噪声危险	有关但不涉及
5 振动危险	5.1.2.3.2
6 辐射危险	不适用
7 机器加工、使用或排出的材料和物质产生的危险	
7.1 接触或吸入有毒液体、气体、雾、烟及粉尘	5.9.2、5.10
7.2 火灾或爆炸	5.9.3、5.9.4
7.3 生物和微生物危险	不适用
8 设计时忽视人类工效学引起的危险	
8.1 不健康姿势或过度用力	5.2.1.6、5.2.5.2、5.6.2、5.13、5.13.8
8.2 不充分考虑手/手臂或腿/脚的解剖结构	不适用
8.3 忽视人员防护设备的使用	5.13.8
8.4 不充足的区域照明	7.1.2.6
8.5 心理负担过度或准备不足、焦虑	不适用

表 1(续)

危　　险	本标准中的相应条款
8.6　人为差错	5.2.2.1、5.13
9　综合危险	5.1.1.1、5.1.1.2、5.1.3
10　动力中断、机器零部件损坏和功能混乱引起的危险	5.1
10.1　动力中断	5.2.2.1、5.6、5.8.1.2、5.12.7
10.2　机器零部件或液体意外飞出或飞溅	5.10.1.7、5.10.1.8、5.10.1.9、5.10.1.10
10.3　控制系统失效或故障	5.2.1.5
10.4　装配错误	5.1.5.1.5
10.5　机器倾翻、意外丧失稳定性	5.1.1.2、5.1.5、5.7
11　有关安全措施/手段缺失和/或不正确引起的危险	
11.1　防护装置	5.2.1.3、5.3.2、5.4.1、5.9.1、7.1.2.6、7.1.2.9、7.1.2.12、7.2.2
11.2　与安全相关(防护)装置	5.7
11.3　启动和停机装置	5.1.1、5.12
11.4　安全标志和符号	5.2.2.7、7.2
11.5　信息或警告装置	7.2
11.6　动力切断装置	5.2.1.2、5.8.2.1
11.7　应急装置	5.5、5.6
11.8　工件的拆装	不适用
11.9　用于安全调整和/或维护的基本设备和附件	5.2.3.1、5.4.2.9、5.4.3.1.2、5.4.4.3.5
11.10　排气装置	5.9.1、5.9.2、5.9.3
与 MCWP 的移动性和承载能力有关的危险	
12　移动/工作区域照明不充足	7.1.2.6
13　作业中突然移动、不稳定等原因造成的危险	5.1.5、5.2.2.1、5.2.2.3、5.2.2.4、5.4.5
14　操作位置设计不当或不符合人类工效学	
14.1　由危险环境引起的危险(与运动部件接触、气体排放等)	5.2.2、5.9.1、5.9.2
14.2　操作位置视野不充足	5.13.2、5.13.5
14.3　不合适的座椅/座位	不适用
14.4　控制装置的设计/安装未考虑人类工效学或考虑不充分	5.13
14.5　自行式机器的启动/移动	5.13
14.6　自行式机器的道路行驶	7.1.2.6
14.7　徒步控制式机器的移动	7.1.2.6
15　机械危险	5.1.1.1
15.1　意外移动造成的人员危险	5.2.2.1、5.2.4、5.3.1.5、5.4.1、7.1.2.6
15.2　零部件损坏或飞出引起的危险	5.2.1.4、5.2.1.5、5.2.2.3

表 1（续）

危　　险	本标准中的相应条款
15.3　倾翻引起的危险	5.1.5
15.4　落物引起的危险	7.1.2.6
15.5　进入方式不当	5.3.3、5.3.4
15.6　牵引、耦合、连接、运送等引起的危险	5.2.2.6
15.7　电池、起火、辐射等引起的危险	5.9.2、5.9.3、5.9.5
16　提升操作引起的危险	
16.1　稳定性丧失	5.1.5、5.1.1.2、5.2.2.4、5.2.2.5、5.2.5.1
16.2　机器脱轨	5.2.2.4、5.4.1.5、5.4.2、5.4.3、5.4.4
16.3　机器和提升附件机械强度的丧失	5.1、5.2.1.7、5.2.1.8、5.2.2.2、5.2.2.3、5.2.3.2、5.2.3.3、5.2.5.2、5.2.5.3、5.3.1.4、5.4.2、5.4.3、5.4.4、5.4.5、5.4.6
16.4　失控运动引起的危险	5.2.2.5、5.2.4、5.4.1、5.4.3.4、5.4.3.5、5.4.4、5.12
17　观察运动件运动情况的视野不充分引起的危险	5.13
18　雷击引起的危险	7.1.2
19　装载或超载引起的危险	5.7
MCWP 载人的危险	
20　作业平台超载或过度拥挤	5.1.2、5.7、5.11、参见附录 C
21　外部控制或机器的其他运动引起的作业平台的意外移动	5.13.7
22　超速	5.4.1、5.5、5.6.3
23　人员从作业平台坠落	5.3
24　作业平台坠落或倾翻	5.2.2.3、5.4.1、5.5、5.11、5.12
25　作业平台急剧加速或减速	5.2.2.4、5.4.5.1.2、5.4.6
26　标志不明确引起的危险	5.2.2.7、7.2

5　安全要求和/或措施

5.1　结构和稳定性计算

5.1.1　总则

5.1.1.1　在安装、操作、非工作状态、拆卸和移位过程中的任何允许结构形式下可能引起的所有载荷和力均应考虑。也包括倾斜式导架或悬挂式导架。

5.1.1.2　制造商责任如下：

——稳定性计算，以确定会引起失稳状态的 MCWP 的各种状态以及载荷及其偏移的组合。

——结构计算，以估算每个力的大小并确定变形允许值。应考虑力的所有组合形式，包括引起零部件最不利应力的力的组合形式。

5.1.2 载荷和力

应考虑以下载荷和力。

5.1.2.1 结构载荷

MCWP的非运动部件的质量应视为静载荷。
MCWP的运动部件的质量应视为动载荷。

5.1.2.2 额定载荷

5.1.2.2.1 设计时，额定载荷 m(kg)按公式(1)计算：

$$m=(n\cdot m_{p})+m_{e+m}+2m_{e} \quad \cdots\cdots (1)$$

式中：

m_p ——每个人的质量，单位为千克(kg)，$m_p=80$ kg；

m_e ——每个人携带设备的质量(仅考虑两人)，单位为千克(kg)，$m_e=40$ kg；

m_{e+m}——作业平台上的物料及设备的质量(不包括人员携带的设备)，单位为千克(kg)；

n ——作业平台上的人员数量。

人员的质量以及设备与材料的质量应同时作用。

作业平台上最少的人数：对于单导架平台为2人，对于多导架平台为4人。

应假定人员携带设备的质量 m_e 的作用点与两个人的质量产生最大应力的作用点相一致。

5.1.2.2.2 假定每个人的质量为作用在MCWP上某一点的集中载荷，此点离护栏顶部内边缘的水平距离应为0.1 m。集中载荷间的距离应为0.5 m(见图3中的示例)。

单位为米

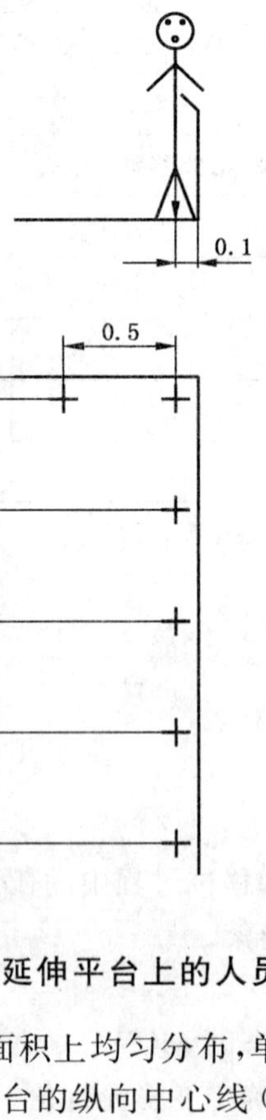

图3 主平台和延伸平台上的人员位置分布示意

5.1.2.2.3 质量 m_{e+m} 应在主平台的整个面积上均匀分布，单位长度的载荷为 t。

应假定质量 m_{e+m} 的重心作用在距主平台的纵向中心线 $0.15B$(其中 B 是主平台的宽度)的位置且位于引起最大应力的一侧。见图4。

计算时应考虑由于某个载荷减小引起的不平衡可能会导致 MCWP 的一些部件的应力高于均布额定载荷状态条件下的应力。

对于单导架 MCWP，弯矩 M 对导架及平台的作用应根据图 5 中的公式进行计算，公式中的 L_{max} 取图 5 中 L_1 及 L_2 中较大者。

对于多导架 MCWP，弯矩 M 对导架及平台的作用应根据图 6 中的公式进行计算。图 5 和图 6 中采用的系数 1.15 和 1.2 考虑了载荷可能会较集中地作用于一段长度上而非均布载荷。

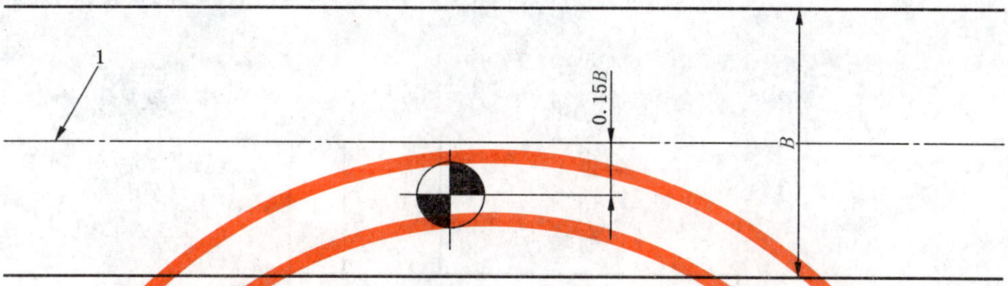

说明：

1——主平台的中心线(不含延伸平台)。

图 4　偏心载荷与中心线的距离

$$M_{max} = t \times L_{max}^2 \times 1.15/2$$

单位长度载荷 $t = m_{e+m}/L$

图 5　单导架 MCWP 长度方向上的载荷分布

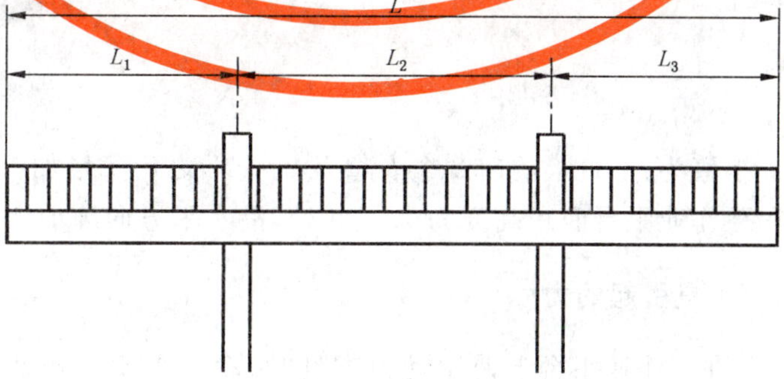

公式：

$M_1 = t \times L_1{}^2 \times 1.15/2$　　$M_3 = t \times L_3{}^2 \times 1.15/2$

$M_2 = t \times L_2{}^2 \times 1.2/8$　　单位长度载荷 $t = m_{e+m}/L$

图 6　双导架 MCWP 长度方向上的载荷分布

5.1.2.2.4 如果通过延伸的方式(通常是沿着平台宽度方向边缘)使主平台或其局部的面积得到增加，则平台允许承载的总人数(参见5.1.2.2.1)的质量应假定作用在5.1.2.2.2规定的宽度方向的端部位置上。

5.1.2.2.5 与5.1.2.2.4中所述的方法不同，为达到更远的作业位置可设有宽度受限制的长悬臂延伸平台，但应在主平台延伸部分的易见部位设置清晰说明的标志。延伸平台上的载荷应按不少于2人 m_p 计算，且人员均携带设备 m_e。为了限制作业平台的有效延伸面积，此类延伸平台宽度应不大于0.6 m。见图7。

单位为米

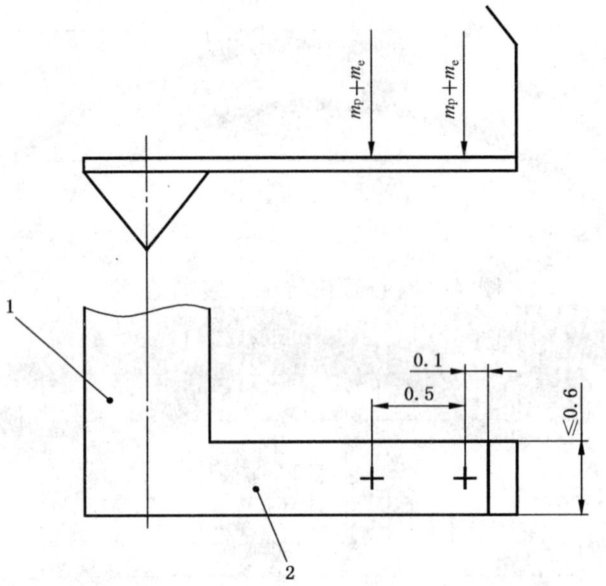

说明：

1——主平台；

2——延伸平台。

图7 长悬臂延伸平台

5.1.2.2.6 当制造商的设计中包括安装吊杆时，安装吊杆的质量及其额定载荷应视为MCWP额定载荷的一部分。使用安装吊杆引起的力的作用位置应通过制造商选择的安装吊杆的支撑位置加以确定。

5.1.2.3 水平方向力

5.1.2.3.1 手动操作力

假定手动操作力的最小值为：平台上的前2个人每人200 N，之后每增加1人以100 N计算。

假定力的作用位置在距作业平台底板高度为1.1 m处，沿水平方向施加。

5.1.2.3.2 由于使用动力工具引起的力

当MCWP的制造商允许在作业平台上使用动力工具时，动力工具对作业平台的水平方向反力可能会超出5.1.2.3.1中所述范围，制造商应规定所允许的最大力，且力的作用点假定在距作业平台底板高度为1.1 m处。

这种力可能是由于使用以下工具引起的，例如：

——喷水设备；

——喷涂或喷砂设备；

——机械式钻孔设备；
——锤击式钻孔设备；
——电锤/破碎机。

5.1.2.3.3 作业平台上使用天气防护装置引起的力

如果在设计作业平台时允许使用以顶棚形式覆盖住整个或部分平台的天气防护装置，所产生的风载荷应视为作用在作业平台底板至棚顶的全高度围壁上。风载荷应根据5.1.2.5和5.1.2.8计算。对于受此类防护装置保护的人、设备和物料的风载荷可以不计。

应将天气防护装置的质量视为额定载荷的一部分。

5.1.2.4 动载荷

计算动载荷时，应将所有运动质量乘以动载系数1.15。

“运动”包括作业平台的升降，以及在移位工况下MCWP的移动。

5.1.2.5 工作状态风载荷

5.1.2.5.1 工作状态下，在室外使用、暴露在风中的MCWP受到的最小风压见表2。

表2 工作状态下最小设计风压和风速

状态	风速/(m/s)	风压/(N/m^2)
独立式或安装和拆卸过程中的MCWP	12.7	100
附着式MCWP	15.5	150

5.1.2.5.2 假定风载荷沿水平方向作用在MCWP暴露部件迎风面积的中心。

5.1.2.5.3 用于暴露区域的风载荷系数应符合GB/T 3811的规定。暴露在风中的人员，风载荷系数为1.0。

5.1.2.5.4 每个人的迎风面积为0.7 m^2(平均宽度0.4 m×平均高度1.75 m)，面积中心在距作业平台底板1.0 m高处。

5.1.2.5.5 如果人员站立在MCWP无孔护栏(高1.1 m)后面，则其迎风面积为0.35 m^2，其面积中心位于距作业平台地板1.45 m高处。

5.1.2.5.6 直接暴露于风中的人数按以下方法计算：

a) 暴露于风中的作业平台长度按0.5 m圆整并除以0.5 m；

b) 如果a)中计算的值大于作业平台的允许人数，则取作业平台的允许人数。

5.1.2.5.7 如果作业平台上的允许人数大于5.1.2.5.6a)中的值，则用系数0.6乘以多出的人数。

5.1.2.5.8 作业平台上暴露于风中的设备和物料的风载荷按其总质量m_{e+m}的3%计算，作用点为沿水平方向距作业平台底板1.0 m高处。

5.1.2.6 移位状态下产生的载荷和力

当MCWP在移位状态时，应考虑惯性力及制造商允许的作用在作业平台上的其他载荷。

5.1.2.7 安装拆卸时的载荷

应标明在安装和拆卸MCWP过程中的设计载荷。安装时的载荷可能大于额定载荷。

按 5.1.2.2.6 的规定，如果在安装和拆卸 MCWP 时需使用安装吊杆，则安装吊杆的质量及其额定载荷应视为安装载荷的一部分进行计算。

5.1.2.8 非工作状态风载荷

当作业平台处于非工作状态，且处在一个安全位置时，根据表 3 计算风压。

应考虑最不利作用方向的最大风压。

表 3 非工作状态下的风速和风压

人或部件离地面高度/m	风速/(m/s)	风压/(N/m^2)
0～20(含 20)	35.8	800
20～100(含 100)	42	1 100
>100	45.9	1 300
注：表中的风速及风压数值为最小值。在沿海地区或高纬度地区，可使用相关国家标准中提供的信息。		

5.1.2.9 缓冲力

计算缓冲力时，应参照 5.4.6 考虑缓冲器作用的特性。当不使用缓冲器时，应考虑减速或撞击引起的力。

5.1.2.10 按 5.5 的要求采取的安全措施

在确定由于采取这些安全措施而引起的力时，所有运动质量的总和应乘以系数 2。如果一个较小的系数能通过在加载至 1.5 倍额定载荷所有工况下的试验验证，则可使用，但不得小于 1.2。

5.1.2.11 安装误差

计算安装工况时，考虑到用户安装误差，应将导架角度加上 0.5° 进行计算。

5.1.3 载荷组合及安全系数

应考虑以下几种载荷组合：

——A1：MCWP 处于工作状态，无风，静止；

——A2：MCWP 处于工作状态，无风，动态；

——B1：MCWP 处于工作状态，有风，静止；

——B2：MCWP 处于工作状态，有风，动态；

——B3：MCWP 在安装或拆卸过程中；

——B4：MCWP 处于移位状态下；

——C1：MCWP 处于工作状态，撞击缓冲器时；

——C2：MCWP 处于工作状态，安全装置起作用时；

——C3：MCWP 处于非工作状态。

以上载荷组合(A1、A2、B1、B2 等)在附录 A 中对应为载荷情况 A、载荷情况 B 和载荷情况 C。

在各个载荷组合中，作用于 MCWP 上的载荷和力应符合表 4 的规定。钢结构和铝合金结构的安全系数分别在表 5 和表 6 中给出。

表 4 应加以考虑的载荷组合

载荷	参考条款	载荷组合								
		A1	A2	B1	B2	B3	B4	C1	C2	C3
结构载荷	5.1.2.1	√	√	√	√	√	√	√	√	√
额定载荷	5.1.2.2	√	√	√	√			√	√	
水平方向力	5.1.2.3	√		√						
动态力	5.1.2.4		√		√	√	√			
工作状态风载荷	5.1.2.5			√	√	√	√			
移位状态下产生的载荷和力	5.1.2.6					√	√			
安装和拆卸时的载荷	5.1.2.7					√				
非工作状态风载荷	5.1.2.8									√
缓冲力	5.1.2.9							√		
采取安全措施引起的力	5.1.2.10								√	
安装误差引起的力	5.1.2.11	√	√	√	√	√	√			

表 5 钢结构的安全系数

载荷情况	安全系数
A1、A2	1.5
B1、B2、B3、B4	1.33
C1、C2、C3	1.25

表 6 铝合金结构的安全系数

载荷情况	安全系数
A1、A2	1.7
B1、B2、B3、B4	1.55
C1、C2、C3	1.4

5.1.4 结构计算

参见附录 A。

5.1.5 稳定性计算

5.1.5.1 力的计算

5.1.5.1.1 由结构件自重产生的倾翻力矩应乘以系数 1.1，由额定载荷产生的倾翻力矩应乘以系数

1.2。同时应考虑,当作业平台上升时导架不垂直导致的倾翻力矩会增大。

所有产生稳定力矩的力应乘以系数1.0。

5.1.5.1.2 风载荷应乘以系数1.2,并假定作用方向沿水平方向。

5.1.5.1.3 5.1.2.3中所述的水平方向的力应乘以系数1.2,并假定其作用方向沿着产生最大倾翻力矩的方向。

5.1.5.1.4 5.1.2.6中所述的力,应按5.1.5.1.1、5.1.5.1.2及5.1.5.1.3所述方法计算。

5.1.5.1.5 进行稳定性计算时,应将5.1.2.11中所述的安装误差考虑在内。

5.1.5.2 倾翻力矩及稳定力矩的计算

最大倾翻力矩及相应的稳定力矩应按照最危险的倾翻边计算。

应在制造商允许的底盘最大倾斜状态下且最不利的结构形式时计算MCWP的力矩,同时应考虑各个载荷和力的最不利组合,包括安装误差。

在各种工况下,计算得出的稳定力矩应大于倾翻力矩。

5.2 设备、底架、底盘和导架总则

5.2.1 设备要求总则

5.2.1.1 MCWP及其所有部件均应按5.1的要求进行计算。

5.2.1.2 应在MCWP上设置永久装置,在非工作状态时关闭作业平台,以防未经许可人员使用。

类似的装置也应固定安装在自行式MCWP的底盘上,以关闭MCWP的所有运动。

这种装置应用挂锁或类似装置锁牢。

5.2.1.3 根据ISO 13854和EN 953的要求,在底盘与作业平台之间易发生卷入、挤压和剪切的位置应有安全空间或足够的防护。

如不能提供安全空间或足够的防护,则应在作业平台上安装一个听觉报警装置,当作业平台运动到距底盘2.5 m的范围内时,能自动发出连续的报警信号。

对于易发生卷入、挤压和剪切伤害的区域,仅当作业平台上的人员、MCWP地面附近的人员或入口处人员可触及时才加以防护。

5.2.1.4 锁销应能以机械方式进行锁紧,以防意外脱离和丢失,并将其固定在工作位置。例如,可通过开口销、锁紧螺母等。另外,当设备处于非使用状态时,应采取措施防止意外丢失。例如,可采用防脱链。

5.2.1.5 用于安全功能的压缩弹簧应有导向及可靠的端部固定。从设计上应能保证:当弹簧折断时,各自不能相互缠绕。

5.2.1.6 在安装过程中需要搬运的所有部件,例如导架节、平台部件和安装吊杆等,其设计应针对人力搬运条件对其重量进行核算,当超出人力搬运能力时,制造商应在操作手册中给出适用的提升设备的建议。

5.2.1.7 通过提升设备进行部件安装时,应有适用的辅助装置,确保待装部件能被牢靠地吊装并以正确的姿态提升。

5.2.1.8 专用提升设备应按照GB/T 22437.1和GB/T 20863.1的要求进行设计,且不应在MCWP部件的非设计吊装部位进行吊装。

5.2.2 底架和底盘

5.2.2.1 总则

如果驱动系统中使用了链条或皮带,应有自动保护措施以防止链条或皮带失效时底盘意外移动。

如果对同一动作提供动力和手动两种驱动系统，则应有互锁装置以防止两种系统同时动作。

发生供电中断情况后，不应发生意外移动。

底架或底盘上的过道地面应是防滑面。

5.2.2.2 底架

底架上应配备用于安全可靠地连接其他部件(如导架和支腿等)的装置。

5.2.2.3 底盘

底盘上应配备用于安全可靠地连接其他部件(如导架和支腿等)的装置。

应采取措施或至少给出恰当的警示，以保证 MCWP 处于合理的移位或运输状态。

如果平台在运输中必须锁定在底盘的某个位置上，则应提供运输联锁装置。

应采取措施防止 MCWP 在底盘上的轮胎失效时失稳。例如，可使用泡沫添充轮胎或在用户手册中给出关于支腿的使用说明等。

5.2.2.4 车轮的驱动(道路运输除外)

应提供制动装置，在所有的地面条件和水平速度以及制造商规定的最大坡度的最不利组合条件下，能使底盘停止并保持静止状态。只有通过人为操作释放制动装置才能保持其释放状态。在其他所有条件下，制动装置应能自动启动。制动的方式不应依赖于可耗尽的能源。

加速度或减速度应在制造商允许的范围内。在牵引 MCWP 之前，驱动应能与车轮脱离。

对于轨道式底盘，在行程的终端应有可使其停止运行的装置。

如果轮轴是可拆卸式的，则应有固定装置，使轴在工作时可安全牢固地固定在底盘上。

5.2.2.5 支腿

支腿应能承载制造商允许的全部载荷。包括在制造商允许的最大倾角和最大坡度下作业时的载荷。

支腿的撑脚应能在任意方向转动一定的角度，该角度为制造商规定的最大坡度加上至少 10°。

应参照使用手册在支腿上设置标牌，告知用户使用支腿时地面所受的压力。

应通过机械止停装置对支腿梁的移动进行限制，至少能在极限位置时将其锁止。

支腿的设计和制造应有防止其意外移动的措施。

液压式支腿应有直接装在液压缸上的持压阀。例如，液压控制式的检测阀或制动阀，即使在硬管或软管破裂的情况下，也能防止液压油意外流入或流出液压缸。该阀的闭锁不应导致危险情形的发生。

动力式支腿应装有防止其意外移动的装置，除非作业平台在指定位置。

平台工作时不应使用气动支腿。

当导架下方直接装有中心支撑时，也应符合本条的相关要求。

5.2.2.6 牵引杆

如果牵引杆在未工作时处于仰起位置，应安装一个自动装置将牵引杆保持在该位置，使其不能意外松开。

设计时应考虑到牵引杆和转向机构的操作不能对用户造成危险。

5.2.2.7 警告标记

支腿、支腿梁及底架或底盘上伸出平台主轮廓线的其他部分应涂上安全色。

5.2.3 导架结构

5.2.3.1 总则

提升时，为驱动系统导向的导架部件(如齿条、驱动导轨和横挡等)，应能通过不解体的方法进行目测细节检查。

5.2.3.2 齿条和类似装置

齿条应牢靠地装在导架上。相邻齿条的接合点应定位准确，以防止齿条错位对齿轮或类似部件造成损伤。

5.2.3.3 附着点

如果 MCWP 附着在一个独立的支撑结构上，导架上每隔一定的间距应设置附着点。附着点的设计应符合 5.1 的要求。

5.2.3.4 标志

所有的导架节都应标有单独的识别号或序列号，以确定制造日期。

5.2.4 导架的安装设计

应提供有效可行的措施，以确保只有可互换的导架节才能进行安装。

导架的设计与制作应确保在相邻导架节之间可以进行有效的载荷传递，并能保持导架的直线度。

当用导架节主弦杆作为驱动架上导向轮的导轨时，相邻导架节的接合点应保持连续。

导架向工作位置倾斜使用的 MCWP，应有确保导架可以以机械方式自动锁定在工作位置的装置。除非锁止装置启用，否则作业平台不能提升。

5.2.5 附墙架

5.2.5.1 总则

在导架安装高度超过制造商规定的最大独立高度时，应有侧向支撑将其与邻近的独立支撑结构连接起来。这种支撑通常为附墙架的形式，在导架与独立支撑结构之间每间隔一定距离应进行附着。

5.2.5.2 设计

附墙架的设计应便于手动操作，且在进行装配时使用手动工具即可操作，同时能进行一定量的调节以适应 MCWP 导架和支撑结构间的偏差。附墙架应能为导架提供足够的抗扭刚度。

5.2.5.3 连接支撑结构的附件

连接支撑结构的导架的附件应能承受在工作状态和非工作状态时产生的所有力。

在使用说明书中应有足够的信息，以便能对提供附着的独立支撑结构所受的力进行计算。

5.3 作业平台

5.3.1 总则

5.3.1.1 平台正常运行及操作过程中，当承受额定载荷和其他力时，作业平台应保持水平状态，允差为 ±2°。在 5.5 所述的操作方式中，以及操作 5.6 所述紧急升降装置时，作业平台与水平方向的最大允差为±5°。

5.3.1.2 作业平台底板上的活板门应可靠锁紧且不得向下打开。

5.3.1.3 作业平台的底板应采用防滑材料,易清洗,有自排水能力。底板上的开口或底板与护脚板之间的间隙,应能防止直径 15 mm 的球体通过。底板材料应可靠固定在作业平台上。延伸平台应为底板材料的固定做准备。

5.3.1.4 作业平台底板的设计应保证在最不利的 0.1 m×0.1 m 区域内,可承受至少 200 kg 的静态载荷而不发生永久变形。

5.3.1.5 主平台的任何延伸平台应可靠紧固,以防发生意外滑动。

应有最大允许延伸位置的明确的指示。延伸平台的设计应避免超出其最大允许位置。

5.3.1.6 延伸平台与主平台底板的高度差应不大于 0.5 m。

5.3.2 防护

5.3.2.1 主平台和任何延伸平台的所有边缘都应设有护栏和护脚板,并且护栏和护脚板应能被牢固地锁紧。

5.3.2.2 除 5.3.2.4 中的情形外,护栏的高度应不低于 1.1 m,护脚板的高度应不低于 0.15 m,中间横杆与顶部横杆和护脚板的距离均应不超过 0.5 m。

5.3.2.3 护栏的结构应能承受由平台上允许的人数施加的沿水平方向向外、间隔为 0.5 m、大小为 300 N 的集中力。

各护栏顶部的最不利位置应能承受大小为 100 kg 的竖直方向的载荷,该载荷与水平方向的载荷不同时施加。

5.3.2.4 如果平台沿墙面安装,且平台与墙面之间的距离大于 0.3 m 但不超过 0.5 m,则应装有高度不低于 0.7 m 的护栏(可以无中间横杆,但应有护脚板),以防止人员从墙与平台之间的间隙处跌落。如果间隙大于 0.5 m,则应按 5.3.2.2 的要求安装高度为 1.1 m 的标准护栏。

当墙面与作业平台间的水平距离不大于 0.3 m 时,不需要安装护栏。见 7.1.2.12。

5.3.2.5 链条或绳索不应用作护栏。

5.3.2.6 当主平台及延伸平台的运行速度超过 0.06 m/s,或平台与导架之间的距离小于 150 mm 时,应安装不低于 2 m 的防护装置,以防止人员触及导架。

靠近导架的平台边缘应安装高度不低于 150 mm 的护脚板。

其间隙应符合 GB 23821 的规定。

5.3.2.7 如果导架和建筑物之间设有延伸平台,应采取措施防止带有延伸平台的作业平台运行。

5.3.2.8 如果延伸平台与主平台不在同一平面,则应在两个水平面间未保护的开口处较低的水平面安装高度至少为 0.15 m 的护脚板。

5.3.3 入口

5.3.3.1 作业平台至少应有一个入口,并且该入口门不应向外打开。所有入口的结构应使其能自动关闭或用电控的方式进行互锁,以防止作业平台在入口门处于开启状态时运行。入口门应不能被意外打开。链条或绳索不应当做入口门使用。

5.3.3.2 当入口处地面与作业平台底板间的高度差超过 0.5 m 时,MCWP 应安装扶梯或与入口门对称的阶梯以便于人员进出。阶梯或梯级应在入口处地面与作业平台的底板间均匀分布,并且任何情况下,单级台阶的高度应不超过 0.3 m。

阶梯或横挡的前端应至少留有 0.15 m 的脚尖间隙。

5.3.3.3 扶手、护栏或类似装置应方便人员通过扶梯登上作业平台。

5.3.4 多级作业平台

对于多级作业平台，应考虑附录B中方式A和方式B的特殊要求。还应满足以下要求：

a) 所有用于多级MCWP上的辅助部件应根据5.1进行计算。

b) 施加于主平台和导架结构的所有附加力应根据5.1进行计算。

c) 保护装置应符合5.3.2的要求。

d) 在方式B中，对位于低处的平台要装有防护顶以避免人员被落下的物体击伤。该防护顶应满足：

——在任一0.1 m×0.1 m面积内能承受100 kg的均布载荷；

——能阻止直径为15 mm的球体通过。

e) 方式A中，两个作业平台底板之间的距离应不大于3 m。如果上部平台下方的区域为工作区域，则平台之间的距离应至少为1.5 m。

方式B中，两个作业平台间距应能通过安全接触开关进行控制。在正常工作条件下，应将水平误差考虑在内，且此间距应不小于2.5 m。

f) 方式A中的扶梯应符合5.3.3的要求。在平台的防护区域内两个作业平台间应有固定入口。活板门应符合5.3.1.2的要求。

在方式B中，两个作业平台之间不应有直接入口。

g) 方式A中，使用多个导架时，平台的水平度应符合5.3.1.1的要求。设计制作时应保证在整个水平调整范围内，附属作业平台与导架间应有一定的间隙。

h) 控制装置应符合5.13的要求。

i) 缓冲器应符合5.4.6的要求。方式A中，附属作业平台在主作业平台下方时，应增加缓冲器的高度，使缓冲器对主作业平台起作用。

j) 方式A中，行程限制开关应符合5.12的要求，同时应考虑附属作业平台的位置；

方式B中，每个作业平台都应有单独的行程限制开关，且都符合5.12的要求，间隔距离应符合5.3.4e)的要求。

5.4 提升驱动系统

5.4.1 总则

5.4.1.1 平台升降时的最大额定速度应不大于0.2 m/s。

5.4.1.2 应有固定的防护装置以防止物体进入驱动系统造成驱动系统零部件损坏，并保护人员免受伤害。

5.4.1.3 链条或皮带应仅可在驱动机构与电气安全装置连接时使用，该电气安全装置能在链条或皮带失效时使作业平台停止并保持静止状态。

5.4.1.4 手动驱动系统的设计及制造应能防止操纵手柄的反冲。

5.4.1.5 应采取措施防止在正常运行过程中最上端的导向轮或导靴滑出导轨顶部。应采取进一步措施，以确保在任何情况下，包括安装或拆卸时，安全装置的齿轮不会与齿条脱离啮合；其他机械式安全装置也应确保作业平台不能意外下滑。

5.4.1.6 应采取措施使得当任何导向轮或导靴发生失效时作业平台仍能保持稳定。

5.4.1.7 液压驱动系统应符合EN 982和5.10的要求。

5.4.1.8 当同一个导架上有多套驱动单元时，在正常运行条件下，每套驱动单元均应能通过自动调整装置均匀承担所有载荷。

5.4.2 齿轮齿条驱动系统

此条适用于齿轮齿条动力驱动系统的MCWP。

5.4.2.1 在任何载荷条件下，应采取措施使齿条与驱动齿轮及安全装置齿轮正常啮合。此措施不应依赖于平台导向轮。所使用的装置应能限制齿轮的轴向移动，应确保至少2/3的齿宽与齿条处于啮合状态。

5.4.2.2 即使在背轮或其他啮合控制零件发生失效、出现局部弯曲或导架发生偏斜时，也应保证齿轮偏离距离不应超过正常啮合时齿高的1/3。

5.4.2.3 齿轮及齿条的模数应不小于：

——4，如果驱动系统的背轮或其他啮合控制零件不与导架其他零件接触而直接作用在齿条上；

——6，如果驱动系统的背轮或其他啮合控制零件通过另一个与齿条直接接触的导架部件起作用。

5.4.2.4 任一安全装置齿轮的安装位置应低于驱动齿轮。

5.4.2.5 驱动齿轮的强度设计应符合ISO 6336-1、ISO 6336-2、ISO 6336-3和GB/T 3480.5的规定，轮齿强度应满足不低于10^8次的载荷循环。齿轮的结构尺寸应根据GB/T 3480.5确定，考虑每个齿轮在总静载荷作用下轮齿所受到的实际应力，轮齿强度安全系数应不小于1.5。

5.4.2.6 齿条应采用与驱动齿轮耐磨性相匹配的材料制造，齿的强度应根据ISO 6336-1、ISO 6336-2、ISO 6336-3和GB/T 3480.5的规定进行设计，其静态强度不低于10^4次载荷循环所对应的强度。

齿条的尺寸应符合GB/T 3480.5的规定，齿的强度按实际应力进行计算，所采用的最小安全系数为1.5。

5.4.2.7 当有多个驱动齿轮与齿条啮合时，在所有正常运行条件下，应有自调整措施以实现各个齿轮均匀受载。

5.4.2.8 不应将齿轮用作导向轮。

5.4.2.9 在不拆卸齿轮且不对MCWP结构部件做大的拆卸的情况下，应能对所有开式齿轮进行目测检查。

5.4.3 棘轮驱动系统

此条适用于通过棘轮动力驱动系统提升的MCWP。

5.4.3.1 总则

5.4.3.1.1 平台升降时的最大额定速度应不大于0.06 m/s。

5.4.3.1.2 应有措施确保驱动系统和安全装置与导架节上的横挡或其他元件正确啮合。这些措施的实现不应依靠平台上的导向轮。

5.4.3.1.3 在不进行大的拆解情况下，应能对驱动机构进行目测检查。

5.4.3.1.4 驱动机构不应用作导向轮。

5.4.3.2 设计要求

5.4.3.2.1 驱动系统应至少有一个接触点与导架完全接合。

5.4.3.2.2 驱动系统的设计应符合5.1的规定。

5.4.3.2.3 棘轮驱动机构的设计应满足一般机械设计原则，考虑在总静态载荷下产生的实际应力，最小疲劳安全系数为1.5，驱动机构的动力元件的疲劳载荷循环次数应不低于10^6。

5.4.3.2.4 当同一个导架上有多个驱动单元时，在所有正常运行条件下，应有自调整措施以实现各驱动单元均匀受载。

5.4.3.3 棘轮驱动系统的安全装置

5.4.3.3.1 MCWP应提供符合5.5要求的安全装置，以避免因驱动系统失效引起平台自由坠落。
5.4.3.3.2 安全装置的安装位置应低于驱动系统。
5.4.3.3.3 考虑材料抗拉强度和在额定载荷和最大可能速度情况下所受的最大力，导架上支撑安全装置的元件的安全系数应为2.5。

5.4.3.4 下限位开关

如果驱动单元不能在导架或底架上产生提升力，棘轮驱动系统不需要安装下限位开关。当满足5.4.6.2的要求时，底架可充当缓冲器的作用。

5.4.3.5 上限位开关

如果棘轮驱动系统不会使导向轮脱离导架，并且平台的上导向轮也不会脱离导架，则不需要安装上限位开关。

5.4.4 螺杆驱动系统

本条适用于通过动力驱动的螺杆驱动系统提升的MCWP。

5.4.4.1 总则

考虑在总静态载荷下产生的实际应力，螺杆驱动元件设计疲劳安全系数应取1.5，齿形啮合件的设计疲劳载荷循环次数应为10^4次，驱动机构动力元件的设计疲劳载荷循环次数应为10^8次。

5.4.4.2 齿形啮合件

齿形啮合件及类似支承部件应与导架可靠连接。
相邻导架节的齿形啮合件应精确衔接且共线，以避免错误啮合或损坏驱动系统。

5.4.4.3 螺杆驱动单元

5.4.4.3.1 应有措施保证齿形啮合件与螺杆驱动单元在所有载荷情况下均持续啮合，导向轮应限制螺杆系统在其轴线上运动，使齿形啮合件与螺杆驱动单元充分啮合以保证其安全运转。
5.4.4.3.2 应保证螺杆驱动元件与齿形啮合件在任何情况下均不离开正确啮合位置接触面的1/3，即使在背轮失效、局部弯曲变形及导架倾斜状态下也应保证。
5.4.4.3.3 当齿形啮合件同时与多个驱动螺杆啮合时，在所有正常运行条件下，应有自调整措施以实现各个驱动螺杆均匀受载。
5.4.4.3.4 安全装置的安装位置应低于驱动系统。
5.4.4.3.5 在不移除驱动螺杆或不拆解MCWP主要组件的情况下，应能对驱动螺杆进行目测检查。

5.4.4.4 下限位开关

在下列条件均满足的情况下，不必安装下限位开关或下极限开关：

a) 在任何情况下，包括操作安全系统(5.5.1.1)时，作业平台的最大下降速度不超过0.2 m/s。
b) 有缓冲器，且缓冲器无活动部件，可无磨损地重复使用。
c) 依照5.4.6设计缓冲器，考虑平台动力撞击缓冲器的可能性。
d) 驱动系统设计有载荷限制装置，当平台动力撞击缓冲器时，能避免驱动系统损坏；驱动系统设计时，考虑到冲击发生时的合力。

5.4.4.5　上限位开关

在下列条件均满足的情况下，螺杆驱动系统不必安装上限位开关或上极限开关：

a)　MCWP 的设计满足在正常工作条件下，最上部的导向轮或导靴不能滑出导轨最上端；

b)　在任何情况下，作业平台均不能脱离导架最上端；

c)　在任何情况下，包括安装状态和平台处于最大不平衡载荷状态时，平台仍能保持如 5.3.1.1 所述的水平状态。

5.4.5　制动系统

5.4.5.1　总则

5.4.5.1.1　每个作业平台都应提供一套能在下列情况下自动动作的制动系统：

a)　主电源供电中断时；

b)　控制回路电源中断时。

如果是双导架或多导架结构，则对每个导架都能实施制动。

不得使用链条或皮带将驱动齿轮与此类部件耦合连接。

5.4.5.1.2　由制动系统独自实施的制动应能使在额定速度下运行并载有 1.25 倍的额定载荷的平台以 $0.2g$～$1.0g$ 的减速度停下来。另外，当平台在额定载荷下，运行速度达到超速检测装置触发速度时，制动系统应能使设备停止。

5.4.5.1.3　在只有一个制动器的情况下，制动器的所有参与制动鼓或制动盘或驱动齿轮制动动作的机械部件，其设计结构和安装方式应确保当其中的某一部件失效时，仍能提供足够的制动能力以使带有额定载荷的作业平台停止下来。

5.4.5.1.4　制动器直接作用的元件应与链轮或驱动齿轮或类似装置刚性连接。

5.4.5.1.5　按 5.6 中要求，带有紧急下降或提升装置的设备，应能手动释放制动器，并且需要持续用力才能使制动器保持松开。

5.4.5.1.6　制动动作应通过压缩弹簧实现。弹簧应有足够支撑，并且弹簧压缩时不应超过弹簧材料扭转弹性极限的 80%。

5.4.5.1.7　制动块和制动衬片等应用阻燃材料制作(禁止使用石棉材料)，且应被可靠固定，正常的磨损不会对其固定产生削弱。

制动器应可通过一定方式调整。

制动系统应能防止润滑油、水、尘土或其他污物进入，防护等级应至少满足 GB 4208 中 IP23 的要求。

5.4.5.1.8　不应使用带式制动器。

5.4.5.2　对机电式制动器的特殊要求

5.4.5.2.1　在正常工作条件下，需要持续电流才能使制动器处于打开状态。

无论制动器电流的中断是否会引起驱动电机电源的中断，至少应有两个独立的电气装置可以切断制动器的供电电流。

当作业平台处于静止状态时，如果某个接触器仍未使主接触器打开，则最迟到下一次运行方向变换时，不应有进一步的移动。

5.4.5.2.2　当作业平台的电机处于发电状态时，电机电流不应为制动装置提供电能。

当制动器释放电流断开时，制动器应立即动作而不应有延迟(使用二极管或电容直联到制动线圈端子时，不认为是延迟)。

5.4.5.3 对机械液压式制动器的特殊要求

5.4.5.3.1 在正常工作条件下，应需要持续的压力才能使制动器处于打开状态。

5.4.5.3.2 启动平台时，在驱动达到正常的工作力矩前，制动系统不应打开。

5.4.6 缓冲器

5.4.6.1 如果作业平台在下行程终端的减速度可能超过 1.0*g*，应安装缓冲器。

5.4.6.2 缓冲器的总行程应至少等于作业平台在额定载荷情况下以可能的最大运行速度并以 1.0*g* 的减速度减速时的制动距离。可能的最大运行速度应为工作时可能发生的、超速安全装置的触发速度或速度限制系统的触发速度，取其中较大者。

5.4.6.3 如缓冲器随作业平台一起运动，其应撞击清晰可见的垫块。

5.5 防止作业平台超速下降的措施

5.5.1 总则

5.5.1.1 所有的 MCWP 均应安装一种装置或采取某种措施，当发生任何失效（导架/作业平台的结构失效除外）时，可防止作业平台坠落，在速度超过 0.5 m/s 之前动作。这种装置或措施应能自动制动住载有 1.1 倍额定载荷的作业平台。

制动装置动作或制动措施启动后引起的减速度应不小于 0.05*g*，且不大于 1.0*g*。

应通过以下方法之一实现此功能：

a) 一个如 5.5.2 所要求的超速安全装置；

b) 如 5.5.3 所述的多驱动单元。

5.5.1.2 具有安全相关功能的可调节元件应通过工具进行调节，或将其封闭起来以防未经授权的调节。

5.5.1.3 这些装置的设计或采取的措施应能确保其所处环境条件不会对其安全操作产生影响。

5.5.2 超速安全装置

超速安全装置应包含超速检测装置和可将作业平台制停并使其静止在导架上的机械装置。

5.5.2.1 设计要求

5.5.1.1a)要求的超速安全装置应满足：

a) 独立于驱动机构之外，但不包括齿条和横挡；

b) 在正常工作、安装、维护和拆卸等情况下，均处于正常工作状态；

c) 不依赖于外部能量或某种电路或辅助回路工作；

d) 无需进行大的拆卸，就可进行外观检查、维护和试验；

e) 基于材料抗拉强度、以及在额定载荷和最大可能的运行速度（参见 5.5.1.1）条件下的最大受力进行设计，其安全系数为 2.5；

f) 可由一名专业人员在远离作业平台的位置进行试验，以避免人员受伤；

g) 不用于作业平台的导向；

h) 通过超速检测装置激发超速安全装置，并使作业平台制停在导架或齿条上（参见 5.5.2.2）；

i) 在超速安全装置启动的同时自动切断正常工作的控制回路；

j) 由专业人员的操作可对超速安全装置进行复位，使 MCWP 回复正常工作状态；

k) 超速安全装置的制动作用从其触发点到平台停止点逐渐增大。

5.5.2.2 超速检测装置

5.5.2.2.1 超速检测装置的激发速度应由制造商确定，但在任何情况下，作业平台运行速度都应不超出5.5.1.1中的规定。

5.5.2.2.2 超速检测装置应靠机械的方式动作，并应通过超速安全装置驱动或钢丝绳驱动。

5.5.2.2.3 如果钢丝绳或滑轮用于超速检测装置，则：

——钢丝绳直径应不小于6 mm；

——滑轮直径与钢丝绳的直径之比应不小于20；

——钢丝绳的最小破断拉力与最大工作拉力之比应不小于8；

——工作时钢丝绳产生的最小力应不小于300 N，且不小于超速安全装置工作所需力的2倍。

5.5.3 多驱动单元

如果使用5.5.1.1b)中所述的多驱动单元，则以下条款应适用：

a) MCWP每个导架上应至少安装有两套驱动能力相同的独立的直接驱动单元，每套驱动单元应有各自的制动器，且每个制动单元应完全独立可靠，但分别与导架连接。

b) 当一套驱动单元或其制动器出现故障时，其余的制动器仍能将承载1.1倍额定载荷的作业平台由最大可能速度甚至在紧急下降情况下制停并保持静止(见5.6)。

此外，每个制动器均应有最小两倍于每个驱动单元设计载荷的制动力。

c) 在正常工作、安装、维护和拆卸时，每套驱动单元均应能处于正常工作状态。

d) 制动系统应能进行试验以验证5.5.3b)的要求。

e) 制动系统应可在无需进行大的拆卸的情况下进行外观检查、维护、系统功能试验。

f) 每套驱动单元，包括齿条等设计时，基于材料抗拉强度以及在驱动额定载荷和最大可能速度条件下的最大受力进行设计，其安全系数应不小于2.5。

应考虑在至少一套驱动单元失效的情况下，确定每套驱动单元上的载荷。

g) 驱动系统应能对影响驱动单元正常工作的任何故障进行检测，当检测到故障时，制动器应自动制动并阻止驱动系统的正常工作。

电力驱动系统应至少指示出会导致各驱动单元所要求的电流的偏差超过满载电流25%时的机械性整体损失。

液压驱动系统应至少指示出会导致各驱动单元所要求的力矩的偏差超过满载力矩25%时的机械性整体损失。

h) 驱动系统应装有速度限制系统，以阻止作业平台的下降速度超过0.4 m/s。

在最不利结构形式下，速度限制系统应能承受作业平台及其额定载荷，并应有最小为2.5的安全系数，该系数基于材料的抗拉强度和驱动单元中的制动器失效或机械性失效时产生的最大力。

5.6 作业平台紧急下降或提升的措施

5.6.1 MCWP应配有在特定情况下可通过手动操作进行作业平台紧急下降的措施，包括动力系统失效的情况，但影响作业平台安全运行的机械故障除外。

这些措施应能使作业平台紧急下降，以便人员能通过合适的、可利用的现场条件离开。

5.6.2 这些措施应：

a) 在作业平台上一个安全的、容易到达的、且对运行区域有最好视野的地方进行操作；

b) 对其操作装置要有足够的遮挡或其他措施，以尽可能防止由任何原因引起的意外操作；

c) 仅当控制装置用不大于400 N的手动操作力保持在一个特定位置时，只能通过止-动式控制装置允许作业平台下降；

d) 需对制动装置进行暂时释放(参见 5.4.5);

e) 松开紧急下降装置后,制动系统可立即自动制动;

f) 可对承载 1.1 倍额定载荷的作业平台进行紧急下降操作;

g) 根据 5.3.1.1 的规定,紧急下降过程中,作业平台的任何部件偏离水平位置的角度应不超过±5°。

5.6.3 紧急下降措施不应妨碍 5.5.1.1a)和 b)中所述装置的使用。

5.6.4 作业平台除应有紧急下降措施之外,还应设有作业平台紧急上升措施。这种措施应符合 5.6.1、5.6.2 和 5.6.3 中的规定,只是将其中的"下降"改为"提升"。

5.7 超载/超力矩保护装置

5.7.1 MCWP 应安装有超载和超力矩检测及指示装置,符合 5.7.16 的情况例外。

5.7.2 此装置应能检测出由在作业平台上的人、设备和物料引起的总的载荷。也应能检测出由这些载荷引起的可能导致 MCWP 倾翻或失效的力矩。此装置应至少能检测:

——作用在有悬臂的主平台上的弯矩和扭矩;

——作用在简支梁形式的主平台的中间结构上的弯矩和扭矩;

——作用在导架上的弯矩。

5.7.3 至少在作业平台处于静止状态时,应能进行超载/超力矩的检测。

5.7.4 超载检测装置应与额定载荷和其在 MCWP 的额定载荷图上标示的载荷作用位置相符。

5.7.5 对载荷和力矩的检测及显示应:

a) 自动适应不同的平台结构形式。

b) 对于不同的结构形式,如果不能进行自动检测和显示,则应有一个装置对作业平台的结构形式进行选择。所选择的设置应与 MCWP 实际的结构形式相符,且有明确的区分。可通过以下两种方式之一进行:

1) 对相应的平台的结构形式有清晰的标记。

2) 对每种设置都有一个代号。这种情况下,对关于某个单独代号或结构形式标记的代号解释,应给出清晰的说明。

5.7.6 允许选择的数量不应超过作业平台结构形式的数目。

5.7.7 应对形式选择装置加以防护,以避免未经授权的人员接触。

5.7.8 超载/超力矩检测器应能在达到 1.1 倍额定载荷或力矩前触发,并且一旦触发,能持续将有关控制分隔开,直到超载状况消除。

5.7.9 超载/超力矩检测器和指示器的设计与安装,应考虑在不拆卸和不影响检测器和指示器性能的情况下进行 MCWP 超载试验的需要。

5.7.10 当超载/超力矩检测器启动后,超载指示装置应持续地发出视觉和听觉信号对操作人员和其他在作业平台附近的人员发出警告。

5.7.11 不应为用户提供能取消该警告的装置。

5.7.12 视觉警告信号应使作业平台上所有人员可见。

5.7.13 应对超载/超力矩检测器和指示器进行合理布置,使得在不必对作业平台加载的情况下也能检查其工作情况(可不必考虑其工作精度)。

5.7.14 超载/超力矩检测器和显示器应符合 5.11 的规定。

5.7.15 附录 C 中给出了对超载检测装置的电气和电子电路要求。

5.7.16 如果满足以下要求,可不安装符合 5.7.1~5.7.15 的装置:

——所有计算是基于与额定载荷 m(参见 5.1.2.2.1)有关的且乘了一个系数 f 的载荷参数 m_p、m_e 和 m_{e+m} 进行。而根据图 8,系数 f 又是额定载荷 m 的一个函数。

——用与上述相同的载荷对制动装置或安全装置/措施进行计算。

——在稳定性计算时，考虑了增大的载荷以免其引起倾翻力矩。

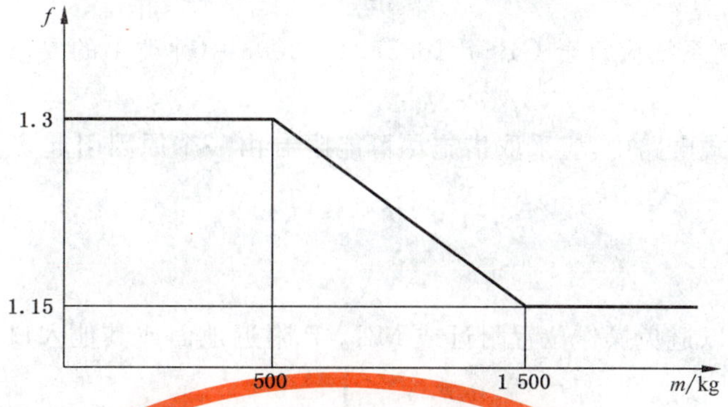

图 8 系数 *f* 与额定载荷的关系

5.8 电气系统

5.8.1 总则

5.8.1.1 电气和电子电路装置及元件安装应符合 GB 5226.1 的规定。

5.8.1.2 安全和控制回路应符合 GB 5226.1 的规定。安全和控制回路应与其他回路电气分开。

5.8.1.3 应使用变压器给控制电路供电。变压器应有独立绕组，且控制电路的一端应与保护性接地(PE)(见 GB 5226.1)相连。

5.8.1.4 所有安全接触器均应为符合 GB 14048.5 规定的常开操作方式。

5.8.2 电力驱动系统

5.8.2.1 在底架或底盘上的易触及位置，应根据 GB 5226.1 的规定安装一个主控制开关。

5.8.2.2 任何驱动系统应在距离驱动装置不超过 2 m 的范围内安装一个能切断驱动装置各相电的断电装置。

5.8.2.3 当方向控制装置缺相时，设备应停止工作。

5.8.2.4 应采取措施确保在作业平台的整个行程内，任何随行电缆可自由安全移动。如果导架是倾斜的或采用方式 B(见附录 B)中的多级作业平台，应有额外的预防措施，例如，使用电缆导架使电缆沿倾斜的导架运行或采用自动电缆卷筒等措施。

5.8.3 安全开关

安全开关的动作应能完全地断开触点，即使在触点熔粘的情况下也不例外。安全开关应符合 5.8.1.4 的要求和表 7 中列述的使用条件。

表 7 电气开关使用条件

条款	检查装置	开关[a]	按 GB/T 16855.1—2008 的控制系统分类
5.3.4e)	距离控制开关	sc	1
5.5.2.1i)	超速安全装置的动作	sc	1
5.12.1	上、下行程开关	ssr	B
5.12.2	极限开关	sc	1

[a] sc——安全回路中的安全开关；ssr——自动复位的安全开关。

5.8.4 控制系统

除表7所列之外，控制系统应符合GB/T 16855.1—2008中种类1的要求。包括使用电力或液压动力的任何控制系统。

在备份式回路及分集式电路中，应采取措施尽可能限制由一个原因引起多个电路同时失效的危险情况的发生。

5.9 内燃机驱动系统

5.9.1 应提供防护装置，以避免操作位置附近或MCWP附近地面或其他入口处的人员受到热伤害或机械伤害。

5.9.2 内燃机的排气口不应朝向操作位置。

5.9.3 燃油及其他液体的加注孔（阻燃液体除外）的放置应能避免溢出的液体流到很热的部件上（例如内燃机的排气口）。

5.9.4 MCWP储存燃油的位置附近应放置灭火器。

5.9.5 蓄电池和容器应进行固定，以避免其运动造成人员危险。

5.9.6 在蓄电池容器、箱体或盖上应设置适当的通风孔，以避免废气聚集。

5.10 液压系统

5.10.1 总则

5.10.1.1 液压系统的设计应符合EN 982对液压动力系统和部件的安全规定。

5.10.1.2 应由制造商通过计算和试验确定油路中部件可能受到的工作压力。

5.10.1.3 应在每个液压回路中安装适用的压力表。

5.10.1.4 液压系统应能使吸入的空气排出。

5.10.1.5 通向大气的液压油箱应装有空气滤清器。

5.10.1.6 每个液压油箱都应有一个显示液位且标有最高和最低液位刻度的装置。

5.10.1.7 液压系统应装有溢流阀以提供过压保护。溢流阀应是可调节的、密封的并仅可通过专用工具进行压力设置，其压力应调节到不超出额定载荷时工作压力的20%。如果在液压系统中使用不同的最大压力，则应安装相应的溢流阀。

5.10.1.8 液压系统的承压部件应可承受溢流阀允许的最大工作压力，且这些部件的设计应能满足至少承受此压力的2倍而无永久变形。

5.10.1.9 液压油管，包括配件，应能承受溢流阀设定的最大工作压力的4倍而不爆裂。

5.10.1.10 液压系统的其他所有部件应至少能承受系统的最大工作压力。

5.10.1.11 先导阀的设计与安装应能在发生动力故障时确保设备安全。

5.10.2 液压缸

5.10.2.1 液压缸的设计和安装应符合液压动力系统和部件的相关标准（EN 982或等效标准）。

5.10.2.2 承受交变载荷的螺纹连接处，设计时应考虑疲劳影响和防止螺纹松脱。应在可观察到的螺纹连接处用画线或涂漆的方法标示，以方便检查螺纹松动。

5.10.2.3 持压油缸应装有防止外部油管失效引起意外动作的装置，该装置除非通过外力才能打开。

这个装置应是下列之一：

a) 与油缸是一体的；

b) 直接且牢固的法兰安装；

c) 放置在靠近油缸的位置并且用刚性管连接(越短越好),焊接或法兰连接且与油缸的计算方法相同。

5.11 对依靠辅助回路的安全装置和超载/超力矩检测装置的特殊要求

5.11.1 这些装置应与MCWP的设计用途相匹配。

5.11.2 应符合GB 5226.1的要求。系统应能进行定期性检查以验证其所有功能均正常。

5.11.3 当发生电力中断时,显示器的数据和刻度都应保留。

5.11.4 限制与指示装置的失效应进入"安全"状态,即其任一故障都能导致正常操作用的控制回路断开。

5.12 限位开关

5.12.1 应安装带有触头(此类触头应符合GB 14048.5—2008中第3章的要求)的限位开关,以使额定速度运行的作业平台在其最高及最低工作面自动停止运行。在最低工作平面触及缓冲器及极限开关前,应能使作业平台停止运行。在最高工作面触及极限开关前,应能使作业平台停止运行。

5.12.2 应安装上极限开关。其安装位置应能确保当作业平台运行到导架顶部之前作业平台可以完全停止。在触发上极限开关后可允许作业平台向下运行,但作业平台进一步向上的移动应在专业人员的正确干预后才能进行。

应安装下极限开关。其应能切断电源以使作业平台无动力撞击缓冲器。当下极限开关动作后,作业平台不应有任何动作,直到有专业人员的正确干预。

5.12.3 终端停止开关(限位开关)和极限开关,应分别独立安装触发装置和控制装置。

可将一个极限开关兼用作上极限开关和下极限开关两个功能。

5.13 控制装置

5.13.1 在自行式MCWP上,移位控制器不应同时进行水平运动和竖直运动的操作。

5.13.2 正常的垂直运行控制装置只允许安装在作业平台上。控制MCWP底盘水平运动的装置不应安装在平台上。

5.13.3 如果可以在不同的控制位置控制运动,则这些控制应为互相联锁的,使得只能从一个预先选定的控制位置操作。

5.13.4 平台应设置手动控制装置,只有当此装置被激发后,平台的所有运动才能进行。释放后,该控制装置应能自动回到零位。所有控制装置的布置应能防止意外操作。

5.13.5 当平台垂直运行时,控制台的位置应能保证操作人员对平台整个移动区域有最佳视野,确保平台安全运行。在任何移动式操作台上都应贴有警告标志,指明禁止从作业平台之外的位置对其进行竖直运行操作。

5.13.6 急停控制装置应按照GB 5226.1的要求安装在平台上。

5.13.7 在启动或动力供应中断后恢复时,除非人为操作,否则MCWP不应有进一步的运动。

5.13.8 控制装置应符合EN 614-1的要求,并考虑操作人员戴手套进行操作的可能性。

6 新型MCWP的安全验证的要求和/或措施

6.1 设计审核

设计检查应能验证MCWP的设计是否符合本标准的要求,尤其应对下列文件进行验证:

a) 包含MCWP主要尺寸的图纸;

b) 关于MCWP性能的必要信息的说明;

c) 使用材料的信息；

d) 电气、液压及气动回路原理图；

e) 操作手册。

以上文件应给出所有必要信息以确保：

——对稳定性计算进行审核(参见5.1.5)；

——对结构计算进行审核(参见5.1.4)。

6.2 实用性试验

6.2.1 总则

应进行实用性试验以验证：

——MCWP的稳定性；

——MCWP的结构完整、合理；

——所有功能运转正确、安全。

这些试验应在以下情况下进行：

a) 独立式MCWP,导架架设到最大独立高度；

b) 附墙式MCWP,至少安装两套附墙架,附墙架的间距为允许的最大间距,且应有最大允许悬臂高度。

当MCWP允许独立和附墙两种工况时,应对两种工况分别进行试验。

6.2.2 稳定性试验

6.2.2.1 总则

应在制造商允许的底盘最大倾角加0.5°的状态下安装MCWP,支腿(如果配备)应按照制造商的规定使用。试验载荷应按5.1.5中所述的所有最不利的载荷和力的组合进行加载。

如果试验载荷考虑了制造商规定的底盘最大允许倾角加上0.5°的作用效果作了重新计算,则试验可在平地进行。

必要时,试验载荷可施加于适当且坚固的位置,以避免造成MCWP的部件应力过大。

试验应对所有最不利的伸出位置和收回状态重复进行。

不附着的MCWP,在承受试验载荷和力的组合时,能处于静止状态而不倾翻,可认为其是稳定的。

6.2.2.2 底盘的制动试验

对所有带轮式底盘的MCWP应在空载平台处于最恶劣移位条件下进行制动试验。制动系统应使MCWP在最恶劣的移位条件下停止并保持静止。制动不应引起MCWP不稳定情况的发生。

6.2.2.3 超载试验

试验载荷为额定载荷的125%。带有试验载荷的MCWP的所有运动应在与载荷的安全控制装置相适应的加速度和减速度下进行。

由于载荷组合或MCWP能到达的工作范围的不同,不同载荷的试验是必需的,应进行所有载荷下的运行试验,可通过一个性能试验充分模拟的最不利工况除外。

在超载试验过程中,试验载荷应在MCWP的承载部件中能产生最大应力的位置加载。

在超载试验过程中,制动系统应能停止并能承受试验载荷。当移除试验载荷之后,MCWP不得有永久变形。

如果装有超载/超力矩防护装置,则应检查其是否符合5.7.3～5.7.14的要求。

6.2.2.4 功能试验

6.2.2.4.1 总则

功能试验应能验证：

——在额定载荷和额定速度下，MCWP 能平稳地完成所有动作；

——所有的安全装置工作正常；

——不超过最大允许速度。

6.2.2.4.2 依据 5.5.1.1a）防止作业平台超速坠落系统的试验

应在平台承受 1.1 倍额定载荷的情况下，对超速安全装置进行试验，作业平台应能达到其触发速度，以确定：

a） 超速安全装置能按设计者设定的方式动作；

b） 能在设计者给出的制动距离内，无需马达制动器的帮助而停止作业平台的运动。

6.2.2.4.3 依据 5.5.1.1b）防止作业平台超速坠落系统的试验

应在平台承受 1.1 倍额定载荷的情况下，对独立驱动单元进行功能试验，以确定：

a） 在试验过程中，人为依次松开每个驱动单元的马达制动器，能使作业平台从额定速度停止并保持静止状态；

b） 通过人为启动符合 5.5.3 要求的安全系统，平台能从额定速度停止并保持静止；

c） 在每种情况下，制动距离应在设计者给出的制动距离范围内。

6.2.2.4.4 作业平台紧急下降（和提升）措施的试验

应在平台承受 1.1 倍额定载荷的情况下进行试验，以确定：

a） 装有符合 5.5.1.1a）要求的超速安全装置的作业平台，检查控制是否符合 5.6.1 和 5.6.2 的要求，并依照操作手册，检查能否控制载有 1.1 倍额定载荷的作业平台的速度。在下降的过程中，根据 5.6.3 的规定，允许下降速度进一步增大到超速安全装置的动作速度。

b） 对符合 5.5.1.1b）的作业平台，检查控制是否符合 5.6.1 和 5.6.2 的要求，并检查载有 1.1 倍额定载荷的作业平台的下降（提升，如果采用）速度，不得超过 0.3 m/s。

7 提供的信息

7.1 使用手册

7.1.1 概述

MCWP 的制造商或供应商应以 MCWP 使用地所在国的官方语言之一提供详尽的 MCWP 安全使用说明。此说明应符合 GB/T 15706.2—2007 中第 6 章的规定。

7.1.2 使用手册的内容

7.1.2.1 总则

应包括以下内容：

——制造商或供应商的名称和地址；

——制造商所在国家；

——设计型号；
——系列号或制造号；
——制造年份；
——竖直移动速度，单位为米每秒(m/s)；
——水平移动速度，单位为米每秒(m/s)；
——室外/室内安装；
——工作和非工作状态下的最大允许独立高度，单位为米(m)；
——安装拆卸过程的最大允许风速，单位为米每秒(m/s)；
——工作和非工作状态下的最大允许风速，单位为米每秒(m/s)；
——如果使用外部液压动力源，液压系统的信息；
——如果使用外部气源，供气系统的信息；
——如果使用外部电源，电源系统的信息；
——移动式控制台的警告标志。

7.1.2.2 性能参数

对不可变结构和可变结构形式的MCWP，应提供以下信息。对于可变结构形式的设计，对特定主平台和延伸平台结构形式的额定载荷以及关于载荷分布的所有限制，在每种形式的MCWP安装时都应给出(参见7.2.3)：
——平台的最大结构尺寸[长×宽，包括延伸平台，单位为米(m)]；
——额定载荷，单位为千克(kg)；
——最大提升高度，独立式导架，单位为米(m)；
——最大提升高度，附墙式导架，单位为米(m)；
——附墙架的间距，单位为米(m)；
——工作状态悬臂高度，单位为米(m)；
——最大允许的力，此力施加在工具(手动或机械辅助)并反作用于作业平台上，单位为牛顿(N)；
——延伸平台上的最大额定载荷，单位为千克(kg)；
——在移位状态下，包括人在内，作业平台上允许的所有载荷，单位为千克(kg)。

制造商提供的使用手册中应给出足够的信息，以便用户能得到每个结构形式的详细资料。此资料可包含安装场地和操作手册中的相关章节，以便用户能将相应的载荷图显示在MCWP上。

7.1.2.3 尺寸和质量

应包括以下内容：
——作业平台处于最低位置时，作业平台入口距地面的高度，单位为米(m)；
——平台节：长×宽×高，单位为米(m)；
——平台节：质量，单位为千克(kg)；
——导架节：长×宽×高，单位为米(m)；
——导架节：质量，单位为千克(kg)；
——驱动单元：长×宽×高，单位为米(m)；
——驱动单元：质量，单位为千克(kg)；
——底盘：长×宽×高，单位为米(m)；
——底盘：质量，单位为千克(kg)；
——支腿的展开尺寸：长×宽，单位为米(m)；
——基本部分(特定运输结构状态)的质量，单位为千克(kg)，外形尺寸：长×宽×高，单位为米(m)；

——起重机安装的 MCWP：质量，单位为千克(kg)；
——起重机安装的 MCWP：导架的最大高度，单位为米(m)；
——安装所需的最小场地：长×宽，单位为米(m)。

7.1.2.4 电气参数

应包括以下内容：
——提升机构的功率，单位为千瓦(kW)；
——移位机构的功率，单位为千瓦(kW)；
——供电电压/频率，单位为伏每赫兹(V/Hz)；
——控制电压/频率，单位为伏每赫兹(V/Hz)；
——最大启动电流，单位为安(A)；
——最大消耗功率，单位为千伏安(kV·A)；
——最小供电功率，单位为千伏安(kV·A)；
——主电源保险类型和容量，单位为安(A)；
——为便携式工具供电的插座的电压及电流，每个插座分别标注，电压，单位为伏(V)，电流单位为安(A)。

7.1.2.5 安全装置

应包括以下内容：
——安全装置的型号(如超速安全装置、限位开关和极限开关)；
——安装拆卸时的辅助安全设备；
——紧急下降设备。

7.1.2.6 其他技术说明

应包括以下内容：
——支腿的布置；
——地耐力以及地面条件发生变化时可能引起的危险；
——在给定风速范围，附墙架的布置以及作用在支撑结构上的力；
——在给定风速下，独立式的安装要求；
——在 MCWP 周围对危险区域的防护；
——安全作业要求的足够照明；
——在建筑物和导架间的延伸平台的安全防护措施；
——所有吊装点的信息；
——考虑雷电防护可能的要求；
——考虑任一能显著增加迎风面积的条款(参见 5.1.2.3.3)的影响；
——考虑能显著增加风速的因素的影响，例如邻近高层建筑等；
——当需要使用非标准结构形式时，需经制造商、业主及使用者达成一致，并且此类信息应作为附录补充到使用手册中；
——进入和离开建筑工地的运输程序，包括符合交通法规的要求；
——在工作区域附近 MCWP 的移位条件，包括最大坡度；
——在移位状态下，关于微微升起支腿使用的说明，以免由于某个轮胎的失效等原因引起的不稳定。

7.1.2.7 操作说明

应包括以下部分：

——操作程序，包括离动力电缆和其他过顶结构的安全距离、平台离周围建筑物的安全距离的信息；

——应急程序，包括安全装置的操作，通过合格的工作人员对装置进行复位以及在断电情况下所采取的措施，也包括紧急下降措施的安全使用；应包括对安全下降距离的步幅和需要的任何间歇时间的明确说明，以免制动衬片过热；

——在有任何其他动作时，不得对行走控制装置进行操作，除非 MCWP 在移位状态下；

——相关人员防护设备的使用，例如安全帽、防护鞋和护目镜。

7.1.2.8 对操作人员的要求

使用手册应向用户说明对操作人员能力的最低要求。

7.1.2.9 对操作程序的要求

应包括以下内容：

——每天使用 MCWP 前，检查操作装置、制动装置和急停装置，也要检查所有运行电缆的状况、行程限位开关、护栏、附墙架的连接件、电缆以及信息牌；

——作业平台上不得有垃圾、建筑废弃物和积雪等；

——在开始工作前，检查支腿和放于地面的枕木，确保其状态正常；

——确保工具和其他物体没有超出 MCWP 的边缘；

——工作过程中，严格遵守操作手册；

——工作结束时，将平台置于“非工作状态”并将其隔离，以防未经授权的操作；

——当 MCWP 出现可能危及安全的故障时，立即停止 MCWP，并通知负责人；

——为避免出现紧急情况，遵守使用手册中的相关说明。

7.1.2.10 维护保养指南

应包括以下内容：

——定期维护的时间表及间隔、需要做的调整和允许误差、对工作人员的技能要求；

——在维护过程中采取的预防危险的措施和相关信息；

——定期更换的零部件及其报废标准；

——用同样的零部件对主要安全部件更换的信息；

——如何密封有安全相关功能的可调整零部件的信息；

——故障检查信息；

——电气/液压/气动原理图；

——零件清单/示意图；

——只能由接受了特殊培训的人员进行的维护工作的列表，并且要对所受培训进行说明。

制造商应强调，定期维护应包括目测检查、必要的功能试验及其维护方法。检查时应特别关注带附件的承载部件、驱动和制动装置、操作和安全装置、齿轮和齿条等。

7.1.2.11 MCWP 的定期检查和试验

使用手册应指明，检查和试验的频率和涵盖范围要根据使用地国家法规、制造商要求、操作条件和使用频率确定。通常情况下，除非怀疑存在可靠性和安全性问题，否则进行定期检查时，无须拆卸部件。罩壳的拆卸、观察孔的外露以及使 MCWP 达到运输状态不被认为是拆卸。

使用手册应规定定期检查和试验的最长时间间隔。此类检查和试验应至少包括以下内容：

——结构的外观检查，对承载件和焊缝的腐蚀情况和其他损坏情况要加以特别关注；

——对机械、液压、气动和电气系统的检查，尤其要注意安全装置。

7.1.2.12 安装拆卸操作指南

应包括以下内容：

——对安装拆卸步骤的详细说明，着重强调导架的组装、附墙架、平台和延伸平台的组装等；

——指出安装拆卸过程中可能出现的意外危险，要对所有的辅助安全设备及其使用方法加以说明，以减小危害的发生，也应包括人员防护装备的使用；

——现场的准备，要特别注意基础地面、起重设备、沥青路面等的承载能力；

——现场的准备，在使用移动式底盘移动设备的过程中，不得有不稳定情况发生；

——如果平台的运行通道上有障碍物，使得平台的行程受到限制，平台因此不能到达限位开关所限的位置，应安装一个辅助的限位开关，以避免平台上的工作人员和物料以及平台自身处于危险位置；

——当 MCWP 准备运输时，应遵守的特殊程序；

——如果能将 MCWP 装到车辆上进行运输或移位时，应有合理的装载程序；

——相邻 MCWP 端部的距离应不小于 0.5 m；

——应采取措施确保在作业平台的整个行程内，任何随行电缆可自由安全移动，如果导架是倾斜的或采用方式 B(见附录 B)中的多级作业平台，需要额外的预防措施，例如，使用电缆导架使电缆沿倾斜的导架运行或采用自动电缆卷筒等措施。

当平台沿着墙面安装时，使用手册中还应包含以下相关内容：根据平台与墙面之间的距离 d(参见图 9 和表 8)确定的在作业平台上要求的护栏高度 h。

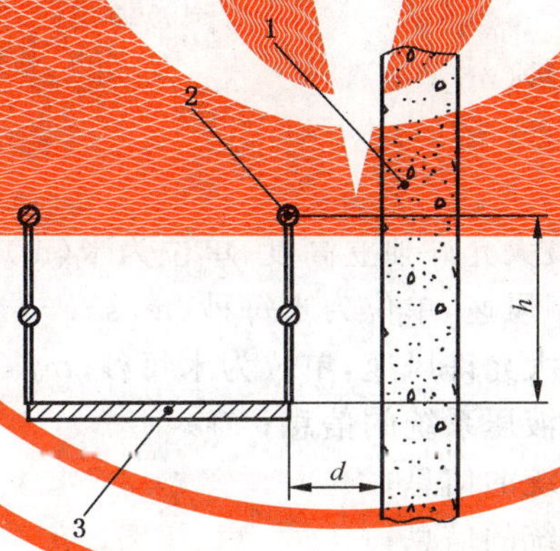

说明：

1——墙面；

2——护栏；

3——作业平台。

图 9 平台与墙面间的距离

表 8 护栏高度

单位为米

d	≤0.3	0.3≤d≤0.5	>0.5
h	0	≥0.7 [a]	≥1.1 [b]

[a] 无中间横杆，但有护脚板。

[b] 依照 5.3.2.2 设置中间横杆和护脚板。

7.1.2.13　对在用的 MCWP 做重大改变或大修后的检查和试验

对于相当于在一定程度上改变或修理的类型的延伸应包括以下内容：

——设计审核(参见 6.1)；

——实用性试验(参见 6.2)。

本标准中的"重大改变"是指能影响稳定性、强度或性能而针对 MCWP 所做的整体或局部的改变。

7.1.2.14　检查列表

使用说明书应提供一个列表，此表应包含 MCWP 在每次安装后需要进行检查的所有与安全有关的部件。应将每次安装后的检查结果以及检查人员的姓名、地址进行记录并签名。

7.2　标志

7.2.1　总则

制造商应在 MCWP 显著位置的一个或多个耐久标牌上，以 MCWP 使用国的官方语言标明下列信息。

7.2.2　永久信息

应包括以下内容：

——制造商或供应商的名称和地址；

——制造商所在国家；

——设计型号；

——系列号或制造号；

——制造年份；

——竖直运行速度，单位为米每秒(m/s)；

——水平移位速度，单位为米每秒(m/s)；

——室外/室内安装；

——在工作和非工作状态下的最大允许独立高度，单位为米(m)；

——在安装拆卸过程中最大限制风速，单位为米每秒(m/s)；

——在工作/非工作状态下的最大允许风速，单位为米每秒(m/s)；

——如果使用外部液压动力源，液压系统的信息；

——如果使用外部气源，供气系统的信息；

——如果使用外部电源，电源系统的信息；

——注意：除非在作业平台装载或卸载时，所有护栏在任何时候均应安装在正确位置。

7.2.3　可变信息

7.2.3.1　性能参数

应有载荷图，表明在某种主平台和延伸平台的结构形式下的额定载荷及关于载荷分布的限制。此示意图应通过制造商给出的如 7.1.2 中所述信息得出。

载荷图应由制造商在耐久标牌上标出。

制造商应提供安装载荷图的方法。

7.2.3.2　其他的技术信息

应有支腿的布置及所需的地耐力。

附 录 A
（资料性附录）
结 构 计 算

A.1 总则

MCWP结构计算采用力学和材料强度的规则和原理。如果用到特定的公式，建议给出这些特定公式的来源，否则这些公式应根据基本定理推导。

A.2 钢结构

A.2.1 总则

由于没有设计计算的国际标准，A.2.2～A.2.5中给出了适用于钢结构设计的通用的许用应力和计算公式。

A.2.2 许用应力

A.2.2.1 符号

f_y ——屈服点，单位为牛顿每平方毫米（N/mm^2）；
f_u ——抗拉强度，单位为牛顿每平方毫米（N/mm^2）；
$E=210\ 000$ ——弹性模量，单位为牛顿每平方毫米（N/mm^2）；
$G=E/[2\times(1+\nu)]$ ——切变模量，单位为牛顿每平方毫米（N/mm^2）；
$\mu=0.3$ ——泊松比；
δ_5 ——试样的标距等于5倍直径时的伸长率，以百分数表示；
S ——屈服点安全系数。

A.2.2.2 结构钢（根据GB/T 700、GB/T 1591和EN 10025-2）

见表A.1和表A.2。

表A.1 材料性能的公称值

牌号			屈服点[a] f_y	抗拉强度[b] f_u
GB/T 700	GB/T 1591	EN 10025-2		
Q235	—	S235 (Fe360)	235	360
Q275		S275 (Fe430)	275	430
—	Q345	—	345	470
—	—	S355 (Fe510)	355	510

[a] 较小厚度的标准值。
[b] 最小值。

结构钢许用应力计算时,可使用下列公式:

$$\sigma_o = f_y / S$$

表 A.2 结构钢的许用应力 单位为牛顿每平方毫米

	载荷情况											
	A				B				C			
S	1.5				1.33				1.25			
材料等级	Q235	Q275	Q345	S355	Q235	Q275	Q345	S355	Q235	Q275	Q345	S355
母材和对接焊缝												
$\sigma_a = \sigma_o$	157	183	230	237	176	206	259	266	188	220	276	284
$\tau_a = \sigma_o / \sqrt{3}$	90	106	133	137	102	119	150	154	109	127	159	164
角焊缝												
$\sigma_a = \sigma_o$	157	183	230	237	176	206	259	266	188	220	276	284
$\tau_a = \sigma_o / \sqrt{2}$	111	130	163	167	125	146	183	188	133	156	195	201
注:当厚度不大于 40 mm 时,表中的许用应力适用。当厚度大于 40 mm 时,建议考虑对应的 f_y 值。												

在选择材料时,建议将特殊要求考虑在内,例如:

——可焊性;

——材料在极端气候带的使用。

A.2.2.3 其他钢材

根据最小强度 f_u 和失效伸长率 δ_5,则有:

$510 < f_u \leqslant 590$　　　　$\delta_5 \times f_u \geqslant 10\ 800$

$590 < f_u$　　　　$\delta_5 \times f_u \geqslant 9\ 800$

当满足这些条件时,则:$f'_y = 0.8 \times f_u$

如果不满足这些条件,通过系数 γ 规定较小的屈服点 f'_y,γ 可由抗拉强度 f_u 导出:

$$\gamma = \frac{26\ 000 - f_u(6 + \delta_5)}{9\ 600}$$

$$1.28 \leqslant \gamma \leqslant 1.44$$

$$f'_y = f_u / \gamma$$

建议 γ 的值不小于 1.28 且不大于 1.44。

基于较低值的屈服点 f_y 或 f'_y,建议使用给出的结构钢的安全系数对许用应力进行计算。

A.2.2.4 螺栓

A.2.2.4.1 粗制配合螺栓

在表 3 中所列的许用应力由 X 导出,X 取 f_y 和 $0.7 \times f_u$ 的较小值。

$$\sigma_a = X / S$$

$$\tau_a = \sigma_a / \sqrt{2}$$

表 A.3 螺栓的许用应力

单位为牛顿每平方毫米

载荷情况	S		性能等级 4.6	5.6	6.6	6.8	8.8	10.9
		f_y	240	300	360	480	640	900
		X	240	300	360	420	560	700
A	1.5	σ_a	160	200	240	280	373	467
		τ_a	113	141	180	198	264	330
B	1.33	σ_a	180	225	270	315	420	525
		τ_a	127	159	191	223	297	371
C	1.25	σ_a	192	240	288	336	448	560
		τ_a	136	170	204	238	317	396

A.2.2.4.2 预紧力螺栓

只能用 8.8 级和 10.9 级的螺栓。但是,如果满足下述条件,可用 12.9 级的螺栓。(见 Eurocode 3-EN 1993-1-1)

符号:

A_s——螺栓的公称应力截面积,单位为平方毫米(mm^2);

F_v——预紧力,单位为牛顿(N);

d ——螺栓的公称直径,单位为毫米(mm);

M_t——拧紧力矩,单位为千牛米(kN·m)。

一次性使用的螺栓

$$F_v = 0.8(f_y \cdot A_s)$$

可重复使用的螺栓

$$F_v = 0.7 \times 0.8(f_y \cdot A_s)$$

拧紧力矩

$$M_t = \frac{0.18(d \times F_v)}{1\ 000}$$

施加的力 F 与预紧力 F_v 的关系为:

$F/F_v \leqslant 0.67$ 载荷情况 A

$F/F_v \leqslant 0.75$ 载荷情况 B

$F/F_v \leqslant 0.8$ 载荷情况 C

A.2.2.4.3 挤压应力

母材(被连接件)的许用挤压应力 σ_L(见表 A.4)与母材以及母材和螺栓(包括销轴)的连接形式有关。

松连接 $\sigma_L = 1.3 \times \sigma_0$

低精度,紧固连接 $\sigma_L = 1.5 \times \sigma_0$

高精度,紧固连接 $\sigma_L = 2.0 \times \sigma_0$

表 A.4 许用承压应力

单位为牛顿每平方毫米

	载荷情况											
	A				B				C			
	牌号				牌号				牌号			
	Q235	Q275	Q345	S355	Q235	Q275	Q345	S355	Q235	Q275	Q345	S355
松连接	204	238	299	308	229	268	336	346	244	286	358	369
低精度,紧固连接	235	275	345	355	264	309	388	399	282	330	414	426
高精度,紧固连接	313	367	459	473	352	412	517	532	376	440	552	568

A.2.2.5 复合应力

承载部件和对接焊缝:

$$\sigma = \sqrt{\sigma_x^2 + \sigma_y^2 - \sigma_x \cdot \sigma_y + 3\tau^2}$$

螺栓、销和角焊缝:

$$\sigma = \sqrt{\sigma_x^2 + \sigma_y^2 - \sigma_x \cdot \sigma_y + 2\tau^2}$$

A.2.2.6 弹性稳定性

A.2.2.6.1 局部失稳破坏

符号:

λ ——长细比;

λ' ——换算长细比;

ω ——稳定系数;

F ——压力,单位为牛顿(N);

A ——面积,单位为平方厘米(cm^2);

M ——弯矩,单位为牛顿厘米(N·cm);

W_c ——抗弯模量;压缩边,单位为立方厘米(cm^3);

W_t ——抗弯模量;拉伸边,单位为立方厘米(cm^3);

σ_a ——许用应力,单位为牛顿每平方厘米(N/cm^2)。

稳定系数按下式确定:

$$\lambda' = \frac{\lambda}{\pi} \cdot \sqrt{f_y/E}$$

当 $0 < \lambda' \leqslant 1.195$ 时,$\omega = \dfrac{1}{1 - 0.195\lambda' - 0.185\lambda'^{2.5}}$

当 $\lambda' > 1.195$ 时,$\omega = 1.465\lambda'^2$

对结构钢的 ω 系数已做了计算(见表 A.5~表 A.7)。

最大许用长细比 $\lambda = 250$。

建议满足以下条件:

$$\omega \cdot \frac{F}{A} + 0.9 \cdot \frac{M}{W_c} \leqslant \sigma_a$$

$$\omega \cdot \frac{F}{A} + \frac{300 + 2\lambda}{1\,000} \cdot \frac{M}{W_t} \leqslant \sigma_a$$

A.2.2.6.2 屈曲

符号：

t ——板的厚度，单位为厘米(cm)；

b ——板的宽度，单位为厘米(cm)；

k ——由应力条件确定的系数；

σ_e ——欧拉应力，单位为牛顿每平方毫米(N/mm^2)；

σ_{ki} ——理论屈曲应力，单位为牛顿每平方毫米(N/mm^2)；

σ_{vki} ——理论组合屈曲应力，单位为牛顿每平方毫米(N/mm^2)；

σ_{vk} ——折算组合屈曲应力，单位为牛顿每平方毫米(N/mm^2)；

σ_1 ——较大应力，单位为牛顿每平方毫米(N/mm^2)；

σ_2 ——较小应力，单位为牛顿每平方毫米(N/mm^2)；

Ψ ——板边两端应力比。

$$\sigma_{ki} = k_\sigma \times \sigma_e$$

$$\tau_{ki} = k_\tau \times \sigma_e$$

$$\Psi = \sigma_1 / \sigma_2$$

折算屈曲应力 σ_{vk} 可通过以下方式确定：

如果 $\sigma_{vki} < 0.7 f_y$　　则：$\sigma_{vk} = \sigma_{vki}$

如果 $\sigma_{vki} \geqslant 0.7 f_y$　　则：$\sigma_{vk} = f_y \sqrt[4]{1 - 0.461/(\sigma_{vki}/f_y)^{1.4}}$

所需最小安全系数 ν 由以下载荷组合确定：

——载荷情况 A　　$\nu \geqslant 1.71 + 0.180\ (\Psi - 1.0)$

——载荷情况 B　　$\nu \geqslant 1.50 + 0.125\ (\Psi - 1.0)$

——载荷情况 C　　$\nu \geqslant 1.33 + 0.075\ (\Psi - 1.0)$

更多信息可参考相关的屈曲计算方法。

A.2.3 限定方法

在计算应力时，建议将结构的挠度因素考虑在内。在对较细长的结构进行计算时，或所用材料的弹性模量较低时，这尤其重要，可用二阶理论进行计算。针对 f_y 和 f'_y 的安全系数不低于：

——载荷情况 A　　$S \geqslant 1.50$

——载荷情况 B　　$S \geqslant 1.33$

载荷情况 C　　$S \geqslant 1.25$

A.2.4 结构钢的 ω 值

见表 A.5～表 A.8。

表 A.5 Q235 的 ω 值

Q235　屈服点 $f_y = 235\ N/mm^2$										
λ	0	1	2	3	4	5	6	7	8	9
20	1.05	1.05	1.05	1.06	1.06	1.06	1.07	1.07	1.07	1.08
30	1.08	1.08	1.09	1.09	1.10	1.10	1.10	1.11	1.11	1.11
40	1.12	1.12	1.12	1.13	1.14	1.14	1.14	1.15	1.16	1.16
50	1.17	1.17	1.18	1.18	1.19	1.19	1.20	1.21	1.21	1.22

表 A.5（续）

Q235 屈服点 f_y= 235 N/mm²										
λ	0	1	2	3	4	5	6	7	8	9
60	1.23	1.23	1.24	1.25	1.26	1.26	1.27	1.28	1.29	1.30
70	1.31	1.31	1.32	1.33	1.34	1.35	1.36	1.37	1.39	1.40
80	1.41	1.42	1.43	1.45	1.46	1.47	1.49	1.50	1.52	1.53
90	1.55	1.56	1.58	1.60	1.61	1.63	1.65	1.67	1.69	1.71
100	1.74	1.76	1.78	1.81	1.83	1.86	1.89	1.92	1.95	1.98
110	2.01	2.05	2.08	2.12	2.16	2.20	2.24	2.27	2.31	2.35
120	2.39	2.43	2.47	2.51	2.55	2.60	2.64	2.68	2.72	2.76
130	2.81	2.85	2.89	2.94	2.98	3.03	3.07	3.12	3.16	3.21
140	3.26	3.30	3.35	3.40	3.44	3.49	3.54	3.59	3.64	3.69
150	3.74	3.79	3.84	3.89	3.94	3.99	4.04	4.09	4.15	4.20
160	4.25	4.31	4.36	4.41	4.47	4.52	4.58	4.63	4.69	4.74
170	4.80	4.86	4.91	4.97	5.03	5.09	5.15	5.20	5.26	5.32
180	5.38	5.44	5.50	5.56	5.62	5.69	5.75	5.81	5.87	5.93
190	6.00	6.06	6.12	6.19	6.25	6.32	6.38	6.45	6.51	6.58
200	6.64	6.71	6.78	6.85	6.91	6.98	7.05	7.12	7.19	7.26
210	7.33	7.40	7.47	7.54	7.61	7.68	7.75	7.82	7.89	7.97
220	8.04	8.11	8.19	8.26	8.33	8.41	8.48	8.56	8.63	8.71
230	8.79	8.86	8.94	9.02	9.10	9.17	9.25	9.33	9.41	9.49
240	9.57	9.65	9.73	9.81	9.89	9.97	10.05	10.13	10.22	10.30

表 A.6 Q275 的 ω 值

Q275 屈服点 f_y= 275 N/mm²										
λ	0	1	2	3	4	5	6	7	8	9
20	1.05	1.06	1.06	1.06	1.07	1.07	1.07	1.08	1.08	1.08
30	1.09	1.09	1.10	1.10	1.10	1.11	1.11	1.12	1.12	1.13
40	1.13	1.14	1.14	1.15	1.16	1.16	1.16	1.17	1.18	1.18
50	1.19	1.20	1.20	1.21	1.22	1.22	1.23	1.24	1.25	1.25
60	1.26	1.27	1.28	1.29	1.30	1.31	1.32	1.33	1.34	1.35
70	1.36	1.37	1.38	1.40	1.41	1.42	1.44	1.45	1.46	1.48
80	1.49	1.51	1.53	1.54	1.56	1.58	1.60	1.62	1.64	1.66
90	1.68	1.70	1.73	1.75	1.78	1.80	1.83	1.86	1.89	1.92
100	1.95	1.99	2.02	2.06	2.10	2.14	2.18	2.23	2.27	2.31

表 A.6（续）

Q275 屈服点 f_y= 275 N/mm²										
λ	0	1	2	3	4	5	6	7	8	9
110	2.35	2.39	2.44	2.48	2.53	2.57	2.62	2.66	2.71	2.75
120	2.80	2.85	2.89	2.94	2.99	3.04	3.09	3.14	3.18	3.23
130	3.29	3.34	3.39	3.44	3.49	3.54	3.60	3.65	3.70	3.76
140	3.81	3.86	3.92	3.97	4.03	4.09	4.14	4.20	4.26	4.32
150	4.37	4.43	4.49	4.55	4.61	4.67	4.73	4.79	4.85	4.91
160	4.98	5.04	5.10	5.16	5.23	5.29	5.36	5.42	5.49	5.55
170	5.62	5.68	5.75	5.82	5.89	5.95	6.02	6.09	6.16	6.23
180	6.30	6.37	6.44	6.51	6.58	6.65	6.72	6.80	6.87	6.94
190	7.02	7.09	7.17	7.24	7.32	7.39	7.47	7.55	7.62	7.70
200	7.78	7.85	7.93	8.01	8.09	8.17	8.25	8.33	8.41	8.49
210	8.57	8.65	8.74	8.82	8.90	8.99	9.07	9.15	9.24	9.32
220	9.41	9.49	9.58	9.67	9.75	9.84	9.93	10.02	10.10	10.19
230	10.28	10.37	10.46	10.55	10.64	10.73	10.83	10.92	11.01	11.10
240	11.20	11.29	11.38	11.48	11.57	11.67	11.76	11.86	11.96	12.05

表 A.7　Q345 的 ω 值

Q345 屈服点 f_y=345 N/mm²										
λ	0	1	2	3	4	5	6	7	8	9
20	1.06	1.06	1.07	1.07	1.08	1.08	1.08	1.09	1.09	1.10
30	1.10	1.11	1.11	1.12	1.12	1.13	1.13	1.14	1.15	1.15
40	1.16	1.16	1.17	1.18	1.18	1.19	1.20	1.21	1.21	1.22
50	1.23	1.24	1.25	1.26	1.27	1.28	1.29	1.30	1.31	1.32
60	1.33	1.34	1.35	1.37	1.38	1.39	1.41	1.42	1.44	1.45
70	1.47	1.49	1.50	1.52	1.54	1.56	1.58	1.60	1.62	1.65
80	1.67	1.70	1.72	1.75	1.78	1.81	1.84	1.87	1.91	1.94
90	1.98	2.02	2.06	2.11	2.15	2.20	2.25	2.29	2.34	2.39
100	2.44	2.49	2.54	2.59	2.64	2.69	2.74	2.79	2.84	2.90
110	2.95	3.00	3.06	3.11	3.17	3.23	3.28	3.34	3.40	3.45
120	3.51	3.57	3.63	3.69	3.75	3.81	3.87	3.93	4.00	4.06
130	4.12	4.18	4.25	4.31	4.38	4.44	4.51	4.58	4.64	4.71
140	4.78	4.85	4.92	4.99	5.06	5.13	5.20	5.27	5.34	5.41
150	5.49	5.56	5.63	5.71	5.78	5.86	5.93	6.01	6.09	6.16
160	6.24	6.32	6.40	6.48	6.56	6.64	6.72	6.80	6.88	6.96

表 A.7（续）

Q345 屈服点 f_y=345 N/mm^2										
λ	0	1	2	3	4	5	6	7	8	9
170	7.05	7.13	7.21	7.30	7.38	7.47	7.55	7.64	7.73	7.81
180	7.90	7.99	8.08	8.17	8.26	8.35	8.44	8.53	8.62	8.71
190	8.80	8.90	8.99	9.08	9.18	9.27	9.37	9.46	9.56	9.66
200	9.75	9.85	9.95	10.05	10.15	10.25	10.35	10.45	10.55	10.65
210	10.75	10.86	10.96	11.06	11.17	11.27	11.38	11.48	11.59	11.70
220	11.80	11.91	12.02	12.13	12.24	12.35	12.46	12.57	12.68	12.79
230	12.90	13.01	13.13	13.24	13.35	13.47	13.58	13.70	13.81	13.93
240	14.05	14.16	14.28	14.40	14.52	14.64	14.76	14.88	15.00	15.12

表 A.8 S355 的 ω 值

S355 屈服点 f_y=355 N/mm^2										
λ	0	1	2	3	4	5	6	7	8	9
20	1.06	1.06	1.07	1.07	1.08	1.08	1.09	1.09	1.09	1.10
30	1.10	1.11	1.11	1.12	1.13	1.13	1.14	1.14	1.15	1.15
40	1.16	1.17	1.17	1.19	1.19	1.20	1.20	1.21	1.22	1.23
50	1.24	1.25	1.26	1.26	1.27	1.28	1.30	1.31	1.32	1.33
60	1.34	1.35	1.37	1.38	1.39	1.39	1.41	1.42	1.44	1.47
70	1.49	1.50	1.52	1.54	1.56	1.58	1.60	1.63	1.65	1.67
80	1.70	1.73	1.75	1.78	1.81	1.85	1.88	1.92	1.95	1.99
90	2.03	2.08	2.12	2.17	2.22	2.26	2.31	2.36	2.41	2.46
100	2.51	2.56	2.61	2.66	2.71	2.77	2.82	2.87	2.93	2.98
110	3.04	3.09	3.15	3.20	3.26	3.32	3.38	3.43	3.49	3.55
120	3.61	3.67	3.73	3.80	3.86	3.92	3.98	4.05	4.11	4.18
130	4.24	4.31	4.37	4.44	4.51	4.57	4.64	4.71	4.78	4.85
140	4.92	4.99	5.06	5.13	5.20	5.28	5.35	5.42	5.50	5.57
150	5.65	5.72	5.80	5.87	5.95	6.03	6.11	6.19	6.26	6.34
160	6.42	6.50	6.59	6.67	6.75	6.83	6.91	7.00	7.08	7.17
170	7.25	7.34	7.42	7.51	7.60	7.68	7.77	7.86	7.95	8.04
180	8.13	8.22	8.31	8.40	8.50	8.59	8.68	8.77	8.87	8.96
190	9.06	9.15	9.25	9.35	9.44	9.54	9.64	9.74	9.84	9.94
200	10.05	10.14	10.24	10.34	10.44	10.55	10.65	10.75	10.86	10.96
210	11.07	11.17	11.28	11.38	11.49	11.60	11.71	11.82	11.93	12.03

表 A.8（续）

S355 屈服点 f_y=355 N/mm²										
λ	0	1	2	3	4	5	6	7	8	9
220	12.14	12.26	12.37	12.48	12.59	12.70	12.82	12.93	13.04	13.16
230	13.27	13.39	13.51	13.62	13.74	13.86	13.98	14.09	14.21	14.33
240	14.45	14.57	14.70	14.82	14.94	15.06	15.19	15.31	15.43	15.56

A.2.5 分析

A.2.5.1 一般应力分析

一般应力分析是为了防止由断裂或屈服变形引起的失效。建议对所有承载部件和连接点进行分析。

A.2.5.2 弹性稳定性分析

弹性稳定性分析是为了防止由弹性失稳(例如屈曲、断裂)引起的失效。建议对所有受压部件进行分析。

A.2.5.3 疲劳应力分析

只考虑载荷情况 A。

疲劳应力分析是为了防止由交变应力造成的疲劳引起的失效。建议对所有对疲劳特性有重大影响的承载部件和连接点进行分析，将结构形式、应力波动幅度以及应力循环次数等考虑在内。应力循环次数可能会是载荷循环次数的若干倍。

间歇性工作方式下，MCWP 的载荷循环次数为 2×10^4(例如，MCWP 的使用寿命为 10 年，每年工作 40 周，每周工作 25 小时，每小时 2 个工作循环)。

允许将额定载荷乘以一个载荷谱系数 0.5。

更多信息可参考公认的疲劳应力分析方法。

A.3 铝合金结构

A.3.1 总则

A.3.2 及 A.3.3 中给出了适用于铝合金结构设计的通用的许用应力和计算公式。

A.3.2 许用应力

A.3.2.1 符号

f_y ——屈服点，单位为牛顿每平方毫米(N/mm²)；

f_u ——抗拉强度，单位为牛顿每平方毫米(N/mm²)；

E=70 000 ——弹性模量，单位为牛顿每平方毫米(N/mm²)；

G=27 000 ——切变模量，单位为牛顿每平方毫米(N/mm²)；

δ_5 ——试样的标距等于 5 倍直径时的伸长率，以百分数表示；

S ——屈服点安全系数；

V ——抗拉强度安全系数。

A.3.2.2 标准结构铝合金(表 A.9～表 A.11)

表 A.9 标准铝合金

铝合金编号	铝合金		材料状态	
	ISO 16369:2007	中国的材料牌号	ISO 16369:2007	中国的材料状态
1	AlZn4.5Mg1	7 020	F35	T6
2	AlMgSi1	6 082	F32	T6
3	AlMgSi1	6 082	F28	T5
4	AlMgSi0.5	6 060	F22	T6
5	AlMg4.5Mn	5 083	G31	—
6	AlMg4.5Mn	5 083	W28	—
7	AlMg4.5Mn	5 083	F27	H112
8	AlMg2Mn0.8	5 049	F20	—
9	AlMg2Mn0.8	5 049	F19	—
10	AlMg3	5 754	F18	H112

表 A.10 标准铝合金材料特性的公称值

铝合金编号	部件的公称厚度 $t \leqslant 10$ mm	
	f_y/ (N/mm²)	f_u/ (N/mm²)
1	275	350
2	255	315
3	200	275
4	160	215
5	205	310
6	125	275
7	125	275
8	100	200
9	80	190
10	80	180

表 A.11 标准铝合金的许用应力

单位为牛顿每平方毫米

铝合金编号	载荷情况											
	A				B				C			
	母材		焊缝		母材		焊缝		母材		焊缝	
	σ_a	τ_a	σ_a	τ_a	σ_a	τ_a	σ_a	τ_a	σ_a	τ_a	σ_a	τ_a
1	160	95	75	60	180	110	85	70	200	120	90	80
2	145	90	55	40	165	100	60	45	180	110	65	50
3	115	70	55	40	130	80	60	45	110	90	65	40
4	95	55	35	25	105	60	40	30	115	65	45	30
5	120	70	55	45	135	80	65	40	150	90	70	55
6	70	45	55	45	80	50	65	50	90	55	70	55
7	70	45	55	45	80	50	65	50	90	55	70	55
8	55	35	35	30	65	40	40	35	70	45	45	40
9	45	30	35	30	50	35	40	35	55	40	45	40
10	45	30	35	30	50	35	40	35	55	40	45	40

$$\sigma_O = f_y/S \text{ 和 } f_u/V$$

$$S_A \approx 1.7; V_A \approx 2.5; S_B \approx 1.55; V_B \approx 2.25; S_C \approx 1.4; V_C \approx 2.05$$

选材时，建议将所有特殊要求考虑在内，例如：

——进行热处理和时效处理后的状态；

——可焊性；

——在极端气候带/条件下使用。

关于其他材料特性，可查阅相关国家标准。

A.3.2.3 复合应力

承载部件和对接焊接：

$$\sigma = \sqrt{\sigma_x^2 + \sigma_y^2 - \sigma_x \cdot \sigma_y + 3\tau^2}$$

A.3.2.4 弹性稳定性

A.3.2.4.1 总则

铝合金的弹性模量及切变模量比较低(约为钢材的1/3左右)，因而与钢结构相比，铝合金结构的弹性稳定性问题就显得尤为突出。检查是否存在局部失稳、屈曲、扭曲等现象。建议根据二阶理论对细长构件进行校核。

A.3.2.4.2 失稳——Ω法

符号：

λ——长细比；

ω——稳定系数。

对铝合金结构的系数 ω 已进行计算(见表 A.12～表 A.15)。

A.3.2.4.3 限定方法

在计算应力时，建议将结构的挠曲因素考虑在内。在对细长结构进行计算时或选用诸如铝合金等低弹性模量的材料时，这尤其重要。可使用二阶理论进行计算。与 f_y 或 f'_y 有关的安全系数 S 为:

载荷情况 A　　$S \geqslant 1.7$

载荷情况 B　　$S \geqslant 1.55$

载荷情况 C　　$S \geqslant 1.4$

A.3.3 铝合金的 ω 值

表 A.12～表 A.15 中给出的值适用于铝型材，也适用于铝管材。

表 A.12 铝合金 1 和 2 的 ω 值

	铝合金 1 $f_y=275\ N/mm^2$					铝合金 2 $f_y=255\ N/mm^2$				
λ	0	2	4	6	8	0	2	4	6	8
20	1.00	1.01	1.03	1.05	1.07	1.00	1.00	1.02	1.04	1.06
30	1.10	1.12	1.15	1.18	1.21	1.08	1.11	1.14	1.17	1.20
40	1.25	1.29	1.33	1.38	1.43	1.23	1.27	1.31	1.36	1.40
50	1.43	1.60	1.73	1.86	1.99	1.45	1.50	1.60	1.73	1.85
60	2.13	2.28	2.43	2.58	2.74	1.98	2.12	2.25	2.40	2.54
70	2.90	3.07	3.25	3.42	3.61	2.70	2.85	3.01	3.18	3.35
80	3.79	3.98	4.18	4.38	4.59	3.52	3.70	3.88	4.07	4.26
90	4.80	5.02	5.24	5.46	5.69	4.46	4.66	4.86	5.07	5.28
100	5.93	6.17	6.41	6.66	6.91	5.50	5.72	5.95	6.18	6.42
110	7.17	7.43	7.70	7.97	8.25	6.66	6.90	7.15	7.40	7.66
120	8.53	8.82	9.11	9.41	9.71	7.92	8.19	8.46	8.74	9.01
130	10.01	10.32	10.64	10.96	11.28	9.30	9.59	9.88	10.18	10.48
140	11.61	11.95	12.29	12.63	12.98	10.78	11.09	11.41	11.73	12.05
150	13.33	13.69	14.05	14.42	14.79	12.38	12.71	13.05	13.39	13.74
160	15.17	15.55	15.94	16.33	16.72	14.09	14.44	14.80	15.16	15.53
170	17.12	17.53	17.94	18.35	18.77	15.90	16.28	16.66	17.04	17.43
180	19.20	19.63	20.06	20.50	20.94	17.83	18.22	18.63	19.03	19.45
190	21.39	21.84	22.30	22.76	23.23	19.86	20.28	20.71	21.14	21.57
200	23.70	24.18	24.66	25.14	25.63	22.01	22.45	22.90	23.35	23.80

表 A.13 铝合金 3,4,5 的 ω 值

	铝合金 3 f_y=200 N/mm² 铝合金 5 f_y=205 N/mm²					铝合金 4 f_y=160 N/mm²				
λ	0	2	4	6	8	0	2	4	6	8
20	1.00	1.00	1.02	1.04	1.06	1.00	1.00	1.02	1.04	1.05
30	1.08	1.10	1.13	1.15	1.18	1.08	1.10	1.13	1.15	1.18
40	1.21	1.24	1.28	1.31	1.34	1.20	1.23	1.25	1.27	1.30
50	1.38	1.42	1.47	1.52	1.57	1.33	1.37	1.41	1.45	1.49
60	1.63	1.71	1.82	1.94	2.06	1.53	1.58	1.62	1.66	1.71
70	2.18	2.30	2.43	2.57	2.70	1.76	1.82	1.87	1.96	2.06
80	2.84	2.99	3.14	3.29	3.44	2.17	2.28	2.39	2.50	2.62
90	3.60	3.76	3.93	4.10	4.27	2.74	2.87	2.99	3.12	3.25
100	4.44	4.62	4.81	4.99	5.18	3.39	3.52	3.66	3.80	3.95
100	4.44	4.62	4.81	4.99	5.18	3.39	3.52	3.66	3.80	3.95
110	5.38	5.57	5.78	5.98	6.19	4.10	4.25	4.40	4.56	4.71
120	6.40	6.61	6.83	7.06	7.28	4.88	5.04	5.21	5.38	5.55
130	7.51	7.74	7.98	8.22	8.46	5.72	5.90	6.08	6.26	6.45
140	8.71	8.96	9.22	9.47	9.73	6.64	6.83	7.02	7.22	7.42
150	10.0	10.2	10.5	10.8	11.0	7.62	7.82	8.03	8.24	8.45
160	11.3	11.6	11.9	12.2	12.5	8.67	8.89	9.11	9.33	9.56
170	12.8	13.1	13.4	13.7	14.0	9.79	10.0	10.2	10.4	10.7
180	14.4	14.7	15.0	15.3	15.7	10.9	11.2	11.4	11.7	11.9
190	16.0	16.3	16.7	17.0	17.4	12.2	12.4	12.7	13.0	13.2
200	17.7	18.1	18.4	18.8	19.2	13.5	13.8	14.0	14.3	14.6

表 A.14 铝合金 6 和 7 的 ω 值

	铝合金 7(型材) f_y=140 N/mm²					铝合金 6 和 7(型材和板材构成的箱形截面) f_y=125 N/mm²				
λ	0	2	4	6	8	0	2	4	6	8
20	1.00	1.00	1.01	1.03	1.05	1.00	1.00	1.01	1.03	1.05
30	1.07	1.09	1.11	1.14	1.16	1.07	1.09	1.11	1.14	1.16
40	1.19	1.21	1.24	1.27	1.30	1.19	1.21	1.24	1.26	1.29
50	1.33	1.35	1.38	1.42	1.45	1.32	1.35	1.38	1.41	1.44

表 A.14（续）

	铝合金7(型材) $f_y=140\ N/mm^2$					铝合金6和7(型材和板材构成的箱形截面) $f_y=125\ N/mm^2$				
λ	0	2	4	6	8	0	2	4	6	8
60	1.49	1.53	1.57	1.61	1.65	1.47	1.51	1.55	1.58	1.62
70	1.70	1.75	1.80	1.85	1.90	1.66	1.70	1.75	1.79	1.84
80	1.96	2.01	2.09	2.19	2.29	1.88	1.93	1.98	2.03	2.08
90	2.40	2.51	2.62	2.73	2.85	2.14	2.24	2.34	2.44	2.55
100	2.96	3.08	3.20	3.33	3.46	2.65	2.75	2.87	2.98	3.09
110	3.59	3.72	3.85	3.99	4.13	3.21	3.32	3.44	3.57	3.69
120	4.27	4.41	4.56	4.70	4.85	3.82	3.94	4.07	4.21	4.34
130	5.01	5.18	5.32	5.48	5.64	4.48	4.62	4.76	4.90	5.05
140	5.81	5.97	6.14	6.32	6.49	5.19	5.34	5.50	5.65	5.82
150	6.67	6.85	7.03	7.21	7.40	5.96	6.12	6.28	6.45	6.62
160	7.58	7.78	7.97	8.16	8.36	6.78	6.95	7.13	7.30	7.48
170	8.56	8.77	8.97	9.18	9.39	7.66	7.84	8.02	8.21	8.40
180	9.60	9.81	10.0	10.2	10.4	8.59	8.78	8.97	9.17	9.37
190	10.7	10.9	11.1	11.3	11.6	9.57	.9.77	9.97	10.1	10.3
200	11.8	12.0	12.3	12.5	12.8	10.6	10.8	11.0	12.2	11.4

表 A.15　铝合金8,9,10的 ω 值

	铝合金8 $f_y=100\ N/mm^2$					铝合金9和10 $f_y=80\ N/mm^2$				
λ	0	2	4	6	8	0	2	4	6	8
20	1.00	1.00	1.01	1.03	1.05	1.00	1.00	1.00	1.02	1.04
30	1.07	1.09	1.11	1.14	1.16	1.06	1.09	1.11	1.14	1.16
40	1.19	1.21	1.24	1.26	1.29	1.18	1.21	1.23	1.26	1.28
50	1.31	1.34	1.37	1.40	1.43	1.31	1.34	1.37	1.40	1.43
60	1.46	1.50	1.53	1.57	1.60	1.46	1.49	1.52	1.56	1.59
70	1.63	1.67	1.71	1.75	1.79	1.62	1.66	1.69	1.73	1.77
80	1.83	1.87	1.91	1.95	2.00	1.80	1.84	1.87	1.91	1.95
90	2.05	2.10	2.15	2.20	2.25	1.99	2.03	2.08	2.12	2.17
100	2.31	2.37	2.42	2.48	2.54	2.21	2.26	2.30	2.35	2.40
110	2.60	2.67	2.75	2.85	2.95	2.45	2.50	2.56	2.61	2.66
120	3.05	3.15	3.25	3.36	3.47	2.72	2.78	2.83	2.89	2.95

表 A.15（续）

	铝合金 8 f_y=100 N/mm²					铝合金 9 和 10 f_y=80 N/mm²				
λ	0	2	4	6	8	0	2	4	6	8
130	3.58	3.69	3.80	3.91	4.03	3.01	3.08	3.15	3.21	3.28
140	4.15	4.27	4.39	4.51	4.64	3.35	3.42	3.51	3.61	3.71
150	4.76	4.89	5.02	5.15	5.28	3.81	3.91	4.02	4.12	4.23
160	5.42	5.55	5.69	5.83	5.97	4.33	4.44	4.55	4.67	4.78
170	6.12	6.26	6.44	6.56	6.74	4.93	5.01	5.13	5.24	5.36
180	6.86	7.01	7.16	7.32	7.48	5.49	5.61	5.73	5.86	5.98
190	7.64	7.80	7.96	8.13	8.30	6.11	6.24	6.37	6.50	6.64
200	8.47	8.64	8.81	8.98	9.16	6.77	6.91	7.05	7.18	7.32

附　录　B
（规范性附录）
对多级作业平台的特殊要求

对多级作业平台的特殊要求见表B.1和表B.2。

表B.1　方式A

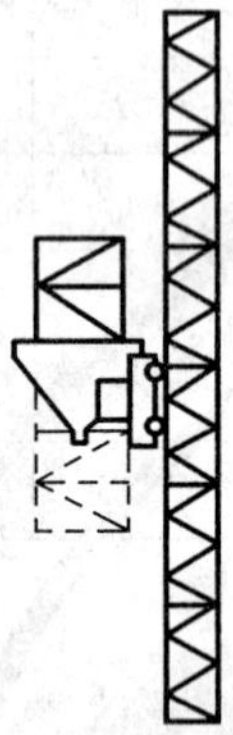

方式A
附加平台安装在主作业平台之上或主作业平台之下

要　　求	单导架	多导架
考虑对计算载荷/额定载荷的影响	考虑多级作业平台的质量	
考虑作用在导架和附墙架上的附加力	是	是
考虑工作状态和非工作状态下的附加风载荷	是	是
考虑对稳定性的影响	是	是
护栏和护脚板	是	是
扶梯	是	是
活板门	是	是
与主作业平台相关的附加平台的安装固定及稳定性	是，应与主作业平台可靠固定	
支撑在主作业平台或延伸平台上或二者兼有	是，任何组合	
平台调平	根据5.3.1.1	根据5.3.1.1，应保证在整个水平调整范围内，附加平台与导架之间的间隙
控制	保证在控制位置有良好的视野	
防止物体坠落	不适用	
紧急下降	标准设置	
缓冲器	根据5.3.4 i)和操作手册	
上限位开关	标准设置	
下限位开关	如果附加平台位于主平台之下，则应进行特殊调整	
作业平台之间的间距	安装间距≤3 m最小间距见5.3.4e)	
防坠安全装置(见5.5)	考虑所有额外载荷	
操作手册	应详细给出多级平台的安装、拆解及使用的所有信息	

表 B.2　方式 B

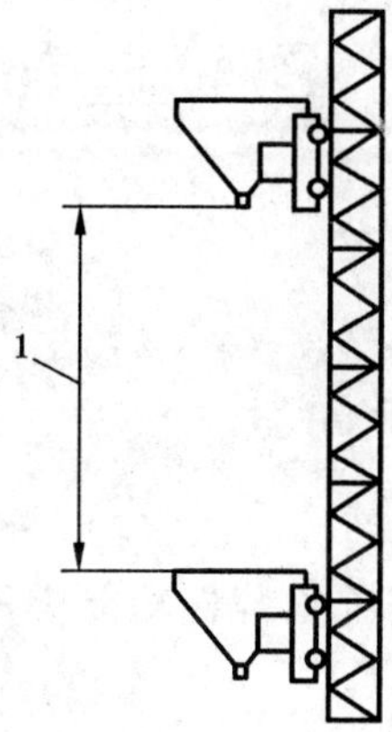

方式 B

两个或多个作业平台在共用导架上，分别驱动

说明：

1——间距。

要　求	单导架	多导架
考虑对计算载荷/额定载荷的影响	对每个作业平台单独计算	
考虑作用在导架和附墙架上的附加力	是	是
考虑工作状态和非工作状态下的附加风载荷	是	是
考虑对稳定性的影响	是	是
护栏和护脚板	是	是
扶梯	无—见 5.3.4f)	
活板门	不适用	不适用
与主作业平台相关的附加平台的固定及稳定性	不适用	不适用
支撑在主作业平台或延伸平台上	不适用	不适用
平台调平	对每个平台单独设置	
控制	对每个平台单独控制	
防止物体坠落	从高处作业平台到低处作业平台 —参见 5.3.4d)及操作手册	
紧急下降	标准设置	
缓冲器	依照 5.4.6 设置	
上限位开关	每个平台单独设置	
下限位开关	每个平台单独设置	
作业平台之间的间距	见 5.3.4e)	
防坠安全装置(见 5.5)	对每个作业平台单独设置	
操作手册	应详细给出多级平台的安装、拆解及使用的所有信息	

附　录　C
（规范性附录）
超载检测装置电气和电子方面的要求

C.1　可靠性

C.1.1　应根据最不利载荷、温度和参数公差选取电子元器件。

C.1.2　当外部环境温度达到 60 ℃时，电子元器件的功耗应不超出制造商标定额定功率的 66%。

C.1.3　当检测装置所处的外部环境温度在－20 ℃～＋60 ℃之间时，其听觉警告功能应不受影响。在此温度范围内，与设定值的偏差应不超出±3%。

设计检测装置时，应考虑到在上述外部环境温度条件下，其内部温度可能超出＋60 ℃的情况。

C.1.4　电子检测装置或其元器件的功能应不受下列因素影响：

a)　叠加在主电压上的电压脉冲：
　——振幅 1 000 V；
　——脉宽为 50 μs（在电压脉冲峰值的 50%处测量）；
　——脉冲上升时间 0.2 μs～0.5 μs。

b)　在火线和零线之间的电压脉冲：
　——振幅 500 V；
　——脉宽为 100 ns（在电压脉冲峰值的 50%处测量）；
　——脉冲上升时间 10 ns；
　——脉冲重复率 10 Hz。

c)　在输入与接地或输出与接地（共模）间的电压脉冲：
　——振幅 500 V；
　——脉宽为 100 ns（在电压脉冲峰值的 50%处测量）；
　——脉冲重复率 10 Hz；
　——脉冲上升时间 10 ns。

d)　交变磁场：
　——磁场强度 400 A/m；
　——频率 50 Hz。

e)　电磁场：
　——磁场强度 4 V/m；
　——频率 100 kHz～500 MHz。

C.2　故障报告

C.2.1　如超出限定值，检测装置出现 C.2.3 所述的故障，不应引起无法关闭 MCWP 运行的情况发生。

C.2.2　检测装置的设计及与 MCWP 电气的连接，应按下述方式：

a)　在 C.2.3.1 中所述的故障之一发生后，MCWP 应能自动断电，在解除故障前不能再次启动；

b)　在 C.2.3.1 中所述的故障之一发生，MCWP 断电后，在消除故障前，MCWP 不能再被启动。

如果通过检测装置自动确保 MCWP 的连续安全运行，则本条款不适用。

这些条款可通过以下方法实现：

——检测装置的电路设计应能保证：当故障进一步发展时，MCWP 应保持断电。

——用一套电路检查检测装置电路中是否存在故障；这种电路的设计及连接应满足：

- 在 MCWP 安装开始前，应在每次 MCWP 停机后启动相关的试验键；
- 如果试验电路或检测装置中有故障存在，则 MCWP 不能开始安装。

——在检测装置中设计多个电路并将其纳入一个试验电路，试验电路的设计与连接应能保证：如果在试验电路中或检测装置的并联电路之一存在故障，则 MCWP 将断电。

——接地或连接到继电器或电磁阀开关的电路板架，以确保当对地或电路板架有漏电时，MCWP 能断电。

C.2.3 可以预测的故障

C.2.3.1 以下故障是可以预测的，并应根据 C.2.1 和 C.2.2 采取相应的措施：

电箱中的各元件之间连接的电缆，发生破断、挪位或分离，可通过以下现象判断：

——在任一时刻，供电(或某相)中断电压下降；

——接地故障、电路板架漏电或电路断路；

——继电器触点或接触器不能断开或闭合；

——辅助开关(例如限位开关、操作开关等)不能断开或闭合；

——信号传送器(例如电位器、应变电桥或传感器等)的中断或短路；

——半导体元器件(例如晶体管、二极管或光耦)或电容的短路或断路；

——电阻的短路或断路；

——引起集成电路输出一个正或负电位的缺陷。如果在一个半导体 PCB 上有多个相似的电路，则应给出在所有电路中同时出现某个相同缺陷的允差。

注：对微处理器的应用要求也在考虑之内。

C.2.3.2 在 C.2.3.1 中的条款不适用于以下故障：

——如果电缆满足相关的国家标准的要求，并且辅助电路的额定电压不超过该电缆的额定电压，某电缆电芯间发生的短路。

——如果继电器满足 GB 14048.5 的要求，并对来自周围电器的干扰有适当的抗干扰保护，但触点却仍然不能断开。

——如果接触器负荷不超过其额定功率的 25%，并对来自周围电器的干扰有适当的抗干扰保护，但接触器的触点却仍然不能断开。

——安装触点时，考虑了由制造商确定的电器保护、额定功率、安装方法、操作频度和角度等要求，但(只能通过机械方式强迫断开)控制开关仍然不能断开；及由绝缘缺陷引起的辅助开关的短接(但以下情况不适用：如果是由对地的漏电或潮气原因引起。这种情况下，通常使用一个防水罩的办法避免)。

——如果印刷电路板满足 GB 8898 的要求，但仍然发生印刷电路线路间的短路或断路。

——如果连接电线间的气隙和漏电距离足够大，并且在输入和输出电路间能维持一个大小为 2.8 kV的试验电压，但仍然发生在某个光电耦合器中的短路。

——如果电阻器涂有绝缘漆，工作功率为额定功率的 66%左右，并且能防止其他情况下电阻器发生短路(例如通过其合理布置)，但仍然发生电阻器的断路或短路。

C.2.3.3 如果由于某一个元器件的故障引起检测装置中多个故障的发生，则此时 C.2.1 和 C.2.2 中的条款亦适用。

附 录 D
（资料性附录）
本标准与 ISO 16369:2007 相比的章条和图表编号变化情况

本标准与 ISO 16369:2007 相比，章条和图表的编号有所变化，按内容是否对应的对照情况见表 D.1。

表 D.1 本标准与 ISO 16369:2007 相比的章条和图表编号变化对照表

本标准章条和图表编号	ISO 16369:2007 章条和图表编号
7.1.2.1	7.1.2a)
7.1.2.2	7.1.2b)
7.1.2.3	7.1.2c)
7.1.2.4	7.1.2d)
7.1.2.5	7.1.2e)
7.1.2.6	7.1.2f)
7.1.2.7	7.1.2g)
7.1.2.8	7.1.2h)
7.1.2.9	7.1.2i)
7.1.2.10	7.1.2j)
7.1.2.11	7.1.2k)
7.1.2.12	7.1.2l)
7.1.2.13	7.1.2m)
7.1.2.14	7.1.2n)
表 A.7	—
表 A.8	表 A.7
表 A.9	表 A.8
表 A.10	表 A.9
表 A.11	表 A.10
表 A.12	表 A.11
表 A.13	表 A.12
表 A.14	表 A.13
表 A.15	表 A.14

附　录　E
（资料性附录）
本标准与 ISO 16369:2007 的技术性差异及其原因

本标准与 ISO 16369:2007 的技术性差异及其原因见表 E.1。

表 E.1　本标准与 ISO 16369:2007 的技术性差异及其原因一览表

本标准的章条编号	技术性差异	原　因
5.1.2.5.3	用于暴露区域的风载荷系数应符合 GB/T 3811 的规定	GB/T 3811 有关风压的规定符合我国情况，且比原标准的规定更全面、安全。原内容只适合欧洲的情况
5.7.16	将图 8 的“X、Y”分别改为“m”和“f”，同时删除图 8 的注	修改后的表达方式符合我国的习惯，更便于识别
附录 A.2.2.2	表 A.1 中增加了我国国家标准 GB/T 700 和 GB/T 1591，同时增加了我国常用的 Q345 钢材的有关资料	Q235 和 Q275 是 GB/T 700 规定的常用材料，Q345 是 GB/T 1591 规定的常用材料
附录 A.2.2.2	表 A.2 中增加了 Q345 钢材的有关资料	Q345 是我国的常用材料
附录 A.2.2.4.3	表 A.4 中增加了 Q345 钢材的有关资料	Q345 是我国的常用材料
附录 A.2.4	增加了表 A.7，Q345 的 ω 值	Q345 是我国的常用材料

参 考 文 献

[1] GB/T 700 碳素结构钢

[2] GB/T 1591 低合金高强度结构钢

[3] GB/T 15706.1 机械安全 基本概念与设计通则 第1部分：基本术语和方法(GB/T 15706.1—2007,ISO 12100-1:2003,IDT)

[4] ISO 16368 Mobile elevating work platform—Design,calculates,safety requirements and test methods

[5] EN 1570 Safety requirements for lifting tables

[6] EN 1808 Safety requirements on suspended access equipment—Design calculations,stability criteria,construction—Tests

[7] EN 10025-2 Hot rolled product of structural steel—Part 2:Technical delivery conditions for non-alloy structural steels

[8] Eurocode 3-EN 1993-1-1 Design of steeel structures—Part 1-1:General rules and rules for buildings

ICS 53.020.99
J 80

GB

中华人民共和国国家标准

GB/T 27548—2011/ISO 18893:2004

移动式升降工作平台 安全规则、检查、维护和操作

Mobile elevating work platforms—Safety principles, inspection, maintenance and operation

(ISO 18893:2004, IDT)

2011-11-21 发布 2012-05-01 实施

中华人民共和国国家质量监督检验检疫总局
中国国家标准化管理委员会 发布

前 言

本标准按照 GB/T 1.1—2009 给出的规则起草。

本标准使用翻译法等同采用 ISO 18893:2004《移动式升降工作平台　安全规则、检查、维护和操作》(英文版)。

本标准做了下列编辑性修改:

——删除 ISO 18893:2004 的前言和引言,增加了本标准的前言;

——ISO 18893:2004 标准正文中 IEC 61057 未提及,本标准不列入。

本标准由中国机械工业联合会提出。

本标准由全国升降工作平台标准化技术委员会(SAC/TC 335)归口。

本标准负责起草单位:北京凯博擦窗机械技术公司。

本标准参加起草单位:杭州赛奇高空作业机械有限公司、徐州海伦哲专用车辆股份有限公司、深圳市华测检测技术股份有限公司、杭州爱知工程车辆有限公司、浙江鼎力机械有限公司、北京建筑机械化研究院、廊坊凯博建设机械科技有限公司、北京建研机械科技有限公司。

本标准主要起草人:张华、陈建平、蔡雷、郭勇、陈晓峰、许树根、尹文静、薛抱新、朱平、吴安、刘超太、董威。

移动式升降工作平台　安全规则、检查、维护和操作

1　范围

本标准规定了用于运送人员、工具和材料到工作位置并在工作平台上进行工作的所有类型和规格的移动式升降工作平台(以下简称 MEWP)的安全、检查、维护与操作要求。该 MEWP 至少由可控的工作平台、伸展结构和底盘组成。

本标准适用于 MEWP 的安全检查、设备维护与操作。

注：除非国家或地方有关规定更加严格,否则一律适用本标准技术安全要求。

更多相关信息请参见 ISO 16368。

本标准的目的：

a)　预防人身伤害,防止财产损失和意外事故；

b)　建立检查、维护与操作的标准要求。

2　规范性引用文件

下列文件对于本文件的应用是必不可少的。凡是注日期的引用文件,仅注日期的版本适用于本文件。凡是不注日期的引用文件,其最新版本(包括所有的修改单)适用于本文件。

ISO 16368　移动式升降工作平台　设计计算、安全要求和测试方法(Mobile elevating work platforms—Design calculations, safety requirements and test methods)

ISO 18878　移动式升降工作平台　操作人员培训[Mobile elevating work platforms—Operator (driver) training]

IEC/TS 61813　带电作业　有绝缘臂的高空作业设备的保养、维修和使用试验(Live working—Care, maintenance and in-service testing of aerial devices with insulating booms)

3　术语和定义

ISO 16368 和 ISO 18878 界定的以及下列术语和定义适用于本文件。

3.1

被授权人　authorized person

在工作地点某个或某些位置被授权或指派从事某项特定工作的有关人员。

3.2

配置　configuration

在规定操作范围内,对包括变动额定载荷在内的 MEWP 要素进行的设置。

3.3

工作范围　working envelope

工作平台相对底盘可达的操作范围。

3.4

管理员　custodian

直接控制 MEWP 使用和应用的实体单位或个人,通常取得控制权的是所有者、租赁人或业主受

托人。

3.5

移交 delivery

将 MEWP 的保养或管理权从某个个人或实体转交至另一个个人或实体。

3.6

维护 maintenance

各项维修保养工作，包括检查、润滑、燃料补给、清洁、调整和零部件定期更换。

3.7

更换 modification

任何影响到 MEWP 的操作、稳定性、安全系数、额定载荷或安全性的变动。

3.8

操作 operation

依据制造商使用说明、管理员工作准则和适用政府法规，在规定范围内实现 MEWP 的各项功能。

3.9

操作人员 operator

操作控制 MEWP 的人员。

3.10

资质人员 qualified person

具有认可的学历、证书、专业身份，或有相关的知识，经过培训且经验丰富的人，能有效证明其有能力解决有关事项、工作或项目上遇到的难题。

3.11

安全通告 safety-related bulletin

制造商发布的提醒 MEWP 操作安全有关的信息。

3.12

稳定性 stable

MEWP 不会倾翻的条件，科学地描述：MEWP 的倾翻总力矩小于防止它倾翻的总力矩。

4 一般要求

4.1 基本原理

本标准的内容应同时辅以良好的作业管理、安全控制以及安全、培训、检查、维护、使用和操作要求。本标准中所有资料内容都应考虑设备的使用参数和预期环境，对于直接控制 MEWP 的人员，其使用和操作应严格符合安全使用的要求。使用和操作 MEWP 时应考虑到这样一种实际情况：MEWP 将会用于载人，而人的安全与使用密切相关。

任何 MEWP 的操作均有风险，只有通过用心、细致地操作及掌握安全常识（而非机械意识）才能进行有效防范。因此，培训有能力且细心的人员来使用该设备，并且进行设备的安全操作、维护和保养是至关重要的。

在带电导体上进行任何 MEWP 的操作都应符合本标准的要求以及 IEC/TS 61813 的有关规定。

4.2 手册

管理员应确保将制造商提供的关于 MEWP 操作和日常检查/维护的所有必要信息提供给每一位租赁者，若出售，则应随机配送。管理员还应为负责 MEWP 的受训维护人员提供制造商的维护信息。

4.3 记录保存

管理员应妥善保管下列记录：

a) 按照序列号或交付日期的顺序保存每台 MEWP 买家的姓名和地址，保存时间至少为 20 年(售后)，或直至 MEWP 停止使用；

b) MEWP 常规检查及年检的书面记录内容应包括检查日期、发现的故障、故障纠正以及具有资质的检查人员的签字，这些记录的内容应至少保存 10 年(售后)或直至 MEWP 停止使用；

c) MEWP 的书面维修记录里应包括维修日期、维修工作的描述以及具有资质的维修人员的签字，这些记录的内容应至少保存 10 年(售后)或直至 MEWP 停止使用。

4.4 更改

对 MEWP 所做的任何更改或加装任何部件都应先获得制造商的书面许可。若制造商已不复存在，则对 MEWP 的更改应在资质人员的指导下进行。

5 维护

5.1 预防性维护

应根据制造商建议、使用环境以及 MEWP 使用负荷程度来建立预防性维护流程，流程内容应包括本标准中规定的常规检查和年检。维护过程中发现的所有故障及安全问题都应在 MEWP 再次使用前得以解决。

5.2 检查和维护

MEWP 的检查和维护应按要求进行，以确保其正常运行。检查和维护的频率取决于制造商的建议，且应符合操作条件及操作环境。若 MEWP 操作环境比较恶劣，则应派资质人员按制造商建议进行维修。

5.3 常规检查

5.3.1 MEWP 的常规检查应根据制造商说明进行，但应考虑下列情况：

a) 保管权变更时需进行该检查，除非常规检查和年检近期刚完成；

b) 若设备闲置超过 3 个月，再次使用前应进行该检查，除非由于环境因素需要在 3 个月以内进行该检查。

5.3.2 常规检查应由该型号设备具有检查资质的人员进行，检查内容应包括所有制造商规定的常规检查项目，包括但不限于：

a) 速度、平稳性、动作限制的所有功能控制；

b) 在底盘或地面上的控制功能，包括优先于其他的控制设备；

c) 链条和钢丝绳机构，调整、更换磨损或破损的部件；

d) 所有应急和安全装置；

e) 所有运动部件的润滑情况，按照制造商要求检查滤件、液压油、机油和冷却液；

f) 所有结构件及其他关键部件，如紧固件、销、轴、回转支承连接螺栓和锁紧装置等；

g) 设备上的说明、警示和控制标识；

h) 液压或气动系统，观察有无变质或渗漏；

i) 电气系统，看有无损坏、老化、灰尘或水汽聚集的现象；

j) 制造商列举的附加项目。

MEWP 应在所有的故障和安全问题解决后投入使用。

5.4 年检

MEWP 的年检距上次年检不应超过 13 个月。年检人员应具有该型号设备检查的资质，年检内容应包括制造商列出的所有事项。

5.5 开机前检查

每天使用前或每次交接班前，应对 MEWP 进行外观检查和功能测试，包括但不限于：

a） 操作和应急控制；

b） 安全装置；

c） 人员防护装置；

d） 气动、液压及燃料系统泄漏；

e） 电缆和线束；

f） 部件松动、损坏或缺失；

g） 轮胎、车轮和车轮紧固件；

h） 设备使用说明、警示、控制标识和操作手册；

i） 包括稳定器在内的结构件；

j） 工作平台（包括护栏、地板、安全锁定装置和连接支架）；

k） 制造商列出的其他项。

5.6 维护与修理安全防范

5.6.1 对 MEWP 进行调整和维修前，应采取以下预防措施：

a） 切断动力源，让设备处于不能启动状态；

b） 所有控制装置都应处于“关闭”状态，避免操作系统意外启动；

c） 如有可能，将工作平台降至最低位置，否则，应保证工作平台不能下落；

d） 松开或卸下液压元件前，液压管路中的液压油压力需释放；

e） 安全支杆或安全插销按制造商要求安装在合适位置。

5.6.2 一些维护工作可能要求 MEWP 处在非 5.6.1 描述的状态，则应按维护说明中规定的安全措施进行。

5.7 维护培训

维护人员应经过资质人员的培训后方能按照本标准和制造商建议来对 MEWP 进行检查和维护。

5.8 零件更换

更换的零部件应同 MEWP 原来的零部件相同或等同。

5.9 制造商安全通告

应遵守制造商的安全通告。根据本标准 4.3 部分的内容，将记录保存好。

6 操作

6.1 操作人员的培训

操作人员进行 MEWP 操作前，管理员应确保其经过资质人员按 ISO 18878 的要求进行了培训。

6.2 对用户和操作人员的协助

若管理员不能回答用户或操作人员关于 MEWP 额定承载量、指定用途、维护、维修、检查或操作等内容问题，管理员应向经销商或制造商寻求帮助，以获取正确信息；若制造商已不存在，可以咨询相关资质人员，并将答案反馈给用户或操作人员。

6.3 操作前注意事项

MEWP 的安全操作应做到以下几点：

a) 了解要执行的任务；

b) 为执行该任务选择合适的 MEWP；

c) 明确预期目标和熟知各控制设施的功能；

d) 经过管理员授权；

e) 理解制造商的操作使用说明和安全操作规程，或者接受资质人员按制造商提供的操作使用说明和安全操作规程所做的培训；

f) 通过阅读或资质人员的解释，了解 MEWP 上所有的标识、警告和说明；

g) 各种环境条件中(包括 MEWP 操作环境)使用合适的人员安全防护装置。

6.4 工作场所检查

使用 MEWP 前或在其使用过程中，应检查工作场所可能存在的危害，包括但不限于：

a) 边缘或坑洞；

b) 斜坡；

c) 凸点、地面障碍和电缆；

d) 碎屑；

e) 顶部障碍物和带电导体；

f) 危险位置；

g) 工作区域内，不能承受 MEWP 地面压力的表面；

h) 风和天气情况；

i) 现场人员情况；

j) 其他可能的不安全因素。

6.5 各项操作前注意事项

MEWP 操作前，操作人员应确保符合下列要求：

a) 按制造商要求使用支腿、伸缩轴等稳定器或其他增加稳定性的方法；

b) 护栏、入口门或开口按照制造商要求关闭或者处于合适的位置；

c) 工作平台和平台延伸上的载荷及分布符合制造商规定的额定载荷及分布；

d) MEWP 上的所有人员都应使用合适的人员保护装置以及制造商或管理员根据具体工作和环境条件规定的其他防护措施；

e) 必要时使用人员防坠落的保护装置。

6.6 了解危险场所

操作人员应了解 MEWP 在易燃易爆气体或粉尘环境中工作的限制。

6.7 操作人员警示和说明

6.7.1 应遵守的规则

6.7.1.1 MEWP 的操作应符合本标准，若行业或地方规定更严格，则应遵循后者。

6.7.1.2 操作人员应阅读操作人员手册或 MEWP 上所有关于 MEWP 安全使用的警示和说明，理解并遵守。在进行 MEWP 操作前，操作人员应确保其对警示或说明符号(图片)所表达的意思已完全理解。警示或说明符号(图片)参见附录 A。

注：其他示例将在 ISO 20381 中给出。

6.7.2 斜坡和坡度

MEWP 不应在超过制造商规定的坡度、斜坡、台阶或拱形地面上操作。

6.7.3 稳定加固措施

应按制造商要求使用支腿、伸缩轴等稳定器或其他增加稳定性的方法，并锁入相应位置。

6.7.4 护栏系统

护栏应安装并固定，入口门或开口应关闭或按制造商要求设置在适当位置。

6.7.5 载荷的分布

工作平台及其他平台延伸上的载荷及分布应符合制造商规定的额定载荷及分布。

6.7.6 保留顶部空隙

操作人员应确保头部距离障碍有足够的间隙。

6.7.7 触电危险

若没有通过检测或其他方法验证是否适当接地，带电导体都应视为带电。若非经过测试或其他合适的方法或措施进行处理，所有的带电导体包括那些看似绝缘的带电导体也应视为不绝缘。

注：下列要求不适用于经过绝缘防护并处于物理密闭状态中的导体。

所有 MEWP 的操作人员和管理员应遵循国家或地方关于地面以上带电导体最小安全距离的有关规定；若无此类要求，则 MEWP 操作人员和管理员应遵循表 1 中涉及最小安全距离的有关规定。

注：表 1 是供没有经过专业近电作业培训的 MEWP 操作人员使用。

除下列情况外，MEWP、工作平台操作人员及乘员接近带电导体的距离不应小于最小安全距离：

a) 操作人员和乘员经过专业培训并佩戴人员防护设备；

b) MEWP 适合在靠近带电导体的地方工作；

c) 经过管理员适当授权。

表 1 最小安全距离

电压范围(相间电压)/ kV	最小安全距离/ m
0～50	3
51～220	4
221～500	5
501～750	10
751～1 000	13

6.7.8 人员立足点

MEWP 工作时，人员应在 MEWP 底板上保持稳定立足；禁止乘员踩踏工作平台踢脚板、中部栏杆或顶部围栏;禁止在工作平台上使用厚木板、梯子或其他设备来增加或延伸高度。

6.7.9 **预防其他移动设备**

工作场所内出现其他移动设备和车辆时,应按照当地法规或工作场所安全标准采取适当的防范措施,可采取小旗、拉警戒线、警告灯、路锥、路障等方式(不仅限于此)进行警示。

6.7.10 **报告安全问题和故障**

操作过程中出现的任何安全问题或故障,操作人员都应马上报告给管理员。如有必要,管理员可以通过向资质人员咨询,对影响安全操作的问题或故障进行维修,方可继续投入使用。

6.7.11 **报告潜在危险地点**

操作人员应及时向监督员或管理员报告一些在操作过程中发现的潜在危险点,例如,存在易燃易爆的气体或粉尘的地方。

6.7.12 **危险场所的操作**

禁止 MEWP 在未经许可和有潜在易燃易爆气体或粉尘等标记的危险区域进行操作。

6.7.13 **缠绕**

应采取防护措施预防 MEWP 内钢丝绳、电缆及软管等的缠绕。

6.7.14 **载荷转移**

任何高度下,MEWP 转移载荷时,载荷不应超过额定值。

6.7.15 **工作区域**

MEWP 下降前,操作人员应确保 MEWP 周围没有人员和设备。

6.7.16 **加注燃油**

往燃料箱里加油时应关掉发动机;加油应在通风较好,无火焰、火星或其他可能会引起火灾或爆炸危险的地方进行。

6.7.17 **蓄电池充电**

蓄电池应在通风良好,无火焰、火星或其他可能会引起火灾或爆炸危险的地方进行充电。

6.7.18 **不适当的 MEWP 稳定方式**

MEWP 不应通过靠、捆、栓的方式固定在另一个物体上来保持其稳定。

6.7.19 **误当做起重机使用**

未经制造商或资质人员特殊许可 MEWP 不应作为起重机使用。

6.7.20 **非正常操作支撑条件**

未经制造商或资质人员书面许可,不应将 MEWP 用在卡车、拖车、有轨车、浮船、脚手架或其他类似设备上。

6.7.21 行走

行走前和行走过程中，操作人员应遵循如下要求：

a） 遵守制造商对于设备行走的要求；

b） 保持支撑面和行进路线视野良好；

c） 让现场其他人员知道 MEWP 的移动，防止人员受伤；

d） 对障碍物、碎片、边缘、坑洞、斜坡和其他危险地方保持安全距离，确保安全行驶；

e） 保持与顶部障碍物的安全距离；

f） 根据支撑面、场地拥堵情况、视野、斜坡、人员位置和其他因素等条件限制行驶速度；

g） 未经制造商许可，MEWP 不得在举升位置行走。

6.7.22 惊险操作

禁止表演性操作和鲁莽操作。

6.7.23 MEWP 的保护

操作人员应采取措施，保护 MEWP 不被未授权人使用。

6.7.24 安全装置的保护

安全装置不应被变动或使其失效。

6.7.25 MEWP 受阻挡

若工作平台或伸展机构被临近的结构或其他障碍物阻挡而不能正常运动，且反向控制亦不能让 MEWP 摆脱受阻，所有人员应在使用下控制装置解除 MEWP 受阻前撤离工作平台。

6.7.26 离开（或进入）MEWP

人员离开或进入升高的 MEWP 时，应遵守制造商的指示和说明。

6.7.27 运送比工作平台尺寸更大的材料

操作人员应确保所要运送的应是安全的工具和物料，这些工具和物料分布均匀并且能由工作平台上工作的人员安全操控。这种操作应在制造商指导下进行。

6.7.28 在工作平台外运送物料

若未使用专门为此设计的载体并经过制造商的书面授权，禁止在工作平台外运送物料。

6.7.29 规定的手动操作力和特殊力

操作人员不应允许超过制造商规定的手动操作力和/或特殊力。

6.7.30 防止擅自使用

若非经过管理员授权，操作人员不应将 MEWP 交由任何其他人使用。

6.7.31 误作千斤顶使用

若非制造商允许，不应将 MEWP 的吊臂和/或工作平台当作千斤顶将轮子顶离地面。

6.7.32 移动的顶部障碍物

当 MEWP 工作区域的顶部有移动障碍物时,应采取措施防止与 MEWP 发生碰撞。

7 运输

运输时,MEWP 及稳定器都应按照制造商建议进行放置。

附 录 A
（规范性附录）
MEWP 误用图示

A.1 剪叉式 MEWP 误用的图示

表 A.1 列出了剪叉式 MEWP 误用的图示。

表 A.1 剪叉式 MEWP 误用的举例

编 号	描 述	图 示
A.1.1	工作平台坠落危险	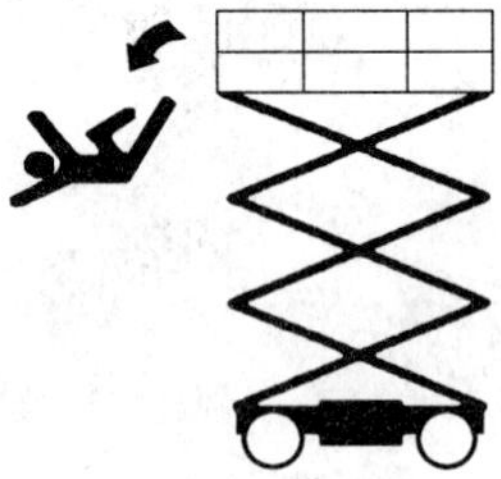
A.1.2	侧向倾翻危险	
A.1.3	前后倾翻危险	
A.1.4	头部挤压危险	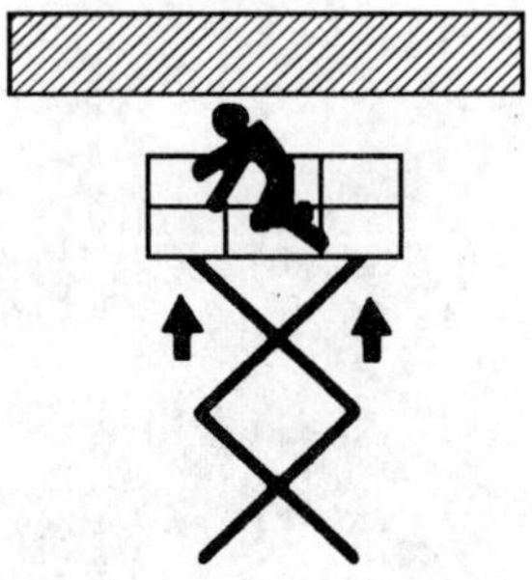

表 A.1（续）

编　　号	描　　述	图　　示
A.1.5	顶部电缆触电危险	
A.1.6	地面触电危险	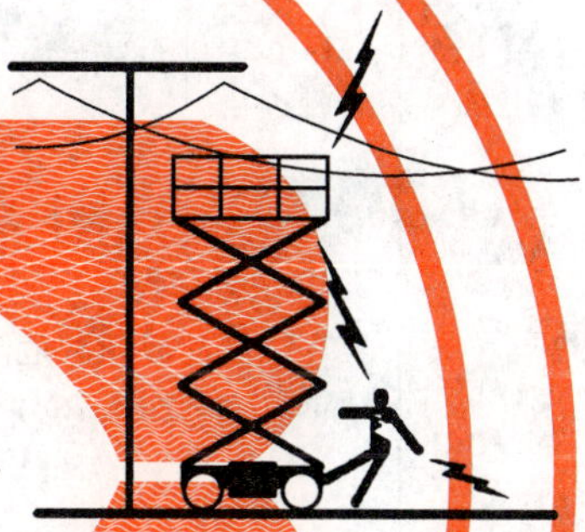

A.2　臂架式 MEWP 误用的图示

表 A.2 列出了臂架式 MEWP 误用的图示。

表 A.2　臂架式 MEWP 误用的举例

编　　号	描　　述	图　　示
A.2.1	工作平台坠落危险	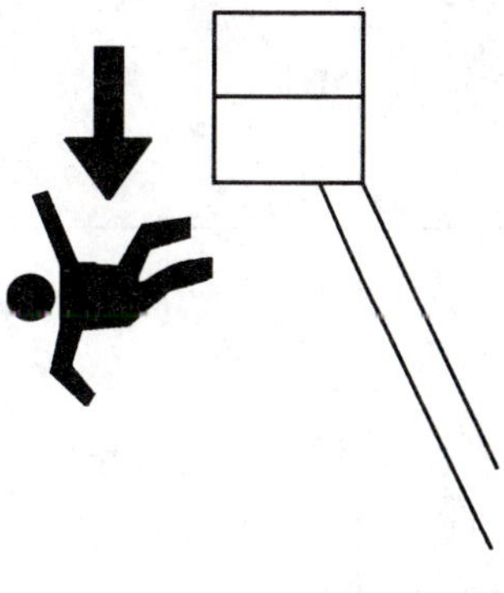

表 A.2（续）

编　　号	描　　述	图　　示
A.2.2	侧向倾翻危险	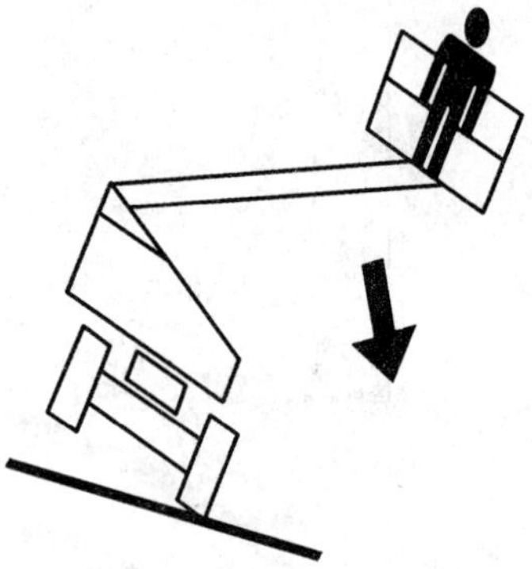
A.2.3	前后倾翻危险	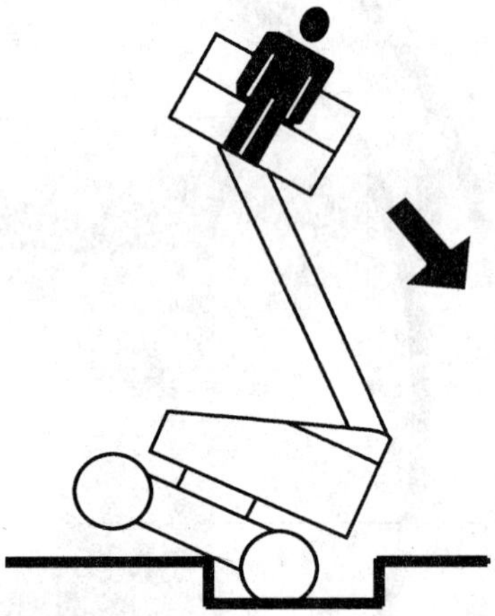
A.2.4	头部挤压危险（上升）	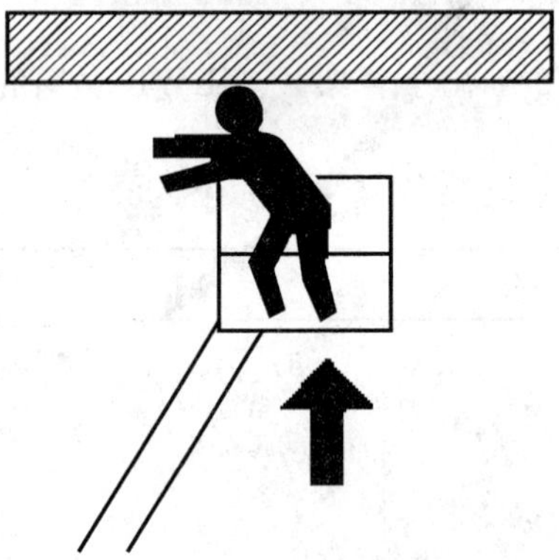
A.2.5	头部挤压危险（下降）	

表 A.2（续）

编　　号	描　　述	图　　示
A.2.6	身体挤压危险	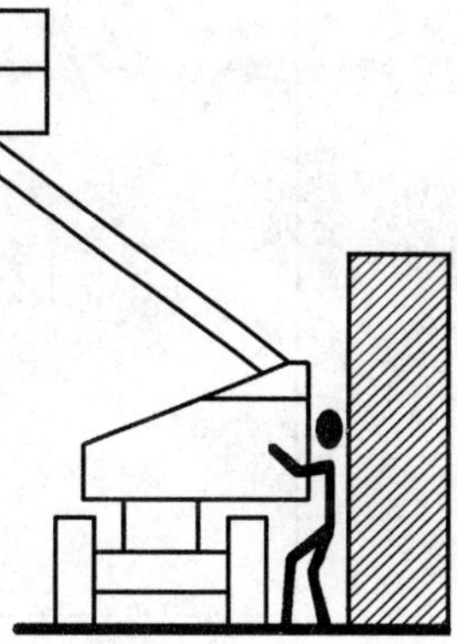
A.2.7	顶部电缆触电危险	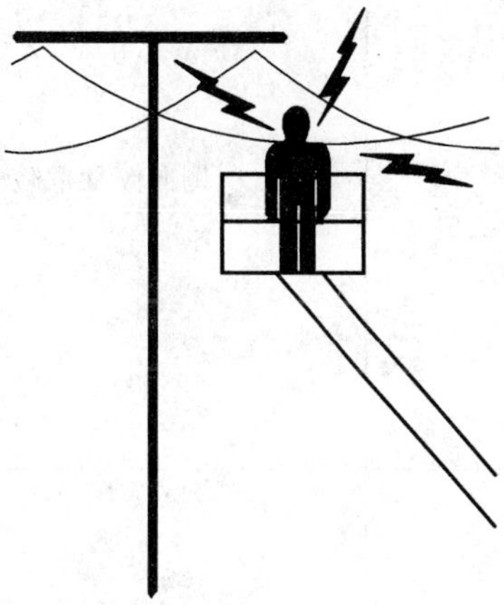
A.2.8	地面触电危险	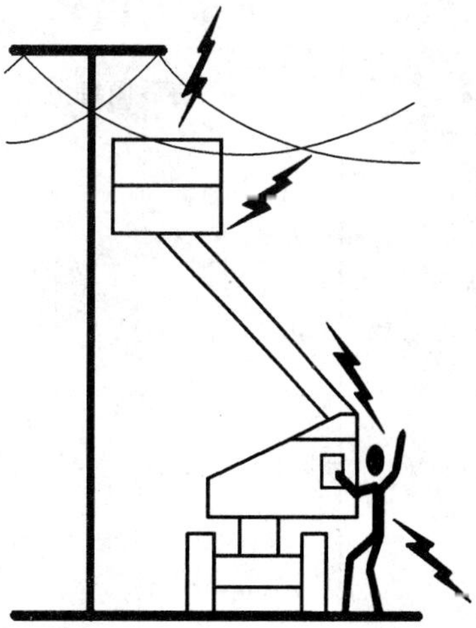

A.3　桅柱式 MEWP 误用的图示

表 A.3 列出了桅柱式 MEWP 误用的图示。

表 A.3　桅柱式 MEWP 误用的举例

编　号	描　述	图　示
A.3.1	工作平台坠落危险	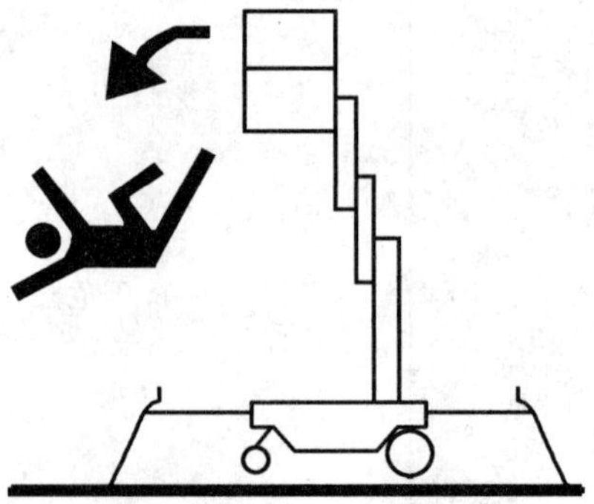
A.3.2	侧向倾翻危险	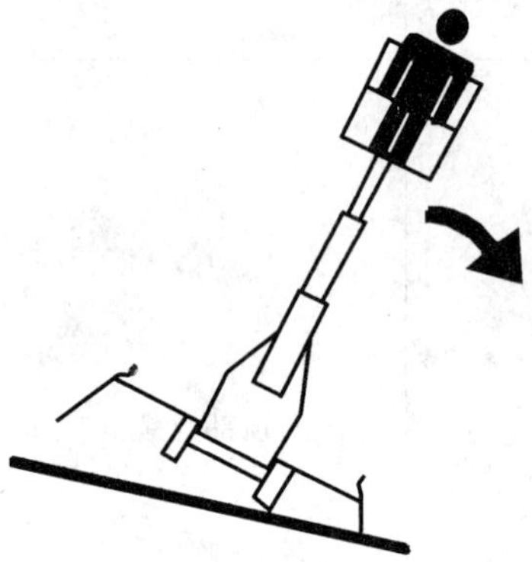
A.3.3	前后倾翻危险	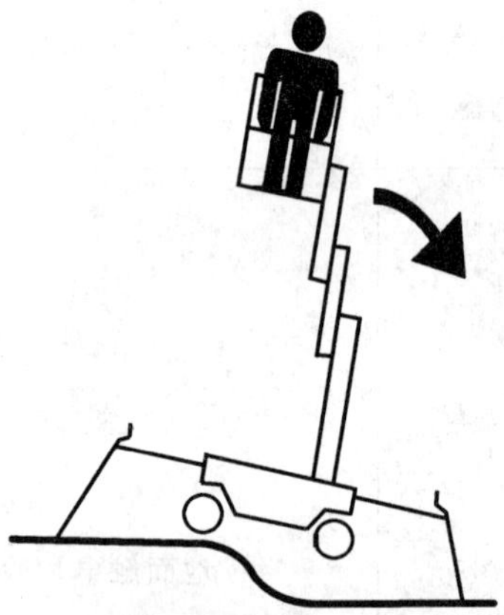
A.3.4	头部挤压危险(上升)	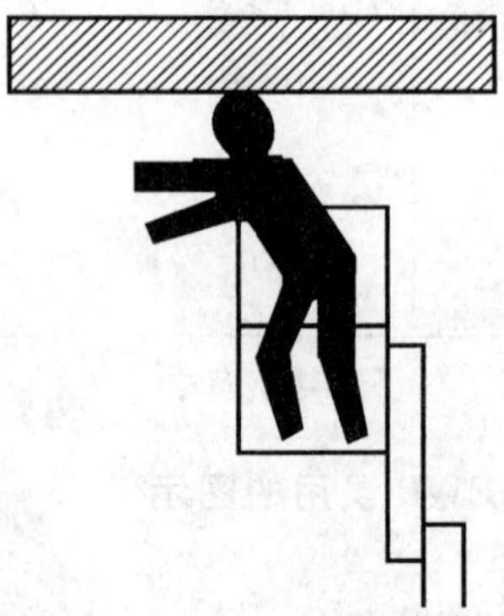

表 A.3（续）

编　　号	描　　述	图　　示
A.3.5	头部挤压危险(下降)	
A.3.6	顶部电缆触电危险	

A.4　车载式 MEWP 误用的图示

表 A.4 列出了车载式 MEWP 误用的图示。

表 A.4　车载式 MEWP 误用的举例

编　　号	描　　述	图　　示
A.4.1	工作平台坠落危险	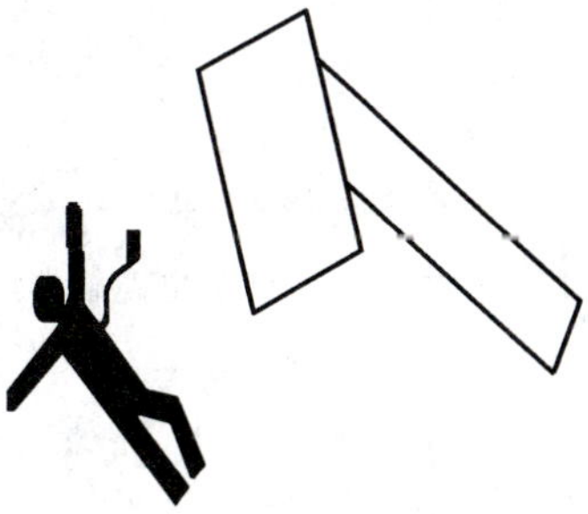

表 A.4（续）

编　　号	描　　述	图　　示
A.4.2	侧向倾翻危险	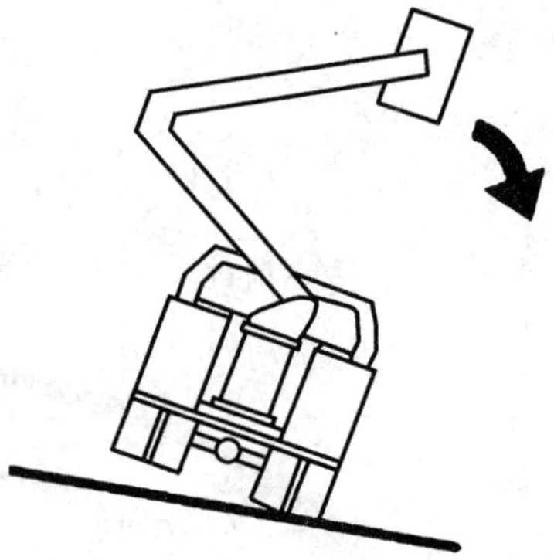
A.4.3	后方倾翻危险	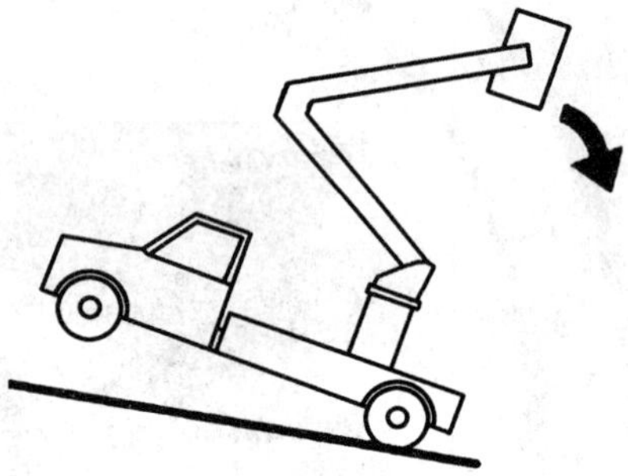
A.4.4	地面触电危险	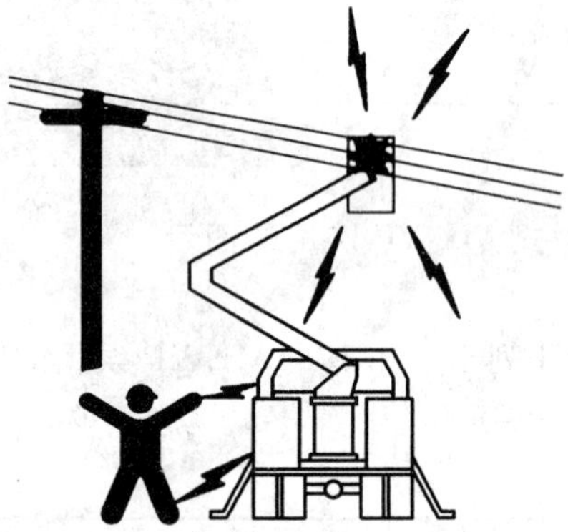
A.4.5	顶部电缆触电危险	

表 A.4（续）

编　号	描　述	图　示
A.4.6	臂架端部触电危险	
A.4.7	臂架端部触电危险——带物料承载系统——双工作平台	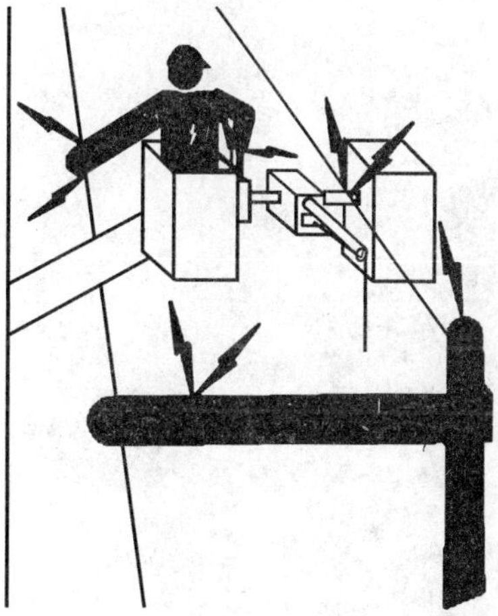

参 考 文 献

[1] ISO 20381 Mobile elevating work platforms—Symbols for operator controls and other displays

ICS 03.100.30;53.020.99
J 80

中华人民共和国国家标准

GB/T 27549—2011/ISO 18878:2004

移动式升降工作平台 操作人员培训

Mobile elevating work platform—Operator (driver) training

(ISO 18878:2004,IDT)

2011-11-21 发布 2012-05-01 实施

中华人民共和国国家质量监督检验检疫总局
中国国家标准化管理委员会 发布

前　言

本标准按照 GB/T 1.1—2009 给出的规则起草。

本标准使用翻译法等同采用 ISO 18878:2004《移动式升降工作平台　操作人员培训》(英文版)。

本标准做了下列编辑性修改:

——ISO 18878:2004 的"本国际标准"一词改为"本标准";

——删除 ISO 18878:2004 的前言和引言,增加了本标准的前言。

本标准由中国机械工业联合会提出。

本标准由全国升降工作平台标准化技术委员会(SAC/TC 335)归口。

本标准负责起草单位:北京建筑机械化研究院。

本标准参加起草单位:杭州赛奇高空作业机械有限公司、杭州爱知工程车辆有限公司、深圳市华测检测技术股份有限公司、浙江鼎力机械有限公司、北京建研机械科技有限公司。

本标准主要起草人:李静、陈建平、陈晓峰、李波、许树根、尹文静、郭冰。

移动式升降工作平台　操作人员培训

1　范围

本标准给出了准备培训资料和有助于移动式升降工作平台(以下简称 MEWP)操作人员(司机)训练的方法。

本标准适用于在 ISO 16368 中定义的 MEWP,该机械用于将人员、物料和工具送至能从工作平台展开工作的位置。

注:如果国家相关法规严于本标准时,应优先满足国家法规。

2　规范性引用文件

下列文件对于本文件的应用是必不可少的。凡是注日期的引用文件,仅注日期的版本适用于本文件。凡是不注日期的引用文件,其最新版本(包括所有的修改单)适用于本文件。

ISO 16368　移动式升降工作平台　设计计算、安全要求和测试方法(Mobile elevating work platforms—Design calculations,safety requirements and test methods)

ISO 18893　移动式升降工作平台　安全规则、检查、维护和操作(Mobile elevating work platforms—Safety principles,inspection,maintenance and operation)

3　术语和定义

ISO 16368 和 ISO 18893 界定的以及下列术语和定义适用于本文件。

3.1

培训师　trainer

实施培训 MEWP 操作人员的资质人员。

3.2

考评员　examiner

测试受训人员能力的资质人员。

3.3

熟悉度　familiarization

受训后操作人员对一个特定 MEWP 形式的控制性能、安全装置和特殊功能的了解程度。

4　MEWP 的安全使用

本标准应与 ISO 18893 配套使用,ISO 18893 主要关注于 MEWP 各个方面的安全使用,不仅仅是操作人员的培训。

5　培训要求和操作人员授权

5.1　操作授权

只有经过适当培训和授权过的人员才能操作 MEWP。

5.2 培训职责

MEWP的管理员负责培训操作人员、监督操作人员受训或证明操作人员按照本标准接受过培训。

6 培训项目

6.1 基本培训

应按照下列内容对操作人员进行培训：

a) 选择一台适当的MEWP；

b) 操作人员使用手册、警告和操作指示、管理员制定的安全规则；

c) 开机前检查(见ISO 18893)；

d) 影响稳定性因素(见ISO 18893)；

e) 常见危险及其规避(见ISO 18893)；

f) 工作场所的检查(见ISO 18893)；

g) MEWP所有控制的用途和功能的常识，包括应急控制；

h) 适用于任务、工作场所和环境的人员保护装置的使用；

i) 安全运行；

j) 运输(如果适用)；

k) 确保MEWP避免未经许可的使用；

l) 有故障MEWP的使用；

m) MEWP的实际操作。

在资质人员的指导下，受训人员应操作MEWP足够的时间以证明对MEWP实际操作中的熟练程度。

注：可根据当地的条件添加其他要求。

6.2 熟悉度

在被授权操作指定的MEWP之前，操作人员应由资质人员指导熟悉以下内容：

a) 制造商警告和说明；

b) 指定MEWP的相应控制功能；

c) 指定MEWP的所有安全装置功能。

7 培训管理

7.1 合格的培训师

培训师应是ISO 18893中定义的资质人员。

7.2 资质

受训人员应向考评员展示理论知识和实际操作的熟练度以证明其能力资格。

7.3 保存记录

应保留受训人员MEWP的操作记录，且：

a) 应向合格的受训人员颁发符合本标准的培训证明(见附录A～附录E)；

b) 应反映培训的有效期；

c) 应包括提供培训和再培训机构的名称、培训师和考评员姓名，明确培训所涵盖 MEWP 的形式和培训日期；

d) 至少在培训有效期内，应保留这些记录。

7.4 培训/再培训

管理员应保证操作人员接受培训或再培训以保持其处于能胜任的水平。

下列情况需进行培训，但不限于此：

a) 培训的有效期满；

b) 技能下降；

c) 长时间内未操作 MEWP；

d) MEWP 新技术。

7.5 考核/再考核

管理员应确保操作人员被考核/再考核，以评估其能力水平。

下列情况需进行考核/再考核，但不限于此：

a) 培训或再培训后；

b) 培训的有效期满。

7.6 审查

应对培训、考核和记录保存进行定期审查，以确保维持可接受的水平。

附 录 A
（资料性附录）
理论知识考评表——示例

所有类型的 MEWP

日期：____________

考 评 结 果

考评员姓名：____________

学 员 姓 名：____________

学员考评结果：____________

可作标记：合格/不合格

公共安全	熟悉制造商的义务	
法规、标准和内容	熟悉雇主的义务（培训、签发驾驶许可）和司机的责任	
分类	熟悉 MEWP 的分类	
技术	熟悉 MEWP 各种基本技术	
特性	对不同种类的 MEWP 的功能，能够识别其特点、基本用途和优缺点	
安全	熟悉主要的危险：倾翻（风、地面条件、工作台载荷）、坠落、碰撞等	
	熟悉触电风险降到最低的规则	
	熟悉如何确定载荷限制	
	熟悉驾驶、行驶和泊车规则以及防止未经授权的使用	
	熟悉如何根据额定载荷、工作高度和工作条件选择 MEWP	
	熟悉稳定性和使用规则	
	熟悉安全装置和需要进行的一般检查和维护	
	熟悉与应急控制使用相关联的指令和运动	
	熟悉手册、标识和标牌的内容及使用	
	熟悉如何进行开机前的检查	
	熟悉如何进行工作场地检查	

附　录　B
（资料性附录）
型式1　MEWP实际知识评估测试——示例

型式1　MEWP

日期：____________________

考　评　结　果

考评员姓名：______________________________
学　员　姓　名：______________________________
学员考评结果：______________________________

可作标记：合格/不合格

		提升和下降运动	工作平台水平运动	
适用性	进行适用性检查	√	√	
验证	目测检查MEWP的状况	√	√	
	验证安全装置运行正常	√	√	
位置	说明和执行命令和通信手势	√	√	
	将设备放置在正确位置	√	√	
	准备启动MEWP	√	√	
	确定信号和标识	√	√	
	调整稳定器	√	√	
	调平MEWP	√	√	
	将工作平台置于平整竖直平面	√	√	
	将工作平台沿着平整竖直平面移动	√	√	
	将工作平台置于一个平面之上	√	√	
	移动工作平台通过这个表面	√	√	
	将工作平台置于一个平面之下	√	√	
	移动工作平台通过这个表面		√	
	将工作平台置于一个有限空间		√	
	将MEWP置于运输位置	√	√	
	操纵的平稳性	√	√	
	操纵的准确性	√	√	
应急	执行恢复操作	√	√	
	执行救援操作(从地面位置)	√	√	

附 录 C
（资料性附录）
型式 2 MEWP 实际知识评估测试——示例

型式 2 MEWP——第一部分

日期：____________________

考 评 结 果

考 评 员 姓 名：______________________________

学 员 姓 名：______________________________

学员考评结果：______________________________

可作标记：合格/不合格

		提升和下降运动	工作平台水平运动	
适用性	进行适用性检查	√	√	
验证	目测检查 MEWP 的状况	√	√	
	验证安全装置运行正常	√	√	
位置	指引车辆司机（说明和执行命令和通信手势）	√	√	
	请其他人放置车辆	√	√	
	将工作平台置于平整竖直平面	√	√	
	将工作平台沿着平整竖直平面移动	√	√	
	将工作平台置于一个平面之上		√	
	移动工作平台通过这个表面		√	
	将工作平台置于一个平面之下	√	√	
	移动工作平台通过这个表面		√	
	将工作平台置于一个有限空间	√	√	
	发生倾斜警告时的处置	√	√	
	将 MEWP 置于运输位置	√	√	
	操纵的平稳性	√	√	
	操纵的准确性	√	√	
应急	执行恢复操作	√	√	
	执行救援操作（从地面位置）	√	√	

型式 2　MEWP——第二部分

日期：____________________

考　评　结　果

考评员姓名：______________________________

学　员　姓　名：______________________________

学员考评结果：______________________________

可作标记：合格/不合格

			提升和下降运动	工作平台水平运动	
位置		将设备放置在正确位置	√	√	
适用性		进行适用性检查	√	√	
行驶		目测检查 MEWP 的状况	√	√	
升起工作平台	工作平台在车辆纵轴方向上（向前或向后）	沿直线向前运行	√	√	
		沿直线向后运行	√	√	
		沿曲线（连续转弯、转弯）向前运行	√	√	
		沿曲线（连续转弯、转弯）向后运行	√	√	
	工作平台在车辆横轴方向上，左或右	沿直线向前运行		√	
		沿直线向后运行		√	
		沿曲线（连续转弯、转弯）向前运行		√	
		沿曲线（连续转弯、转弯）向后运行		√	
		工作平台运动时行驶	√	√	
验证		说明和执行命令和通信手势	√	√	
		各种地面的行驶	√	√	
		正确使用声响警告	√	√	
		向后倒退前向后扫视	√	√	
		遵守交通规则和路牌	√	√	
		使驾驶符合交通情况（拥堵、转弯等）	√	√	
		操纵的平稳性	√	√	
		操纵的准确性	√	√	
		发生倾斜警告时的处置	√	√	
		将 MEWP 放置在其车库位置（取出钥匙）	√	√	

附 录 D
（资料性附录）
型式 3 MEWP 实际知识评估测试——示例

<table>
<tr><td colspan="2" align="center">型式 3 MEWP</td></tr>
<tr><td colspan="2" align="right">日期：________________</td></tr>
<tr><td colspan="2" align="center">考 评 结 果</td></tr>
<tr><td colspan="2">考评员姓名：________________
学 员 姓 名：________________
学员考评结果：________________</td></tr>
</table>

可作标记：合格/不合格

			提升和下降运动	工作平台水平运动	
适用性		进行适用性检查	√	√	
验证		目测检查 MEWP 的状况	√	√	
		验证安全装置运行正常	√	√	
升起工作平台	工作平台在行驶方向	沿直线向前运行	√	√	
		沿直线向后运行	√	√	
		沿曲线（连续转弯、转弯）向前运行	√	√	
		沿曲线（连续转弯、转弯）向后运行	√	√	
	工作平台在行驶的相反方向	沿直线向前运行		√	
		沿直线向后运行		√	
		沿曲线（连续转弯、转弯）向前运行		√	
		沿曲线（连续转弯、转弯）向后运行		√	
	工作平台垂直于行驶方向	沿直线向前运行		√	
		沿直线向后运行		√	
		沿曲线（连续转弯、转弯）向前运行		√	
		沿曲线（连续转弯、转弯）向后运行		√	

		提升和下降运动	工作平台水平运动	
行驶	各种地面的行驶	√	√	
	正确使用声响警告	√	√	
	向后倒退前向后扫视	√	√	
	遵守交通规则和路牌	√	√	
	使驾驶符合交通情况(拥堵,转弯等)	√	√	
	操纵的平稳性	√	√	
	操纵的准确性	√	√	
位置	说明和执行命令和通信手势	√	√	
	将设备放置在一位置	√	√	
	将工作平台置于平整竖直平面	√	√	
	将工作平台沿着平整竖直平面移动	√	√	
	将工作平台置于一个平面之上		√	
	移动工作平台通过这个表面		√	
	将工作平台置于一个平面之下	√	√	
	移动工作平台通过这个表面	√	√	
	将工作平台置于一个有限空间		√	
	发生倾斜警告时的处置	√	√	
	通过组合运动移动和放置工作平台	√	√	
	将 MEWP 放置在其车库位置(取出钥匙)	√	√	
应急	执行恢复操作	√	√	
	执行救援操作(从地面位置)	√	√	

附　录　E
（资料性附录）
MEWP 操作人员证书——示例

安　全　操　作　证　书

照片

操 作 人 员 姓 名：____________________

性　　　　　　别：____________________

操作人员身份证号：____________________

经对__（操作人员姓名）__理论知识和实际操作能力的考评，可操作下列类型 MEWP：____________

证书编号：____________________

发证日期：____________________

发证机构(盖章)：____________________

考评员姓名：____________________

此证书有效期 5 年，至：______________________________

MEWP 操作许可

下面签名(雇主或代理商姓名,及公司法人名字):

____

____

验证(姓名,操作人员职责):

____

证明:

颁发给操作人员关于__(MEWP 的型号)__的 MEWP 安全操作资质许可。

此外,由__(公司名称)__医生核实了操作 MEWP 人员的身体健康体检报告。

对操作人员说明公司或工作的特殊危险之后,兹授权__(操作人员姓名)__在我公司操作__(MEWP 的型号)__类型 MEWP。

日期:______________________

签名(盖章):______________________

MEWP 操作许可卡

对操作人员的授权也可以“身份证”的形式，该卡至少应列出如下示例给出的信息：

前面

公司标志

操作许可

编号：________

颁发部门：________

姓　　名：________

职　　位：________

日　　期：________

签　　名：________

后面

照片

资格持有者：持有者姓名

____

授权操作 MEWP

资格证

类型：　　　有效期：

________　________

________　________

________　________

前面显示的编号可对应资格持有人的个人培训档案，其中有：

——操作人员的健康体检证明；

——考评测试结果和考评员的姓名。

有效性的限制可通过加盖印章或签发卡片的考评员签字的方式给出。

ICS 91.140.40
P 47

中华人民共和国国家标准

GB 27550—2011
代替 GB 17264—1998、GB 17265—1998、GB 17266—1998、GB 17267—1998

气瓶充装站安全技术条件

Safety specification for filling station of gas cylinders

2011-11-21 发布　　2012-10-01 实施

中华人民共和国国家质量监督检验检疫总局
中国国家标准化管理委员会　发布

前　言

本标准的全部技术内容为强制性。

本标准按照 GB/T 1.1—2009《标准化工作导则　第1部分：标准的结构和编写》给出的规则起草。

本标准代替 GB 17264—1998《永久气体气瓶充装站安全技术条件》、GB 17265—1998《液化气体气瓶充装站安全技术条件》、GB 17266—1998《溶解乙炔气瓶充装站安全技术条件》和 GB 17267—1998《液化石油气充装站安全技术条件》。

本标准与 GB 17264—1998、GB 17265—1998、GB 17266—1998 和 GB 17267—1998 相比，主要技术变化如下：

——将 GB 17264—1998、GB 17265—1998、GB 17266—1998 和 GB 17267—1998 标准中的第3章充装站的职责、第4章充装站的基本条件和第5章充装站人员条件三个章节部分进行了整合和修订。

——将 GB 17264—1998、GB 17265—1998、GB 17266—1998 和 GB 17267—1998 中的第6章、第7章……重新进行了修订和编制。

——规范性引用文件按 GB/T 1.1—2009 规定完善，并按照引用标准的变化作了增删。

本标准由全国气瓶标准化技术委员会(SAC/TC 31)提出并归口。

本标准起草单位：首都经贸大学安全和环境工程学院、北京普莱克斯实用气体有限公司、上海中远化工有限公司、杭州气体厂、中国市政工程华北设计研究院、亚洲气体协会中国分会。

本标准主要起草人：吴粤燊、马昌华、沈建林、虞希锡、宋连生、郝澄、徐占伟、宋琦、陈勤俭。

本标准由全国气瓶标准化技术委员会负责解释。

本标准所代替标准的历次版本发布情况为：

——GB 17264—1998；

——GB 17265—1998；

——GB 17266—1998；

——GB 17267—1998。

气瓶充装站安全技术条件

1 范围

本标准规定了压缩气体(亦称永久气体)气瓶充装站、液化气体(包括液化石油气)气瓶充装站、溶解乙炔气瓶充装站(以下简称充装站)的职责和必须具备的安全技术条件。

本标准适用于压缩气体(亦称永久气体)气瓶充装站、液化气体(包括液化石油气)气瓶充装站、溶解乙炔气瓶充装站(以下简称充装站)。

本标准不适用于车用气瓶和焊接绝热气瓶充装站。

2 规范性引用文件

下列文件对于本文件的应用是必不可少的。凡是注日期的引用文件,仅注日期的版本适用于本文件。凡是不注日期的引用文件,其最新版本(包括所有的修改单)适用于本文件。

GB 2894 安全标志

GB 7723 固定式电子衡

GB 15383 气瓶阀出气口连接型式和尺寸

GB 16912 深度冷冻法生产氧气及相关气体安全技术规程

GB 50016 建筑设计防火规范

GB 50028 城镇燃气设计规范

GB 50030 氧气站设计规范

GB 50031 乙炔站设计规范

GB 50057 建筑物防雷设计规范

GB 50058 爆炸和火灾危险环境电力装置设计规范

GB 50160 石油化工企业设计防火规范

GB 50177 氢气站设计规范

GB 50257 电气装置安装工程爆炸和火灾危险环境电气装置施工及验收规范

GBJ 140 建筑灭火器配置设计规范

GBZ 1 工业企业设计卫生标准

HG/T 20675 化工企业静电接地设计规程

JB/T 8856—2001 溶解乙炔设备

3 充装站的职责

3.1 负责气瓶的充装、储运、管理和气瓶使用前办理气瓶使用登记证。

3.2 向气体使用者提供气瓶,并对气瓶的安全负责,在所充装的气瓶上粘贴符合国家安全技术规范及国家标准规定的警示标签。

3.3 负责向充装作业人员及气瓶和气体的使用用户讲解气瓶和气体的知识及应急处理措施、宣传安全使用知识及危险性警示要求。

3.4 负责气瓶在充装前和充装后的检查、填写充装记录和每只气瓶的收发记录,并对气瓶的充装安全负责。

3.5 负责气瓶的维护和附件的修理、更换，气瓶颜色标志的涂敷工作。

3.6 负责定期向当地质监部门报送自有气瓶的数量、钢印标志、定期检验和建档情况、充装站负责人和充装人员持证情况。

3.7 负责将超过检验周期的气瓶或在充装前发现有不合要求的气瓶交送到地、市级以上(含)特种设备安全监察机构指定的气瓶检验机构处理。

3.8 确保所充装在气瓶内的气体符合产品的质量标准并出具产品合格证明。

3.9 负责向当地相关部门报告企业的生产、安全技术状况、事故报告和紧急处理情况。

4 充装站的基本条件

4.1 充装站应按有关规定取得当地的质监、安监、环保和消防等管理部门批准的资质。

4.2 充装站应具有与充装气体种类相适应的完好生产装置、工器具、检测手段、场地厂房，有符合安全要求的安全设施。

4.3 充装站有一定的气体储存能力和足够数量的自有产权气瓶。

4.4 充装站应根据国家有关法规制度，制定相应的规章制度：

a) 安全教育、培训、检查制度；

b) 防火、防爆、防雷、防静电制度；

c) 危险品运输、储存制度；

d) 设备、压力容器、管道、计量器具的定检制度及台账；

e) 档案管理制度；

f) 岗位责任制、班组管理制度；

g) 紧急情况应急救援预案；

h) 符合国家环境保护相关规定的气体排放制度。

4.5 充装站所有设备、岗位安全操作规程要齐全。

4.6 充装站应根据气体的特性，按照 GB 2894 中的规定，在站内外醒目处应设置须知牌和安全标志。

5 充装站人员条件

5.1 充装站应配备工程师技术职称以上(含工程师)的专职安全生产技术负责人。

5.2 充装站应配备高中或高中以上文化程度或同等学历并经培训合格的专职或兼职安全管理人员。

5.3 充装站应配备初中或初中以上文化程度并经专业技术培训和地、市级或地市级以上质监部门考核合格，取得"特种设备作业人员证书"的气瓶检查员。

5.4 充装站应配备初中或初中以上文化程度并经专业技术培训和地、市级或地市级以上质监部门考核合格，取得"特种设备作业人员证书"的气瓶充装人员，且每工作班不得少于两名。

5.5 充装站应配备高中或高中以上文化程度或同等学历并经专业技术培训，取得资格证书的产品质量检验人员。

6 充装站的厂房建筑条件

6.1 充装站站址及总平面布置、厂房建筑的耐火材料等级、厂区防火间距、安全通道及消防用水量等安全防火条件应符合 GB 50016 的规定。可燃气体充装站应符合相应气体的设计规范。设置在石油化工企业内的充装站还应符合 GB 50160 的规定。

6.2 充装间应设有足够泄压面积和相应的泄压设施。充装介质密度小于空气的气体充装站排气泄压设施应设在建筑物顶部，充装介质密度大于或等于空气的气体，充装站排气泄压设施应设在建筑物靠近地面的位置上。

6.3 充装站应设置符合安全技术要求的通风、遮阳、防雷、防静电设施。

6.4 可燃气体充装站内的灌瓶(充装)间、实瓶间、压缩机房等为甲类厂房；瓶库等为甲类库房。其厂房建筑应为一、二级耐火等级的单层建筑。甲类厂房与甲类库房必须符合如下条件：

a) 密度等于或大于空气的可燃气体的厂房、库房内应采用不产生火花地面，如采用绝缘材料作整体面层时，应采取防静电措施。地下不得设地沟，如必须设置时，其地沟应填砂充实并加盖板，或采用强制通风措施。

b) 厂房、库房应采用混凝土柱、钢柱框架或排架结构，当采用钢柱时，应采用防火保护层。结构宜采用敞开式建筑，门、窗应向外开启并应有安全出口。顶棚应尽量平整，避免死角。

c) 厂房、库房应有必要的泄压设施，泄压设施宜采用轻质屋盖作为泄压面积，易于泄压的门窗、轻质墙体也可作为泄压面积。作为泄压面积的轻质屋顶和轻质墙体每平方米重量不宜超过 60 kg。泄压面积与厂房(库房)体积的比值(m^2/m^3)应符合 GB 50016。

d) 建筑面积(单层)超过 100 m^2 或同一时间生产人数超过 5 人的生产厂房应至少有两个安全出口。

e) 厂房或库房顶部应设避雷网并接地，其冲击接地电阻应小于 10 Ω。

6.5 充装站的充装间与瓶库的钢瓶应分实瓶区、空瓶区布置。氧气、电解氢充装站灌瓶台应设置防护墙(有抽真空装置或气瓶装有余压保持阀除外)。深冷大型液氧、液氮贮罐(500 m^3 以上)(堆积珠光砂绝热型)应按 GB 50160 的要求建造围堰。

6.6 充装站应有专供气瓶装卸的站台或专用装卸工具。站台上存放空瓶和实瓶的区间应设立明显标记。站台上宜保留有宽度不小于 2 m 的通道(乙炔充装站通道净宽不小于 1.5 m)。乙炔充装站的站台宜高出地面 0.4 m～1 m，平台宽度不宜超过 3 m，并应设置有大于平台宽度的雨蓬，雨蓬及其支撑应为非燃烧体。

6.7 液化石油气和压缩天然气充装站的站址及场地还应符合下列规定：

a) 充装站生产区应设置高度不低于 2 m 非燃烧体实体围墙。

b) 充装站应分区布置，应分为生产区和辅助区。液化石油气充装站在生产区和辅助区之间应设高度不低于 2 m 的非燃烧体实体围墙。

c) 生产区应布置在充装站全年最小频率风向的上风侧或上侧风侧。

d) 生产区应敷设宽敞的回车场地。生产区应设有宽度不小于 4 m 的环形消防车道。液化石油气充装站当贮罐总容积小于 500 m^3 时，可设尽头式消防车道和面积不小于 12 m×12 m 的回车场。供大型消防车使用的回车场面积不应小于 18 m×18 m。

e) 充装站内场地平整，在山区、丘陵地区设站也可分阶梯布置。生产区内严禁设地下、半地下建筑物(地下贮罐、水泵结合器除外)，地下管沟应用干砂填充。

f) 充装站生产区与辅助区至少各设一个对外出口。贮罐总容积超过 1 000 m^3，液化石油气生产区应设两个对外出入口，其间距不应小于 50 m。出入口宽度应不小于 4 m。

g) 钢瓶装卸台的设置，应符合 GB 50028 的规定。

6.8 充装站内应设置消防车通道、专用消防栓、消防水源、灭火器材以及在紧急情况下处理事故的消灾设施和器具。灭火器的配量应符合 GBJ 140 的规定。乙炔充装间内应设置供灭火用的紧急喷淋装置。

6.9 充装站的消防设施应符合 GB 50016 的规定。有爆炸危险场所的电力装置设计、施工与验收应符合 GB 50028 和 GB 50257 的要求。乙炔充装站有爆炸危险性的 1 区内，应采用适用于乙炔的 dⅡCT2(B4b)级隔爆型电气设备或仪表。

6.10 充装站应设置可靠的防雷装置，其设计应符合 GB 50057 的规定。

6.11 充装站的静电接地设计应符合 HG/T 20675 的规定。可燃及助燃气体充装站的管道、阀门、储存容器等应设置导除静电的可靠接地装置，其接地电阻不得大于 10 Ω，管道上法兰间的跨接电阻不应大于 0.03 Ω。

7 充装站的设备与管道条件

7.1 压力容器和管道的设计、制造、安装、检验、使用和管理应符合国家有关规定。液化气体容器应装设有准确、安全、醒目的液面显示装置，并有可靠的防超装设施。

7.2 充装设备、管道、阀件密封元件及其他附件不得选用与所装介质特性不相容的材料制造。凡与乙炔接触的设备、管件、仪表，严禁选用含铜量超过 70% 的铜合金以及银、汞、锌、镉及其合金材料制造的零部件。

7.3 氧气充装站的工艺布置、设备与管道的选择设计应符合 GB 50030 及 GB 16912 的规定。氢气站的工艺布置、设备与管道的设计应符合 GB 50177 的要求。

7.4 气体充装站的充装接头应符合 GB 15383 中相关的规定。深冷液化气体储罐及软管等的快速接头应根据气体的不同采用不同的结构。

7.5 充装站不得使用水润滑压缩机充装压缩气体。对于充装与水反应易形成强腐蚀性介质的气体，充装站应备有对设备、管道阀门、气瓶进行干燥的设施。

7.6 深冷液体加压气化充瓶装置中，深冷液体泵排液量与气化器换热面积及充装量应匹配，应使每瓶气的充装时间不得小于 30 min。

7.7 充装毒性气体的充装站还应具备以下安全设施：

a) 厂房内除设置一般机械通风外，还应备有事故排风装置。对排出含有大量有毒气体的空气应进行净化处理，使其符合 GBZ 1 中有关规定的要求。

b) 盛贮剧毒液化气体的容器应设置在室内，并设有可在容器四周形成水幕用以制止突发性事故而造成毒性气浪的给水装置。

c) 充装剧毒液化气体的充装站，应配置在充装同时可防止气体溢出的负压操作系统。

7.8 充装毒性气体和乙炔的充装站，应设有回收或处理瓶内余气的设备和装置，不得向大气排放。液化石油气体充装站应设有残液倒空和回收装置。还应有新瓶抽真空设施，抽真空设施应保证新瓶真空度能抽至 80 kPa 以上。

7.9 乙炔充装站的管道还应符合下列要求：

a) 乙炔管道的敷设、高压乙炔管道的选择应符合 GB 50031 的规定。压力容器、管件、阀门及管道应选用持有国家有关部门颁发制造生产许可证企业的产品。

b) 高压乙炔金属管道的连接宜采用焊接接头；而与阀门、附件、设备连接处，可采用法兰或螺纹连接。高压乙炔管件、阀门及管道的设计压力不应小于 25 MPa。当每对法兰或螺纹接头间电阻值超过 0.03 Ω 时，应有跨接导线。

c) 高压乙炔管道在安装前应做 30 MPa 耐压试验，安装后管道系统做 3 MPa 气密性试验和 2.5 MPa 泄漏性试验。

d) 乙炔充气汇流排每排的进口管上应设置一只主截止阀，在充气汇流排各分配接口处应设置分配截止阀，应一瓶一阀。在充气汇流排的末端应设有通向乙炔低压系统的回流管，回流管道上应设截止阀。

e) 乙炔高压软管应能抗乙炔、溶剂的腐蚀，不得选用能导致燃烧、爆炸的材料，其内径应小于或等于 6 mm；高压软管应能承受大于或等于 60 MPa 的耐压试验。

f) 乙炔充气汇流排上应设置水喷淋冷却装置，且能直接喷到充气汇流排上所有钢瓶。

g) 乙炔放空管应各自单独引至室外，引出管管口应高出屋脊，且不得小于 1 m。乙炔设备的排污管，应接至室外，乙炔气体应回收。

h) 站内应配备乙炔瓶抽真空、称重及补加溶剂装置。

7.10 乙炔管道和所连接的设备中，在下列部位应设置阻火器，阻火器的选用应符合 JB/T 8856—2001 中 5.7.5.1 的规定。

a) 高压干燥器的出口管路上；

b) 各充气汇流排的主截止阀前；

c) 充气汇流排的各分配截止阀后；

d) 高压乙炔放回低压乙炔的管路上。

7.11 乙炔设备、管道系统应设有氧体积分数小于 3% 的氮气或二氧化碳置换设施。

8 充装站的监测、计量仪表和防护器具条件

8.1 充装站的电气、仪表配置、安装验收应符合 GB 50058 和 GB 50257。

8.2 设备及管道上的压力指示计应根据所装介质的特性选用。腐蚀性介质的压力计应采用耐蚀膜片式。乙炔系统应用乙炔专用压力计，每一汇流排上至少应设置一只。压力计的精度不低于 1.6 级，指针式压力计表盘直径不小于 100 mm。

8.3 液化气体充装站应配备有与充装接头数量相等的计量衡器。复检与充装的计量衡器应分开使用。配备的计量衡器应达到下列要求：

a) 计量衡器的最大称量值不得大于所充气瓶实重（包括自重与装液重量）的 3 倍，且不小于 1.5 倍。

b) 固定式电子计量衡器的精度应符合 GB 7723 规定的 3 级秤等级要求。液化石油气、液氯和液氨气体充装站应配备具有在超装时自动切断功能的计量衡器。

8.4 深冷液体加压气化充瓶装置中，气化器的出口温度低于 −30 ℃ 及超压时应有系统报警及联锁停泵装置。

8.5 氧气、强氧化性气体及可燃气体的充装站应有识别待装气瓶剩余气体及其杂质的检测仪器（有真空设施的除外）。有毒、可燃气体的充装站和氧气及可窒息性气体的充装站，应设置相应的气体危险浓度监测报警装置。

8.6 以电解法生产的氢气和氧气充装站，应在氧气管道上设置分析氧中氢含量的自动分析仪器，在氢气管道上设置分析氢气中氧含量的自动分析仪器。

8.7 气体充装站应按所装介质的特性配备相应的保护用具和用品，有腐蚀性介质的充装站应有可靠的防酸碱灼伤的劳保用具；有深冷液化气体加压气化的充装站应有可靠的防冻劳保用品；有毒气体充装站现场应配有防毒面具、滤毒罐和急救药品，并应具有可靠的通讯联络手段和抢救运送中毒人员的条件。可燃气体充装站应具有防静电衣服，底部无铁钉鞋具和不能产生火花的检修工具。

ICS 25.160.40
J 33

中华人民共和国国家标准

GB/T 27551—2011/ISO 9017:2001

金属材料焊缝破坏性试验 断裂试验

Destructive tests on welds in metallic materials—Fracture test

(ISO 9017:2001,IDT)

2011-11-21 发布 2012-06-01 实施

中华人民共和国国家质量监督检验检疫总局
中国国家标准化管理委员会 发布

前　言

本标准按照 GB/T 1.1—2009 给出的规则起草。

本标准使用翻译法等同采用 ISO 9017:2001《金属材料焊缝破坏性试验　断裂试验》。

为了便于使用，结合我国实际情况对本标准做了下列编辑性修改：

——删除了国际标准的前言；

——将 ISO 9017:2001 中引用的 ISO 标准，用等同的我国标准代替；

——对表 1 做了编辑性修改。

本标准由全国焊接标准化技术委员会(SAC/TC 55)提出并归口。

本标准起草单位：哈尔滨焊接研究所、天津市金桥焊材集团有限公司、建德市新安江电焊条厂。

本标准主要起草人：苏金花、李波、王大梁、邵海建、王克楠。

金属材料焊缝破坏性试验　断裂试验

1　范围

本标准规定了金属材料焊缝的断裂试验方法。

本标准适用于厚度 2 mm 以上金属材料熔化焊焊缝断裂试验。

2　规范性引用文件

下列文件对于本文件的应用是必不可少的。凡是注日期的引用文件，仅注日期的版本适用于本文件。凡是不注日期的引用文件，其最新版本(包括所有的修改单)适用于本文件。

GB/T 19418　钢的弧焊接头　缺陷质量分级指南(ISO 5817:1992,IDT)

GB/T 22087　铝及铝合金的弧焊接头　缺欠质量分级指南(ISO 10042:2005,IDT)

EN 970　熔化焊焊缝的无损检验　外观检验(Non-destructive examination of fusion welds—Visual examination)

3　术语和定义

下列术语及定义适用于本文件。

3.1

检验长度 L_f　examination length

试样沿焊缝轴线任何两侧边缺口之间受检长度(见图 6)。

3.2

检验总长 $\sum L_f$　total examination length

试件中所有试样沿焊缝轴线任何两侧边缺口之间受检长度的总和(见图 6)。

3.3

检验厚度 a_f　examination thickness

每个试样断裂面的厚度(见图 7 和图 8)。

3.4

检验面积 A_f　examination area

每个试样的受检区域，通常为检验厚度和检验长度的乘积。

3.5

总检验面积 $\sum A_f$　total examination area

所有检验面积的总和。

4　一般原理

采用弯曲或拉伸的方法，通过对焊缝施加静载荷或动载荷使其断在焊缝处以便检验断裂面，为了引发断裂可以改变缺口尺寸和温度。

除非另有规定，试验的环境温度为 23 ℃±5 ℃条件下进行。

5　符号及说明

表 1 规定了断裂试验所使用的符号和说明，图 5 至图 8 给出了相应的示例。

通常只需给出基本符号，但对一些特殊应用，可能还须给出有关缺口和试验方法的附加符号。

示例 1：

检验长度为 40 mm、检验厚度为 10 mm 的，取自角焊缝的试样。

对缺口及试验方法无要求：

基本符号为：FW/($L_f a_f$)

该示例符号为：FW/(40×10)

有附加要求时(方缺口及试验方法)：

完整的符号为：FW/($L_f a_f$)/Fq 见图 8。

该示例符号为：FW/(40×10)/Fq 见图 8。

示例 2：

检验长度为 40 mm、检验厚度为 10 mm 的，取自对接焊缝的试样。

对缺口及试验方法无要求：

基本符号为：BW/($L_f a_f$)

该示例符号为：BW/(40×10)

有附加要求时(圆缺口及试验方法)：

完整的符号为：BW/($L_f a_f$)/Sr 见图 6。

该示例符号为：BW/(40×10)/Sr 见图 6。

表 1 符号及说明

符号	说明	单位
BW	对接焊缝	
FW	角焊缝	
t、t_1、t_2	试件厚度	mm
l_1、l_2	试件长度	mm
D	管外径	mm
	试样及试件	
L_f	检验长度	mm
a_f	检验厚度	mm
A_f	检验面积	mm^2
A_i	缺欠面积	mm^2
S	侧面缺口	—
Sq	方形缺口	—
Sr	圆形缺口	—
Ss	尖锐缺口	—
	纵向缺口	
F	正面缺口	—
Fq	方形缺口	—
Fr	圆形缺口	—
Fs	尖锐缺口	—
R	背面缺口	—
Rq	方形缺口	—
Rr	圆形缺口	—
Rs	尖锐缺口	—

6 试件的尺寸

除非相关标准或签约双方另有规定，试件尺寸应符合图 1 至图 4 的规定。试件应能提供足够数量的试样，满足检验需求。

单位为毫米

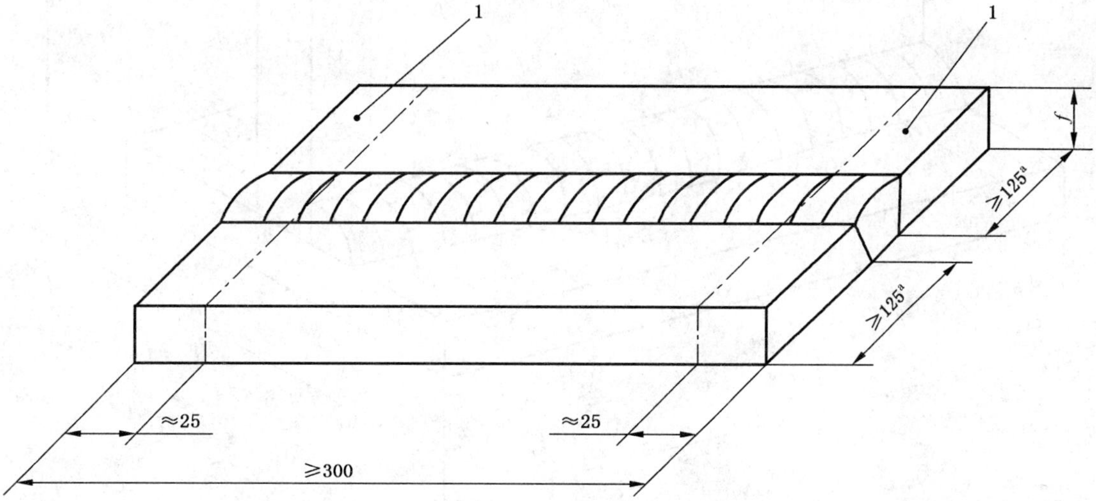

注：
1 舍弃
[a] 热传导性高的材料（如铝、铜）为≥150 mm。

图 1 板对接焊缝试件

单位为毫米

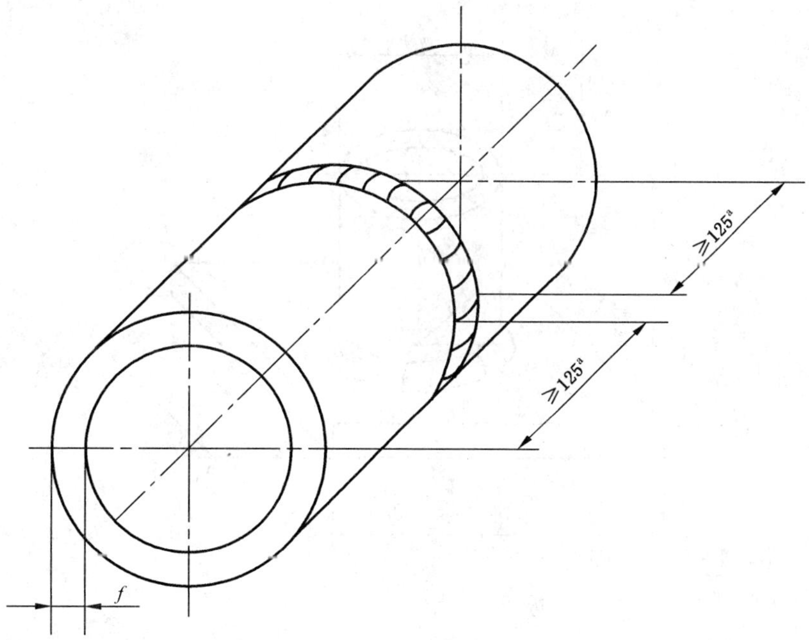

[a] 热传导性高的材料（如铝、铜）为≥150 mm。

图 2 管对接焊缝试件

单位为毫米

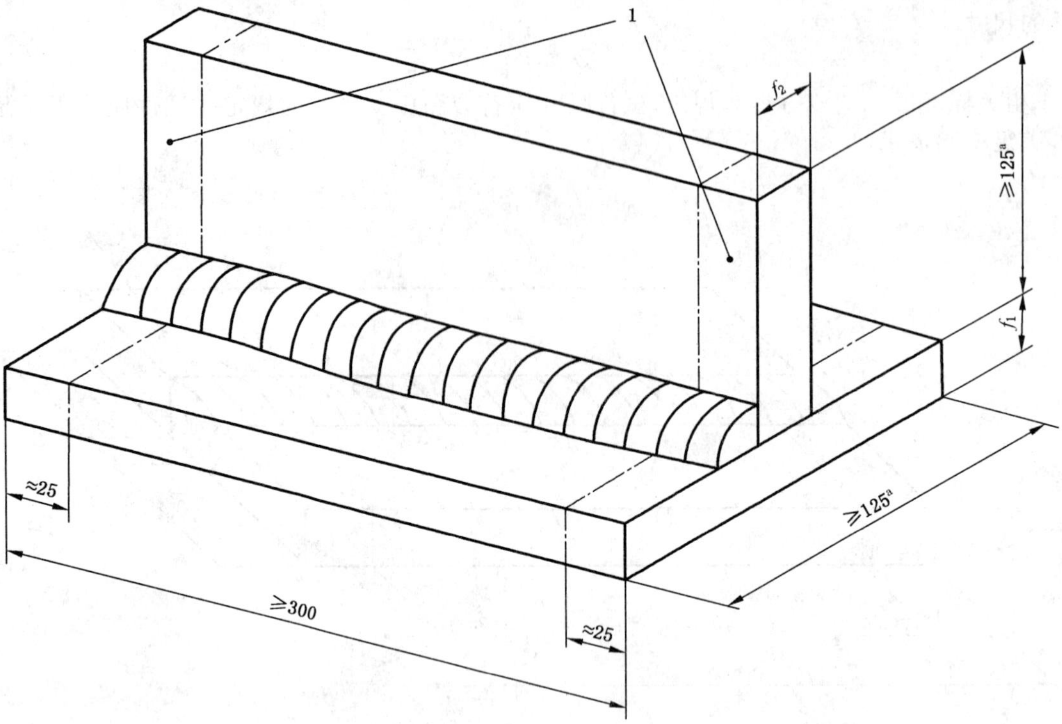

注：

1　舍弃

[a]　热传导性高的材料(如铝、铜)为≥150 mm。

图 3　板角焊缝试件

单位为毫米

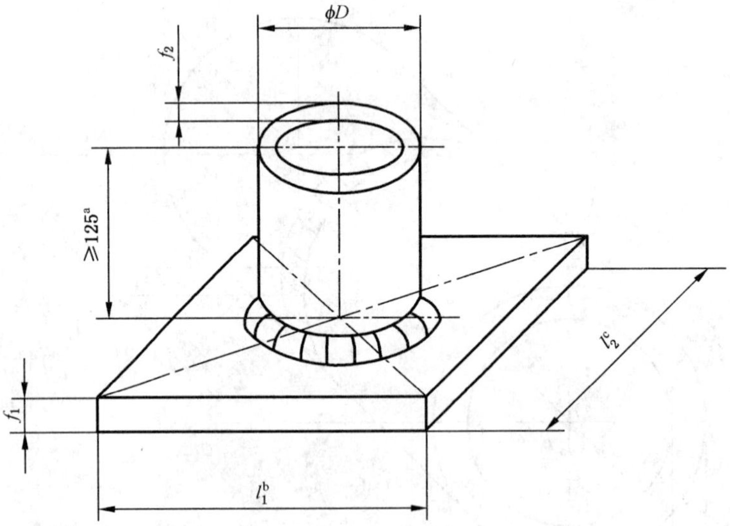

[a]　热传导性高的材料(如铝、铜)为≥150 mm。

[b]　$l_1 \approx l_2$；$l_1 \geqslant (D+100)$。

[c]　$l_2 \geqslant (D+100)$。

图 4　管角焊缝试件

7 试样的制备

7.1 总则

相关标准或签约双方应规定检验长度(L_f)、检验面积(A_f)和试样数量。

对于板焊缝试样应横向切取，所有试样的焊缝长度应基本一致。对接焊缝的焊缝轴线应位于试样的中心。

对于管焊缝，应从试件上切取两个以上的试样，除非相关标准或签约双方另有规定。

进行弯曲试验时，面弯和背弯的试样数量应相同。如果管径太小，无法切取足够数量的试样时，应增加附加试件。

7.2 标记

应对试件和试样做合适的标记，明确其原始位置或部位。

7.3 取样

7.3.1 一般要求

取样所采用的机械加工方法或热加工方法不得对试样性能产生影响。

在一般情况下，应弃掉试验焊缝两端 25 mm，要求评估引弧或熄弧缺欠时除外。

7.3.2 钢

允许采用热切割方法或机械加工方法切取试样。

7.3.3 其他金属材料

只能采用机械加工方法切取试样。

7.4 制备

为使断裂发生在焊缝处，可以采用下述方法：

——去除焊缝余高；

——在焊缝的两侧开缺口(侧面缺口)；

——在焊缝余高上开缺口(纵向缺口)。

根据焊缝金属的延性不同，可以采用方形缺口、圆形缺口或尖锐缺口(参见图 5、图 6、图 7 和图 8)。高延性材料(如铝、铜)建议采用尖锐缺口。

缺口的深度应足以导致焊缝断裂。

除非相关标准或签约双方另有规定，缺口深度宜为：

——侧面缺口：$L_f \geqslant 70\%\ w$(见图 6)；或$\sum L_f \geqslant 60\%\ L$。

——纵向缺口：$a_f \geqslant 80\%\ t$(见图 7)。

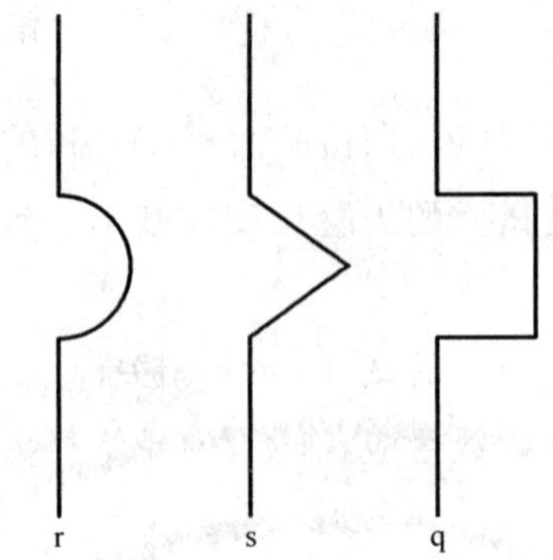

图 5 缺口形状

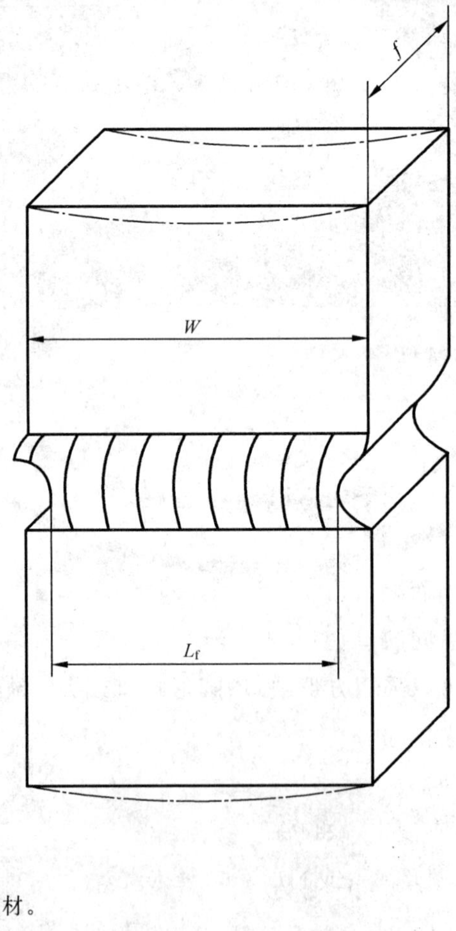

注：实线为板材；虚线为管材。

图 6 侧面缺口

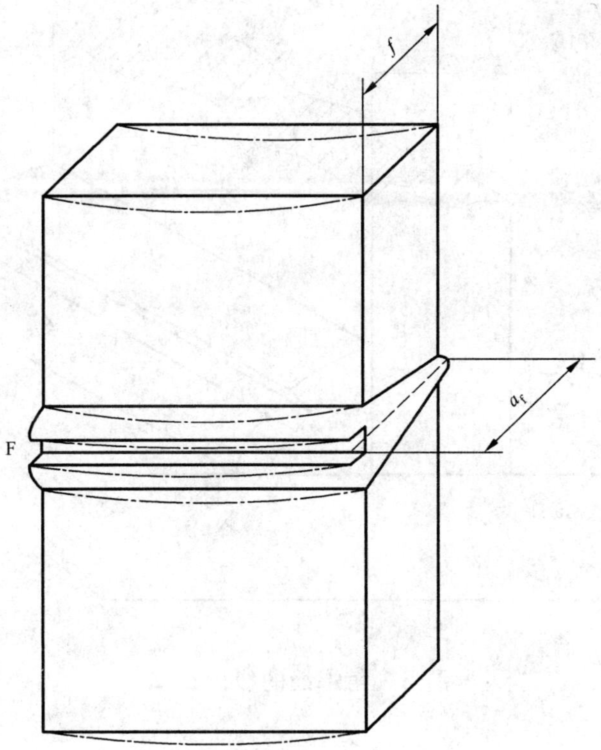

a） 正面缺口

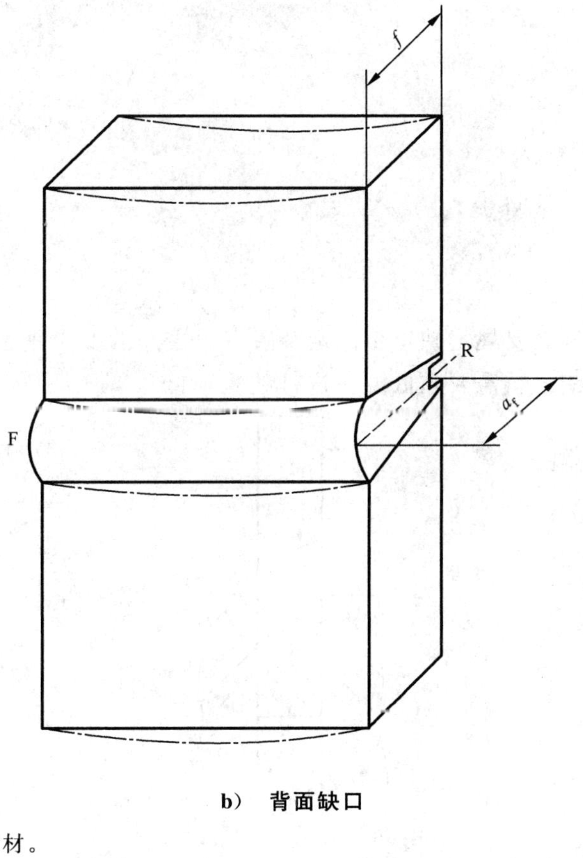

b） 背面缺口

注：实线为板材；虚线为管材。

图 7 对接焊缝的纵向缺口

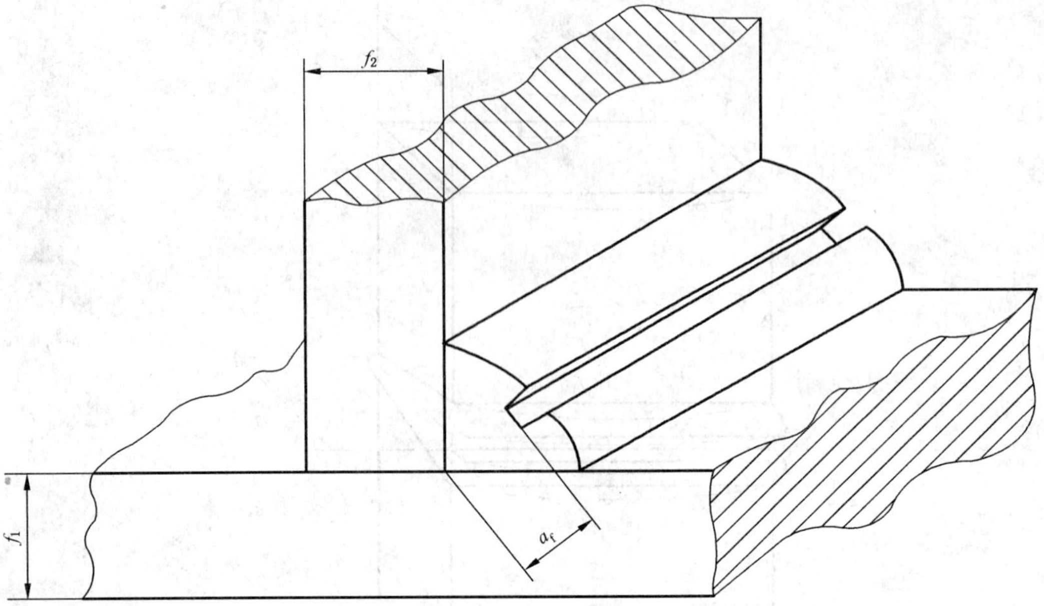

图 8　角焊缝的纵向缺口

8　试验程序

8.1　对接焊缝

8.1.1　总则

断裂方法包括：

——动载撞击（如锤击），见图 9a）、b）、c）；

——弯曲试验，见图 9d）、e）、f）；

——拉伸试验，见图 9g）。

对于高延性材料而言，有必要规定缺口至固定装置卡口之间的最小距离 b（见图 9c）。

为了便于引发断裂，某些材料需要在低温下进行试验。

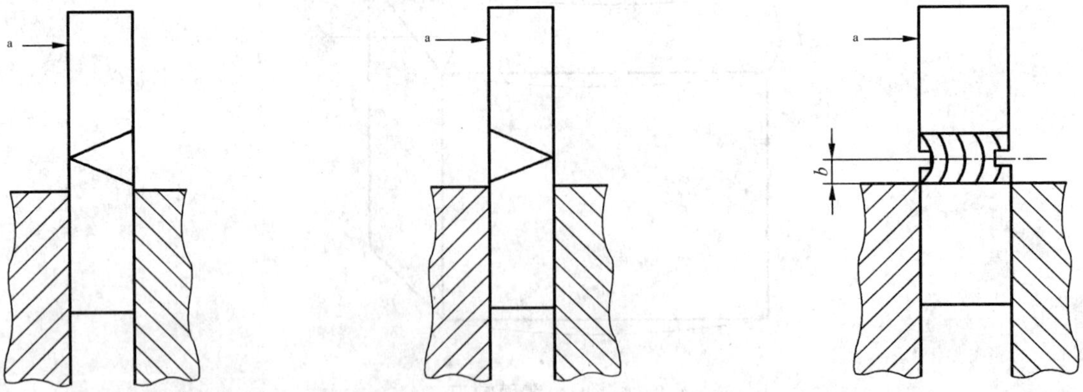

图 9　对接焊缝试验方法示例

a 冲击

图 9（续）

8.1.2 薄材

薄材焊缝的断裂可以采用反复弯曲的方法。

也可采用拉伸方法产生断裂(见图 9g)。薄材的断裂，不适用锤击方法。

8.1.3 厚材

厚材可采用锤击方法使其断裂。

采用弯曲试验机时，压头直径的选择应确保可以产生断裂而勿需反复弯曲。

弯曲时，加载方向可以垂直于焊缝，也可以平行于焊缝，如图 9c)、d)、e)、f)。

对于铝试样最小厚度为 8 mm。

8.2 角焊缝

除了无法进行拉伸试验之外，角焊缝的试验方法与对接焊缝(见 8.1)相似。图 10 给出了具体示例。

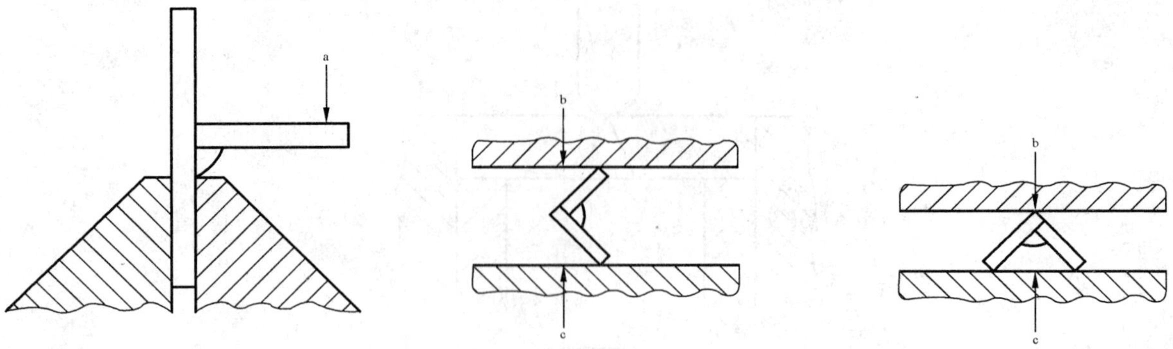

a)　　　　b)　　　　c)

ᵃ 撞击

ᵇ 加载方向

ᶜ 加载(可行时)

图 10　角焊缝试验方法示例(缺口按照图 5—图 8 要求)

8.3　高延性焊缝金属的特殊规定

对于高延性焊缝金属(如奥氏体不锈钢、铝、铜、镍及其合金),如果要想在焊缝金属处产生断裂,需要限制试样的厚度和焊缝有效厚度,增加缺口的宽度,减少缺口半径,增加试验的速率(动载荷、锤击)。

对于高延性的铁素体钢,可采用降低试样温度的方法。

9　试验结果

断裂面的检验应参照焊缝外观检验条件进行。为了便于观察和辨别,可以采用放大倍数 5 倍以内的放大镜。

断面形貌、缺欠类型及尺寸应完整地记录。应按照 GB/T 19418 和 GB/T 22087,对质量等级做评定。质量等级由相关标准或合同双方协议规定。

10　试验报告

试验报告应包括下列内容:

a)　本标准编号 GB/T 27551—2011;

b)　试样标识;

c)　试样符号(参见表 1);

d)　根据有关质量等级要求,缺陷的种类、位置和尺寸。

附录 A 给出了试验报告示例。

附　录　A
（资料性附录）
试验报告示例

编号：____________________

根据 pWPS ________________

根据试验结果"断裂试验"

试验结果 ______________

制造商：______________________________________

试验目的：____________________________________

产品形式：____________________________________

母材：____

焊接材料：____________________________________

试件符号：____________________________________

表 A.1　断裂试验结果记录

试样	符号	结果	
		缺欠类型和尺寸	质量等级

检验员或检验机构：　　　　　　　　　　　　发证：

__________________　　　　　　　　　　　　__________

（名称、日期和签名）　　　　　　　　　　　（名称、日期和签名）

ICS 25.160.40
J 33

中华人民共和国国家标准

GB/T 27552—2011/ISO 9015-2:2003

金属材料焊缝破坏性试验 焊接接头显微硬度试验

Destructive tests on welds in metallic materials—Microhardness testing of welded joints

(ISO 9015-2:2003, Destructive tests on welds in metallic materials—Hardness testing—Part 2: Microhardness testing of welded joints, IDT)

2011-11-21 发布 2012-06-01 实施

中华人民共和国国家质量监督检验检疫总局
中国国家标准化管理委员会 发布

前　　言

本标准按照 GB/T 1.1—2009 给出的规则起草。

本标准使用翻译法等同采用国际标准 ISO 9015-2:2003《金属材料焊缝破坏性试验　硬度试验　第2部分:焊接接头显微硬度试验》(英文第一版)。

本标准在文本结构和技术内容方面与 ISO 9015-2:2003 一致,但根据我国编写标准的有关规定做了如下编辑性修改:重新编写了前言,代替 ISO 9015-2:2003 的前言。

本标准由全国焊接标准化技术委员会(SAC/TC 55)提出并归口。

本标准起草单位:上海材料研究所、耐博检测技术(上海)有限公司、哈尔滨焊接研究所。

本标准主要起草人:王春亮、杨力、陆慧、王滨、章利球、栾敬岳。

金属材料焊缝破坏性试验
焊接接头显微硬度试验

1 范围

本标准规定了硬度梯度大的金属材料焊接接头横截面显微硬度试验。依据 ISO 6507-1 进行维氏硬度试验,通常使用的试验力范围为 0.98 N 到小于 49.03 N(HV 0.1 到小于 HV 5)。

注:硬度试验应确保测出焊缝金属和两侧母材(两侧母材为不同金属材料)的最高硬度和最低硬度。

本标准规定的焊缝硬度试验使用的试验力不包括 ISO 9015-1 规定的大于等于 49.03 N 的试验力。

本标准不适用于窄焊缝试样的硬度试验,例如激光焊和电子束焊焊缝。

本标准适用于金属材料焊接接头横截面显微硬度试验。

2 规范性引用文件

下列文件对于本文件的应用是必不可少的。凡是注日期的引用文件,仅注日期的版本适用于本文件。凡是不注日期的引用文件,其最新版本(包括所有的修改单)适用于本文件。

ISO 6507-1:2005 金属材料 维氏硬度试验 第1部分:试验方法(Metallic materials—Vickers hardness test—Part 1:Test method)

3 原理

显微硬度试验应按 ISO 6507-1 要求进行。

显微硬度可以标线测定(R)或单点测定(E)。

当焊缝的类型与示例类型不同时,测量工艺应适合焊接接头。

除非另有规定,试验的环境温度应为(23±5)℃。

4 符号及说明

符合及其说明见表 1,在图 1～图 3 中说明。

表 1 符号及说明

符号	说明	单位
E	单点测定	—
H	标线测定时测点中心距表面或熔合线的距离	mm
HAZ	热影响区	—
HV[a]	维氏硬度	—
L	在热影响区两个相邻检测点中心的距离	mm
R	标线测定	—
t	试样厚度	mm
[a] 维氏硬度符号表示按照 ISO 6507-1 规定。		

5 试样的制备

试样的制备应按 ISO 6507-1 要求进行。

试件横截面应通过机加工制备，通常垂直于焊缝轴线。

试样表面的制备过程应正确进行以保证硬度测量不受冶金因素的影响。

被检测表面制备完成后最好进行适当的侵蚀，以便准确确定焊接接头不同区域的硬度测量位置。

6 试验工艺

6.1 标线测定(R)

图 1～图 3 给出了标线测定检测点位置示意图，图中给出了标线测定检测点距表面的距离，通过用图中标示的检测点来评定焊接接头。如果需要，例如参照的应用标准要求，可以增加标线测定的数量和/或在其他位置检验。但检验位置应记录在试验报告中。

对于铝、铜及其合金对接焊缝不一定总是需要对根部位置进行标线测定(见图 1)，可以省去。

检测点的位置和数量选择应是足以确定出由于焊接引起的硬化或软化的区域。在热影响区相邻检测点的推荐距离 L 参照表 2 和 ISO 6507-1。

注：更大尺寸时依据表 2 或 ISO 6507-1 执行。

在检测母材时应有足够的检测点以保证检测的准确。在检测焊缝金属时，检测点间距离的选择应确保对其做出准确评定。在检测热影响区时，由于焊接引起硬化的区域应增加两个检测点，检测点中心与熔合线之间的距离小于等于 0.5 mm(见图 2)。

对于其他形状的接头或金属(例如奥氏体钢)，其具体要求可根据相关标准或协议要求。

表 2 标线测定时热影响区两个检测点中心间的推荐距离 L

维氏硬度符号	两个检测点中心间的推荐距离[a] L mm	
	钢铁材料[b]	铝、铜及其合金
HV 0.1	0.2	0.8～2
HV 1	0.5	1.5～4
HV 5	0.7	2.5～5

[a] 检测点间的距离应不小于 ISO 6507-1 允许的最小值。

[b] 奥氏体钢除外。

6.2 单点测定(E)

图 4 给出了单点测定检测点位置的典型区域。图中 1～4 点表示在母材，5～8 点表示在热影响区，9～11 点表示在焊缝区。此外，可以根据金相检验确定检测点位置。

为了防止由检测点压痕变形引起的影响，在任何方向检测点间的最小距离应符合 ISO 6507-1 的规定。

在热影响区中由于焊接引起硬化的区域，至少应有一个检测点，检测点中心与熔合线之间的距离小于等于 0.5 mm。

对于单点测定，测定区域应按图 4 所示予以编号。

7 试验结果

应记录检测点位置及对应硬度值。

8 试验报告

试验报告需要记录的内容列在附录 A 和附录 B。

附录 A 和附录 B 还给出了推荐的记录格式。

可以使用其他格式，但应包括所有要求记录的内容。还可以包括由相关标准或协议要求的附加内容。

单位为毫米

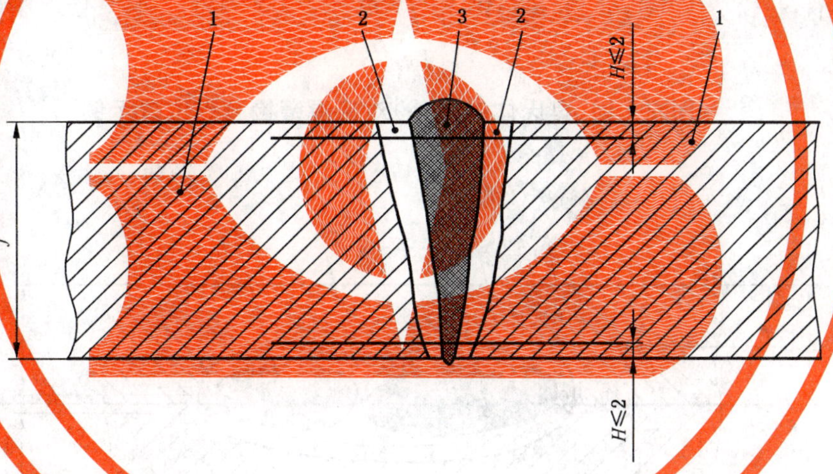

说明：

1——母材；

2——热影响区；

3——焊缝金属。

图 1 钢对接焊缝标线测定(R)示例

单位为毫米

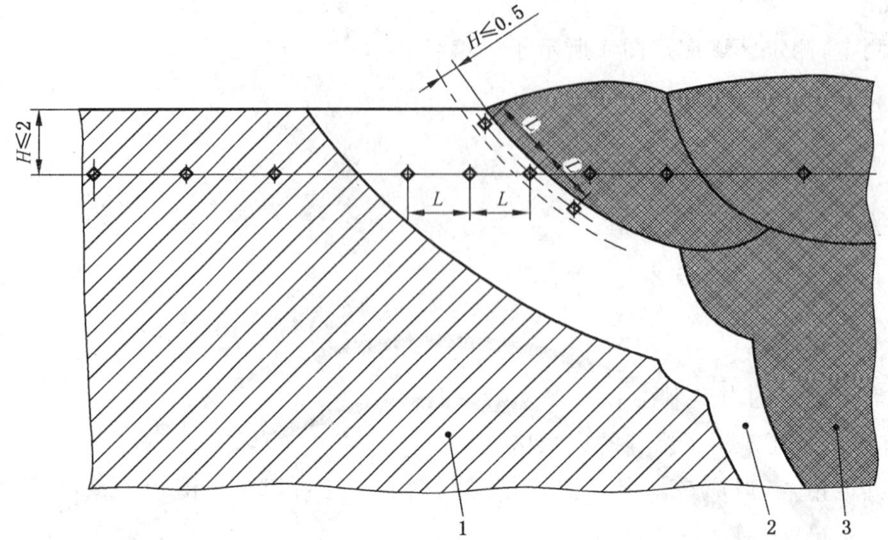

说明：

1——母材；

2——热影响区；

3——焊缝金属。

图 2　钢(奥氏体钢除外)对接焊缝检测点位置示例

单位为毫米

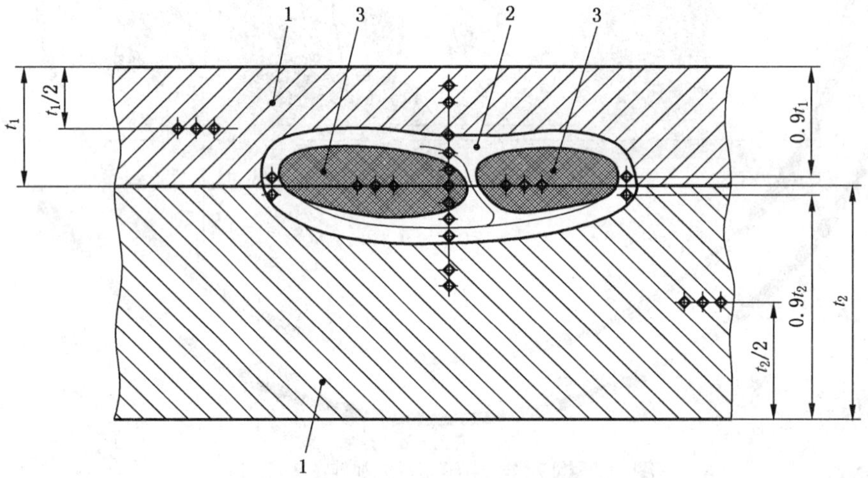

说明：

1——母材；

2——热影响区；

3——焊缝金属。

图 3　钢点焊和凸缝焊焊缝检测点位置示例

单位为毫米

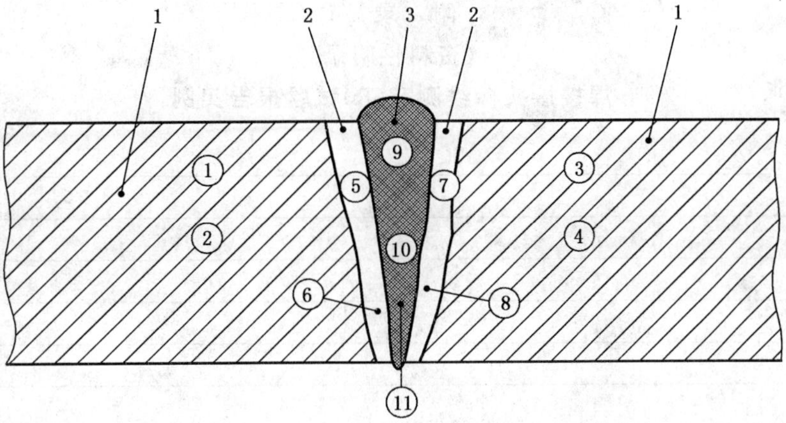

说明：

1——母材；

2——热影响区；

3——焊缝金属。

圆圈中的数字表示检测点的位置。

注：可以在其他位置检测。

图 4　单点测定(E)硬度检验区域示例

附 录 A
（资料性附录）
焊接接头标线测定(R)试验报告实例

硬度试验类型：____________________

试验机型号：____________________

母材：____________________

材料厚度：____________________

焊缝类型：____________________

焊接方法：____________________

焊接材料：____________________

热处理和/或时效处理：____________________

标线测定的简要说明：____________________

注：____________________

检测试样示意图且图中给出尺寸和检测点位置

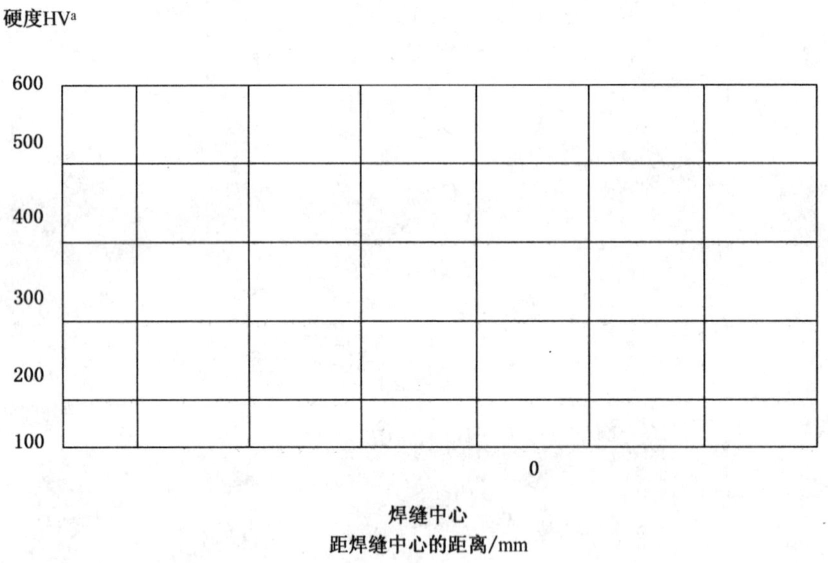

[a] 试验力依据 ISO 6507-1 的规定。

附　录　B
（资料性附录）
焊接接头单点测定(E)试验报告实例

硬度试验类型：______

试验机型号：______

母材：______

材料厚度：______

焊缝类型：______

焊接方法：______

焊接材料：______

焊后热处理和/或时效处理：______

注：______

检测试样示意图且图中给出检测区域及位置

检测部位	检测区域	检测位置	硬度值 HV[a]
母材	1	表面	
	2	心部	
	3	表面	
	4	心部	
热影响区	5	焊缝上部	
	6	焊缝底部	
	7	焊缝上部	
	8	焊缝底部	
焊缝金属	9	焊缝上部	
	10	焊缝中部	
	11	焊缝底部	

[a] 检验试验力按 ISO 6507-1 要求选取。

参 考 文 献

[1] ISO 9015-1 金属材料焊缝破坏性试验 硬度试验 第1部分:电弧焊接头硬度试验

[2] ISO 22826 金属材料焊缝破坏性试验 激光焊和电子束焊窄焊缝硬度试验(维氏和努氏硬度试验)

检02